Wangluo
Bianjiang zhili
Yanjiu

网络边疆治理研究

许开轶 等著

中国社会科学出版社

图书在版编目（CIP）数据

网络边疆治理研究 / 许开轶等著. -- 北京 ：中国社会科学出版社，2024. 12. -- ISBN 978-7-5227-4628-9

Ⅰ．TP393.4

中国国家版本馆 CIP 数据核字第 2024SH5297 号

出 版 人	赵剑英	
责任编辑	许 琳	
责任校对	李 硕	
责任印制	郝美娜	

出　　版	中国社会科学出版社
社　　址	北京鼓楼西大街甲 158 号
邮　　编	100720
网　　址	http://www.csspw.cn
发 行 部	010-84083685
门 市 部	010-84029450
经　　销	新华书店及其他书店

印刷装订	北京君升印刷有限公司
版　　次	2024 年 12 月第 1 版
印　　次	2024 年 12 月第 1 次印刷

开　　本	710×1000　1/16
印　　张	23.5
字　　数	390 千字
定　　价	138.00 元

凡购买中国社会科学出版社图书，如有质量问题请与本社营销中心联系调换
电话：010-84083683
版权所有　侵权必究

序

杨海蛟

数字时代，国家的疆域拓展到了网络空间，网络边疆也随之应运而生，对其进行有效治理，已经成为维护国家政治安全的新场域。网络空间是一个由技术权力、市场权力和政治权力组成的新权力场，其正在改变国际游戏规则，重组人类社会关系，使传统的以地域为疆界的主权国家面临着前所未有的挑战。许开轶等同志的著作《网络边疆治理研究》是他们承担的国家社科基金重点项目的最终成果，该成果得到了评审专家的高度评价。相比于国内外同类著作而言，其具有以下特点及创新之处：

一是开拓了新的交叉研究领域。本项研究属于边疆政治学与网络安全交叉研究的新领域。一方面，基于数字化时代国家的疆域延伸到了网络空间这样的现实，通过对国际网络空间划域治理问题的研究，提出了网络边疆及其治理的新命题，拓展了边疆政治学的研究领域；另一方面，本项研究虽是以维护国家的网络安全为基本出发点的，但网络边疆的治理也不仅局限于网络安全的维护，其涉及在网络化时代国家的生存与发展、国家主权、国家利益的拓展、国际竞争力的提高乃至于国家治理体系和治理能力现代化这样更宏大的命题，研究的内容更广泛，立意更高远。这是一个十分新颖而又意义重大的选题，但学界目前关于此问题的研究十分欠缺。

二是构建了系统的分析体系。坚持理论探讨和实践分析有机结合的原则，分为上篇、下篇二大部分。第一部分是"问题与形势"，由第一章至第二章构成，主要是厘清本项研究的核心范畴"网络边疆治理"问题的由来与生成。第二部分是"对策与思路"，由第三章至第七章构成，主要从目标、主体、基石、核心、外部环境等方面探讨如何构建科学而有效的网络边疆治理体系。具体研究了以下几个方面的问题：网络主权的维护；网

1

络边疆治理的协同互动机制；网络空间的技术赋权；国家间网络冲突中的制网权争夺；网络边疆治理的国际规制。上述这些论题同时也兼具了前沿性，有非常高的研究价值。

三是综合运用了多种研究方法。该著作在研究过程中，始终以马克思主义的立场、观点、原则为指导，综合运用多种方法对问题展开研究。主要包括：文本研究。认真研读相关文献，汲取有益的理论观点，把握最新的研究动态，获取相关文献资料。比较研究。主要问题的比较分析从纵向和横向两个维度展开，纵向上与我国传统国家边疆与安全治理进行比较，横向上与世界其他若干国家的网络战略和措施进行比较。在比较研究中，彰显其时代价值和中国特色。实证研究。选取个案研究对象进行实地考察和调研，紧密联系实践进行理论演绎和对策构思，使研究成果与实践需要实现有效对接。

四是提出了一些重要的理论观点和有针对性的策略建议。该著作就一些重要的理论问题进行了深入阐述，提出了一些重要的理论观点。例如，全球化与信息化时代的到来使现代国家疆域进一步向多维空间扩延，边疆更加模糊化、多元化，各种新型边疆的出现不断丰富和扩充边疆的内涵和治边理念；全球网络空间治理经历了从"去国家化"到"再国家化"的发展过程，当前的治理困境焦点已不是国家主权要不要介入全球网络空间治理，而是如何介入的问题；划分网络空间国家疆域，激活国家在网络空间的治理活力，同时明确国家行为的边界，不失为破解此难题的有效路径，随着网络空间国家疆域的划分，网络边疆治理问题便应运而生；虽然网络空间已经迎来"国家的回归"，但国家的回归显然不是要回归到传统的威斯特伐利亚体系下的国家主权模式，国家主权必须适应网络空间的新特点而作出变革；网络边疆治理的根本目标就是要维护国家的网络主权，在此基础上建立多边、民主、透明的国际互联网治理体系，最终建成网络空间命运共同体；在多重威胁和挑战之下，由于网络信息的众多特征，如隐蔽性强、技术鸿沟、信息不对称、匿名化、数据信息动态流动等，仅靠政府单方面的管控，效果非常有限，很难对网络边疆进行全息式、系统式的值守与治理，因而需结合不同主体的特点，将互联网企业、社会组织、技术社群、网民等纳入网络边疆治理的体系中，打造网络边疆治理共同体，最大程度发挥协同治理的效果；在网络空间竞争中，占领科学技术制高点进而获得相应的政治权力，具有决定性意义，也是网络边疆治理的基石；而从硬实力建设入手，掌握强大的制网权，则是网络边疆治理的核心；此外，争夺网络空间国际话语权，抢占国际舆论制高点越来越成为各国用于拓展国际发展空间的重要手段，我国应积极参与国际网络空间的规制建设，为网络边疆治理塑造良好的外部国际环境，等等。这些观点和建议不仅具有很强的学术意涵，而且具有一定的实践应用价值。

本书的负责人许开轶同志学术功底深厚，治学严谨，其主要研究领域为政治发展，近年来聚焦政治安全与社会稳定、网络空间治理与国家安全风险防范等论题展开深入研究，取得了丰硕成果。其领导的研究团队年富力强，思想活跃，富有创新精神。围绕本书的主题，课题组做了全面而深入的研究，本书的部分章节内容已在一些重要学术期刊上发表，引用和转载率较高，且获评多项奖励，产生了较大的学术与社会影响。此外，该书结构设计合理，逻辑清晰，行文流畅，论述富有历史感和思辨意味，使其既具有较高的学术品位，又有很强的可读性。

有鉴于此，欣然做序。

2023 年 12 月

目　录

第一章　网络空间的国家疆域划分与网络边疆的生成　(1)
　第一节　网络空间国家疆域划分的理论阐释　(1)
　　一　基本概念解析　(2)
　　二　网络空间国家属性的争论　(6)
　　三　国家疆域的历史形态　(10)
　第二节　治理困境：划分网络空间国家疆域的缘起　(14)
　　一　网络空间治理困境的表现　(14)
　　二　网络空间治理困境存在的主要原因　(22)
　　三　网络空间现行主要治理战略及其缺陷　(29)
　第三节　划分网络空间国家疆域：破解治理困境的新路径　(36)
　　一　网络空间划域治理的有效性　(37)
　　二　网络空间划域治理的可行性　(44)
　第四节　借鉴与创新：划分网络空间国家疆域的基本构想　(47)
　　一　国家实体疆域划分的经验借鉴　(48)
　　二　国际电信联盟现行机制的参考　(53)
　　三　网络空间国家疆域的划分方法　(57)
　　四　小结　(66)
　第五节　网络边疆的生成　(66)
　　一　网络边疆的内涵　(67)
　　二　网络边疆的特征　(68)
　　三　网络边疆治理的基本策略　(69)

第二章　网络主权的维护：网络边疆治理的目标　(74)
　第一节　国家主权的历史演变及其要义　(75)

1

  一 国家主权理论的形成与发展 ……………………………（75）
  二 国家主权演变的空间和主体维度考察 ………………（79）
  三 国家主权的要义 …………………………………………（83）
 第二节 国家主权在网络空间面临的挑战 ……………………（87）
  一 网络空间的出现及其概念界定 …………………………（87）
  二 网络空间的开放性、虚拟性与国家疆域划分难题 ……（90）
  三 网络空间主体的多元性与主权国家管辖权争议 ………（93）
  四 网络实力的不均衡性与国家主权维护能力差异 ………（95）
 第三节 国家主权在网络空间的适用性 ………………………（98）
  一 网络空间的可规制性：国家主权介入的前提条件 ……（99）
  二 网络安全问题日益严峻：国家主权介入的必要性 …（101）
  三 网络空间的战略性意义：国家主权介入的驱动力 …（107）
 第四节 基于多重场域原理的网络主权生成逻辑 …………（113）
  一 网络空间多重场域的技术属性 ………………………（114）
  二 主权在新空间生成的基本规律与要件 ………………（119）
  三 主权在网络空间的生成逻辑 …………………………（122）
  四 网络空间国际社会的未来 ……………………………（128）
 第五节 中国维护网络空间国家主权的策略及建议 ………（129）
  一 从国家战略层面统筹国内外大局 ……………………（130）
  二 统筹网络安全与信息化，完善网络主权理论 ………（132）
  三 深化国际对话合作以扩大网络主权共识 ……………（135）
  四 在联合国框架下建立网络空间国家行为规范 ………（138）

第三章 多元共治：网络边疆治理的协同互动机制 ……………（144）
 第一节 网络边疆协同治理的内涵与基础 ……………………（144）
  一 网络边疆多维复杂特性的有效契合 …………………（145）
  二 网络边疆治理工具与功能的交叉互补 ………………（146）
  三 网络边疆治理价值与利益的根本趋同 ………………（147）
 第二节 网络边疆多主体协同治理的现实困境 ………………（148）
  一 技术困境：网络边疆协同共治的物理障碍 …………（148）
  二 组织困境：网络边疆治理机构与职能缺乏有效整合 …（149）

三　机制困境：信息资源共享机制与激励机制亟待完善 ……… （150）
　　四　文化困境：网络边疆协同治理意识淡薄 ……………… （151）
　第三节　网络边疆多主体协同治理的突破路径 ……………… （152）
　　一　基础协同：强化网络边疆核心技术的协同创新与
　　　　资源共享 ……………………………………………… （152）
　　二　组织协同：加强网络边疆协同治理的顶层设计与
　　　　组织建设 ……………………………………………… （153）
　　三　机制协同：完善网络边疆协同治理的信息共享机制与
　　　　激励机制 ……………………………………………… （154）
　　四　文化协同：增强多元主体网络边疆协同治理意识 ……… （155）

第四章　网络空间的技术赋权：网络边疆治理的基石 ……… （157）
　第一节　技术赋权的理论阐释 ………………………………… （158）
　　一　技术赋权的理论溯源 …………………………………… （158）
　　二　技术赋权的逻辑演绎 …………………………………… （161）
　　三　技术赋权的现实观照 …………………………………… （165）
　第二节　技术赋权与国际网络空间技术权力体系的形成 ……… （169）
　　一　国际网络空间技术赋权的特性及其政治功能 ………… （169）
　　二　技术赋权与国际网络空间技术权力体系的构成要素 …… （173）
　　三　国际网络空间技术权力体系的产生与发展 …………… （180）
　第三节　国际网络空间技术权力体系的现状 ………………… （186）
　　一　国际网络空间技术权力体系的总体架构 ……………… （186）
　　二　国际网络空间技术权力体系的运转及成效 …………… （188）
　　三　国际网络空间技术权力体系目前存在的主要问题 …… （192）
　　四　国际网络空间技术权力体系面临的挑战 ……………… （200）
　第四节　国际网络空间技术权力体系的变革 ………………… （205）
　　一　弱化技术权力主体之间的等级特征 …………………… （205）
　　二　强化国际网络空间法律的效度 ………………………… （209）
　　三　深化数据是"人类共同财产"的国际网络空间共识 …… （216）
　　四　搭建完善的国际网络空间制度框架 …………………… （223）

第五章　国家间网络冲突中的制网权争夺：网络边疆治理的核心 …………………………………………………………（229）

第一节　网络空间攻防理论的溯源与阐释 ……………（230）
一　传统进攻——防御理论的概述 ………………（230）
二　网络空间攻防理论的建构 ……………………（234）
三　网络空间攻防理论的局限 ……………………（238）

第二节　国家间网络冲突的内涵与攻防过程 …………（240）
一　国家间网络冲突的内涵解读 …………………（240）
二　国家间网络冲突的攻防过程解析 ……………（243）

第三节　国家间网络冲突攻防互动的内在逻辑 ………（245）
一　国家间网络冲突"攻防制衡"模式的理论框架 …（246）
二　国家间网络冲突"攻防制衡"模式的实证检验 …（249）
三　国家间网络冲突攻防互动的实质 ……………（264）

第四节　国家间网络冲突与网络空间的战略稳定 ……（277）
一　"攻防制衡"模式与网络空间的战略稳定 ……（277）
二　制网权与网络空间的战略稳定 ………………（280）

第六章　网络空间国际话语权：网络边疆治理的外部环境塑造 ………………………………………………………（287）

第一节　网络空间国际话语权的内涵解析 ……………（288）
一　网络空间国际话语权的概念界定 ……………（288）
二　网络空间国际话语权的影响因素 ……………（292）
三　网络空间国际话语权的特点 …………………（298）

第二节　中国争取网络空间国际话语权的背景分析 …（300）
一　互联网带来国际传播环境的深刻变化 ………（301）
二　当下网络空间国际话语体系面临挑战 ………（304）
三　中国在网络空间的影响力显著增强 …………（309）

第三节　中国争取网络空间国际话语权的举措与成效 …（313）
一　中国对网络空间国际话语权认知的不断深化 …（313）
二　中国提出网络空间国际话语权的核心理念 …（316）
三　中国积极参与网络空间全球治理 ……………（321）

第四节 中国争取网络空间话语权面临的困境 (326)
  一 西方具有网络话语的强势地位 (326)
  二 中国网络国际传播的效果不佳 (329)
  三 中国网络媒体的国际议程设置能力不足 (334)
第五节 中国网络空间国际话语权建构的路径 (337)
  一 政府层面的建构 (337)
  二 媒体层面的建构 (343)
  三 民间层面的建构 (348)

参考文献 (353)

后　记 (365)

第一章 网络空间的国家疆域划分与网络边疆的生成

当今世界,互联网信息技术的发展日新月异,促进了生产力的革新,创造出了人类生活的新场域——网络空间,其在给人类发展带来新机遇的同时,也产生了诸如网络攻击、网络犯罪、网络恐怖主义、信息资源掠夺等治理难题,维护网络空间安全和秩序成为世界各国所面临的共同挑战与任务。全球网络空间治理经历了从"去国家化"到"再国家化"的发展过程,当前的治理困境焦点已不是国家主权要不要介入全球网络空间治理,而是如何介入的问题。划分网络空间国家疆域,激活国家在网络空间的治理活力,同时明确国家行为的边界,不失为破解此难题的有效路径。随着网络空间国家疆域的划分,网络边疆治理问题便应运而生。

第一节 网络空间国家疆域划分的理论阐释

自互联网诞生之初,国家就是网络空间治理的主体,但国与国之间存在网络资源分配和网络治理能力的现实差距,同时,网络霸权主义和网络殖民主义等问题,也阻碍了公正、公平、有效的网络空间治理机制的建立,助长了网络失序混乱现象的蔓延。借鉴现实世界发展的经验,在网络空间这一看似无边无界的虚拟世界引入国家疆域划分这一概念方法,有助于破解困扰各国的网络治理困境,促进网络空间有节、有界、有序发展。

在网络空间划分国家疆域以厘清网络空间的性质和特征为前提,依据网络空间发展的客观规律,结合国家疆域发展的现实理路,确定其国家属性,也可以佐证网络空间并不是绝对自由的法外之地,而是存在网络主权的国家领地,是国家疆域在新时代的新形态。

一　基本概念解析

网络空间是互联网兴起后的一个新概念，不同行业和专业对之有不同的定义，存在概念认定的争论和差异。本书在研究中倾向于将网络空间认定为诞生于信息技术革命，以计算机、信息系统和传输工具为基础，以数据为资源，渗透着各种行为体间的相互关系并不断演进和拓展的虚拟空间，它与现实世界的政治、经济、文化、军事和社会关联并相互作用。

而"由国家占据或控制的地理范围，便是国家的疆域。"[①] 随着人类活动范围的不断扩大，国家疆域已不能简单地等同于一国的领土、领海和领空，而是超出了地理范围，与国家主权概念的发展相结合，成为国家发展的一种利益范围。网络时代赋予了国家疆域新的内涵。

（一）网络空间

开放、共享、自由的网络空间是地球村每个村民的新家园，带来了蓬勃发展的互联网经济和丰富多样的网络文化，但网络空间究竟是什么却一直未能达成共识，致使研究中还存在因为定义不清而引发的争论。因此，对于网络空间的研究首先要厘清其概念定义和构成要素。

1. 网络空间的定义

网络空间（Cyberspace）最早根据音译被称为"赛博空间"，第一次出现是在科幻作家威廉·吉布森1982年的短篇小说《全息玫瑰碎片》中，借指一个未来的思维新家园，是独立于政府权力之外的全球社会空间，后经吉布森的小说《神经漫游者》而得以普及。随着信息技术的迅猛发展，越来越多的国家和个人接入互联网，共享数据信息资源，网络空间成为人类继陆地、海洋、天空、太空之外的"第五生存空间"。

但是关于网络空间究竟是什么，目前世界各国、各学科却没有一个达成共识的定义。作为互联网发源地的美国最早定义网络空间为一个信息的整体域，包含网络、计算机系统和处理器与控制器系统等。[②] 这实则是将网络空间视为关键基础设施和虚拟数据信息的结合体，忽视了用户对于网络空间的重要影响。一直致力于全球网络安全管理的国际电信联盟则将网

[①] 周平：《国家的疆域与边疆》，中央编译出版社2017年版，第3页。
[②] 张焕国等：《网络空间安全综述》，《中国科学：信息科学》2016年第2期。

络空间定义为："由包括计算机、计算机系统、网络及其软件支持、计算机数据、内容数据、流量数据以及用户在内的所有要素或部分要素组成的物理或非物理领域。"[1] 这从要素构成角度阐释了网络空间，但忽视了人类对于网络空间发展的重要意义，同时也弱化了其与现实世界的连接。

笔者认为，网络空间是一个域，是聚集大量数据信息和用户，依靠基础建设和技术更新而不断加速发展的立体多维空间；是人类依靠电子信息技术创建并积极参与的虚拟世界；是可以分化成各个独立的小空间，为各自用户进行对象性数据服务的数字社会。其以数据交互作为沟通联络的方式，蕴藏着丰富的数据资源，与现实世界交融互通，具备现实社会的各种要素，亟须建立完善的治理体系和运行规则。

2. 网络空间的特征

开放、共享、自由是网络空间的名片，但网络空间的特征远不止于此。

虚拟性是网络空间不同于现实世界的主要特征，网络空间中的信息和数据依靠光纤和电子作为可视的传递介质进行交换，网络空间中的任何事物都可以使用代码数据进行标识，物理距离被无限缩短，两点之间信息的传递取决于基建设施的运行和电子的运动，这与以物理空间为主的现实社会截然不同。客户端的用户可以通过电子穿戴设备在网络空间自由地发布和收集信息，实现信息的交互，形成网络虚拟社会。但虚拟性并不意味着网络社会脱离现实世界，而是以现实世界为依托，是现实世界的一种数字化反映。同时，虚拟性也带来网络空间用户的匿名性，网络空间传输层协议和应用层协议保护用户隐私，无须进行身份认证。但随着近年来网络隐私泄露事件频发和各国监管部门的介入，匿名性的合理性受到质疑，实名制开始被一些软件应用接纳并施行。

开放性是网络空间迅速发展的重要推力和基本特征。每个人在遵循网络协议的基础上都可以自由连接网络，收集到不同地区和事件的相关信息，并发布信息，人与人之间的交流不再受到空间和时间的限制。开放性与平等性是紧密相连的，平等性是指在网络空间中的去中心化，每个用户

---

[1] "ITU Toolkit for Cybercrime Legislation"，p. 12，http：//www.itu.int/cybersecurity，转引自郎平《网络空间安全：一项新的全球议程》，《国际安全研究》2013 年第 1 期。

都是平等的一员，共享信息获取和发布的平等权利，不再是传统媒体中的层级化信息传递。

网络空间的信息交流具有鲜明的交互性，信息的流向不再是发布者到接收者，而是成为双向或多向的流动，每个人在网络空间都是信息的载体，通过发布和传递信息，并及时予以反馈，人际互动得到显著增强，这构建了网络空间的社会性。人们在网络社会中延续着现实社会中的地位、财富、职业和专业知识等，同时由于匿名性又可以扮演不同于现实的角色，人际沟通更为便利但也带有迷惑性，人际交流对现实社会的生产方式和思维方式都产生了映射和反作用，这也使得网络空间变得更为复杂。

3. 网络空间的构成要素

网络空间纷繁复杂，无边无界，但其主要构成要素可以分为关键网络信息基础设施、网络协议与域名服务器、信息技术和人才、数据信息与应用软件、网络用户和网络管理者五类。

关键网络信息基础设施是网络空间运行的载体和基础，也是国家关键基础设施良好运行的保障，是国家经济安全和信息安全的核心。关键网络信息基础设施主要包括计算机设备、电力系统、通信线路、移动设备、服务器、路由器等，构成网络空间的物质基础。

网络协议（Network Protocol）与域名服务器是网络空间中各网络相互连接、相互读取的通行规则和管理分类手段。由于各网络数据传输的格式存在差异，各网络间信息无法便利地进行传输，因此设计出一组协议软件进行格式的转换以实现各网络间的相互连接和各计算机终端的相互通信，网络协议也通过IP地址与网络用户的一一对应来实现网络空间的身份认证。域名是IP地址的字符型表示，以便于使用者记忆。域名服务器是网络空间中负责域名管理的主机，对不同域名进行分层分类管理，其中级别最高的是根域名服务器。

信息技术和人才是网络空间不断发展的动力，是一国网络发展能力的重要体现。网络信息技术主要包括各种操作系统、数据库系统、数据传输技术、防病毒技术等，是网络空间不断更新发展的源泉。高新技术人才是网络技术发展的推动力，是网络空间蓬勃发展，不断完善的保证。他们不断开发网络空间新的软件和功能，监控网络空间可能存在的危险隐患，在不同的地域创造出网络空间的无限可能。

数据信息与应用软件是网络空间蕴藏的丰富资源，数据信息不仅在网络空间内部传递，也是网络空间与现实世界交互的材料，直接促进了大数据经济的欣欣向荣。应用软件是使用者进入网络空间的载体，不仅便利人们的生活，也催生了网络经济和网络社会生活，更直接参与众多国家基础设施的使用和国防建设，成为网络空间渗透现实世界的第一把抓手。

网络用户和网络管理者是网络空间发展的节点和服务对象，庞大的网络用户群来自不同地区、拥有不同的文化背景和思维方式，他们分享和传递信息，使得现实距离在网络空间中消解。而网络管理者则是根据网络空间发展现状，联系本国相关法律法规进行监管，从而使得网络空间更为清朗，使用户获得更好的使用体验，也维护了网络空间的发展秩序。

（二）国家疆域

国家疆域是国家形成和存在的前提，[①] 并伴随着人类活动范围的扩大和国家形态的变化发生了由地理范围到领土范围进而到超领土范围的演进。国家疆域这一概念的含义也不断丰富和发展。

1. 国家疆域的传统含义

国家构建的不同模式会影响国家疆域的范围，古希腊城邦国家的形态决定了其国家疆域较为狭小，古罗马的帝国形态则决定了其国家疆域的辽阔。由此可见，国家疆域的界线受到国家构建理念、国家能力和自然地理条件的综合影响，国家疆域是国家占据和控制的地理范围，其演变是以国家发展过程为先导的。

近代以来，民族国家在世界范围内成为具有普遍意义和代表意义的国家发展形态，这反映在国家疆域的变迁中则表现为国家疆域受到国家主权和国际法的影响，国家疆域由国家凭借国家实力控制的地理范围转变为国家主权管辖并受到国际法相关原则认可的地理范围，即国家领土。领土是国家拥有排他性权利的地理空间，是国家的构成要素之一，领土包含领陆、领水、领底土和领空。现代社会领土的疆界由相关的主权国家在遵循国际法和历史事实的基础上以协议条约的方式划定。

2. 国家疆域的时代新意

科学技术的极大发展、"国家拥挤"的现状、国家拓疆的野心推动了

---

① 周平：《国家的疆域与边疆》，中央编译出版社2017年版，第2页。

国家疆域在新时期的范围扩大和形态变化。国家疆域已不仅仅表现为国家主权所管辖的地理空间，还呈现出依托于地理空间的利益空间拓展的发展趋势。在新的利益空间，国家可能并无绝对的主权权利，而是根据国际条约，以国家实力的影响来控制一定的空间形态，有学者将之称为国家的非主权性疆域。① 由此可见，国家疆域成为国家主权控制和国家意志凭借国家实力控制的利益空间，其划定标准也出现了多种方式混合的特征，衍生出了新的划界问题。

二 网络空间国家属性的争论

全球化进程的不断推进、网络信息技术的不断发展，使得网络空间成为国家发展的新场域、世界各国人民赖以生存的新空间，在这共生共享共荣的国际化空间内是否存在国家主权成为学界和各国政界争论的焦点，分化出以美国为代表的网络发达国家主张的网络空间自由论和以中俄为代表的网络发展中国家主张的网络主权论。然而通过各国制定的网络发展和防御战略及其实际行动来看，各国对网络主权存在的合理性和必要性心照不宣，并都在不遗余力地增强网络实力以维护自身网络安全和国家利益。

（一）网络空间自由论

作为网络空间诞生地的美国是目前全球网络实力最为强劲的国家，也是"全球公域"学说的起源地和主要推手。其致力于宣传公海、太空、极地地区、网络空间等区域是"处于国家直接控制之外，但因其提供了与其他世界之间的通道和联系，而对国家和其他全球性行为者至关重要的区域"。② 美国以宣传网络空间作为自由空间和"全球公域"，来推行其网络发展的价值观，维护其在网络空间已取得的战略优势和地位。

1. 自由空间说

自由空间说主张网络空间是绝对自由的，排除一切政府权力的介入，更不存在国家主权和国家疆界，而是一个全人类共享的虚拟自由世界，倾向于倡导网络空间的自我治理和自我净化。在互联网诞生之初，自由空间

---

① 周平：《国家的疆域与边疆》，中央编译出版社2017年版，第10页。
② Posen, B. R., *Command of the Commons: The Military Foundation of U. S, Hegemony*, International Security, Vol. 28, No. 1, pp. 5–46.

说受到人们的追捧,互联网先驱约翰·佩里·巴洛在《网络空间独立宣言》中大声疾呼:"工业世界的政府,你们这些肉体和钢铁的巨人,令人厌倦,我来自网络空间,思维的新家园。以未来的名义,我要求属于过去的你们,不要干涉我们的自由。我们不欢迎你们,我们聚集的地方,你们不享有主权。"① 但随着网络空间发展带来的诸多问题,越来越多的人认识到绝对的自由会带来巨大的安全威胁,网络空间不能是法外之地,网络空间的自治能力有限,作为人造空间,需要政府公权力有限介入网络犯罪的治理中,以更好地维护网络空间的自由、清朗。

自由空间说更多的是初期创造出网络空间的技术精英对于网络空间的美好设想,他们专注于技术创新和精进,渴望通过网络空间的自我组织来实现自我治理,具有工程师的浪漫情怀,却忽视了网络空间不只是技术的空间,更多的是一种人和关系的世界,需要规则、秩序和管理,正如程序正常运行需要符合代码书写规则的编写一般。

2. "全球公域"说

"全球公域"并非特指网络空间,而是代指处于国家管辖权力外的"无人独有"或"全人类共有"的某些区域或自然资源,② 具有无主性、非排他性和公共性等特征。美国国防部和历届领导人是网络空间"全球公域"说的主推手,他们提出,因为网络空间也呈现出无主性、非他性和公共性等特征,所以网络空间是"全球公域"的虚拟形态。美国国防部主张"全球公域"主要包括公海、空域、太空和网络空间,并一直针对"全球公域"制订战略计划以谋求美国国家发展利益,企图将"全球公域"私有化。针对网络空间,美国渴望建立一种"全球控制"霸权,通过主张网络空间是"全球公域"来阻碍别国制定网络空间治理政策,并进行美式价值观的宣传和意识形态渗透,抢夺话语权,收回技术精英手中的网络管理权,组建网络军队,为开展网络战争寻找借口。因此,网络空间"全球公域"说不过是美国试图独掌全球网络,掠夺他国数据资源,维护其世界霸主地位的言语借口。

---

① John Perry Barlow, *A Declaration of the Independence of Cyberspace*, http://homes.eff.org/~barlow/Declaration-Final.html, 2018 年 9 月 16 日访问。

② 马建英:《美国全球公域战略评析》,《现代国际关系》2013 年第 2 期。

(二) 网络空间主权论

互联网发展的早期，受到自由主义思潮的影响，以美国为主的欧美国家推崇网络空间"全球公域"说。2010年，美国国防部发布《四年防务评估报告》，把"全球公域"的范围明确化，主要包括海洋、空域、太空和网络空间四大领域。美国借此积极发展其网络霸权，攫取他国网络资源，在网络空间这一国家利益的新角斗场占得了先机。"棱镜门"事件后，各国认识到网络空间并不是绝对的公共领域，网络关键基础设施和数据是切实关系一国国家安全和利益的重要元素，信息流通无国界，但网络空间有疆域。与此同时，许多著名国际政治学学者提出了网络主权理论，并获得中国、俄罗斯等网络发展中国家的认同和进一步推广、论证。

1. 网络空间主权的提出

国家主权是一个历久弥新、不断演进的概念。法国学者让·博丹最早提出了主权概念，将其定义为是高于法律的永恒统治民众的权力。后历经格劳秀斯、霍布斯等学者不断的研究和发展，在威斯特伐利亚体系建立后，主权概念被国际社会普遍接纳为国家的构成要素和国际交往的基石。支持网络空间主权的学者大多认为网络空间主权是国家主权在网络空间的延伸，是一种虚拟形态的国家主权，将其简称为"网络主权"。

网络空间实则是现实行为体及其行为在虚拟世界延伸的活动范围，网络主权是国家主权在网络空间的延续和新的演进。2013年3月，《塔林网络战国际法手册》正式公布出版，第一条即指出："一国可对其主权领土内的网络基础设施和网络行为实施控制。"第一章则尝试以国家主权为规范基础，确定国家主权和网络空间的联系，以解决网络空间涉及的管辖和控制以及国家责任等问题，这实则是间接承认了网络空间主权的存在。[①] 同时暴露了美国及其北约盟友抢先制定网络战争相关规则的野心，揭露了他们表里不一，对外推行"网络公域说"，对内实则对网络严加看管，实行"高边疆"计划，抢占网络疆域。

2013年联合国"从国家安全的角度看信息和电信领域发展政府专家组"在其第三次成果报告中指出："国家主权和源自主权的国际规范和原

---

① 参见北约卓越网络合作防卫中心国际专家小组编写《塔林网络战国际法手册》，朱莉欣等译，国防工业出版社2016年版，第2页。

第一章　网络空间的国家疆域划分与网络边疆的生成 <<<

则适用于国家进行的信息通信技术活动,以及适用于国家在其领土内对信息通信技术基础设施的管辖权。"① 并在 2015 年工作报告中进一步强调主权平等、不干涉他国内政、和平解决国际争端等原则对于网络空间的适用性。虽然在联合国工作报告中并未直接提出"网络主权"这一概念,但通过描述不难看出其实际认同网络空间存在国家主权,网络主权是传统主权原则在网络空间的新适用。2017 年 2 月出版的《网络行动国际法塔林手册 2.0 版》是将已有的国际法规则运用到网络空间的尝试,在第一章中就明确了网络空间的主权问题,虽参与制定的各个国家对网络主权具体适用的对象存在分歧,但对于国家在网络空间享有网络主权达成了一致共识。② 这表明"网络主权"这一概念已被世界多数国家接受并成为网络空间国际法参考制定的基础。

2. 网络空间的"分层主权"

网络空间是一个时时变幻的复杂体,主权概念也较为宽泛,并且网络空间的新特征也促使传统主权概念内涵和外延做出了调整。可简单地对网络空间进行层级划分,以更好地解析网络主权的概念内涵、表现形态和主要内容。

网络空间的基础层是网络设备、计算机、光缆等物理层面的关键基础设施,这些存在于现实空间之中,位于国家传统领土范围内,有明确的产权,因此国家可直接对在其境内的网络关键基础设施享有主权,行使管辖权。

内容层则是网络空间内时时流通的数据、信息资源,是网络空间的信息财富。一国信息的采集、存储和加工反映该国的信息化水平和网络发展实力。大数据时代,国家核心安全信息的保护事关国家安全,因此目前实践中各国格外重视本国数据信息的开发、存储和监控,大多数国家展开立法以保护国家数据信息安全,可见国家网络主权对于内容层具有所有权、开发权和不受他国侵犯窃取的权力。

协议层则是网络空间的通用语言和交换互译的协议代码,是数据信息流通的"阀门"和网络设备互联的"钥匙",这是网络空间自我运行的基

---

① 联合国大会第六十八届会议临时日程项目 94,从国际安全的角度看信息和电信领域的发展, http://www.un.org/ga/search/view_doc.asp?symbol=A/68/98&referer=/english/&Lang=C, 2018 年 9 月 20 日访问。

② [美]迈克尔·施密特总主编,[爱沙尼亚]丽斯·维芙尔执行主编:《网络行动国际法塔林手册 2.0 版》,黄志雄等译,社会科学文献出版社 2018 年版,第 11—29 页。

9

础，国家网络主权对此拥有维护本国网络空间安全的立法规范权、通行编码的知情权、打击网络黑客等犯罪行为的责任和关系国家安全的网络端口的治理权等。

社会层是网络空间与现实世界的交融地带，主要由人和人际关系构成，因而国家网络主权可参考现实中对于人行为的规范加以管理，应用相应的属地原则、属人原则和后果原则等。

三 国家疆域的历史形态

《威斯特伐利亚和约》的签订确立了国家主权和国家领土原则，领土成为国家构成的必要条件。国家疆域的拓展成为国家发展历程中不可缺少的伟大事业，地理大发现、莱特兄弟发明了飞机、空间站的建立，人类借助科学技术的发展不断探索更广阔的活动空间，国家疆域实现了由平面疆域到立体疆域的飞跃。智能信息技术的飞速发展促使国家疆域也相应发生了变化，不再局限于实体疆域，出现了虚拟疆域的新形态。

（一）陆地疆域到海洋疆域

人类诞生之初并无国家概念，有限的人口和生产力也无法形成固定的疆域，只是出现了部落领地、氏族势力范围等无固定边界的人类活动范围。随着国家的形成，开始出现了陆地疆域的争夺和划分，国家统治者凭借国家实力不断拓展国家的陆地边疆，并建立边疆管理制度以维护国家陆地疆域，世界版图也随着各国实力的增减而不断变化。

陆地资源的日益紧缺和航海技术的发展，促使各国将目光转移到广阔的海洋上来。大航海时代，沿海国家凭借地理优势和积攒的航海技术与人才，积极发展海洋贸易，巨大的利益诱惑导致了多次沿海国家间海洋战争的爆发，海洋疆域的问题得到国际法学者的关注。

1. 海洋法的早期发展

海洋法的萌芽最早可追溯到中世纪。当时一些法学家为了满足封建君主占领海洋的需要，主张沿海国家对邻近海域享有主权或所有权，但直到15世纪都未能形成被各国接纳的基本领海制度。而后，随着资本主义的形成和发展，"新大陆"的开辟促使航海贸易兴起，这引发了人们对于海洋问题的关切，推动了海洋法的诞生和发展，近代意义上的公海制度初步形成。

荷兰著名国际法学者格劳秀斯在17世纪初发表了《海洋自由论》以反对葡萄牙对东印度洋航线和贸易的垄断，这为当时新兴的海权国家主张公海航行自由提供了法律层面的基础，对国际海洋法制度产生了深远的影响。但格劳秀斯的主张遭到了英国学者塞尔登的反对，他提出海洋主权论，认为英国可以占有其周围的海洋及资源，同时认可他国因人类应尽的义务可在一国占有的海域中航行的原则。18世纪，格劳秀斯和塞尔登的争论通过对海洋进行公海和领海海域的划分而得以化解，以公海自由原则和领海制度为主要内容的近代海洋法在19世纪形成，并延续到20世纪中叶。

20世纪以来，随着人类发展对于资源需求的不断增长，世界各国对于海洋资源的重视不断提高，这也使得国际海洋法面临新的挑战，需要重新制定或增加符合时代所需的新内容。1930年，国际联盟在海牙召开了由47个国家代表参加的海洋法编纂会议，这是海洋法史上第一次大规模的编纂会议，充分暴露了各国对于海洋主张的分歧。第二次世界大战后，各国都力图将自身管辖权扩展到公海领域以谋求更多的发展资源和利益，科学技术的进步也为开采海洋资源、探索海洋奥秘提供了可能，各国开始提出大陆架、专属经济区和国际海底制度等。因此，为了规范各国海洋活动，国际社会制定了一系列国际公约，推动国际海洋法进入新的发展阶段。

2. 联合国海洋会议

1945年美国总统杜鲁门发布了《关于大陆架底土和海床自然资源政策的公告》，第一次对领海之外的大陆架和自然资源提出了权利主张。该公告引发了世界各国的关注，成为各海洋大国效法的模板，纷纷提出对其邻近海岸或大陆架的资源拥有所有权和管辖权。为此，联合国组织召开了由86个国家和地区参加的第一次海洋会议，并通过了"日内瓦海洋法四公约"。[①] 该公约使沿海国家除领海之外拥有了更大面积的毗连区和海底大陆架，维护了发达国家的海洋利益，但却忽视了中小国家海洋利益的合理要求，未能被世界各国普遍接受。由于当时世界各国对海洋权益的争夺日益尖锐，1960年召开的联合国第二次海洋会议也未能取得实质性的进展。

20世纪60年代以来，国际形势的瞬息万变同样体现在了海洋权益的

---

① "日内瓦海洋法四公约"是指《领海与毗连区公约》《大陆架公约》《捕鱼与养护公海生物资源公约》和《公海公约》。

争夺与维护上，拉美国家兴起了维护200海里海洋权的斗争，是200海里专属经济区制度的诞生之源。面对纷繁的国际海洋发展需求和利益斗争，联合国召开了第三次海洋会议，该会议历时9年，讨论通过了《联合国海洋法公约》，为建立海洋新制度、确立海洋新秩序、保护海洋环境做出了巨大的贡献。至此，虽然仍有一些海域存在领土争议，但海洋疆界的划分已大体确定，国家疆域实现了由陆地疆域到海洋疆域的拓展。

（二）平面疆域到立体疆域

1903年莱特兄弟发明了飞机，人类迈出了征服天空的第一步，国家平面疆域上方的空气空间权利归属成为政治学者和国际法学者关注的焦点。第一次世界大战的爆发通过实践解决了空气空间自由论和主权论的争议，而后通过一系列国际会议和条约明确了国家领空主权原则和空中交通规则。国家疆域不再是平面的陆地和海洋所能概括的，而是逐渐从平面疆域扩展到空气空间甚至是太空空间，形成了一个立体式结构。

1. 第一次世界大战中空气空间飞行限制

20世纪初，人类航空活动在欧洲主要大国兴起，同时引起了各国学者对于空气空间国家主权的探讨，航空自由论和航空主权论应运而生，各主要国家也根据国家发展利益对于陆地疆域上空飞行权利进行了积极的外交斡旋，但未能取得一致意见。直到第一次世界大战爆发，空中飞行器令人恐惧的作战能力和破坏力使各国纷纷宣布不允许别国飞行器飞越其领空，空气空间存在国家疆域和国家主权成为不争的事实。

第一次世界大战结束后，1919年召开巴黎和会缔结了《航空管理条约》，第一条规定："缔约各国承认，每个国家对其领土之上的空气空间具有完全的和排他的主权。"[1] 领空主权原则通过条约得以确立为习惯国际法规则，越来越多的国家开始重视空中国土，并积极解决航空飞行运输等问题，探讨空中国际交通规则。

2. 1944年芝加哥会议确立领空主权原则

1944年芝加哥会议在重申巴黎和会确定的领空主权原则的基础之上，探讨了民用航空器国际运输的管理机制和相关规则，提出了"五种航空自

---

[1] 胡超容：《论航空自由的发展进程》，《西南民族大学学报》（人文社会科学版）2006年第10期。

由",创设了交换民用运输"营运权"的双边体制,形成了在主权原则指导下,由当事双方国通过协定(如美英在1946年签订的《百慕大协定》)对民用航空事务进行管理的法律制度。

随着全球化进程的推进和民用航空运输的普及,交换"营运权"的双边体制已难以满足当下国际航空运输的发展,各国正在寻求推进航空自由化的有效措施并保证每个当事国的领空主权和空中疆域。

3. 太空和外太空的疆域拓展

1957年苏联发射了第一颗人造地球卫星,人类航天技术进入了快速发展时期,同时也带来了关于太空疆域问题的争议,影响较大的有外层空间自由说、和平利用太空说和国家责任说等。[①] 而随着航天活动对地面空间和人类生活的影响越来越大,国家间航天活动的竞争加剧,发展中国家通过国际发声和一系列国际条约强调国家发展的太空权益,与美苏等航天发达国家展开了角力,虽然影响有限,但客观上推动了对于发展中国家权利的维护,引起世界反思对于太空空间法律地位的确定是否存在自由化过度的问题。世界大多数国家都意识到太空空间已经成为大国拓展国家疆域的新场域,以美国为首的发达国家倚仗现有优势不断拓展太空疆域,组建太空军队,撷取太空发展利益。这意味着,国家疆域已经从平面疆域发展成为立体式空间结构体。

(三)实体疆域到虚拟疆域

1946年第一台电子计算机ENIAC诞生,1969年国际网络的雏形APRANET诞生,信息技术的不断发展使原本应用于美国军方和大学内部信息联络与检索的局域网开始在世界范围内兴起,网络空间应运而生。网络空间在诞生之初被视为自由的新国度,人类可以享受信息的实时更新和交换,互联网技术也渗透至人类生活的方方面面,带来了巨大的便利和经济发展的新机遇,但同时也引发了诸如隐私泄露、网络诈骗、黑客攻击等危害性事件,使得国家治理必须直面网络空间治理的议题。同时,伴随着信息技术在国家生活中的运用,网络攻击甚至网络战也成为国家间冲突的表现形式和争斗手段,以美国为代表的网络发达国家已陆续组建网络军队

---

① 冯国栋:《国际空间外交博弈视角下的外层空间法律学说演变及中国应对》,《国际展望》2014年第6期。

以拓展和维护国家网络疆域，网络空间已不再是绝对自由的无法度之地。网络空间发展的巨大利益和对于国家安全的潜在威胁，使得各国网络开拓和维护自身国家网络疆域的活动悄然展开。国家疆域也由此呈现由实体疆域向虚拟疆域拓展的新趋势。

第二节 治理困境：划分网络空间国家疆域的缘起

日新月异的网络空间正在改变着整个世界的发展，冲击着国家安全的栅栏，带来无限发展机遇的同时也引发了新的国际竞争和问题。数据资源的抢夺危害隐私信息的保护，网络战争于无声处悄然发生，网络犯罪丛生，恐怖主义借助网络空间开展了新一轮的扩张……这些问题促使国际社会不得不正视网络空间当下的治理困境。各国纷纷依据自身网络实力和网络发展目标制定了国家网络发展战略，形成了具有代表性的进攻型、防守型和依附型国家网络发展战略。这些网络发展战略在一定时期和一定程度上促进了网络空间基础设施建设和网络技术的发展，解决了国家内部网络发展的部分问题，但对于破解国际网络空间的治理困境却收效甚微，更有甚者导致某些问题被激化，使得治理困境愈演愈烈。

一 网络空间治理困境的表现

全球化时代，网络空间层出不穷的安全问题已经成为困扰国际社会发展的重大议题。网络空间的发展给人类带来了更广阔的自由空间，打破了现实世界地理距离、语言差异和宗教信仰等带来的有形界限，密切了人与人、国与国之间的交往。网络空间因其自由共享价值而成为信息数据制造的沃土，但与此同时，自由外衣之下也隐藏着各种各样的危险，主要表现为网络犯罪高发，信息资源的争夺、泄露，国际冲突升级等，随时威胁着人们生命财产的安全和国家、社会发展的稳定。

然而在网络空间的发展初期，以美国为首的掌握网络科技发展先发优势的国家却不遗余力地鼓吹网络空间自由论，不断美化网络空间的自由外衣以阻止他国正常的网络空间治理活动，在谋取本国网络发展利益最大化的同时以自由价值绑架全球网络空间治理。但近年来网络犯罪数量上升、信息掠夺矛盾激化和数字鸿沟不断扩大等发展负面效应逐渐显现，网络空间的自由价值因为失序而大打折扣。面对每天数以亿计的网络攻击，美国等国家撕下了自由面具，加强了本国网络治理和管控。自由外衣褪去后的网络空间陷入了治理困境。

（一）自由泡沫退散后的罪案频发

网络空间是自由之地的泡沫率先为急剧增加的网络犯罪所打破。互联网有害信息大肆传播，网络欺诈，网络暴力，网络经济犯罪、网络恐怖主义等网络罪案数量逐年上升，同时网络空间的虚拟性、匿名性和流动性增强了犯罪的隐蔽性，网络犯罪呈现出犯罪主体低龄化、犯罪工具智能化、犯罪后果扩大化等特征。网络犯罪高发成为近年来困扰各国政府治理的难题，其中最具代表性的即是恐怖主义借助网络空间展开的新一轮蔓延，这种网络恐怖主义犯罪威胁着全人类的安全。

1. 网络罪案数量不断上升

美国是互联网的诞生之地，是当今世界网络信息产业最为发达、网络信息技术最为先进的国度。美国政府一直主张网络空间是全球公域，并在世界范围内积极推行网络自由主义。然而本该充分享受网络空间自由价值的美国民众却不得不承受网络犯罪带来的巨额损失，面对呈几何倍数增长的网络犯罪案件，越来越多的民众意识到自由是相对的，绝对的自由只会带来绝对的混乱。这时，美国政府开始撤去其在国际网络空间制造的自由浮沫，加强了对国内网络空间的管控，先后成立了一批国家网络监控部门，例如美国联邦调查局与白领犯罪中心联合成立的互联网诈骗犯罪投诉中心。

作为最为发达的网络强国，美国创建了大量的网络治理规则，运用最先进的网络信息技术进行了数据的加密和保护，但透过其互联网犯罪投诉中心 2013 年至 2017 年五年所受理的案件数量及其造成的经济损失额图可以看出：在自由泡沫退散后，美国网络经济犯罪频发，政府和社会缺乏有效的治理手段。2015 年是网络经济犯罪的转折点，鱼跃式增长的犯罪数量引发了政府重视并加以强制性管控后，其增速有所下降，但总量依然居高不下。

然而，这仅是 2013 年至 2017 年美国互联网犯罪投诉中心所受理的以网络诈骗为主的经济类网络犯罪案件的统计数量，网络经济犯罪只是网络犯罪中的一个类别，其所造成的影响往往是民众财产受损或隐私泄露；美

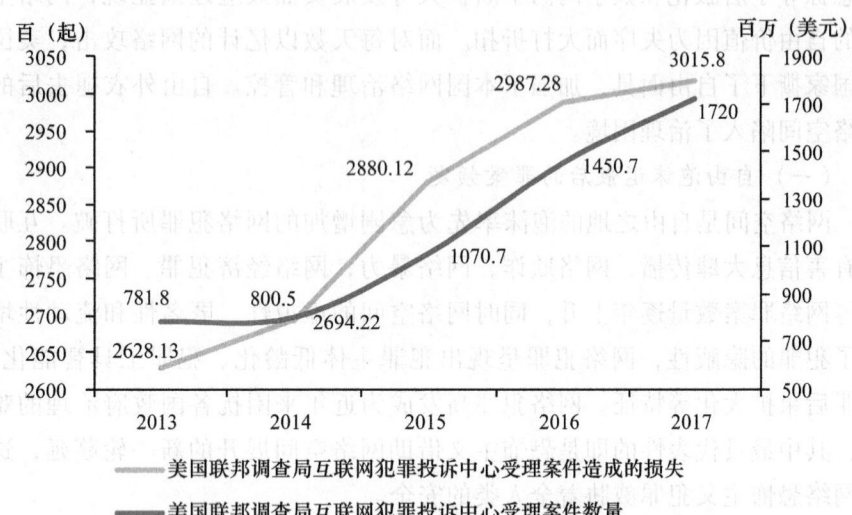

图 2-1 2013—2017 年美国互联网犯罪投诉中心受理案件数量

国也仅是饱受网络经济犯罪困扰的国家之一，因此，数据图仅是较温和地证实了自由泡沫水面下网络犯罪的频发。美国仍有大量民众遭受网络经济犯罪的侵害，却未选择向互联网犯罪投诉中心寻求帮助；除去网络经济犯罪，还有大量民众遭受着网络暴力、数据窃取等网络犯罪案件的侵害；大量网络信息技术远落后于美国的国家也正饱受网络犯罪的困扰。根据各数据统计平台发布的网络安全报告，近年来，网络犯罪已经造成全球经济损失超过万亿美元，网络犯罪凭借其低成本和隐蔽性，打着网络空间自由价值的旗号逃脱政府治理和法律制裁，正蚕食着现实世界的安全和秩序。

2. 典型案例：极端组织音视频传播

自由泡沫退散后，网络犯罪频发，其中对于世界和平与安全危害最为严重的即是传统恐怖主义势力借助网络发展新势力，产生了新的犯罪形态，无限扩大了其影响范围，造成了不可估量的潜在威胁。网络恐怖主义与传统恐怖主义犯罪不同，呈现出恐怖组织网络化、独狼式网络恐怖主义崛起、恐怖活动组织形式向网络节点结构转化等特征，又因网络空间的联动，使其后果具有不可预测性，影响范围和残忍度呈几何式增长。例如，"伊斯兰国"（ISIS）极端恐怖组织就凭借着其专业化、系统化和广泛化的互联网能力，在短期内急速扩大，制造了一系列恐怖袭击事件，众多无辜民众遭受袭击，损失惨重，造成了伊斯兰世界的动荡不安。

作为世界上网民数量最大的国家，中国一直致力于网络空间秩序的维护，并取得了不错的治理成效，但因为网络空间内国家边界模糊，且网络恐怖主义的隐蔽性较强，治理主体难以形成全球治理合力。尽管中国被认为是世界上最安全的国家之一，但网络恐怖主义利用国际网络空间自由主义抵制国家政府的干预和治理，进而逃脱管控，给中国人民带来了巨大的人身安全威胁，在社会中制造了恐怖情绪，危害了我国的国家安全和社会稳定。

3. 网络犯罪屡禁不止

网络恐怖主义只是对国家安全和世界和平威胁最大的网络犯罪形式之一。近年来，计算机的普及和广泛应用使得网络犯罪猖獗，犯罪手法花样百出，各国虽然都加强了对网络犯罪的刑事立法和社会治理，在一定程度上严惩了国内网络空间犯罪，但网络犯罪案件的数量却逐年递增，屡禁不止。而国际网络空间因缺乏国家间法律规范和合作，导致跨国网络犯罪泛滥，破坏了网络空间安全和发展秩序。目前网络犯罪的主要形式为网络经济犯罪，侵占公私财产，电信诈骗；网络黑客攻击行为；网络传播色情、赌博信息等。2010年，美国、德国、日本、韩国等联合打击儿童网络色情文化；2013年，中国国家CN域名解析系统主节点服务器遭受大规模分布式拒绝服务攻击，造成网络链路堵塞、服务器性能下降，部分CN域名网站访问缓慢或中断；2014年，中国、越南、缅甸警方合作抓获了119名跨国赌博案犯，涉案金额巨大等，这些被查处的网络犯罪案件只是冰山一角。随着网络覆盖率的不断提高，网络犯罪的影响范围进一步扩大，成为国家和社会发展的不稳定因素，如若不能实现有效治理，后果将不堪设想。

(二) 自由糖衣包裹下的信息掠夺

数据信息资源被称为网络空间中流动的"黄金"和"石油"，关系到国家政治安全、经济发展、文化传播和个人隐私等方方面面，因此，各国在网络空间中都极其重视数据信息资源的保护、挖掘和利用。在网络空间发展之初，具有先发优势的国家就意识到数据信息资源的重要性，打着自由的旗号给他国送去"自由的糖果"以获取他国数据信息并进行储存和利用。由于各国网络实力有差异，不少国家的数据信息资源被网络发达国家掠夺，并进行分析利用，甚至因此出现了网络黑客攻击和网络战争，这严重影响了国家安全和国际网络空间的和平发展。

1. 各国网络数据处理实力和能力相差悬殊

美国拥有超一流的网络信息处理技术和丰富的数据信息资源，但对于全球国家间网络发展实力相差的沟渠究竟有多宽却缺乏清晰的认知。一国网络数据处理能力是国家网络实力的重要组成部分之一，也是国家数据信息资源存储量的间接证明。

根据调研机构 Synergry 研究集团对数据市场的相关调查可以发现，截至 2018 年底，全球超大规模数据中心达到 430 个，其中美国占据 40%，位列第二的中国仅占 8%，并且这是近几年美国占有份额的最低点。由此可见，美国网络数据处理实力是其他国家难以望其项背的，这同时给各国敲响了警钟，美国掌握、处理并存储着世界超三分之一的数据总量，一旦发生网络冲突不仅影响全球网络的使用，更会危及各国国家安全。

2. 典型案例："棱镜门"事件

"棱镜门"事件是美国前中央情报局职员爱德华·斯诺登在 2013 年 6 月将美国国家安全局的一项绝密电子监听计划曝光于世，披露自 2007 年以来，美国国家安全局通过微软、谷歌、苹果等互联网产业的巨头监视并收集用户的信息数据。遭到监视的不仅有美国民众，还包括遍布世界各地使用这些公司网络服务的用户们，其中不乏各国政要。一时间，网络信息安全和用户数据隐私的维护成为引人注目的世界性话题，全球都陷入了被监视的恐慌之中，宣扬网络空间自由、扮演着网络空间卫道士的美国竟然一直利用其网络技术先发优势收集数据信息，各国纷纷开始寻求制定公平、透明的网络空间国际信息安全规则以维护自身国家安全。

"棱镜门"事件是美国政府有组织、有计划地利用美国在根服务器上所占有的技术优势窃取民众和他国数据信息的经常性网络攻击行为。以谷歌为首的网络巨头一边宣扬网络自由，反对其他国家政府对于互联网的监管，一边又协助美国政府广泛窃取用户数据，这种两面派的做法暴露出对用户隐私权的毫不在意，践踏了道德和法律的边线。不仅如此，美国政府还发动盟国一起参与监听行动，以此积累政治资本，增强其军事信息的收集能力，增加外交谈判筹码，这触碰了他国国家政治安全的核心。但"棱

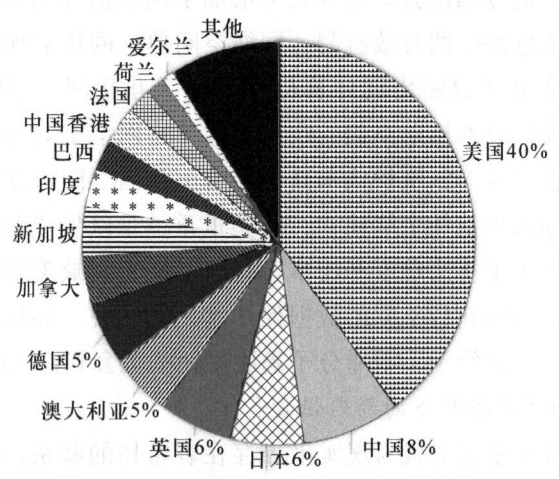

图2-2 2018年全球超大规模数据中心数量分布

镜门"事件仍只是网络空间中国家间数据资源竞争的冰山一角，各国都希望通过挖掘利用数据信息来掌握国家发展的先机，其中就不免发生运用黑客入侵等网络攻击手段非法获取数据信息，侵害他国数据信息安全的事件，诸如世界最大反恐数据库信息的黑市出售、美国国家安全局2016年被黑客攻击瘫痪和中国网易邮箱用户信息泄露等。

这一切都反映了网络空间信息掠夺的激烈和危害早已超出了我们的想象和可控范围，我们都主动或被动地卷入了这场信息掠夺的拉锯战中，消磨着网络空间的安全感和自由度。不加以遏制，最终将是网络空间自由价值的异化和失控，世界陷入信息泄露和隐私出卖的恐慌之中。

3. 网络空间数据信息保护面临的现实阻力

网络空间数据信息泄露和掠夺事件的频发给各国网络监管和网络国防力量都施加了巨大的压力，各国都寻求建立和完善数据保护制度，加强相关立法工作以规范网络空间的数据抓取、流动和交易行为。但由于网络空间数据流动的瞬息万变和窃取成本低廉，网络空间数据信息保护面临着重重阻力。网络空间数据只有跨境流动才能产生，价值的客观特性增加了数据管理和保护的难度，但一旦对数据进行严格的管控，可能存在影响数据流通的风险，数据流通不畅会影响国家自身经济的发展，容易使得国家从国际网络空间中被分割出去,这客观上增加了国家治理的难度。并且网络空间自身缺乏数据保护的有效机制,网络空间单一的依靠加密等技术手段进行保护,犯罪分子只需借助计算机系统接入互联网,运用技术进行交锋,即可以低廉的成本换取高额的收益,这使得网络空间每秒钟都面临着数千次的黑客技术攻击,维护成本高昂。由于各国之间数据保护未形成联通网络,且国际数据信任未能建立,壁垒重重,难以形成合力,增加了犯罪的隐蔽性,加大了执法难度和成本。国际网络空间缺乏对于数据保护的相关法律规范,各国施行不同的数据保护制度和法规,导致跨境犯罪难以统一定性并惩治,这给予了犯罪分子逃脱惩罚的机会和巨大的犯罪空间。

(三)自由理论掩护下的弱肉强食

网络空间自诞生之初就与现实世界存在着密切的联系,折射出现实世界的诸多特征和矛盾。美国是互联网诞生之地,掌握着网络发展的主导权,拥有世界上最先进的信息通信技术和完善的网络基础设施系统,占据着丰富的网络发展资源,美国网络公司的数量和影响力也远超其他国家,是网络空间当之不让的霸主。为了维护其在网络空间的霸主地位,美国一直不遗余力地在全球推广网络空间新自由主义,以自由理论掩护其攫取更多网络资源和网络疆土的行动,干预他国的网络治理活动和网络发展,这种网络霸权主义的行为侵犯了其他国家正当的发展权益,也危害着网络空间的和平稳定发展。最为典型的表现即为以南北"数字鸿沟"问题为代表的网络空间国家间差距的不断扩大,国家间网络空间发展的失衡导致国家间网络纠纷和冲突升级,难以建立国家间的网络信任。

1. 网络空间"数字鸿沟"问题

"数字鸿沟"是互联网爆炸式发展后逐渐显现的现实差距问题,是指不同国家、地区、民族、种族、行业、企业,甚至是个人之间,在全球网络化、数字化进程中,由于掌握的网络设备、网络技术的差距而导致的获得数据信息资源和发展机会的差距。由此可见,"数字鸿沟"是一种机会的差距,这种机会不仅影响国家内部个人、行业、民族等发展的前景,还直接影响国家的经济发展、政治安全和文化影响力,进而威胁到国家安全和国家利益的维护。网络空间"数字鸿沟"的问题主要表现在少数发达国家在网络基础设施水平、网络信息技术和网络控制权上占有绝对优势,从而掌握网络空间治理的话语权,谋取更广阔的发展空间,挤压发展中国家网络发展的空间。美国通过掌握全球根服务器操控着网络空间资源分配，据统计，美国民众人均拥有 IP 地址的数量是中国民众的 25 倍，即使美国政府在"棱镜门"事件后，被迫交出了互联网名称与数字地址分配机构（ICANN）的管理权，但仍通过强大的网络实力影响着网络技术标准的制定，给别国设置技术壁垒，进行技术垄断，阻挠网络后发国家信息技术的自主创新与应用。

同时，网络发达国家的网络运营能力和利用网络信息技术实现经济发展、文化传播的能力都远胜发展中国家。2017 年全球十大网络公司中，美国占有 7 家，并牢牢占据着前五位，苹果、谷歌、微软等公司在全球搜取财富和数据资源。与此同时，美国却不断针对中兴、华为等中国企业设置市场准入和技术门槛，甚至联结盟友进行政治斗争，打压他国信息技术企业的正常发展。"数字鸿沟"问题导致国家间贫富差距不断扩大，是国际网络空间国家间冲突频发的导火线。

2. 网络空间国家博弈升级

网络攻击和数据窃取是目前网络空间国家或地区间冲突的主要形式，更有甚者将现实中国家冲突引入网络空间，引发网络战。

近年来，随着智能穿戴设备的普及、网络信息技术的发展、国家背景的黑客团队建设等，国家间网络攻击和数据窃取事件数量大幅上升，成为国家间彼此攻讦的主要佐证，影响着各国内政外交的走向。苹果、雅虎、环球银行等大型跨国公司都发生过黑客攻击和用户数据被大规模窃取买卖的事件，甚至美国国家安全局和中国政府网站都曾因世界黑客的攻击而导致数据泄露。2015 年，希拉里"邮件门"事件曝光，被盗取的邮件资料显示希拉里存在违法操作国家机密的行为，这直接影响了 2016 年大选中希拉里的个人声誉和支持率。2016 年美国大选的"通俄门"事件，因有人质疑俄罗斯通过网络干预美国大选，导致特朗普政府执政合法性受到质疑，奥巴马政府更是据此在卸任前对俄罗斯展开了一系列制裁，使美俄关系严重倒退。这样的事件在国际网络空间不胜枚举，虽然各国都相继出台了维护数据安全的法律规范，但并未能阻止网络攻击和数据窃取的蔓延，这类事件数量每年仍快速增长，成为各国网络空间治理的"痛点"、国际网络空间治理的"常态"难题。

2010 年，美国利用"震网"病毒入侵伊朗核设施，数千台离心机原料浓度遭到篡改，导致其核发展停滞，沉重打击了伊朗的核计划。2014年底，美国以索尼公司遭到朝鲜黑客攻击为由，对朝鲜实施"断网"打击，致使朝鲜全境网络服务瘫痪，引发两国紧张激烈的对峙情绪，冲突不断升级。为了应对网络战的不断升级，美国、日本、法国、德国等都创建了网络部队，并不断扩编、升级，用网络技术武装军事力量，实现网络空间军事化，美国更是定期与其盟友展开名为"网络风暴"的军事演习，以增强网络作战能力。

二　网络空间治理困境存在的主要原因

剖析网络空间治理困境背后的成因不难发现，网络空间国家属性之争带来的"无主之地"首当其冲，究竟能不能管？应该由谁来管？有无管理权限？这些问题困扰着网络空间的治理主体，甚至成为其推脱责任的借口。而网络发达国家争夺网络疆域的霸权野心更是进一步激化了国家间矛盾，滋生出网络军国主义、网络恐怖主义等问题，反而"治理不成反添乱"。同时，发展中国家因网络实力发展较弱，在网络空间缺乏话语权，影响力有限，导致公正、平等、透明的国际网络空间治理秩序难以推进。

（一）"无主之地"：全球网络空间缺乏有效的治理模式和治理机制

网络空间治理是当今全球治理的重中之重，但却"久治不愈"，探究当下网络空间的治理现实不难发现，其根源在于现行的两种治理模式之间的竞争。"多利益攸关方"的治理模式难以厘清各治理主体的治理责任和治理权限；而多边治理模式影响范围有限，难以被各国共同遵守。建立在此模式上的现行各类治理机制松散，难以形成合力，效能低下。

1. 全球网络空间的治理模式

全球网络空间目前主要的治理模式为"多利益攸关方"治理模式（多方治理模式）和多边治理模式，二者相互竞争。

多方治理模式在2003年召开的信息社会世界峰会上确立，以美国为首的西方网络发达国家是其主推手，强调主体参与的多元化，限制政府管理网络的权力，主张网络空间"全球公域"，反对网络主权，目前主要通过互联网名称与数字地址分配机构（ICANN）等非政府组织进行倡导和推广。多方治理模式倡导集思广益，利于各方利益的表达，维护网络空间的自由价值，但其实际受到西方网络发达国家的控制，在多方治理中，各治理主体的话语权和意见实现程度是不同的，并未实现主体的平等参与，网络发展中国家的权益难以得到保障。并且该模式在应对一些跨国犯罪时难以有效发挥治理效能，尤其在对网络恐怖主义进行打击时，缺乏时效性和实际伤害力。

多边治理模式是由中国、俄罗斯等网络发展中国家提出的，源于2011年中国、俄罗斯、塔吉克斯坦和乌兹别克斯坦联合起草并提交给联合国大会的《信息安全国际行为准则》。多边治理模式主张网络主权，强调加强网络空间政府治理权威和主导地位，同时吸纳其他治理主体的建议。这有利于在网络空间维护国家主体权益，密切政府间网络合作，发展数字经济，并且集中政府力量共同打击以网络恐怖主义为代表的网络犯罪行为，维护网络空间的稳定发展。但因为各国之间信任感较弱，且网络实力差距明显。多边模式难以在全球范围内获得认同，遭到了西方网络发达国家的诟病，认为其有损网络空间的自由与创新价值。

由此可见，两种治理方式各有所长，各有所主，暴露了网络空间治理巴尔干化的现实，国家之间难以达成治理共识，难以形成长期的合作关系，网络空间公正、平等的国际秩序难以建立，这直接导致了网络空间治理效率的低下。

2. 全球网络空间现行治理机制

全球网络空间的现行治理机制是较为松散的，从治理主体的性质进行分类，大致可分为政府间治理机制和非政府间治理机制。政府间治理机制是指一些国家通过联合国、区域性国家联盟组织或多边、双边伙伴关系等平台开展以各国政府为主导的互联网治理合作，采用多边主义的治理模式，议定相关条约、规范，制定有关维护网络安全或网络发展的战略，并成立相关国际组织或机构加以推进。目前，越来越多的传统政府间治理机制都引入了网络空间的治理议题，构建了网络空间治理的独立框架，在技术、经济、文化和安全等领域展开了具有约束力的国际规则的探讨。联合国是目前最具代表性的全球政府间治理机制，在网络空间领域主要着力于世界数字经济的发展、网络恐怖主义的打击和国家间网络空间资源分配等，试图协调网络空间发达国家和发展中国家的利益冲突，制定网络空间治理的新规则。

非政府间治理机制则是建立在"多利益攸关方"的治理模式之上,以国际互联网协会(ISOC)、互联网名称与数字地址分配机构(ICANN)、互联网治理论坛(IGF)、互联网工程任务组(IETF)等为代表的非政府组织主导的网络空间治理机制,通过召开相关会议和论坛,请各利益相关方的各界代表进行议题讨论,制定解决方案,分担各方治理责任,对各国网络技术发展和网络问题提供援助。非政府间治理机制并不是都排斥政府组织的参与,除去以 IETF 为代表的专注技术标准研发和制定问题的"专家对话"组织,以 ICANN 为代表的众多非政府组织都会邀请政府代表参与会议,听取政府代表的建议,并传达各方的利益诉求,试图达成各方满意的合作治理。而自 2014 年开始,每年在中国乌镇举办的世界互联网大会也是一种具有代表性的非政府间治理机制,以论坛、对话的方式关注每年全球网络发展中的突出问题和成果,发出倡议,在争议中求共识,在共识中谋发展。

这些机制多对一些特定议题和事件进行针对性处理,提出了当前网络空间发展的建设性建议和蓝图,从各自专注的领域来解决网络空间现实问题,一定程度上推动了网络空间全球治理的进程。

但实际上全球网络空间现行治理机制所发挥的效能较为有限,形成的协议和规范局限于主体间具有共同利益的领域,且缺乏约束力和惩戒机制,有的条约是在网络发达国家主导下制定的,对于网络发展中国家和网络不发达国家的利益关切较少,机制自身的框架失衡导致国家的网络治理能力发挥受到制约。政府间治理机制达成的较多条约难以推进实施,执行面临现实阻力;建立在双边、多边国家关系或国家联盟基础上的政府间治理机制虽加强了区域内一些网络问题的解决,但对于区域内国家间网络利益的冲突协调有限,且其合作模式难以在全球推广。非政府间合作治理机制受到美国等西方网络发达国家的控制,制定的宣言、条约较多的是浮于形式,难以落实,更多地维护了网络资源分配中发达国家的利益,受到以俄罗斯和中国为代表的网络发展中国家的质疑,在一些国家境内缺乏发挥作用的实际平台和空间。少数由网络发展中国家提出的议题和论坛对话,因为话语权缺位和影响力有限,对于技术进步和经济发展的推动远大于国家间利益的协调,实则难以直击目前治理困境的"堵点"。

(二)"强权政治":美国积极扩张其网络疆域,推行网络霸权主义

时至今日,强权政治依然是全球治理的最大阻力之一,其以强力干涉他国内政,践踏国际法则,破坏国际秩序,危害世界的和平发展,网络空间也未能幸免。作为互联网诞生地的美国掌握着网络发展的先天优势,拥有雄厚的国家实力和广阔的网络疆土,并通过主导网络空间治理体系来进一步加强自身的网络实力,侵占网络资源,推行网络霸权主义,加剧了网络空间国家资源竞争,引发了国家网络军备竞赛和博弈的激化,是网络空间动荡不安的直接原因。

1. 美国网络霸权主义的表现

网络霸权主义是指一国利用自身网络资源和技术能力干预他国网络活动,侵犯别国国家主权的行为,主要表现为网络资源分配霸权、网络信息技术霸权、网络空间治理霸权和网络空间话语霸权四方面。

网络资源分配霸权是指一国在网络空间依靠其具有的优势和强势权力,干预数据信息资源、关键基础设施资源的分配,侵害别国正当权益。国际网络空间采用集中式的域名解析体系,需要具体的管理者,而美国拥有全球13台根域名服务器中的10台,这使得美国毫无疑问地成为掌控网络空间发展中枢的权威。"棱镜门"事件爆发前,美国通过控制互联网名称与数字地址分配机构(ICANN)占用大量 IP 地址,美国人均 IP 地址数量遥遥领先发展中国家,同时通过 IP 地址分配收取大量费用,分配一些具有特殊含义的域名时遵循"谁更有钱,谁更有实力,就归谁"的原则,例如中文域名"点世界"。即使各国不断呼吁 ICANN 的国际化,但美国仍实际影响着 ICANN 的各项工作,限制 ICANN 与其他国际组织对于网络欠发达国家的援助计划和金额,通过域名分配和管理影响各国网络资源的分配,以确保美国拥有最雄厚的网络资产。

网络信息技术霸权是指一国通过制定技术标准对别国设置技术壁垒,压制别国的信息技术发展。第一台人类电子计算机、第一条互联网都诞生在美国,美国掌握着网络空间的核心信息技术,领先于包括其他西方网络发达国家在内的所有国家。美国拥有微软、苹果、谷歌等大型的科技公司,掌握着计算机系统生产的各个环节,甚至垄断了某些核心科技,并且通过影响互联网工程任务组(IETF)进一步干预网络空间技术标准的制定,打击来自网络发展中国家的网络技术发展,诸如中国华为和中兴公司

等。而在"棱镜门"事件和美国打击伊朗核系统事件中不难发现，美国正在利用技术优势攻击别国网站，窃取别国数据，打击别国网络基础设施的运转。

网络空间治理霸权是指一国依靠网络实力和发展能力主导网络空间治理模式的选择和治理机制的运行，排除可能限制其扩张的治理主张。网络空间的全球化始于国际社会接入美国的因特网，这给予了美国主导网络空间发展和治理的机会和能力。美国对外强调网络空间全球公域，宣扬网络空间因自由而具有价值，反对中、俄等国提出的网络空间国家主权和政府间合作治理主张。但在面对其国内网络空间出现的网络谣言、色情信息传播、金钱犯罪时，白宫通过对互联网的全面控制进行了严厉打击，每一个美国网民的信息都为美国国家安全局所掌握，同时对入侵美国政府网站、发起网络攻击的黑客行为，多用美国国内法进行惩治，而当别国运用国家法律惩治网络攻击行为时，美国则宣扬别国破坏网络空间自由价值，这是典型的治理"双标"行为，凸显出美国所宣扬的网络空间自由是一种在美国完全掌控下的"自由"。

网络空间话语霸权是指一国依靠其网络发展优势，掌控网络空间话语权，影响网络空间运行的方方面面，同时借机推广自身国家价值观和意识形态内容，对别国进行政治和文化渗透，破坏别国社会秩序，引发国家动乱。自网络空间诞生以来，英语就是网络空间的主流语言，时至今日仍是网络空间应用人群最多、内容最丰富的语言。美国借助网络空间内容传递的快速性，不断加强美国国家形象的宣传，推广美国价值和西方价值观，以此增强美国国家软实力，同时借助网络空间进一步推动"颜色革命"的发展，煽动别国民众反对本国政权，破坏别国的主权和国家安全。

2. 网络霸权主义的危害

近年来，针对网络空间存在的种种治理难题，各国都提出了治理主张，并积极参与到实际治理中，但收效甚微，其根源即在于网络霸权主义导致各国各自为政，消耗了政治信任资本，加剧了国家间博弈，未能建立公正、有效、平等、透明的国家网络空间治理规范。

网络霸权主义侵害了网络发展中国家的主权权益和网络权利，阻碍了发展中国家网络基础设施的建设和自主科学技术的研发，导致"数字鸿沟"逐渐扩大，贫富差距越来越大。同时限制了发展中国家参与网络治理和技术标准制定的平等权利，以网络自由之名危害发展中国家的网络安全，通过网络霸权主义建构起文化霸权，试图消解别国国家价值观和意识形态的领导与凝聚力，有些欠发达国家被迫接受"网络被殖民"。

网络霸权主义也使得美国"搬起石头砸了自己的脚"，随着网络空间治理困境的愈演愈烈，越来越多的国家认识到网络空间的和平有序发展关系到每个国家的发展、安全和权益，认识到美国借网络自由之名不断壮大自身网络实力，企图成为网络霸主的真实目的。这极大地损害了美国国家形象，消耗了各国对于美国的政治信任和民众对美国的好感度，甚至激起了网络空间的"爱国黑客"攻击美国政府网站，要求网络平权；恐怖主义势力受到美国霸权主义的压力，借机壮大势力，开展了一系列针对美国的网络攻击和现实恐怖袭击，伤害了无辜民众。网络霸权主义扰乱了和平、公正、平等、有序的国际秩序，激化了网络空间国家间矛盾，引发了各国网络军备竞赛，甚至引发网络战，加剧了网络空间的失序，破坏了世界的和平与发展。

（三）"人微言轻"：发展中国家网络话语权缺失带来的治理失衡

在网络空间，发展中国家因网络实力与发达国家存在显著差距，平等发展网络、参与网络治理的权利受到限制，话语缺少倾听，权力难以实现，发展中国家"人微言轻"的窘境加剧了网络空间治理的失衡。

1. 发展中国家的网络实力现状

当今世界正处于信息技术快速发展和产业革命不断推进的新时期，发展中国家的网络实力均取得了显著提升，但与发达国家仍相距甚远。中国作为最大的发展中国家，近些年加强网络基础设施建设，发展数字经济，举办乌镇世界互联网大会，积极参与网络空间全球治理，被美国视为最具有威胁的网络空间竞争对手之一。然而，尽管中国已在网络空间建设中取得了丰硕的成果，但和美国相比仍有较大差距。

发展中国家网络实力与发达国家的差距主要表现在网络基础设施建设水平、网络核心信息技术创新能力、高科技网络人才数量、国家网络发展战略制定能力和网络空间国家影响力等方面。发展中国家网络覆盖率不断提高，但稳定性和关键基础设施运行的独立性比起发达国家存有差距。非洲大陆不少国家面临着温饱问题、国家分裂问题等，难以真正动用国家资源发展网络基础设施建设，而国际援助又受到发达国家的限制，使得其基随着人类理性的不断发展，知识产权不断得到普及和尊重，具有先发优势的发达国家掌握着大量网络空间核心技术，拥有成熟的科技创新机制和能力，制定技术标准垄断高科技技术产业。美国英特尔公司几乎垄断了全球电子计算机芯片的生产和研发，而发展中国家芯片研发和生产能力才刚刚"婴儿学步"。同时一旦意识到发展中国家在某些领域的科技创新能力会对自身产生威胁，美国会立即对其进行打击，譬如中国华为、中兴公司在美受到的不平等待遇。不可否认，发达国家优渥的教育资源使其拥有着世界上最顶尖、数量最多的高科技网络人才，而发展中国家计算机产业的发展主要是依靠留学归国的人才带动发展，逐步实现国内人才的自主发展，这一人才短板拉长了发展中国家的发展周期。

发达国家自互联网诞生以来就注重其在国家发展中的影响，抢先制定了国家网络发展战略并不断调试，现阶段已拥有完整、成熟、稳定的国家发展战略和制定、调整能力。反观发展中国家，政策片面化、战略碎片化现象较多，在制定战略政策时更多的还是着眼于数字经济的发展，对于整体技术发展缺乏战略眼光。在国际网络空间，以美国为主的发达国家掌握了更多的主导权和发言权，而中、俄作为影响力最大的发展中国家，在很多方面仍被美国牵制，网络空间的影响力仍是少数发达国家占有明显优势。

2. 发展中国家网络空间话语权缺失的危害

话语权是一种"软实力"，需要以硬实力为基础。受到自身网络实力和发展能力的限制、网络空间既定运行规则和网络发达国家限制等因素的综合作用，发展中国家在国际网络空间所掌握的话语权极为有限，这不仅不利于发展中国家自身的发展，也导致国际网络空间失序问题缺乏有力的牵制，从而愈演愈烈。

网络空间话语权的缺失意味着发展中国家合理表达自身发展权益的呼声被淹没，发展空间被压制，最终使其与发达国家的差距不断拉大，进而影响整个世界的稳定、有序、和谐发展。"棱镜门"事件中，发展中国家积极发声，谴责美国监视个人隐私、窃取国家机密的行为，联合发声也并未能使美国真正交出国际网络空间的主导权，美国同意将ICANN移交给国际管理也只是为了安抚德国等欧洲盟友，且美国最终还借此得以洗脱责任，受到牵连的各大公司也仍然在各国正常开展商业活动。这进一步激化了网络空间中发达国家和发展中国家的冲突，导致网络空间国际形势进一步恶化，网络攻击行为居高不下，网络军备竞赛愈演愈烈，国家间的彼此怀疑将给网络恐怖主义、网络军国主义和有组织的黑客行为以更多可乘之机，最终使网络空间从"失衡"演变为"失控"。

三 网络空间现行主要治理战略及其缺陷

传统世界政治根据国内生产总值（GDP）划分国家类型，主要有发达国家与发展中国家两类，实则，在网络空间的发展中也出现了不同的国家类型。依据各国掌握的网络信息技术、关键基础设施数量、数据信息资源抓取能力和国际网络话语权、影响力等，可将网络空间中的国家分为三类：以美国为代表的依靠传统经济、军事和科技优势最早发展网络建设的发达国家；以中国和俄罗斯为代表的虽然网络建设起步较晚，但依靠网民数量、经济增速或国家意志开展网络建设，追赶网络发达国家步伐的网络发展中国家；以广大第三世界为代表的网络覆盖率较低、网络运行质量不稳定和网络发展自主性较弱的网络欠发达国家。

2003年，美国白宫出台了《网络空间安全国家战略》，并随后发布了《网络空间国际战略》《美国国土安全部可持续技术发展重点》《网络安全国家行动计划》等文件，进一步设定了美国的网络空间战略总目标，暴露了美国制霸国际网络空间的意图。日本、英国、法国和德国等发达国家也都相继出台了网络空间国家安全战略，并将政策战略核心都指向国家安全，试图构建起国家网络安全防御体系。随着互联网经济的兴起，发展中国家面临着巨大的网络空间发展压力，捉襟见肘的网络发展资源和能力使发展中国家和欠发达国家制定了防守型或依附型的网络空间治理战略。应对全球网络空间治理困境，这些国家的网络治理战略虽各展所长，但都未能实际解决问题，有些战略政策甚至进一步激化了矛盾。

（一）进攻型网络治理战略：激化网络资源的争夺

美国作为世界上网络发展最为发达的超级大国，掌握着国际网络空间发展最顶尖的资源和技术优势，针对可能出现的各种潜在威胁和风险，美国政府一直奉行进攻型的网络治理战略，以拓展更广阔的网络疆土，攫取更多的网络数据信息资源，抢占网络发展制高点，捍卫其网络空间的霸主地位。

1. 进攻型网络治理战略的典型代表：美国

美国政府从20世纪90年代就已经开始关注网络空间的威胁和网络关键基础设施的建设与维护，并着手发展国家网络安全战略。克林顿政府时期，着力于维护网络信息的私密性和安全性，重视网络空间关键基础设施的保护和信息保障技术的框架建立，从而确立起"全面防御"的网络安全治理战略。2000年，《全球时代的国家安全战略》的签署通过标志着美国政府正式将网络安全战略纳入国家安全战略的框架，克林顿政府的"全面防御"战略走向"深化防御"阶段。"9·11"事件加速了美国政府关于网络安全治理战略的执行和进一步细化的决定，小布什政府针对"9·11"事件制定了攻防结合的"网络反恐"战略，重新界定了关键基础设施并签署《国家基础设施保护计划》加以维护。同时，借助2007年黑客攻击爱沙尼亚的事件，小布什签署了秘密的《综合国家网络安全倡议》，在保障美国网络安全的防御基础上增加了进攻性的新要求，酝酿营造未来更有利于美国网络发展的新环境。奥巴马政府时期则在"网络实力"的理论基础上制定了"网络威慑"战略，设立国家网络安全促进委员会以加强对网络安全事务的协调管理，同时完善网络空间安全制度建设，增强网络防御能力、网络空间态势的感知和溯源能力、网络空间行动能力、网络空间执法能力等。2009年6月，美国国防部成立网络司令部，负责进行网络战争，表明美国政府以军事力量维护国家网络空间安全和利益的决心，暴露了奥巴马政府借助军事实力抢占网络资源的野心。

特朗普上任时明确表示要让美国获得真正的安全，网络安全的维护必须放在首要位置，并于2017年12月18日发布了任期内首份《国家安全战略报告》，强调美国将遏制、防范、打击运用网络空间能力入侵美国的黑客、威慑和瓦解潜在威胁的行为体。同时，明确提出要让网络反映美国的价值观，捍卫自由，保障美国的国家安全，促进美国经济的发展。这显示出了特朗普政府更为务实、竞争性强烈的进攻型网络治理战略。2018年9月20日，特朗普政府更是出台了第一个全面阐述美国网络战略的文件——《国家网络战略》，明确提出美国政府将尽力让美国拥有世界上最好的网络安全，采取"进攻性"的行动来应对网络威胁和攻击，保护每位美国公民在网络空间的决定性优先活动和利益。同时，在保护美国网络安全和技术优势的基础上,将网络融进国家权力的所有要素,增强联邦政府管控网络风险的能力,提升网络稳定性和国际网络建设能力,追求网络空间和数字经济的创新发展,以确保美国在包括网络空间的各个领域都成为世界的领导者。《国家网络战略》体现了特朗普一直以来奉行的美国优先理念,为美国经济发展和繁荣谋求了更多的网络发展资源,其中夺取国际网络空间的绝对领导权和掌握网络纷争中的主动权,是其制定的原动力。

2. 进攻型网络治理战略评估

历届美国总统制定的网络治理战略虽各有所侧重,但其维护美国网络安全和网络发展利益的内核是一致的,并且凭借美国在网络空间积累的资源和技术优势,由防御反击逐渐转向主动出击,网络治理战略的进攻性显著增强。

进攻型网络治理战略以强大的国家网络实力和发展能力为基础,以争夺国际网络空间的领导权为目标,以数据信息资源带来的发展红利为内生动力,以维护国家网络安全为外在驱动,以网络霸权主义和现实主义为内核,是包含技术、人才、制度和法律体系的全方位的国家网络安全与发展的政策战略。

在网络空间主导权博弈日益激烈的今日,施行进攻型网络治理战略进一步激化了大国间网络资源的争夺,竞争的火药味越来越浓。以美国为首的西方网络强国将传统国际政治的博弈毫不避讳地引入国际网络空间,树立中国、俄罗斯等国家为自己网络空间的最大敌人,将网络空间治理作为国家间博弈的手段,试图发动网络驱动的经济战、外交战等,同时不遗余力地推进网络空间的军事化和武装化,这显然阻碍了网络空间国家间合作和信任的建立,不利于网络空间国际治理机制的有效运行,挤压了网络发展中国家和欠发达国家的网络生存空间,导致"数字鸿沟"的不断扩大和网络军备竞赛的加码。同时,美国在抢夺网络空间主导权时不可避免地侵犯了他国国家利益,从而激化了部分网络黑客的爱国性网络攻击行为,双方持久的缠斗加剧了网络空间的失序,使国际网络空间冲突不断。

简言之,进攻型网络治理战略通过给国际网络空间"添乱",使得各国共同承担美国维持网络空间霸主地位的成本,是一种"美国优先"的网络空间政策。

(二) 防守型网络治理战略：难以获取国际网络空间治理的话语权

防守型网络治理战略主要为发展中大国所采用，客观上发展中大国虽具备一定的网络实力和基础，但与网络发达国家的网络发展能力差距依然明显；主观上发展中国家已经意识到没有网络安全就没有国家安全，并积极筹划建设网络防御部门以维护国家网络信息的安全和国家利益，试图提高自身网络硬件水平和治理能力以应对来自网络发达国家和网络暗黑势力的侵害。中国正处在由网络大国走向网络强国的关键阶段，作为网民规模最大的国家，面对来势汹汹企图遏制中国崛起的发达国家，维护国家网络安全成为中国国家网络战略的核心。但由于一些网络信息关键技术仍受制于人，在国际网络空间治理的话语权和影响力较弱，我国目前选择的主要还是防守型的网络治理战略。

1. 防守型网络治理战略的典型代表：中国

改革开放以来，为适应信息技术革命的发展大潮，在 20 世纪 80 年代初，我国就已经开始着手成立专门的计算机与大规模集成电路领导小组以领导和管理信息产业，并在之后经历了不断升级和重组。截至 1993 年，我国对网络空间的管理主要侧重在简单的通信保密领域，建立通信保密的理念和保密立法工作，培养保密技术人才，制定信息安全标准。[①] 这一阶段由于受到计算机普及率和技术手段的限制，网络空间的概念也未被熟知，未形成明确的网络空间国家治理战略。1994 年之后，我国将治理领域进一步拓展，侧重于计算机与网络信息系统的安全领域，将其列为国家安全的重要方面，初步建立了网络空间管理的法律体系和组织体系，但并未形成体系化的网络空间治理战略。

2013 年，"棱镜门"事件的爆发和中美网络空间的博弈白热化，拥有网民数最多的网络安全压力促使了我国网络治理战略的觉醒。新一届领导集体开始着力于网络空间的改革，捕捉网络空间带来的巨大发展机遇。2014 年成立了中央网络安全和信息化领导小组，由习近平总书记亲自担任组长，统筹管理我国各领域的网络信息安全问题，研究制定我国的网络空间安全和治理战略，提升我国网络发展能力和国际网络空间的治理话语权。

[①] 徐东华：《改革开放三十年中国信息安全管理的发展》，《北京电子科技学院学报》2009 年第 1 期。

2016年11月，全国人大常委会表决通过了《中华人民共和国网络安全法》，这是我国倡议网络空间主权原则的首次法制化实践，明确了网络空间关键信息基础设施的范围和保护制度，惩治攻击破坏我国关键基础设施的境外组织和个人，为我国参与国际网络空间竞争和治理提供了可依据的法律文本。同年12月，《国家网络空间安全战略》首次发布，阐明了我国关于网络空间安全和发展的重大立场和主张，明确今后一段时间内我国网络空间治理工作的着力点和重大举措，重申了我国坚定维护国家网络空间主权和安全的决心，表明了我国积极参与网络空间国际治理的态度和责任。2017年3月，我国发布了《网络空间国际合作战略》，进一步完善了我国网络空间治理的顶层设计，并阐明了我国参与网络空间国际合作的基本立场、战略任务和行动计划，提出国际网络空间治理的中国方案，为构建网络空间命运共同体贡献了中国智慧。"一法两战略"均显示出中国网络空间战略的核心是维护国家网络空间主权和网络安全，并积极参与网络空间国际合作和治理，倡导建立民主、多边、公平、透明的全球网络空间治理体系。

由此可见，积极防御的思想贯穿了我国网络空间治理战略的发展历程。我国以加快自身网络发展实力维护自身网络安全为首要目标，同时尊重别国网络主权和发展权力，主张建立网络空间"命运共同体"，营造"你中有我，我中有你"的网络空间国际合作格局。

2. 防守型网络治理战略评估

防守型网络治理战略为中国、俄罗斯等发展中网络大国所采用，是基于对国家网络实力和网络空间国际地位的清晰定位，以防守应对来自网络霸权主义的倾轧，以防守来降低网络犯罪的发生率，以防守来打造清朗的国内网络社会，以防守来加紧国家间网络治理合作。同时是以中、俄为代表的网络发展中国家对外释放的信号，以聚集志同道合谋求网络空间安全、和平、开放、创新、共享发展的国家，提升发展中国家在网络空间的话语权和影响力，改变国际网络空间治理由发达国家把持规则制定权和数据信息的不利局面。

因为受到国家现实网络实力和实际话语权的影响，防守型网络治理战略的主要侧重点还是在于维护发展中国家的国家安全和国家利益，但发展中国家在传统国际政治竞争中的实力未能有效转化为网络空间的博弈筹码，同时不断崛起的事实又投射在网络空间中，使得网络发达国家感受到迫切的威胁，从而加紧对于网络发展中国家的遏制和网络数据信息资源的抢占。可见，防守型网络治理战略只能是中、俄等国的一时之策，它难以帮助中、俄等国冲出网络发达国家联合钳制的包围圈，获得与其发展所需相匹配的网络资源和网络治理的话语权。网络发展中国家的当务之急是实现国家在网络空间关键信息技术的独立自主，从而真正地不受制于人，为与网络发达国家平等对话创造机会和平台，加快缩小"数字鸿沟"，推动建立健全平等、安全、透明、创新的国际网络治理机制，突出防守战略中的关键基础设施的建设和关键信息技术的提升，以进步协同防守。

（三）依附型网络治理战略：自主治理的权力和能力受限

"网络殖民主义是新殖民主义在国际互联网上的具体表现，也是美国推行软实力和巧实力的具体体现。"① 全球化时代，每个国家都主动或被动地卷入网络空间发展的各项议题，而以美国为首的网络发达国家也将传统国际政治中的殖民主义延伸到了网络空间，甚至利用先天的技术优势加紧了对网络欠发达国家的资源掠夺和主权控制。

网络欠发达国家的关键信息基础设施和网络信息技术较为落后的客观现实使得它们在制定国家网络治理战略时不得不选择依附网络先发国家，以寻求表面的风平浪静，为本国的网络空间发展赢取时间和支持。网络欠发达国家较多地选择了依附型网络治理战略，并且着力于利用网络空间发展数字经济，实现国家经济的快速增长，同时加强国家网络基础设施的建设，提高网络覆盖率的同时尽力维护国家网络安全。

1. 依附型网络治理战略的典型代表：网络欠发达国家

近年来，网络欠发达国家都意识到网络空间的飞速发展给他们带来了经济发展的机遇和安全的威胁，但受到经济基础薄弱和民族国家独立进程较晚的影响，网络欠发达国家的网络基础设施和技术水平都较为落后，这迫使它们在制定国家网络空间治理战略时不得不受到某些网络发达国家的影响，甚至出现简单照搬西方国家网络治理机制的现象。这是一种"向好

---

① 张纯厚：《全球化和互联网时代的国家主权、民族国家与网络殖民主义》，《马克思主义与现实》2012年第4期。

心理"影响下的主动依附,忽视了自身网络实力与网络发达国家间的差距,通过政策上的"一致性"来减少网络发达国家在现实世界中对其发展的干涉,以赢取其经济援助和支持。

另外,网络欠发达国家具有广阔的信息产业市场,成为互联网巨头企业争相抢夺的"新大陆",美国谷歌和亚马逊公司就曾因争夺非洲网络发展市场而"大打出手"。并且因为在国家发展中面临民族分裂、传染性疾病肆虐和民众温饱等更为紧迫和突出的现实问题,网络欠发达国家也无力经营网络,对自身网络市场缺乏掌控力和开发能力。此外,由于网络基础设施多由网络发达或发展中国家承建,网络欠发达国家的网络信息技术发展缓慢,自主性差,从而导致了被动型依附的出现。

依附型治理战略对内主要表现为重视打击网络犯罪的立法工作,其制定主要还是依靠模仿网络发达国家制定安全治理体系,并未切实地根据自身的网络实力和网络空间环境做出反应。针对网络犯罪的立法工作以针对经济性犯罪为主,并且在实际执行中因为技术和人才有限也难以真正得到落实。而针对不断蔓延的网络恐怖主义则稍显轻视,主要还是跟随模仿西方发达国家,难以真正参与到打击跨国恐怖主义的活动中。

依附型治理战略对外主要表现为其参与国际网络空间的治理方式主要是通过区域组织或者次区域组织来实现,并且治理范围仍局限在其领土范围内,国际话语权和影响力有限,制定的有关公约难以被所有国家接受并落实,较多倡议超越了其实际的网络治理和执法能力。同时,在网络欠发达国家的网络治理中发挥重要作用的非政府组织,或多或少都受到网络发达国家的支持或者控制,成为以美国为首的西方网络发达国家在网络欠发达国家的代言人。这反映在网络欠发达国家网络治理过程中则表现为对美国网络霸权主义的选择性"忽视",通过挤压自身网络主权的发展空间以获取某些支援,最终导致"数字鸿沟"不断扩大。不少网络欠发达国家对于网络空间的大国博弈持观望的态度,认为事不关己高高挂起,主观上对于国际网络空间治理的责任意识淡薄,客观上网络实力的薄弱也钳制了它们参与到网络空间的国家竞争中来。

不过,近年来,随着网络欠发达国家的经济实力发展和网络覆盖率的提高,不少国家开始重视国家网络安全维护和网络空间发展,逐渐认清网络发达国家的霸权主义动机,开始寻求中国、俄罗斯等网络发展中国家的网络技术支持，建立起自己的网络安全治理体系和制度，并实现跨区域间的网络安全合作。

2. 依附型网络治理战略评估

依附型网络治理战略并不是一种成熟的国家网络治理战略，而是针对网络欠发达国家的网络空间行为进行的概括性总结，是一种群体性的暂时性过渡策略选择。

依附型网络治理战略为广大网络欠发达国家所选择是有其现实依据的，不能忽视网络欠发达国家与其他地区和国家的网络实力差距，这是它们特殊的国家发展进程所带来的客观影响。但必须意识到依附型网络治理战略只能作为"缓兵之计"，网络欠发达国家需要警惕网络空间发展的"再殖民化"陷阱。也就是说，网络空间的公平公正需要网络欠发达国家重视独立自主建设国家网络基础设施。培养国家网络技术人才和建立国家网络安全治理体系。同时，依附型网络治理战略也是网络霸权主义的产物，以美国为首的网络发达国家企图通过网络空间的"马歇尔计划"来遮盖其掠夺数据信息资源的丑恶面目，模糊网络空间两极分化、"数字鸿沟"不断扩大的事实，欺骗并利用网络欠发达国家来掩饰其主导国际网络空间发展进程的野心。总而言之，依附型网络治理战略限制了网络欠发达国家和地区参与国际网络空间治理的自主权力，同时压缩了他们网络实力的提升空间，耽误了他们网络能力的培养，最终将导致网络空间"再殖民化"成为现实。

第三节　划分网络空间国家疆域：
破解治理困境的新路径

网络空间极大地改变了人类的生产和生活方式，但在予人类以便利的同时也引发了私隐泄露、网络欺诈、"数字鸿沟"、网络恐怖主义等问题的蔓延，甚至是网络战争的爆发，威胁着世界的稳定、和平与发展。而当前各国立足于自身发展需要制定的国家网络发展战略更多的是关注国家内部的网络治理和抢抓国际网络空间的发展机遇，对于国际网络空间治理未形成共识，网络发达国家与其他国家分歧较多，难以形成治理合力，网络空间失序僵局难以打破。破解网络空间治理困境需要一种新思路，需要主体明确、权责一致、充分发挥国家主体与国际组织效能、促进国家间合作的新方法。在网络空间划分国家疆域不失为一个创新突破口，可以借此重塑国家行为体在网络空间的治理权威，实现网络空间共建共享共治的发展价值，维护各国网络安全和国家安全，促进国际网络空间的健康有序发展。

一 网络空间划域治理的有效性

网络空间的虚拟性和跨国界性使网络空间的治理具有其独特性，目前国际网络空间未能形成共同的规范和治理机制，因而处于无政府的失序状态。当下由美国主导的"多利益攸关方"治理模式难以厘清各方所需履行的职责，导致治理不力，受到诸多质疑。面对网络霸权国的信息掠夺和网络资源分配的不公平，越来越多的网络发展中国家要求明确国家网络主权，建立公开、透明、有力的国际网络空间治理体系。在网络空间划分国家疆域是破解当前网络空间治理困境的一种新尝试，通过在虚拟却客观存在的网络空间进行国家边界的厘定来确立国家行为体的治理权限，弥补现行治理机制治理主体缺失或乏力的缺陷，激活国家在网络空间的治理活力和效能。同时，合理公正地划分网络资源，促进网络空间中国家间合作与互补，协调国家间利益冲突，从而维护网络空间的和平与发展。

（一）弥补现行治理机制松散、效能低下的缺陷

网络空间的全球治理机制有着与其他领域不同的发展轨迹和特征，并且随着网络空间与现实世界的不断交融，其经历了由传统到现代的不断演进，治理主体越来越多元。同时，网络空间不同于传统领域的新特征和各治理主体间关于治理权限的竞争愈演愈烈等因素，造成治理机制效能低下、难以形成治理合力的问题始终未能得到妥善解决。在网络空间划分国家疆域，通过对治理主体权限的厘清和治理范围的明晰来确定网络空间各治理议题中应发挥主导作用的治理主体，可以避免相互责任推诿和扯皮，确保治理成效。

导致网络空间治理机制效能低下、组织松散的原因是复杂的，主要原因有三点：一是缺乏全球网络空间治理的有关国际法律，相关国际组织的独立性受到质疑；二是网络空间属性争论，关于网络空间是否存在网络主权，以美国为首的网络发达国家推行"全球公域"，依靠先发优势主导网络空间治理机制的运行，使得网络发展中国家和网络欠发达国家难以融入

全球治理机制；三是国家间网络技术和网络治理的不平衡发展，各国网络发展的起步不同，所掌握的网络资源不同，导致各国网络技术发展存在较大差距，依此制定的网络发展战略不同，这使得在全球治理机制中各方的发展利益和需求难以得到协调，从而使得网络空间再现了现实国际体系的不平衡。

在网络空间划分国家疆域，通过承认国家主体在网络治理中的地位和作用弥补了目前机制中存在的主体不明、效能低下的缺陷。国家作为一国资源和能力最为集中的主体，具有任何组织都无法代替的共同体象征，以国家为代表制定的网络空间治理的国际法律将具有合法性，并能得到更为坚定的执行。同时，划分国家疆域并不意味着国家成为网络空间唯一的治理主体，而是确定各国网络治理的范围，更好地实现网络的共享和网络资源的公平公正分配。划分国家疆域将有利于网络欠发达国家维护自身发展利益和网络安全，同时明确各领域的治理主体，可以使国际组织与各国政府更好地合作，在一国范围内更好地推行相关政策和条约，帮助一国制定符合其网络能力发展的网络空间国家战略，使网络空间国际合作机制更好地得以落实。

（二）明确各个治理主体及其治理权限与责任

网络信息技术的不断发展使网络覆盖率不断提高，我们每个人都成为网络空间的行为体，而随着现实世界和网络空间的互动、融合趋势不断加强，网络空间治理主体也与传统领域的治理主体趋同，大致可分为国家（政府）、私营部门和社会民众。但因为网络空间的特殊性，尤其是对技术创新的要求和较低的治理准入门槛，其治理不再是单一治理主体所能独自完成的，而只能是由多个治理主体共同协作，发挥各自所长以达到治理效能最优。

目前国家网络空间的治理议程是由美国等西方网络发达国家主导，它们致力于推进"多利益攸关方"的治理模式，即为政府、私营机构、社会和个人共同参与网络空间治理，并根据不同治理议题的属性由不同主体作为主导，选择相应的互动模式推进治理，形成治理机制。[①] 但由于网络空

---

① 鲁传颖：《网络空间全球治理与多利益攸关方的理论与实践探索》，博士学位论文，华东师范大学，2016年。

间治理议题的数量繁多且属性复杂，导致政府、私营机构和社会民众在参与治理时出于对各方利益的考虑，出现了争夺治理主导权或推诿责任的现象。例如在"棱镜门"事件的处理中，因为牵涉美国国家安全局、联邦调查局，苹果、雅虎、微软等九家国际网络巨头，导致在事件处理中各方除了谴责美国的监控行为以外，难以真正对相关方进行追责，且后续网络空间国家信息安全的维护仍然缺乏强有力的措施。

划分网络空间国家疆域将从根本上改变各主体相互推诿、治理混乱的局面。首先，网络空间国家疆域的划分将明确各主体其治理的范围，区分出在该范围内各主体的影响力大小和治理方式；其次，划分国家网络疆域也是主体责任和利益的划分，在该区域内掌握传统最多管理资源和力量的政府将不可避免地成为治理的中心，承担起维护国家网络疆域安全、疆域内经济发展环境和民众利益的责任。其他相关组织在运行自身治理机制的同时需遵守疆域内国家网络安全相关法律与规则，规范其参与网络治理的行为，避免技术代替治理的现象发生。同时，社会民众将有法可依、申诉有门，相关权益将受到来自国家强制力的保护，遇到侵权行为时可按照正常程序寻求有关部门的帮助，获得回应。社会民众在网络世界中也依然需要遵守公民责任，自觉维护国家安全和国家利益，规范自身的网络行为，一旦出现违反法律的网络行为也会受到该疆域内国家法律的制裁。

1. 社会民众——以舆论导向影响议题设置

据统计，截至2017年底，全球网民人数突破了41亿，也就是超过全球一半的人口都在网络空间活动，并且用户使用网络服务的平均时长也在不断增长，这得益于网络科技发展和智能穿戴设备的普及，表明了网络空间已与人们的日常生活紧密相关。网络空间发展不仅予人以便利，更是拓展了人们参与公共治理的渠道，网络用户足不出户就可以了解天下大事，并通过政府网站、社交软件、电子邮件等方式快捷地表达自己的利益诉求和质询，与世界各地的人们交换观点。同时，网络空间存在个人隐私泄露的风险、网络欺诈犯罪行为的频发、网络恐怖主义攻击等治理困境，网络用户也是第一时间真正感受到侵害和威胁的群体。但因为个人所掌握的网络资源和网络技术应用能力有限，并不能有效地维护自身的网络安全，网络用户需要借助网络公司、媒体等具有较大话语影响力的中介以寻求政府相关部门的帮助来避免自己遭受网络犯罪的侵害。最为常用的方式是大量网络用户共同发声以通过舆论导向来影响网络空间的治理议题设置，如针对中国苹果用户屡屡出现的"盗刷事件"，中国用户开始积极维权，曝光苹果客服的回应，向中国消费者协会反映，经过媒体的连续报道，要求苹果公司一视同仁赔偿用户的需求得到满足。并且，经过苹果用户、媒体和中消协三方的舆论引导，苹果公司对于中国用户数据获取方式和利用的途径开始受到民众的关注，如何更好地在网络时代维护个人隐私安全的议题被推向风口浪尖。这促使国家政府、国际网络空间予以重视，成为各大网络空间治理机制不可回避的治理议题。

划分网络空间国家疆域将帮助社会民众明确其网络活动范围及其"网络冲浪"时应遵守的规则和义务，帮助社会民众更有效地维护自己的网络权益，规范网络活动行为，联结其现实生活与虚拟生活，提高网络用户的整体素质。

2. 非政府组织——以技术导向影响问题解决

网络空间治理不仅需要治理艺术，还需要技术基础，而不少非政府组织正是网络空间相关技术的创新者和驱动者，亦是技术标准的制定者和推广者。同时，非政府组织也承担着网络空间的治理责任，通过积极搭建国家利益协调的对话平台，帮助更多的国家和民众接入互联网，抓取网络空间治理难题，推动国际互联网治理机制完善。但因为网络空间国家间信任水平较低，且网络空间安全直接关系到各国国家安全和国家利益，非政府组织参与国家内部网络空间治理的能力被限制，只能是提供技术帮助和基础设施建设等。而在国际网络空间治理中，非政府组织承担的是沟通的桥梁角色和决议中技术问题解决的顾问角色，并未真正参与到治理的核心层级，只是以技术标准制定和技术创新影响问题的解决实效。而划分网络空间国家疆域将帮助非政府组织明晰其在不同国家网络疆域的相关法律规范要求和主要目标，探寻与不同国家部门合作的模式和工作机制，更好地发挥技术优势帮助国家网络发展，促进整个网络空间的平衡发展。

3. 国家政府——以政治权威影响决策执行

国家政府是一国疆域内国家公共行政权力的象征和实际行为体，掌握着国家强制力量，在划定的国家疆域范围内负有不可推卸的维护国家安全的职责。虽然网络空间国家疆域与实体国家疆域不完全重合，具有自身特性，但不可否认的是，在网络空间，网络传输的物理介质、数据流等都需要国家强制力作为保护。因此，国家政府仍然是网络空间不可或缺的最有力主体。政府间治理机制即是通过国家政府间的对话形成决议，达成共识，再经由政府筛选在本国网络空间进行施行。在国际磋商中，国家依靠自身网络实力和网络资源获取话语权，影响议题进程；在国内治理中，政府依靠自身政治权威来限制其他行为体的活动，影响决议的落实效果。

在网络空间划分国家疆域，实则是划定一个国家可参与网络空间治理的范围，当出现治理议题时，疆域的划分有利于明晰议题所牵扯的实际范围，既加强各方在国际层面的合作，又明晰各国实际所能治理的范围，继而由各国政府作为牵头人与治理范围内所牵涉的社会、企业和个人合作，充分发挥国家网络疆域中各行为体的能动性，并制定相应的奖惩机制以确保治理的实际成效。

（三）明晰网络空间国家治理能力的作用范围

在"多利益攸关方"模式中发挥突出作用的是互联网名称与数字地址分配机构（ICANN）、电气和电子工程师协会（IEEE）、国际电信联盟（ITU）等国际组织所掌握的网络资源和网络治理能力。但也正因如此，"多利益攸关方"治理面临的一大挑战——"某些参与者的优劣势过于突出，特别是私营部门存在显著优势或缺位的情况。"[1] 以互联网名称与数字地址分配机构（ICANN）为例，ICANN掌握着整个网络空间IP地址的空间分配和通用顶级域名以及国家和地区顶级域名系统的管理，实则控制了整个人类网络空间，在网络空间治理中是实际的"掌钥人"，占有举足轻重的地位。然而，因其与美国政府的关系紧密，ICANN被视为网络霸权国家侵占他国网络资源的工具，危害了国家间信任的建立，越来越多的国家呼吁ICANN实现真正的国际化，推动网络空间各国的公平发展。同时，诸如国际电联一类的国际组织因为其组织特点和运作方式，限制了其在一国境内网络治理活动的开展。而国家政府作为各领域传统的治理主体，其实际治理能力在网络空间被轻视，增加了非政府间治理机制的工作负担和压力，浪费了国家政治权威资源，使得各国重视争夺网络空间的控制权，而忽视了承担网络空间治理责任。

---

[1] United Nations Educational, *Scientific and Cultural Organization*: *What if we all governed the Internet?*, UNESCO, 2017 (31).

国家治理能力是运用国家制度管理各方面事务的能力。网络空间国家治理能力应该包含制度整合能力、制度执行能力和国际影响力。首先，制度整合能力是指将现实世界的制度进行转换，吸纳新的、外来的制度机制，并糅合形成适合本国网络空间的治理制度，满足网络空间各项事务发展的要求。其次，制度执行能力则是指政策的落实能力，包含各层级、各领域的所有政策，网络空间的技术特性使得国家制度执行力的落实需寻求专业技术组织的支持和诸如 ICANN 的帮助，建立良好的多方互动合作关系。网络空间国家治理能力中不可避免地包含国际影响力，不仅包括参与国际互联网治理机制的能力、话语权，还包括议程设置的领导力、宣扬自身网络空间发展理念和实现国家网络空间发展目标的能力。

网络空间的虚拟性和权力的分散性使国家治理能力的实现不再是单一地依靠文件或政策的下发和执行，在国内是通过战略制定、政策研究等确定治理方案，再依靠政府权威、专家组织和企业公司的合作进行分工治理；国际则是通过参加各种政府间治理机制、非政府间治理机制、双方和多方对话机制和国际论坛等进行磋商。

由于网络空间打破了国家传统领土的分隔，使得国家在网络治理中"束手束脚"，难以分清合理运用合法权利维护国家利益和侵犯网络自由的界限，从而难以真正发挥国家整合性治理作用。在网络空间划分国家疆域将帮助各国政府明确其在不同范围内可享有的治理权限，从而运用相应的国家治理能力解决各范围的治理难题。在网络空间划分国家疆域并不是让国家或政府成为网络空间治理的唯一主体，而是试图解决"多利益攸关方"中政府角色定位和多方平衡机制的问题。网络空间被称为人类发展的"第五战略空间"，是多方权力和利益的博弈场，网络发达国家与发展中国家、政府与非政府行为体均在网络空间争夺数据资源和控制权。划分各方的责任范围，依据各主体掌握的技术资源和特性，在各范围内有序开展多层级的合作，将更好地激发各方的管理效能，激活国家各项网络治理能力和协调能力。

（四）协调网络空间资源分配，促进国际对话与合作

网络空间的蓬勃发展伴随着数据信息的井喷式爆发，数据被称为"流动石油"，引得各行为体竞相争夺。与此同时，"数字鸿沟"成为网络世界中横亘在国家、组织和个人间难平的沟壑。

1. 网络空间资源分配的现状

网络空间目前出现的众多国际争端都有网络空间资源分配不公的原因。美国等西方发达国家凭借先天的技术优势和经济实力，最先在网络空间开拓国家疆土，抢占了网络空间的发展先机，积累了丰富的网络数据信息资源，并且依然坚持在网络空间推行新自由主义，宣扬网络空间是全球公域，以便其继续掠夺网络资源，抢占他国网络领土。网络空间资源分配的现状是不公平、不平等的，从"数字鸿沟"的不断扩大就可窥见一二。

以马太效应为原理的"数字鸿沟"使得掌握关键基础设施和核心技术的行为体的收益越来越多，而弱势者则更为势弱。以美国微软公司为例，其生产的电脑系统 Windows 系列占全球电脑系统市场的 95%，网络发达国家掌握了超过 90% 的电子商务，并通过网络收集更多的用户信息数据，不断研发迎合市场需要的产品，从而蚕食更多的全球贸易份额。同时，美国政府通过微软、苹果等互联网公司收集了全球用户的信息数据，在国际事务中获得了更多的主动性。"数字鸿沟"带来的贫富差距引发了国家间的敌意和纷争，数字革命不断被提上议程，成为南北对话中急需解决的议题。

2. 维护国家数据主权，公平分配网络资源，夯实国际合作基础

缩小"数字鸿沟"，解决网络空间各国发展不平衡问题首先要实现网络空间资源的公平合理分配。人类发展已经脱离了先到先得、单凭力量取胜的野蛮时代，公平与正义是人类发展的不懈追求，在网络空间也不例外。事关个人隐私、社会安全和国家利益的网络数据资源不应是被人随意采摘的野果，而应适用有关原则进行合理保护与利用。在网络空间划分国家疆域，将明确网络数据资源的归属，维护国家数据主权，从而限制某些网络发达国家借助先发优势巧取豪夺别国机密数据和发展要素。同时，遵守人道主义精神，维护网络发展中国家和网络欠发达国家的合法权益，从根本上给予网络欠发达国家和网络发展中国家以生存和消除"数字鸿沟"的空间和时间。这将是在网络空间公平合理分配网络数据资源的第一步。

划分网络空间国家疆域并不是限制国家间数据交流，阻碍世界数字经济的发展，而是通过明确国家间数据收集和利用的范围与原则，帮助各国更好地进行国际合作，建立互信平等的合作关系，从本质上打破数据应用的国家壁垒，降低数据采集的成本，使各国拥有更为广阔的信息市场和共享资源，使得网络空间得以和气生"材"，带给世界更多的发展利好。

网络空间作为人类共同生活的新场域，需要各国建立信任，实现合作治理，真正打造清朗的网络生存环境，促使数字经济发展和网络技术进步更完善，有序地推动人类社会的进步。

二 网络空间划域治理的可行性

在网络空间划分国家疆域不是浮于文字的空想，而是以网络主权主张为理论基础、以网络强国和网络大国的网络发展战略为模本，立足网络空间巴尔干化的现实提出的切实可行的网络空间治理方案。

（一）理论基础：网络主权主张的提出

网络空间的发展初期，"去主权化"、要求网络自治的呼声高涨，但随着网络发展暴露出来的诸多问题，这种乌托邦式的想法遭到越来越多国家的反对，网络空间治理中主权国家的力量不断增强，各国都加大了对网络空间的监管力度，无政府、"去主权化"的设想显然无法顺应时势。针对网络空间出现的新问题进行研究，结论大都指向网络空间需要有力、联合的治理主体和明晰的治理规则，网络基础设施和技术也具有产权所属，应该作为国家主权在网络空间的延续，由此网络空间国家主权论逐渐兴起。虽然实践中各国对网络主权应用对象的理解存在差异，但网络空间"存在国家主权"的观点正被各国以实际行动认可。

1. 网络空间主权的正当性和合理性

网络空间主权概念是传统主权理论在全球化时代和网络时代的新演进，是与网络空间全球公域相对立的主张，经过近年来的发展已经被较多国家认可和接纳，并客观存在于各国的网络行为和网络战略之中。网络空间主权不同于网络权力，是属于国家主权概念范畴的，网络权力不是为国家行为体所独有的，是各行为体在网络空间分享和利用的，但网络空间主权则是国家独有的、对内自主治理的最高权威和对外不受侵犯的独立权和平等参与权。

网络空间主权的正当性源于其是国家主权概念在网络空间的新延续，而国家主权是数百年来国际关系的基本准则。网络空间产生的基础是关键基础设施，而关键基础设施是位于国家领土之内的，并有明确的产权归属，按照现行国际法规则，国家对位于自己国家境内的网络关键基础设施具有管辖权，从而对依托于这些基础设施的网络空间享有国家主权。"网络空间主权是国家主权在位于其领土之中的信息通信基础设施所承载的网络空间的自然延伸，即对出现在该空间的信息通信技术活动（针对网络角色与操作而言）和信息通信技术系统本身（针对设施）及其承载数据（虚拟资产）具有管辖权（对数据操作的干预权力）。"[1]

网络空间主权的合理性源于网络空间治理的现实需要。网络空间主权的确立将强化国家在网络空间的合法治理地位，更好地依法治网，保护数据隐私，维护国家网络安全，避免国家间冲突升级。网络空间缺乏国家主权或国家主权受到侵犯是当下网络空间大多数冲突爆发的原因，包括网络域名分配冲突、数据窃取和泄露、网络恐怖主义猖獗等问题，这些是依靠当前多利益攸关方治理模式所未能解决的"顽疾"，只有建立国家间网络主权合作治理模式才可能维护网络空间的发展秩序和公平正义。

2. 网络空间主权的发展前景

网络空间主权主张的提出为解决网络空间诸多的治理难题提供了新的切入点，是历史发展的必然趋势，有利于建立网络空间新的治理秩序和治理模式。网络空间主权主张一经提出就受到了广大发展中国家的认同，鼓舞了广大发展中国家参与到全球网络空间治理的行动中，为弥合数字鸿沟、解决国家间冲突提供了解决思路。但也受到了来自以美国为首的发达国家的反对，它们错误地认为国家主权将威胁网络空间的自由发展，以自由的价值宣传来掩盖其继续掠夺网络资源的野心，但其在网络空间打击犯罪、建立网络军事部队等诸多网络行为都是以国家网络主权为依靠的。由此可见，网络空间主权是客观存在的，由各国所实际享有并为联合国等国际组织所承认的。网络空间主权将随着网络技术发展和国家网络空间治理合作的深入而进一步明晰，其原则、范围、要素和对应责任界限也将进一步得到确认，从而成为国际网络空间治理的权力基础。

根据国际法，领土是指国家主权活动和行使排他性权力的空间，是主权国管辖的国家全部疆域。那么，在网络空间划分国家疆域则是类似于国家间领土、领海、领空等边界的划定，只是由于网络空间的虚拟性、开放性和多元性而出现了新的划定原则和构成要素。

---

[1] 方滨兴主编：《论网络空间主权》，科学出版社2017年版，第82页。

（二）重要推力：主要国家的网络发展理念与行动

进入21世纪，网络发展迸发的巨大潜力吸引了世界各国的注意，各主要国家也相继根据自身的网络发展能力制定了相应的网络发展战略，尤以美国、中国和俄罗斯最为突出。这些国家网络发展的理念和实际行动实则推动了网络空间国家疆域划分的进程，并且提供了初步的蓝本和原型。

1. 美国的网络拓疆理念

作为互联网诞生地的美国，是当今世界首屈一指的网络强国。克林顿时期主要施行"全面防御"的网络发展政策；小布什时期则是攻防结合的"网络反恐"政策；奥巴马时期是建立在"网络实力"理论基础上的"网络威慑战略"；特朗普也根据网络空间发展的新形势制定新的美国国家网络安全战略，运用政府资源加强对关键信息基础设施的保护，同时加大惩处网络不良行为的力度。可见，历届总统均将网络安全作为美国国家安全的重要部分，借此不断拓展美国的网络边疆，力争更多的网络疆域。美国的网络发展理念可归纳为进攻型，依托已有的资源和技术优势，获取更多的发展空间和利益，同时试图主导制定网络空间的行为规范准则，确立其网络霸主的地位，捍卫其网络疆域。

2. 中、俄的网络维权理念

作为网络用户规模最大的网络发展中国家，2014年中国成立了中央网络安全和信息化领导小组，并相继发布了《网络安全法》《国家网络空间安全战略》，同时主办世界互联网大会，申明中国的网络发展理念凝练为"创新、协调、绿色、开放、共享"，呼吁世界各国重视国家网络安全，携手共建网络空间命运共同体。中国的网络发展理念是融合在国家发展战略中的，侧重维护国家网络主权，防御来自他国的网络攻击和侵略，以维护自身网络疆域的完整性和安全，推进全球网络空间治理的良性发展。

俄罗斯作为与中国共同推动"伦敦进程"，维护网络主权的重要力量，其网络发展理念与其政治发展一脉相承，主要依靠明晰政府职责，加强政府对于网络的监管力度，并不断出台相关的网络应用法律，限制外国资本对于国内网络平台的进入。并且俄罗斯在将本国重要的网络发展企业划为国家重要的战略资源的同时，注重国际新兴媒体、网络平台的发展，以多种方式参与到国际网络发展中，重视对于信息产业和大型网络公司的资金注入，甚至是直接参股。俄罗斯的网络发展战略是从实现经济发展和维护国内政治安全的维度出发，积极保护自身网络疆域的同时，试图打破美国垄断网络资源的局面，加强俄罗斯自身的网络发展影响力。

以非洲为代表的网络欠发展国家也均制定了自身的网络发展战略，明晰了网络发展理念，无一不是重视自身的网络安全，维护自身的网络主权，对于自身网络疆域的界定均有各自的设想，并采取了一定的策略使其得以实现。各国积极划疆的态度是统一的，只是划疆的依据和能力存在差别，需要国际社会达成共识并协商确定。

（三）有利条件：国际网络空间碎片化治理的现实

在网络空间划分国家疆域能够得以实现的重要现实条件是目前全球网络空间治理的巴尔干化，即缺乏共识和有力的合作，大国之间处于分庭抗礼的状态。享有网络发展特权的国家滥用权力，侵略别国网络疆域的行为遭到了一致的反对同时现存的网络发展中的巨大差距和现实需要又让多方无法切断网络联系，只能寻求一种以合作减轻冲突的治理模式。各国又依据自身对网络空间的主张，在国际社会发表了不同的网络治理理念，采取了多元复杂的行动，这导致网络空间的全球治理呈现出碎片化的特征。

碎片化意味着新的创造性，需要寻求一个能获得各方认同，维护全人类安全与利益的共识方案，而加强各国之间的政治互信和网络协作的前提即是明确各国的网络疆域，给予各方以网络空间发展的安全感和实际治理区域、职责，最终实现网络发展的荣荣与共。

第四节　借鉴与创新：划分网络空间国家疆域的基本构想

在网络空间划分国家疆域是一个创新的想法，势必面临来自各方的阻力，需要一个力争完美、安抚各方的设计。其实自人类诞生以来，划界恰是人类不断进步的表现，是人类组织形式不断进化的重要标志。陆地边疆、海洋疆域、空中疆域都为网络疆域的划定提供了划分方法和原则的现实参考，而国际电信联盟对人类电信事业的管理经验又为划分网络空间国家疆域提供了管理经验和实践方式的借鉴。因此，在网络空间划分国家疆域可从探析网络空间国家疆域的必要构成要素入手，根据要素特性进行划分，依托联合国等国际组织加强国家间沟通、依托国际电信联盟等提供技术支持，使得划分方案最终落实为国家间条约和国际法形式，从而实现网络空间划国界而共治。

一 国家实体疆域划分的经验借鉴

国家不仅是政治共同体，也是一个政治地理空间单位。[①] 随着人类活动范围的扩大和国家形态的发展，国家疆域不断拓展，经历了由陆疆到海疆、空疆等实体疆域的划分，网络空间本质上与陆地、海洋和天空并无区别，都是人类生产、生活的空间。因此，在网络空间划分国家疆域可以借鉴历史上国家实体疆域划分的方式和经验。

（一）陆疆：先占、添附、时效、割让和征服的划分方式

传统国际法认为获取陆地疆域主要有五种方式，分别为先占、时效、添附、征服和割让。随着民族国家的不断发展和国家主权制度的确立，各国达成共识，通过《联合国宪章》明确表达侵略战争不符合国际法和国际道义。因此，现代国际法废除了建立在战争合法性基础上的征服和割让方式。随着反殖民和解放运动的不断推进，许多殖民地国家获得独立，重新确立了对于国土的控制权，使得世界各国陆地疆域的界限得以初步明确。

先占是国家有意识地占领、控制不处于其他任何国家主权控制下的土地。先占被承认需要同时具备两个条件：一是试图占领的土地是无主之地；二是占领必须有效，国家需要在这片土地上建立立法、司法和行政机构，明确彰显国家主权。目前，地球上几乎不存在任何无主之地，因此，先占原则现在主要是被用来澄清和解决某些历史遗留问题。

时效是指取得时效，原先是民法中的概念，被传统国际法借用，指由于一国长期公开且不受任何干扰地有效、持续占有另一国领土，从而获得该领土的主权。然而，这一方式可能存在非法占领的问题，且关于占领时长到达怎样的标准才能确认获得该领土主权也无具体的规定，因此时效原则一直争议不断，在现今国际实践中已不被采用。

添附作为一项被沿用至今的合法占用土地的方式，主要是指由于人为制造或自然形成新的土地而增加国家的领土面积，其中人为制造不得损害其他国家的合法利益。

[①] 周平：《国家的疆域与边疆》，中央编译出版社2017年版，第3页。

征服是指一国直接以武力占有别国的领土，并取得实际控制、行使主权，将其归入自己的国家版图。征服也是以战争合法性为基础的，在现代国际法和实践中已被废弃。

割让是指国家间根据签订的条约转移领土，分为非强制割让和强制割让。非强制割让是指一国自愿签订条约转移自己的部分领土交予别国，可能是赠予、交换或买卖等形式，至今仍被国际社会承认和采用。强制割让则是一国被迫签订条约将领土交予别国，一般是因为战败或胁迫，随着现代国际法对于战争合法性的否定，强制割让也已被废止。

从传统国际法确认陆地划分的五种方式来看，其主要的划分标准是一国对于该土地是否具有实际控制能力，有无建立国家机构进行有效的治理。网络空间是人造的生产、生活的新"土地"，不同于以往的是这片"土地"可以无限延伸，和每个国家、个人都可以直接相连。因此，在划分过程中需尊重创造并实际管理网络空间的各国和各互联网国际管理组织，同时要注意各国目前对于国内网络空间依然掌握着主导的治理和控制权力，在划分各国行使网络主权的能力范围时，需尊重各国的发展意愿，允许在网络空间存在国家网络疆域暂时"托管"情况的存在。

（二）海疆：《联合国海洋法公约》的制定和执行

海洋对于人类发展的重要价值和影响在当下已经得到世界各国的普遍认可，各国相继制定了国家海洋发展战略。其实在最初，海洋也曾面临网络空间发展的尴尬处境，各国并未进行海域的划分，导致个别国家垄断了海洋及其资源，这加剧了国家间发展的不平等，引发了人们对于海域占有、划分和开发利用的原则探讨。随着人类海洋勘探技术的发展，关于海域的各项法律规定得以确定并施行，以规范各国间对于海域利用的权利与义务，从而推动海洋资源的开采和海洋生态的和谐发展。

1. 《联合国海洋法公约》对于海域划分的规定

联合国第三次海洋会议制定并通过的《联合国海洋法公约》是现代海洋法的重要参考和解决国际海洋争端的权威依据。

《联合国海洋法公约》将整个海洋分成领海、毗连区、群岛水域、专属经济区、大陆架、公海、国际海底区域等具有不同法律地位的海域。领海基线是内水和领海的分界线，也是划定各海域的起算线，在海域划分和国家领海制度中具有重要意义。《联合国海洋法公约》在第二部分中规定划定领海基线一般有四种类型：海岸线较为平直的沿海国家采用的正常基线法，即低潮线法；海岸线较为曲折、邻岸岛屿较多的沿海国家采用的直线基线法；一些国家使用的混合基线法和群岛国家采用的群岛基线。

　　根据《联合国海洋法公约》，我们可以获悉沿海国家的领水分为内水和领海及其上空和底土，内水是指一国领陆范围以内的河流、湖泊和领海基线向陆一面的内海、海湾、海港和海峡内的水域，内水的法律制度由各国国内法律规定，国家享有完全的主权和管辖权。领海是指邻接国家的海岸和内水，受国家主权支配和管辖下的一定宽度的海域，领海宽度在现代可根据领海基线来划定（以按照《联合国海洋法公约》确定的领海基线起不超过12海里为止）。需要注意的是，一般情况下，一国船只在他国领海享有"无害通过权"，同时一国对该国领海中航行的他国船只拥有管辖权。

　　毗连区是毗连领海并由沿海国对一定事项行使必要管制的一定宽度的区域（宽度为测算领海宽度的基线起不得超过24海里），是为保护国家某些利益而设置的特殊区域。

　　专属经济区是领海以外并邻接领海的一个区域，其宽度从领海基线起不超过200海里，在该区域以沿海国的权利和管辖权为主，也包含其他国家的权利和自由，同时受到《联合国海洋法公约》的相关限制和规定。专属经济区的划界原则是海岸相向或相邻国家在国际法的基础上以协议划定各自专属经济区，如未能达成协议，则可诉诸《联合国海洋法公约》第十五部分所规定的相关程序。

　　大陆架在《联合国海洋法公约》的第76条被定义为："沿海国领海以外依其陆地领土的全部自然延伸，大陆架的宽度是从领海基线起不足200海里可以延伸到200海里，超过200海里则可延伸到350海里或2500米等深线的100海里。"沿海国对本国大陆架的资源具有主权权利和相应的管辖权，但是因为大陆架不是一国领土，因此并不具有完整的主权权利，他国亦享有某些权利。大陆架划界目前主要按照自然延伸原则、等距离原则和公平原则。

　　作为海洋主体的公海是指各国内水、领海、群岛水域和专属经济区以外不受任何国家主权管辖和支配的海洋区域，公海活动奉行公海自由原则，包括航行自由、飞越自由、科学研究自由、捕鱼自由、铺设海底电缆和管道自由、建造国家法所容许的人工岛屿和其他设施自由。虽然公海不受任何国家的主权管辖,但国家可以根据国际法,在遵守相关国家公约和习惯法规定的基础上,对公海上的人和物享有管辖权,分为船旗国管辖和普遍性管辖两种。

2.《联合国海洋法公约》的意义与问题

《联合国海洋法公约》确立了各国在海洋问题上需要遵循的权利与义务相结合原则、和平利用海洋的原则、用和平方法解决争端的原则、国际海底及其资源是人类共同财产的原则,有效地减少了各国争夺海洋资源的摩擦,促进了各国在海洋资源开采和海洋环境保护上的合作,维护了世界的和平与发展,为网络疆域的治理提供了可借鉴的蓝本。

但是由于历史局限性等因素,《联合国海洋法公约》仍然存在一些问题,例如专属经济区制度的缺陷导致当前一些国家在海洋资源利用上的矛盾和冲突;海洋划界过于笼统激发了新一轮的"蓝色圈地运动",改变海洋政治格局的同时,各国分割海洋的军事冲突加剧;《执行协定》是被迫向发达国家妥协的产物,因此并未能兼顾各方利益,也导致了后续矛盾不断。

3.《联合国海洋法公约》对于网络疆域划分的启示

毋庸置疑,《联合国海洋法公约》建立起了一套全新的世界海洋法律制度,规范了各国海洋活动,为相关国际组织和国家或地区制定海洋制度提供了依据,改变了世界海洋秩序和格局。网络空间作为和海洋初期发展相似、具有宝贵发展价值、急需治理的新场域,可借鉴《联合国海洋法公约》的方法以实现各国网络疆域的划分和治理。考虑到网络空间相比海洋有其自身特性,因此主要借鉴的是《联合国海洋法公约》制定的原则和思路。

首先是各国协定解决争议问题,实现各国平等参与、共同协商国际网络空间事务,形成国家公约以确立网络空间划分的规则、争端处理原则与执行规定;其次要突出和平作为解决网络空间争端的目标和手段,强调网络空间划分国家疆域要遵循正义、平等、和平的原则,促进国际社会的合作与国家间的互相谅解。再次则是明确网络空间中公共领域的宝贵资源和价值是人类共同的财产,可以设置专门管理公共领域的国际组织进行专项治理,由各国共同管理、共同享用、充分激发网络资源为人类发展事业的价值。最为重要的即是借鉴海域划分的方法和原则,针对网络空间可以分层级进行划分，各区域有其相应的权利与责任主体，同时允许他国行使剩余权利。出现划界冲突时，以当事国或地区的协议为先，再诉诸相应程序。同时，在划分网络疆域过程中，也应规避《联合国海洋法公约》制定中存在的不足，兼顾各方利益，尤其是网络欠发达国家和地区的利益需求；在利用先进科技提高治理有效性的同时制定相应具有前瞻性的法律规范，不断细化相关规定以处理可能面临的矛盾和冲突。

（三）空疆：设置专门区域区分军用与民用

飞机的发明让人类对于天空的探索有了可能性，同时也带来了关于天空有无国家疆域和如何划分的问题。将飞机运用于军事作战领域将大大增强一国对地的破坏打击能力，因此，第一次世界大战期间，各国都禁止他国飞机不经同意就飞越国土上空，这在实际上行使了国家的领空主权。领空主权的确立为划分国家领空奠定了基础，随着飞机等飞行器在世界范围内广泛地运用于军事、货物运输和交通出行，领空范围如何界定成为国际商讨的重点话题，并延续至今。

1. 《巴黎航空公约》和《国际民用航空公约》：国家协商创制新规

1919年，在法国巴黎，27个国家缔结了《巴黎航空公约》，这是国际上第一款针对空中国家行为活动立法的条约，首次承认并确定了国家对于其国土上空的空气空间具有完全排他的主权，国家有权拒绝他国飞行器在自己领空飞行。《巴黎航空公约》为之后国际航空协议和航空法的发展奠定了国家领空主权基础，在此基础上，1944年，超过180个国家参与订立的《国际民用航空公约》在芝加哥诞生。《国际民用航空公约》作为一部条约法，经过数次修改，但第1条始终强调尊重国家领空主权，并设立了专门的理事会来解决《巴黎航空公约》确立的外国飞行器无害通过权问题，国家在收到他国飞行器请求飞越领空时可以要求获悉飞行器注册国籍和信息，并依此来判断是否开放领空允许飞越。《国际民用航空公约》代替《巴黎航空公约》成为国际民航活动遵循的原则条例，并成为国际航空法发展的借鉴，也被各国奉为制定国内航空法规的参考。

《巴黎航空公约》和《国际民用航空公约》的制定和发展反映了对于新场域出现时国家间协商的重要性，可以通过国家间协议的试行将网络空间国家主权的实践确立下来，而国家网络主权原则的确立是划分网络疆域的基础。同时，划分网络空间国家疆域可以分领域进行讨论，涉及国家核心安全的领域必须有明确的界限，而商业和文化交流等领域则可以适当"软化"国家边界，或实行分领域的准入制度，交由主权国家或设立专门的理事会进行审核处理。

2. 防空识别区：理念一致，"因国制宜"开展实践

"防空识别区"这一概念最早可追溯到20世纪50年代，《国际民用航空公约》对其进行了模糊性的定义，要求民用飞机在特定空域飞行时，除需遵守一般国际规定，还需按照特定要求报告定位等。随着航空技术的不断发展与广泛的军事运用，近年来，各国在维护本国空域的基础上，都先后展开了防空识别区的划定和维护。美国最先开展了国家防空识别区的划定和维护工作，其对防空识别区的定义是指在其领陆和领水上空延伸的特定空域，为了维护美国国家安全和利益，在此空域中除其国家安全部门的航空器外，对其他所有航空器都需进行预先的识别、定位和控制。而对于大多数沿海国家来说，其对防空识别区的主张主要是领海上空。由此可见，各国对防空识别区的划定范围存在差异，但维护本国国家安全和利益的初衷是一致的，从而可在达成一致理念和遵守相关国际条约的基础上进行自主解读和实践，在切实维护本国权益的同时尊重国家间的差异。

二 国际电信联盟现行机制的参考

国际电信联盟（ITU，简称国际电联）是负责分配全球无线电频谱与卫星轨道资源、制定全球电信标准、推进全球信息通信技术发展的联合国机构，目前拥有193个成员国和近700家技术研究机构或私营机构。国际电联的发展历程就是人类通信技术的进阶史，其关于电信资源的全球分配和管理，尤其是其主导举办的信息社会世界峰会为我们划分网络空间疆域提供了可行的模板。

（一）国际电信联盟

国际电信联盟是联合国各机构中发展历史最为悠久的，随着有线电报、电话、无线电报、互联网等的发明而不断发展，业务范围不断扩大。不仅越来越多的国家加盟为成员国，私营机构、电信运营商、技术专家、设备制造商等也纷纷参与到国际电联在全球的各项事业之中。信息通信技术和网络基础设施建设在经济发展和国家安全领域的作用越来越突出，这使得国际电信联盟发展成为当今世界最具影响力、规模最大的电信机构。

1. 国际电信联盟的诞生

国际电信联盟的历史可追溯到1865年5月17日，当时为了国家间电报通信，德、法、俄等二十余个国家在巴黎签订了《国际电报公约》，其前身国际电报联盟正式成立。20世纪初，随着电话和无线电报的进一步发展，1906年，美、德、法等二十七个国家在柏林签订了《国际无线电报公约》，并于1932年由七十多个国家代表同意将《国际电报公约》与《国际无线电报公约》合并，制定《国际电信公约》。国际电报联盟也自此改名为"国际电信联盟"，并在1947年成为联合国的一个专门机构。

第二次世界大战后，美国承认国际电联的合法性并加入，同时一批新兴国家的加入使国际电联的规模进一步扩大。1956年，国际电报电话咨询委员会成立，成为全球范围内制定电信标准的权威机构，进一步增强了国际电联的影响力。冷战时期，美国和苏联在国际电信联盟的代表会议上争夺广播频率资源分配的主导权，这使得国际电联的业务范围由技术领域向协调国际话语权争端拓展。

由此可见，在国际电信联盟诞生的初期经历了规模的扩大、技术的标准化和业务范围的扩展，逐渐成为全球范围内信息通信领域最具影响力的国际机构。但随着全球化的到来和互联网技术的不断发展，国际电信联盟正在经受挑战，需要不断调试以应对新一轮技术发展和国际话语权争端。

2. 全球化时代国际电信联盟的发展

随着全球化时代的到来，在电信领域，国家政府和垄断组织受到了来自私营部门的冲击，越来越多的商业公司参与到全球电信活动之中，并且向国际电联呼吁要求相应的活动空间和参与机会。为了更好地开展全球电信资源分配工作，协调各组织间利益冲突，国际电联以国家政府为主的成员结构被打破，成员组成越来越多元化。但成员组成的变化并未改变国际电联的治理模式，其仍然运用传统的全球治理模式，让非政府组织、学术机构和商业公司等都能参与议程讨论，但只有政府代表才有最终的决策权和投票权，以确保决议的权威性和后续的落实。

同时，网络信息技术发展迅猛，但国际电联制定技术标准的周期过长，不能适应技术发展的更新换代，使得以国际互联网工程组（IEIF）为代表的国际组织兴起，冲击着国际电联在标准制定领域的地位。而网络空间发展的日新月异使得各区域组织和国际组织都开始重视网络议题的设置和参与，欧盟、北约等传统区域组织都针对电信领域提出了自己的主张，制定了新标准，参与到全球电信领域话语权分配的争夺中。以互联网名称与数字地址分配机构（ICANN）的崛起为代表，在网络空间的电信领域，国际电联不再是唯一的技术标准制定的权威机构和利益协调者。为此，国际电联展开了机构改革和重组，目前主要分为电信标准化部门（ITU-T）、无线电通信部门（ITU-R）和电信发展部门（ITU-D），以提高对新技术、新议题的反应速度和业务能力。其中，电信发展部门专注于帮助发展中国家掌握通信技术，开展通信业务，以缩小它们与发达国家的差距，弥合通信鸿沟，连通世界各国，这是国际电联协调电信领域发达国家和发展中国家利益冲突的新形式。

3. 国际电信联盟的性质与宗旨

国际电信联盟作为联合国 15 个专门机构之一，在法律上并不从属于联合国，可以独立举办活动、产生决议，只需要每年向联合国做工作报告。诞生之初，其是一个各国政府电信部门协商国际电信事务的国际组织，主要负责技术层面的工作。随着发达国家和发展中国家在全球电信领域的博弈愈演愈烈，国际电信联盟的技术性正逐渐弱化，政治性不断增强，可以说如今的国际电联已经是一个政治化了的国际机构。

促进电信业务的研发和合理使用，推动国际电信合作，提高全球电信业务的覆盖率和技术设施水平等是国际电信联盟的宗旨。随着网络空间的发展，信息通信技术和数字经济对人类生活的影响与日俱增，国际电联将普及信息通信基础设施，提高信息技术安全性，帮助发展中国家提高技术能力和水平，促进普遍接入、全球连通，公平管理无线电频谱和卫星轨道资源，弥合"数字鸿沟"等作为新的使命。

国际电信联盟的创立和发展为我们划分国家疆域提供了思路，划分网络空间的国家疆域不代表否认网络空间全球公域的存在，国家政府间如何合作治理网络空间全球公域和国家网络疆域的连接可以从国际电信联盟的发展中得到经验。而国际电信联盟的性质和其国际地位则说明了政府间合作治理是推动人类信息通信事业强有力的保障，其关注的电信资源的公平分配和管理、协调国家利益冲突也正是划分网络空间国家疆域的初衷。

（二）信息社会世界峰会的影响与经验

为构建更加公平的全球信息社会，国际电信联盟向联合国倡议召开信息社会世界峰会（WSIS），并于2003年在瑞士日内瓦召开了首届信息社会世界首脑会议，取得了巨大的成功。此后由国际电信联盟主导，政府间筹备委员会商议，私营部门、社会组织和重要专家等多利益攸关方参与，就成为了信息社会世界峰会的组织模式，其达成的一系列国际条约和规则对世界信息社会产生了重大影响，"以人为本，包容全纳，和促进发展的信息社会"作为其核心理念逐渐深入人心。信息社会世界峰会这种"论坛式"的治理模式，为在网络空间划分国家疆域消解施行阻力，协调国家间边界冲突提供了蓝本。

1. 信息社会世界峰会的影响

信息社会世界峰会被视为当下联合国体系中关于网络空间治理领域最具影响力的机制之一，首创的两阶段峰会的讨论模式为复杂议题的解决提供了可能，吸引了国家政府、国际组织、私营机构、商业公司和技术专家等群体的广泛参与，有效抓取了当下信息社会尤其是网络空间发展的热点议题，为网络空间国际争端的解决提供了平台。

信息社会世界峰会的日内瓦阶段和突尼斯阶段是全球网络空间治理多利益攸关方参与的里程碑。大量复杂、多元的议题被提出并被归纳入整体性的治理框架之中，许多曾经模糊不清、存在歧义的概念得到辨析，这使得国际社会对于网络空间治理存在的问题有了大致的统计和认识。其中，一直回避的"数字鸿沟"问题得到重视，发展中国家的利益呼声得以传播，可以说，该峰会开创了网络空间国际对话的先河，是塑造网络空间国际治理新格局的突破口。

纵观信息社会世界峰会数十年的发展历程，我们可以看到信息技术的发展对于人类经济、政治和社会生活的重大影响，峰会通过互联网治理论坛（IGF）等形式及时调试发展中存在的问题和冲突，针对网络犯罪、人权和公平问题展开了更广泛和充分的讨论，以建立更为包容共享的信息社会，这对于世界数字经济发展和国际社会和平发展有不可磨灭的功绩。

2. 信息社会世界峰会的经验

信息社会世界峰会不仅延续了国际电信联盟多利益攸关方的参与治理模式，更确立了国家政府在信息社会治理中的主体地位，同时通过政府间筹备委员会的形式准备议题，更关注信息社会尤其是网络空间的公正、平等问题。划分网络空间国家疆域既需要国家政府的政治权威和协商合作，也需要私营机构、企业、社会组织，甚至个人的参与，共同关注在划分疆域过程中可能涉及的国家利益空间的分割，以一种为大多数国家所认同的公平公正的方式厘定国家疆界。

同时，我们也需注意到信息社会世界峰会发展中一直存在以美国为首的网络发达国家和网络发展中国家关于网络空间治理主导权的争议。信息社会世界峰会虽然试图搭建让网络空间各行为体交流协作的平台，但忽视了各国之间网络空间发展理念、现实网络能力和政治背景的差异，使得各国间的利益主张的差异更为明显，甚至是对立。因此，在划分网络空间国家疆域时，需充分考虑网络空间中各国现实网络能力和网络资源，评估其所需的发展空间，明晰其施行的网络空间战略意图和国际责任。网络空间国家疆域划定的不是势力范围，而是责任范围。

针对信息社会世界峰会产生的重大成果之一——互联网"论坛式"的治理模式，在看到其对于信息社会治理产生深远影响的同时，也需辨析其真正的效能。显然，这种缺乏主权领导的治理模式难以使各方达成的愿景变为现实。美国在信息社会的绝对实力使其将信息社会世界峰会作为宣扬其自由主义价值观的市场，并未受到约束，而发展中国家设置议题、影响议程的能力有限，这使会议的发展并未取得实效。划定网络空间的国家疆域不可避免会受到来自既得利益国的阻挠，这需要我们制定合理、合力、合利的划分方案，并且通过国际对话机制不断磋商。

三　网络空间国家疆域的划分方法

网络空间既被称为"人类活动的第五空间"，其本质上应与陆地、海洋、天空和太空一样得到合理的疆域划分，但由于自身的特性，其划分方法不可简单地模仿之前领土划分的方案。而应首先明确网络空间国家疆域的应有构成要素，并依据各要素的特性采取不同的划分方案，提交国际社会进行充分的讨论和试行，在获得国际社会的一致认同后妥善落实和推进。

（一）网络空间国家疆域的构成要素

网络空间的虚拟性和开放性使得在网络空间划分国家疆域无法简单模

仿国家领陆、领海和领空的划分，也难以绘制地图予以准确和固定的线条进行分界和标记。但是，网络空间并不是完全的虚拟空间，网络空间运行的基础是客观存在的关键网络信息设施，其技术升级需依靠现实世界中生活和工作的专业技术人才，这些关键基础设施和专业人才均具有属地和国籍，可见网络空间的各构成要素是相对容易依据现行国际法和国际习惯进行划分的。因此，在网络空间划分国家疆域首先需明确构成国家网络疆域的基础要素及其特性和地位，并依此进行划分。

1. 网络空间国家疆域构成要素的类型

网络空间的主要构成要素为关键网络信息基础设施、网络协议与域名服务器、信息技术和人才、数据信息与应用软件、网络用户和网络管理者等，这些也是构成国家网络疆域的基本要素。其中，关键网络信息基础设施是国家网络疆域的基础要素，网络协议与域名服务器则是关键要素，信息技术与人才是动力要素，数据信息是资源性要素，网络用户是主体性要素。

关键网络信息基础设施是网络空间得以运行的物理条件，移动设备和电子信息系统是网络发展和连接的起点，其一旦遭到破坏，就意味着国家生活的各个电子信息系统的瘫痪，将带来不可估量的经济损失和安全威胁，并会对国计民生造成影响。因此，关键网络信息基础设施是一国网络疆域构成的基础要素。

网络协议是网络空间各计算机相互沟通、交流的通信协议，只有相同网络协议的计算机才能实现互通互联。域名，是指一个上网单位的名称，每台计算机接入互联网后都有一个独一无二的 IP 地址，网络上的数字型 IP 地址相对应的字符型地址，就被称为域名。将域名和 IP 地址进行转换的就是域名服务器，其中主根域名服务器负责全球互联网域名根服务器、域名体系和 IP 地址等的管理，根域名服务器是互联网运行所必需的基础设施，是互联网的"软肋"。网络协议、域名和根服务器是一国连接网络空间的钥匙和密码。因此，网络协议和域名服务器应是一国网络疆域的关键要素。

网络空间的发展离不开网络信息技术的更新升级，离不开不断突破技术"瓶颈"、拓展网络应用领域和完善网络自身修复能力的技术人才。网络空间的发展本质上是一个信息技术革新—应用—升级—应用的螺旋发展进程，脱离技术人才和科技创新的网络空间无异于一潭死水，将丧失其日新月异的特色。因此，信息技术与人才是其发展的不竭动力与保障。

"棱镜门"等事件表明了网络空间数据传播的无界性和即时性使得数据信息的保护迫在眉睫，数据信息是全球化时代国家重要的战略资源和性格密码。因此，有学者提出要对网络空间主张国家网络主权首先即要主张国家的数据主权。[①] 网络空间国家主权的主要表现形式即是对国家数据信息享有所有权和处置权，通常表现为与政治主权、经济主权和文化主权相对应的信息主权和数据主权。由此可见，不断流动的数据信息资源是国家主权在网络空间的重要载体，是一国网络疆域构成的关键要素。

网络空间的构建和发展离不开人类，一国的网络疆域也离不开数以亿计的网民。网民不同于国民的概念，网络空间中的网民更像社区居民，他们因共同的兴趣、共同的看法而聚集，是连接现实世界和网络空间的桥梁，是数据信息的生产者和消费者。毋庸置疑，网民是一国网络疆域的主体要素。

2. 网络空间国家疆域构成要素的划分依据

关键网络信息基础设施是有形的客观存在，有固定的属地或产权归属。因此，可以根据属地原则或产权原则划分为各国各自管理境内的关键网络信息基础设施，但这不意味着一国可以随意切断本国国内网络供给、采用极端方式限制网络自由，需根据相关国际法原则制定国内关于网络基础设施管理法规，依法治理。同时，由国际组织、互联网企业等主体在一国境内运营、升级、管理的电子信息系统，需遵守所在国家的法律规范和文化习俗，在该国境内产生的数据信息资源归属该国所有，国家对于在本国境内活动、经营的组织和企业等依法享有准入、审查和监督的权力。各国有责任和义务维护国内和国际网络关键基础设施的安全和升级，积极参与国际合作，共同抵御网络恐怖主义和暗黑势力对关键基础设施的破坏行动，共商网络关键基础设施的管理细则和更新维护方案。

网络协议是网络空间的通行语言，已经形成了固定的模式和统一的规则，并不需要进行刻意分割，各通信公司和网络设备制造商遵循相关原则

[①] 齐爱民等：《论国家数据主权制度的确立与完善》，《苏州大学学报》（哲学社会科学版）2016年第1期。

助力世界的连通，国家只需要对商业和市场行为依法进行监督和审核即可。域名服务器的划分因为现实的管理机制和技术差距，目前交由国际电信联盟统一管理，需要各国共同推进国际电信联盟的独立化发展，摆脱被网络霸权国家操控的命运，可以由主要国家、地区选派代表入驻该组织进行管理表决，确保域名分配的公平公正。同时，一国的域名服务应交由本国政府独立管理，不受任何国家、组织或企业的控制，国际电信联盟则可委派相关人员在各国境内成立分属机构，进行辅助和指导。

网络空间中，海量的数据每一秒都在不断流动和更新，携带着有关个人隐私、国家政治、经济安全的信息，是未被挖掘和开采的国家基础战略资源。海量的数据信息可依据产生来源和密级来进行划分和保护，首先，在一国境内产生的数据信息应该储存、放置在该国境内，属于该国所有，由该国进行挖掘和利用。在一国境内的互联网企业需根据所在国的数据信息采集规范进行数据的收集和存储，对于过度采集数据信息、私自分析和运转出境的行为，国家有权加以制止和打击。其次，由该国信息部门进行筛选把关，将有关国家安全和利益、个人隐私信息进行加密储存，交由国家强制力量进行保护。同时，根据经济发展、民生生活、统计信息等的需要，由国家或国家授权委托的数据分析公司进行相关数据信息的处理和分析，由相关部门根据国家法律和网络空间运行规则加以审核和公开，确保数据能应用于相关领域。最后，在国际数据和信息流通中，国家应该是独立自主的唯一主体，参与国际公域的数据共享、利用和保护，并在必要的时候共享部分数据资源。跨国企业在一国境内收集该国用户信息时要遵守所在国数据信息安全法，将收集数据存储在该国服务器上。网络用户则可依据国籍、所访问域名的所在地以及产生信息数据的内容加以划分。拥有一国国籍的网民属于该国网络疆域的民众，其访问域名产生的数据信息应归该国所有，同时在征得本人同意后，依据该国信息安全法可将数据处理分析后与域名服务商共享；针对在该国境内访问网站产生数据信息但并不拥有该国国籍的网民应根据其注册信息和访问时长进行辨别，可归为该国的流动网民，该国享有其产生的数据信息的管理权但不具有所有权。

国家疆域是国家凭借实力控制和影响的利益空间。在网络空间划分国家疆域不仅要依据构成网络空间的基本要素进行公平划分，同时还需参考各国网络现实发展能力和国际影响力。纵观国家疆域发展的历史进程不难发现，领陆、领海和领空的划分都具有各自的原则和方法，同时后划分的国土也多在已划定国土的基础上进行划分。因此，在网络空间划分国家疆域需考察已有国家领土划分的国际法、国际惯例和经验，并结合网络空间各构成要素的特征以及各国网络发展能力和战略制定不同的划分标准，初步勾画网络空间的"世界地图"，形成国际共识加以实践。

（二）网络空间划分国家疆域的"三步走"战略

网络空间的和平与发展离不开各国的共同努力，网络空间划分国家疆域同样需要各国的认可和个性化的实践，需要各国将维护自身网络主权的实践转化为尊重国家网络主权、各国网络主权平等的共识，达成实现网络空间高效治理、有序发展的共同目标。任何领土范围的划分和确定都不是一蹴而就的，需要经历漫长的磋商和不断的调试，需要各国在平等互信关系的基础上实现网络空间的合作，而在国家网络发展战略的调试中更注重长远利益和整体利益，减少网络空间国家间的摩擦和冲突。在对于网络空间国家疆域划分形成共识的基础上，各国可调整各自网络发展的实践，加强网络边疆的建设和治理，真正实现国家网络空间发展和国际网络空间的长治久安。

1. 将维护网络主权的实践转化为尊重国家网络主权的共识

尽管很多国家反对网络空间主权的提法和主张，但在各国网络治理的实践中都毫不犹豫地对国家网络空间严加管制，积极防御外界对于国家网络空间的可能干涉。以美国为代表的提倡网络空间"全球公域"的网络发达国家大都建立了网络军队，定期开展网络国防军事演习，以保护国家网络空间的安全，这样的行为实则表明它们早已将网络空间划为国家领土的一部分，并积极寻求扩张网络疆土的意图。由此可见，网络空间主权是客观存在的，并为各国所实际奉行的。国家疆域是由国家主权、国家实力控制和影响的利益空间，而国家网络疆域即是国家网络主权控制和影响的国家网络利益空间。因此，在网络空间划分国家疆域需建立在各国达成尊重国家网络主权的共识上。

促使各国将维护国家网络主权和网络空间安全的实践转化为尊重国家网络主权的共识需要各方的共同努力。以中、俄为代表的广大网络发展中国家需要在积极倡导网络空间国家主权的基础上，进一步通过召开世界互联网大会、举办国际会议、进行外交会谈等方式阐明网络空间主权是为了摒弃分歧、统一认识，为全球网络空间失序提供最佳解决方案，是道义所在，将推动国际网络空间公平与正义的实现。同时，积极与以美国为代表的网络发达国家进行沟通，向其表明恐怖主义在网络空间日渐联结将给全球带来的巨大安全隐患。网络空间国家主权的回归不是对网络空间自由和共享的限制，而是共建共享，建立网络空间命运共同体以促进网络空间的繁荣发展。在沟通的基础上，加强网络技术的研发和升级合作，在高新科技领域形成规范的良性竞争与合作，促使网络发达国家发扬道义精神帮助网络欠发达国家实现网络技术的更新、升级，以消解国际社会对网络强势国家的不满和抵制情绪。在与非洲广大网络欠发达国家的交往中，中、俄等国不仅要加强对其网络基础设施建设的援助，更要表明网络空间主权对于国家主权发展、民族独立的重要意义，一旦民族分裂势力和国家反动势力利用网络空间扩大其影响力，展开分裂活动，将给国家安全和政权稳定带来不可估量的破坏，呼吁各国携手在国际网络空间尊重国家网络主权、国家发展空间和国家利益。

以广大非洲国家为代表的网络欠发达国家需对网络强势国家和网络殖民主义行为加以警惕，积极寻求国际援助和技术支持的同时加快自身网络基础设施建设，提高自身网络信息技术自主创新能力，为实现国家网络空间独立自主发展奠定基础。网络主权是国家主权在网络空间的延伸和发展，网络的开放性和平等性使其极易被不法分子利用，因此新兴国家在注重现实社会国家政权稳定、民族团结和经济发展的同时要重视网络主权的建设和维护，利用好网络发展机遇提升国家综合实力和国际影响力。同时，积极在国际场合表达自身的合理诉求，呼吁国际组织和发达国家尊重欠发达国家的网络发展权益，提升网络空间国家话语权和参与感。

以美国为代表的网络发达国家应意识到操控网络空间虽能一时谋取眼前的发展红利，但同时会带来国家形象的破坏、国际社会的质疑和大规模的网络攻击行动等消耗国家资本的危害。网络空间失序问题的进一步蔓延和国家间恶性竞争最终将导致国家利益受损，甚至是网络战争的爆发，搬起石头砸自己的脚。美国是国际互联网和网络技术发展的中心，但是网络空间的繁荣发展需要广阔、平等和公正的世界市场，需要每个国家的参与。尊重别国网络主权实则是维护了自身国家主权，使得网络军队的建设有理有据、有法可依。在网络空间划分国家疆域并不会剥夺美国已有的基础设施建设和网络信息技术优势，而是更好地维护美国国家安全，减少网络攻击对于美国网络基础设施的破坏，帮助网络空间实现有序发展，这符合美国主张的治理目标和国家利益。

以联合国、国际电信联盟为代表的兼具广泛性和专业技术性的国际组织实则早已经达成了网络空间国家主权的共识，在推动网络空间划分国家疆域的进程中主要承担着协调、提供协商平台和技术支持的职责。以互联网名称与数字地址分配机构为代表的专业技术组织需加强自身国际化的进程，以国际共治的方式来进行机构内部组织和管理。以联合国为代表的全球或区域性国际组织需从国际安全或区域安全的视角关注网络空间的发展，积极促进和协调国家间关于网络空间的合作，推进国际条约和国际法的订立，针对一些冲突和细节问题率先展开国际合作式的调研，为各国的磋商提供方案、讨论平台和技术支持，并监督具体划分方案的实施，全程进行记录、调研和数据采集以便于网络空间国家疆域线的明晰和调整。

2. 建立平等互信的网络空间国际关系，加强网络空间国际安全合作

花样百出的网络犯罪、网络恐怖主义、网络黑客攻击和国家间网络战等非传统安全问题的频频发生给各国国家安全带来了巨大的冲击，网络空间的开放性、数据信息的跨国快速流通、国家间网络资源和能力差异使得每个国家难以用一己之力对抗网络安全威胁问题，建立全球网络空间安全机制需要各方的通力合作。基于尊重网络空间国家主权的共识，建立平等互信的网络空间国际关系，是加强各国网络空间安全合作的基础，为划分网络空间国家疆域营造良好和稳定的国际环境。

全球网络空间的飞速发展使地球真正成为"地球村"，国家间信息沟通的距离被无限拉近，世界成为一个利益共同体，网络空间安全成为事关每个国家核心利益的议题。首先，建立平等互信的网络空间国际关系首先要建立在尊重和保障各国网络空间主权和相关国家利益的基础之上，理解国家间网络实力和网络战略理念的差异。其次，平等互信的网络空间国际关系源于当前网络空间双边、多边合作的深化和扩大化，需要国际组织的居中协调，为各国网络主张的沟通、网络议题的协商提供平台。网络发达国家掌握着最丰富的网络资源和最先进的网络技术，并且主观上希望主导网络空间治理的进程，这份责任感可以转化为积极牵头各国建立网络空间合作准则和治理模式选择的实践，在这个国家间利益博弈的过程中最大限

度地兼顾各国的利益，建立国家间的战略互信。网络发展中国家和欠发达国家迫切需要寻求网络安全的合作以弥补自身网络能力的短板，因此应该积极融入区域网络空间的合作，与网络发达国家进行战略合作并加快学习改变自己在合作中的劣势地位，为建立平等互信的国际关系积蓄能量和合作经验。建立平等互信的网络空间国际关系是一个漫长且杂糅着国家间政治、经济和文化竞争的过程，会出现挫折和反复，但同时也是磨合国家间对话合作方式的机遇，将为在网络空间划分国家疆域提供安全稳定的国际环境和达成共识模式的协商经验借鉴。

在尊重国家网络空间主权和国家利益的基础上，建立平等互信的网络空间国际关系将为国家间安全合作的推进提供便利，是划分网络空间国家疆域的基础。加强网络空间国际合作需要通过多元的合作，从经济领域安全合作着手，以民间组织和企业的合作为契机，组建合作机构，推动国家间高层领导的会晤，从而建立国家间合作机制。建立在联合国等国际组织基础上的国家合作，可以就达成共识的理念进一步升华，将国家间合作领域进行拓展，将在非军事领域的成功合作经验应用于网络空间军事合作之上，健全透明、民主和公正的国际互联网治理体系，建立起成熟的网络空间安全国际治理制度，推动网络空间国际治理进程，构建网络空间命运共同体。

在构建平等互信的网络空间国际关系，加强国家网络安全合作的进程中将进一步明晰各国网络治理能力、影响范围和核心利益区间，为划定网络空间国家疆域提供初步的模板和合作协商的经验模式，帮助各国积累治理国家网络疆域和参与网络空间公共领域治理的经验。在确定网络空间国家疆域版图，将进一步推进国家间网络治理的合作，并在合作中进一步调试各国治理的范围和程度，优化网络空间治理资源的配置，实现共赢的网络空间发展目标。

3. 细化网络边疆界限，绘制网络空间国家版图

在"前两步"的基础上划定网络空间国家疆域的界限范围需要以美国为代表的网络发达国家和以中国为代表的网络大国进行友好磋商，在联合国等平台展开广泛、友好地讨论，最大限度地听取各国关于国家网络疆域范围的要求和依据，尊重各国的国家网络主权和利益要求，秉持公开、公正、平等的原则进行版图绘制。

第一章　网络空间的国家疆域划分与网络边疆的生成 <<<

国家网络疆域的划分可以各国现实领土作为一国网络疆域的大本营，在大本营里依照网络数据信息资源的密级进行不同程度的访问权开放，例如在事关国家军事机密的网络运行路径和数据抓取领域由各国自身进行加密、维护和储存，建立周密的防护"电子围墙"；而经济发展领域中，则根据国际贸易原则和国家间合作条约进行交换，建立有筛选机制的"电子栅栏"；在人文交流领域则依据现行文化交流与引进机制进行线上运行等。因此，国家网络疆域的面积并不能等同于国家领土，它是一种流动性的存在，在不同领域具有不同的形态。各国网络疆域并不只局限于现实领土的大本营，跨国公司和具有本国国籍的跨国网络用户是网络空间的"流动船舶"，其数据收集和利用在遵循所在国相关法律规范的基础上，可与其所属国实现联合管理与开发。同时，网络空间国家疆域还包括各国共同具有权益开发的公共领域中危及国家安全和利益的必要区域，在该区域中各国不可侵犯他国合法权利，只能维护自身正当利益。

划分国家网络疆域事关国家核心利益，不可能一蹴而就，势必会引发各国间政治斗争和利益博弈，需要各网络大国、区域组织和联合国充分发挥政治智慧进行斡旋。在各国达成初步共识后，由国际电信联盟、国际互联网工程任务组等国际组织按网络空间构成要素及其特性进行划分，制定网络空间的国家地图提交给联合国组织，由联合国牵头各国进行一国一票的公平决议，针对突出议题进一步商讨，在得到各主要网络国家和超过四分之三数量的国家同意后加以施行。并且在试行的第一阶段，互联网专业技术的国际组织可以帮助各国建立网络国防力量，制定国家网络疆域发展和安全维护战略，记录试行过程中突出的国家施行经验和存在问题，实时反馈并进行定期会议商讨调整。在第二阶段则由各国主导自身网络疆域治理，发展网络信息技术实力，巩固国家网络主权中的独立权、平等权和管辖权，加强网络空间全球公域的国家间合作。在此阶段需要在合作中关注国家网络边疆的界限和动态变化规律，进行总结形成原则，并在国际会议中商讨达成共识赋予原则以国际公约的效力。第三阶段则是国家网络边疆动态变化图的绘制，以可视化的成果向各国展示网络空间国家疆域的划分及不同层级、领域国家主权的界限和治理原则，更好地规范网络空间国家治理和国际合作。

四 小结

在网络空间划分国家疆域并不是要建造网络世界的"柏林墙"。网络空间的国家疆域边界不是可以利用军事武器或者栅栏围墙进行加固或隔断的，而是一种软性流动的"过滤器"，为各国带来网络发展的红利。"过滤器"需要各国主动承担治理责任，需要各国达成网络发展价值的共识，需要各国建立在政治互信基础上的通力合作，最终形成网络空间中每个国家、组织和个体都能恪守的价值准则和行为规范。

在网络空间划分国家疆域是依据当前网络空间治理失序现象提出的解决设想，其实践需要对划分方案进行充分考虑和细化，并获得国际充分交流和磋商，经各国认可同意后，再进行初步实施，并根据出现的新情况加以不断完善。这必将是一项长远且面临争论和阻力的工作。网络发达国家对于网络空间的控制和扩张野心、网络发展中国家有限的网络资源和国际话语权、现行治理机制的惯性等都是阻碍国家网络疆域划分的现实问题。化解这些阻力需要各国摒弃前嫌，达成维护网络世界自由、共享价值，实现网络空间和谐发展的共识；需要充分发挥各国际组织的沟通协调功能，拓展网络空间国际合作的领域，推动网络治理的全球合作；需要建立网络世界的政治互信。

在网络空间划分国家疆域并不能一劳永逸，而是实现网络空间有效、有序治理的第一步，确保网络空间良性发展需要各国对于自身网络疆域进行分层治理，在积极发展数字经济的同时重视网络边疆安全的维护，积极开展国际合作，协力治理公共空间，形成网络空间国家发展的平衡、公开、平等的体系。国家网络疆域的治理则是一个更为宏大的话题，需要战略、制度和组织的支持，需要基建、人才和技术的支撑，需要分领域、分区块、分层级的治理措施。实现国家网络空间的有效治理将进一步巩固国家网络疆域的稳定性和安全性，从而实现全球网络空间的良性发展。

第五节 网络边疆的生成

以互联网的普及为标志，人类已经进入信息化时代。信息技术的日新月异及网络应用技术的层出不穷，深刻地改变着世界的面貌，造就了虚拟但却客观存在的网络社会与网络空间。在这无形的、貌似平静的世界中，同样也充斥着利益的博弈、权力的角逐乃至强权的肆虐，弥漫着越来越浓重的硝烟味。在这样一个信息化的时代里，网络主权不再是一个抽象的概念，而是民族国家的基本构成要件之一。尽管网络空间国家疆域究竟能否乃至如何划分还是一个颇具争议的话题，但国家的边疆已从实体的物理空间扩展到了无形的虚拟空间，其内涵也发生了革命性的变化，这是不争的事实，网络边疆也随之应运而生。

一 网络边疆的内涵

国家的边疆是一个包含地理、政治、军事、经济、科技、文化等因素的综合范畴，并随着世界历史的演进、国际关系的转换与各国现实条件的变化而不断获得新的内涵。在古代传统国家阶段，受制于统治与管辖能力，执政者难以对远离政治中心的边远地区进行有效控制，往往采取册封、怀柔乃至联姻等策略，以治理权力的让渡换取其形式上的臣服与效忠，再加上彼时缺乏明确的国家主权观念和清晰的领土界定，故而只能是"有边陲而无国界"，"边疆"只是个模糊的概念。随着近代民族国家的形成和以条约体系为主的国际交往模式的奠定，以主权明确、边界清晰为基本特征的边疆及其治理才真正上升到国家政治生活形态的高度。而现代国家的边疆又经历了从陆疆到海疆再到空疆乃至天疆的建构过程，从一维的平面概念变为多维的立体范畴，由之而产生了陆权、海权、空权、天权等主权理念，各国围绕着制陆权、制海权、制空权、制天权等展开了激烈的争夺。20世纪90年代以来的信息技术革命，特别是互联网的飞速发展，创造出了所谓的第五维空间——网络空间，并不断地在全球范围内向人类生活的各个领域全面渗透，产生了"一网打尽"的巨大影响。网络空间是一个由技术权力、市场权力和政治权力组成的新权力场，其正在改变国际游戏规则，重组人类社会关系，使传统的以地域为疆界的主权国家面临着前所未有的挑战。确立网络主权意识，维护网络边疆安全，已经成为世界各国的共识。国家的边疆由此从实体的物理空间扩展到了无形的虚拟空间，其内涵也发生了革命性的变化，由传统意义上主权国家管辖的地理空间的边缘部分拓展为国家安全和国家利益所诉及的空间范围。

那么，究竟什么是网络边疆？尽管国际学术界和网络空间实践领域对是否存在网络边疆和网络主权一直存在不同的声音，网络自由主义论者和以美国为首的部分网络发达国家提出了"全球公域说""多利益攸关方模式"，极力否认网络边疆与网络主权的存在，但实际却凭借自身在网络空间技术上的非对称优势，以网络空间平等自由之名行网络霸权主义之实。笔者认为，网络边疆是一国划定的属于本国主权管辖范围内的网络空间，它是传统边疆界线在网络空间的自然延伸，也是现实主权在网络虚拟空间符合逻辑的投射。它既包含了计算机、服务器、交换机等一切网络基础设施在内的有形物理疆界，也包括了域名、密码系统、防火墙、网络动态保护系统等一切通过网络技术设立的无形屏障，更包括存在于网络空间中的核心意识形态、法律、政治要素等。网络边疆也可以分为硬网络边疆与软网络边疆，硬网络边疆是指建立在网络物理设施、基础设备、服务器等的主权疆域范畴，软网络边疆是指附着在网络硬件之上的信息传递、文化碰撞、经济交锋、社会事件等。国家对无形网络边疆内信息、数据的流通行为具有管辖权，若未经授权进行窃取，就是对国家主权的侵犯。

二　网络边疆的特征

相较于国家的传统边疆，网络边疆具有以下特征。

（一）边界无形，空间范围不明确，打破了传统的国家防卫理念与格局。国家网络国防的主要目的是防范敌人对本国网络信息系统的技术性入侵和借助网络进行现实的颠覆和破坏活动，国家的网络防卫力量不是按照地理空间范围来部署，而是按照电子信息传输和网络系统构建的技术性环节来配置。

（二）权利交错，利益交互，限制了国家防卫措施的选择度。网络的连通性是建立在各国对信息和技术的共用共享之上的，一些国家和网络行为主体（包括组织和个人）就是利用了这种依赖性攫取利益，从事网络攻击和破坏活动，而国家为此往往陷入两难的困境：明知一些信息和技术存在很大的风险，但又不得不使用，这增加了国家防卫过程中"杀敌一千，自伤八百"的可能性。

（三）网络攻击无处不在，防不胜防，增加了攻与守的不对称性。在虚拟的、以数字为铰链的网络空间中，任何主体在任何时间、任何地点都可能利用数据链条上的微小漏洞发动攻击，利用各式各样的信息平台随时传输、散播危害国家安全的言论和信息,这些攻击看不见、摸不着,毁坏于无形,攻心于无声,可谓防不胜防。

(四)以高科技为支撑,凸显了科技水平在网络边疆防卫中的决定性作用。网络边疆的值守已不再是传统意义上自然环境下的巡逻与放哨,而是在一台台计算机前的信息甄别与技术对抗。只有不断地进行科技创新,才能抢占网络国防的制高点。

(五)敌手多元化,要求提高网络边疆防卫的军民一体化水平。网络边疆的侵犯者除了组织化的侵略者之外,还可能是大量的个体化网民,除了蓄意破坏、训练有素的专业人员之外,还可能是漫无目的、图一时之快的普通黑客。单纯依靠政府和军队的网防策略很难应对这种敌手多元化和攻击方式多样化的挑战,必须充分发动社会力量,全民皆兵,军民一体,如此才能有效应对。

三 网络边疆治理的基本策略

鉴于网络边疆对于维护国家政治安全的重要性以及我国网络边疆安全目前面临的严峻形势,强化网络边疆的治理可谓迫在眉睫、刻不容缓。为此,我们需要更新观念,提高认识,做好顶层设计与战略谋划,软硬并举,内外兼修,切实提高我国的网络边疆治理能力,改善国际网络生存环境。

(一)强化网络主权与网络国防意识

对于网络边疆治理这样事关国家安宁与稳定乃至前途和命运的重大工作,首先必须从国家战略的高度加以重视和谋划。事实上,随着网络空间价值的日益凸显,当今世界主要国家已经纷纷把网络空间的安全和网络边疆的治理提升为国家战略。据不完全统计,已有50多个国家发布了网络安全战略,40多个国家组建了网战部队。[1] 尤其是美国,不仅是互联网的缔造者,也是最早关注和全面谋划网络安全与网络边疆防护建设的国家。2002年,美国国会便通过了《联邦信息安全管理法案》,紧接着发布了《信息技术空间的安全战略》,强调信息技术空间的安全是美国整体安全的一部分,是美国国土安全部的重要任务组件。随后美国又先后出台了《国

---

[1] 任贤良:《推动网络新媒体形成客观理性的网络生态》,《红旗文稿》2014年第11期。

家网络安全综合计划》《国家网络安全战略报告》《网络空间政策评估》《网络空间行动军事战略》《网络空间国际战略》等一系列政策文件，关涉到不同的层面和不同的领域，形成了立体全面的美国网络安全和网络边疆治理战略。不仅如此，美国还率先建立起了强大的"网军"，组建了赛博司令部[①]来统一指挥网络空间力量。可以说，美国之所以能够建立和维持其在网络空间的霸权地位，不仅仅是因为其技术上的优势，更在于其战略上的超人一步、高人一等。虽然我国对网络安全的重视程度也越来越高，但迄今为止，我国尚没有制订全面系统的网络安全战略，缺乏网络空间整体规划，军队缺乏网络空间行动指南，这严重制约了我国网络安全的防护和网络边疆的治理。2014年2月27日，中央网络安全和信息化领导小组宣告成立，这是党的十八届三中全会以后，由习近平总书记直接担任组长的第三个跨党政军的重要机构，[②]它的成立意味着网络安全和网络边疆的治理正式上升到了中国国家战略的高度。在其举行的第一次会议上，习近平总书记提出了建设"网络强国"的战略目标，传递出中国将制订跨越部门的、统一的国家网络安全与网络边疆治理战略的信息。作为一项顶层设计性质的国家安全战略，结合网络边疆的特点，笔者认为其在制订过程中应当强调以下几个原则：（1）要真正把"网络国防"提升到与陆防、海防、空防和天防同等重要的战略地位，把之作为国家整体国防战略的一个有机组成部分，并与其他国防战略形成有效的配合与支持；（2）要着重建设和健全网络安全与网络边疆治理的领导体制，建立和完善各部门之间统一行动、资源共享、情况通报、技术交流等协调与运行机制；（3）要实现治理主体的多元化，充分利用好国家、军队、企业乃至个人的各自优势与特长，形成合力，共筑保卫国家网络边疆的信息长城；（4）要注重平战结合，既要考量战时的应对措施，更要抓平时的常态化演练，既要突出短期效应，更应重视长效机制的建设。

---

① 美国赛博司令部原本是美国战略司令部下属的二级联合司令部，于2011年1月宣布成立。2017年8月18日，特朗普政府将其升格为与美军陆军部、海军部、空军部三个司令部并列的一级司令部。

② 这三个机构分别是中央全面深化改革领导小组、中央国家安全委员会、中央网络安全与信息化领导小组。

(二) 锤炼内功，切实提高网络边疆的治理能力

在激烈的网络竞争和较量中，一国的成败得失最终还是取决于其自身的内在实力，只有夯实了网络国防的基础，拥有了强大防御和反制敌人的能力，才能真正有效地治理网络边疆，维护国家的政治安全。"内功"锤炼最为关键的是以下三个方面。(1) 核心技术的研发、创新与使用。目前我国网络边疆治理的最大困境就是在技术上对西方国家依赖性过大，这是一大硬伤，甚至可以说是我们受制于人的命门所在。鉴于目前我国的整体科技水平与西方发达国家还有较大差距，我们可考虑以点带面的策略，首先要整合各方力量，重点联合攻关操作系统、CPU、网络加密认证、防病毒、防攻击入侵检测、区域隔离安全系统等维护网络安全的关键技术，给予政策倾斜，尽快使这些技术自主可控，再带动整体网络技术水平的全面提升；其次要重点研发若干独创的网络武器，增强网络战中的反制能力，以非对称性方式寻求破敌之策；最后要大力实施自主国产技术和产品的替代战略，提倡和推动政府、企业乃至个人尽可能使用国产技术和产品，尤其政府、军工涉密企业的采购可以考虑在这方面出台一些硬性规定。(2) 高素质的网络技术人才培养。不仅要培养高水平的技术研发人员，还要着力提高那些从事网络监控、网络执法、网络对抗等工作的专门人员的专业素质和业务技术水平，提高"网络哨兵""网络警察""网络卫士"的实战能力，建立起以专业部队为核心、外围力量多元互补的强大网络国防力量。(3) 网络边疆治理的法律法规建设。网络边疆的治理是一个综合性课题，涉及的问题很多，包含各种各样的内容，能否对网络进行有效管理，不仅关涉到良好的网络安全环境的塑造，更直接影响到各项网络边疆治理措施的实施成效。必须要坚持依法治网，利用法律的规范性、强制性、普遍性、稳定性来有效维护网络秩序，这也是发达国家的成功经验。近年来，我国网络相关法律法规建设取得了很大成绩。据不完全统计，目前各种网络法律法规和部门规章多达 70 多部，如《网络安全法》《关于维护互联网安全的决定》《互联网电子公告服务管理规定》《互联网信息服务管理办法》等，但目前的这些法律法规存在主体过多、规定不细、执行困难等问题，远远不能适应网络高速发展的需要。未来，需要进一步健全和完善网络法律法规体系，使得网络边疆的治理能够真正建立在法治的基础之上，从而有效震慑和打击境内外敌对势力的破坏活动，也能有效抑制

各类泄密事件的发生。

（三）积极参与国际网络合作，努力改善国际网络环境

互联网时代，各国的网络空间实际上是不可分割的整体，一国网络边疆的有效治理还有赖于良好的国际网络环境。然而，目前的国际网络环境对我国十分不利，前文对此已做了详细地分析。面对这种困境，消极地躲避退让肯定于事无补，任由其发酵恶化也不可行，唯有积极主动地参与国际合作，在参与中趋利避害的同时，寻求国际网络环境的逐步改善。至于如何参与国际网络合作，笔者提出以下几点建议。（1）积极参与国际合作治理世界各国共同面临的网络问题，塑造负责任的大国形象。国际网络空间存在的大量问题，如黑客攻击、网络窃密、网络恐怖主义等带有普遍的共性特征，各国都是不同程度的受害者，解决这些问题，需要各个国家的通力合作与紧密配合。为此，我国政府已经明确表态，"网络安全是个全球性问题，国际社会应本着相互尊重、相互信任的原则，进行建设性的对话和合作"。[①] 今后我们应该进一步采取措施，通过双边、多边等多样化的形式，与有关国家和国际组织在开放信息平台、资源共享、提供网络公共产品、开展联合行动等方面进行切实有效的合作，共同治理国际网络问题，承担起力所能及的国际义务，树立起负责任的国际形象，有力地回击西方敌对势力对我国的抹黑与诋毁，净化针对我国的国际网络舆论环境。（2）积极开展网络外交，充分宣传我国的网络政策主张，坚决抵制美国在网络领域的双重政治标准。美国在国际社会中长期奉行双重政治标准，在网络领域也不例外。其时常打着"互联网自由"的旗号对别国的网络安全政策说三道四、指手画脚，甚至公然干涉别国内政，侵犯别国主权。我国便深受其害。例如，2015年3月2日，美国总统奥巴马接受采访时，就对中国反恐法草案中涉信息安全有关内容表示关切，并趾高气扬地无理要求我国对该政策作出调整。针对这种情况，我们要积极开展网络外交，利用一切可能的机会向世界宣传我国的政策主张及其正当性与合理性，破除西方敌对势力炮制的反华舆论包围圈，争取那些正直公正的国家和国际力量的理解与支持，使受蒙蔽的民众能够认清一个真实的中国。同时，我们还

[①]《外交部回应"棱镜门"：双重标准无益于解决网络安全问题》，国际在线，2013年6月13日，http://gb.cri.cn/42071/2013/06/13/6611s4146787.htm，2018年3月8日访问。

要积极采取反制措施，抓住"棱镜门"事件这样的机会，大力揭露和批判美国的双重政治标准，充分暴露美国政府"只许州官放火，不许百姓点灯"式思维与做法的霸道、无理、自私与虚伪，把以美国为代表的西方反华势力扫下道德的高地。（3）充分利用美国与其他国家的矛盾，缓解我国网络边疆安全的外部压力。当下的国际网络空间是美国"一超独霸"的格局，可以说，我国网络边疆安全的外部压力主要来自美国的网络霸权主义，美国的霸道行径不仅侵犯了我国的权益，而且招致了公愤，甚至引起了其盟友的不满。目前，全世界都希望将国际互联网变成国际公共物品，而美国却顽固地坚持对国际互联网的控制，尽管"棱镜门"事件后，迫于国际社会的巨大压力，美国于2014年3月14日宣布将放弃对国际互联网名称和编号分配公司（ICANN）的管理权，但其同时又强调，不会接受"政府或政府间机构主导的解决方案"，即不能将管理权移交给政府组织或联合国机构。这不仅与世界大多数国家要求由联合国来掌管互联网的要求相违背，实践中也不具有可操作性，实际上只是美国以退为进的策略，目的还是拖延交权，继续维持其霸权地位。对于美国的蛮横做法，国际社会普遍予以反对，不仅广大发展中国家继续坚持应当由联合国管理互联网的立场，而且大多数发达国家鉴于"棱镜门"事件曝光的、同样受到美国网络监控与攻击这样的无情事实，转而改变原先的暧昧态度，明确支持发展中国家的要求。现在的美国在国际网络安全问题上几乎是众叛亲离，相当孤立。我们应当充分利用好这样的形势，主动开展网络外交，团结一切可以团结的力量，抑制美国的网络霸权主义，缓解我国网络边疆安全的外部压力。（4）积极参与制订或修改现行国际网络空间行为规则，不断扩大我国在国际网络治理中的影响力和话语权。我们要以联合国等国际组织为舞台，加强与有关国家的对话与磋商，积极促成"国际互联网公约""打击计算机犯罪公约"等一系列相关国际性公约的制订和国际网络领域反恐等合作机制的建立，坚定不移地继续推动以联合国为核心构建公正、合理的国际网络新秩序。

总之，信息化时代诞生的网络边疆治理问题是一个不同于传统国家边疆治理的崭新课题，尚需要我们不断深化对网络边疆的内涵、特征、规律的认识，需要我们适时把握时代变化的脉搏，紧跟网络技术日新月异的步伐，科学规划，未雨绸缪，积极探索符合我国国情的网络边疆治理之路。

第二章　网络主权的维护：网络边疆治理的目标

　　国家主权理论是欧洲近代反对教权的产物，欧洲三十年战争后成为调整欧洲国家间关系的国际准则，该理论随着资本主义和资产阶级革命的发展而逐步完善，并基本定型。国家主权是国家固有的权力，包括对内最高权和对外自主权，其特征是：明确的地理疆域、行使主体和权利范围（独立权、平等权、自卫权、管辖权和国家主权豁免），其主要作用是维护国际和平与安全，维护国内秩序稳定。国家主权理论自产生以来，因应不断变化的世界形势而与时俱进，当前，网络空间的新特点给国家主权、安全和发展利益提出新的挑战：网络空间的开放性和虚拟性造成国家疆域划分难题、网络空间的主体多元性造成管辖主体多元化和管辖范围争议、国家网络技术能力的不均衡性导致国家间更加不平等。面对这些问题，网络自由主义者主张国家主权不适用于网络空间；但现实却是，以美国为首的西方国家从未放松过对网络空间的规制，只不过没有以国家主权的名义。综合而言，国家主权适用于网络空间的理由有三点：首先，网络空间是由网络架构决定的，而网络架构本身是可以规制的；其次，网络安全问题日益严峻，网络空间自治无法有效解决这些问题，因此国家有必要提供网络安全这类公共产品；最后，数字经济的价值凸显，网络信息技术对提升军事实力的作用，使得国家有充足的动力介入。正如约瑟夫·奈所言，网络空间已经迎来"国家的回归"，但国家的回归显然不是要回归到传统的威斯特伐利亚体系下的国家主权模式，国家主权必须适应网络空间的新特点而作出变革。具体而言，在疆域划分方面，借鉴国际海洋法的分层递减办法，在网络空间的物理层、逻辑层和社会层采取有区别的划分方法。在治理主体方面，以国家为主体，将企业和社会组织、公民引入网络空间治理；在技术能力方面，以联合国和国际电联为主要平台，在世界范围内缩小数字鸿沟。为维护网络安全、把握发展机遇，我们需要在实践中不断完善网络空间国家主权理论，本着相互尊重、相互信任的原则，深化国际对话合作，扩大网络主权共识，并在国际组织框架下协调网络空间的国家关系，建立网络空间国家行为规范及监督机制，共同致力于构建和平、安全、开放、合作的网络空间，建立多边、民主、透明的国际互联网治理体系，最终建成网络空间命运共同体。

第一节 国家主权的历史演变及其要义

正如现代国际秩序和国际法建立在国家主权原则的基础之上，网络主权也将成为网络空间国际秩序和国际法的基础。但主权概念自近代诞生以来就是一个在争议中不断演进的概念，随着人类活动领域从陆地扩展到海洋、天空甚至网络空间，国家主权的内涵也不断变迁，网络空间的独特性给国家主权提出了新的挑战。考察国家主权的历史演变，总结其要义，有助于我们发现并借鉴已有的制度经验，为网络主权方案的完善提供借鉴意义。

一 国家主权理论的形成与发展

国家主权理论源自欧洲，国家主权是威斯特伐利亚体系的基石。主权理论从出现到发展、从思想理论到成为国际法原则，在威斯特伐利亚体系的建立和扩展过程中发挥了重要的作用。国家主权理论的发展过程可以分为三个阶段，即萌芽期，从亚里士多德至博丹正式提出主权概念之前；发展期，从博丹至全球化之前；变革期，从全球化至今。

（一）国家主权理论的萌芽

主权学说的萌芽期又可细分为古典时期和中世纪时期两个阶段。

古典时期没有明确提出主权的概念，但围绕国家的产生、功能、政体类型和对国家治理的讨论，实质上已经涵盖了我们今天所熟知的主权概念。亚里士多德（Aristotle）将城邦定义为公民团体的组合，他指出城邦内部必定存在"最高治权"，并根据掌握最高权力的人数之多寡区分了不同的政体类型。亚里士多德认为，"多数人（统治）应该胜过少数最优秀人（统治）这一原则可以成为一个令人满意的解释"①，凡顾及全邦人民的共同利益而为之图谋优良生活者才能列为正宗政体，反之，仅图谋统治阶级的利益者为变态政体。② 古罗马学者也有主权的相关阐述，例如，西塞罗（Cicero）认为，国家是"很多人根据一项正义的协议和一个为了共同利益的伙伴关系而联合起来的集合体"③，如果国家要长期存在，就必然会产生最高权力，并将其授予一个人或者是某些被挑选出来的公民，或者由一个代表全体公民的组织来承担。④

中世纪时期，教会和世俗政权的矛盾尖锐，世俗政权及其支持者从希腊罗马古典文化中寻找对抗教权的法理依据，并结合现实情况演绎出主权学说的基本命题。中世纪时期，教会长期凌驾于世俗国家之上，竭力以宗教教义贬低世俗生活，教皇格里高利七世（Gregory Ⅶ，1073—1085年在位）宣称国家是邪恶的，是罪恶的产物。但受古希腊思想影响，神权至上的观念并不稳固，托马斯·阿奎那（St. Thomas Aquinas）将神圣权威与世俗权威分开，他指出，教皇的权威是上帝赋予的，而后者的权威则来自人民的同意和教会的合作。⑤ 此外，虽然世俗政权早已存在，但直到13世纪，"国家"（state）这个术语开始使用。⑥ 14世纪，意大利教士及思想家马西利乌斯（Marsilius of Padua）对主权概念做了非常完整的阐述，他在《和平的保卫者》（小卷）中提出并论证了三点核心主张，即（1）国家是理性的产物，国家存在的目的是让人们过上优渥的生活；（2）政治权威主要关注冲突的解决，被强制性权力的占有和构成阐释；（3）合法政治权力的唯一来源是人民的意志或者同意。应注意的是，马西利乌斯所指的"人民"仅仅是臣民的多数，而非现代意义的人民。⑦

---

① ［古希腊］亚里士多德：《政治学》，吴寿彭译，商务印书馆2009年版，第138页。
② ［古希腊］亚里士多德：《政治学》，吴寿彭译，商务印书馆2009年版，第132—147页。
③ ［古罗马］西塞罗：《国家篇 法律篇》，沈叔平、苏力译，商务印书馆2009年版，第35页。
④ ［古希腊］亚里士多德：《政治学》，吴寿彭译，商务印书馆2009年版，第36页。
⑤ ［意］阿奎那：《阿奎那政治著作选》，马清槐译，商务印书馆2009年版，第83—86、143—144页。
⑥ Alan Harding, "The Origins of the Concept of the State", History of Political Thought, Vol. 15, No. 1, 1994, pp. 57-72.
⑦ ［意］马西利乌斯：《和平的保卫者》（小卷），殷冬水译，吉林人民出版社2010年版，第5页。

(二) 国家主权理论的出现与发展

虽然在古典时期和中世纪早中期已有主权概念的相关论述，但首次系统讨论主权的思想家是法国思想家让·博丹，而后经阿尔色修斯、格劳秀斯、霍布斯、洛克、卢梭等思想家的阐释，国家主权理论基本定型，即主权属于人民，人民以契约的形式将主权让渡给国家；主权是绝对的、不可分割的；国家间主权平等。

法国思想家让·博丹（Jean Bodin）在《共和六书》（1576）中最早明确提出主权概念并给出了定义。博丹反对教权对世俗政权的干预，他提出，君主是其管辖范围内的最高权威，即"主权者"，主权是"不受法律约束的、对公民和臣民进行统治的最高权力，不受时间、法律限制，永恒存在"。主权是博丹政治学说的核心问题，只有在主权的基础上，才能进而界定公民身份和国家特性。在博丹看来，主权可以由一人、多人或多数人掌握，博丹个人强烈支持君主制，因此博丹的主权学说也被称为"君主主权论"。但博丹绝非希望主权者可以不负任何法律责任地为所欲为，他明确提出主权者也要服从上帝之法、自然法和国家法。[①]

德意志思想家阿尔色修斯（Johannes Althusius）在《政治学的系统考察》（1609）中部分接受博丹的思想，将主权从君主交到人民手中，最早提出了"人民主权论"。阿尔色修斯认为，国家是一系列契约的最终形式，主权是"管理通常事关国家成员之灵与肉之安全与福利等事务最高和最普遍的权力"，他认为国家行使主权，但主权属于人民，不能转让也不能交给一个统治阶级或某个家族所有。

荷兰法学家格劳秀斯（Hugo Grotius）最早将主权概念引入国际法和国际关系之中，赋予主权以"独立自主"的含义，他把主权定义为"行为不受他者控制，因而不会因任何他人之意志行为导致无效的权力"，独立的国家间关系应当是在国际法的指引下进行调整。这是最早关于国家间主权平等的论述，为威斯特伐利亚体系的建立提供了理论依据。格劳秀斯的《战争与和平法》（1625）直接影响了《威斯特伐利亚和约》（1648），主权平等原则被广泛接受为国家和国际关系的基石，国家主权理论开始从思

[①] [美]乔治·萨拜因：《政治学说史》（下卷），邓正来译，上海人民出版社2010年版，第75—98页。

想学说转化为国际准则,为无政府状态下的国际秩序和处理有关国家间关系中的冲突与合作提供了法理基础。

威斯特伐利亚体系确立了主权平等原则,但作为该体系基本单元的民族国家之构建才刚刚起步。此时,教会与国家间的矛盾已基本解决,国家主权理论关注的重点转向主权在民族国家内部的运行结构,国家主权理论也随着民族国家的建立与发展而进一步完善。英国思想家霍布斯(Thomas Hobbes)从自然状态、人性恶的假设出发,经过严密地推导,提出主权是绝对的、统一的、不可让渡的,人民在一个自愿但不可撤销的契约之上将主权让渡给君主,无论如何,民众都不可以反抗主权者。洛克(John Locke)对霍布斯的主张作出修正,提出"议会主权论",他认为,人民将主权让渡给立法机关,契约也是可以撤销的。卢梭(Jean Jacques Rousseau)是"人民主权论"的集大成者,他的思想较洛克更加激进,卢梭反对人民让渡部分权利后便丧失主权者之地位的思想,他主张主权在民,认为人都是生而自由平等的,人民通过订立社会契约建立国家,除此之外,国家别无其他合法性来源,如果人民的自由受到严重损害,可以用暴力手段夺回来。①

(三)全球化时代国家主权理论的变革

主权概念将欧洲民族国家从中世纪的宗教统治中解放出来,并对后来的反殖民民族独立运动提供了宝贵的理论基础,特别是在第二次世界大战结束和联合国成立以来,主权独立和平等成为国际关系的基础。②

进入全球化时代,人员、资本、商品的跨国流通日益频繁,传统主权理论所定义的那种不可分割、至高无上的主权观备受冲击。从国内层面来看,国家主权受到来自商业团体、公民团体、媒体等新的政治参与者的挑战。全球化的快速发展使得更大范围的资源优化配置成为可能,有助于提高生产效率,促进思想交流,扩大公民的政治参与。相比而言,传统的政治参与渠道较为狭窄,不能满足日益增长的参政需求,于是相应的商业团

---

① [法]卢梭:《社会契约论》,何兆武译,商务印书馆2009年版,第22—25页。
② 威斯特伐利亚体系的扩展过程参见 Gerrit W. Gong, "China's Entry into International Society", cited from Hedley Bull and Adam Watson eds., *The Expansion of International Society*, Oxford: Oxford University Press, 1984, pp. 171-183; Adam Watson, *The Evolution of International Society: A Comparative Historical Analysis*, London: Routledge, 1992。

体、公民团体应运而生，要求在国内治理中发挥更大的作用，作为主权行使者的政府必须顺应形势变化，让社会力量有序地参与其中。

从国际层面来看，全球化对国家经济、政治、文化诸领域的主权形成了不同程度的侵蚀与削弱。国家经济主权受到了国际经济组织、跨国公司以及其他国家宏观经济政策的制约；国家的独立自主、安全和领土完整受到来自国际社会强行干预的风险，在某些国家力量孱弱的国家，次国家行为体往往发挥着重要作用，削弱中央政府的权威；国家的文化主权则在不断增加的单向交流中受到强势的西方文化霸权的影响。①

网络对主权的挑战是国家在全球化时代面临的突出挑战之一，网络不仅带来了新的权力形态，同时也推动了权力形态的重新分布，并加速了权力向拥有技术优势的先发国家或非国家行为体转移，国际体系的主体、结构和运行规则等关键要素都将随之发生巨变，传统的国际关系理论也将面临严峻的考验。②

面对这些挑战，国家主权理论变革有两条路径可供选择：一是回归国家主权理论的本源，因应具体的时代情境作出调整；二是另起炉灶，制定新的国际规则。前者在理论上可行性更大，而且在实践中联合国等国际组织在变革主权理论方面已经积累了相当多的经验和成果。因此，本书倾向于前者，并将在下一节从空间和主体两个维度，细致考察国家主权的发展过程，总结国家主权的要义。

二 国家主权演变的空间和主体维度考察

通过对主权理论演变的历史考察可以发现，"主权"概念是在长期的国际关系实践过程中建构起来的，主权理论自提出以来就具有很强的问题导向性，能够根据现实情况的发展变化不断调整具体内容。总之，主权是一个开放的、动态的、发展的概念，可分别从空间维度和主体维度两方面进行考察。

（一）空间维度

领土是国家的构成要素之一，是国家行使主权的空间范围。领土是处

---

① 蔡拓：《全球化的政治挑战及其分歧》，《世界经济与政治》2001年第12期。
② 封帅：《人工智能时代的国际关系：走向变革且不平等的世界》，《外交评论》2018年第1期。

于国家主权管辖下的地球表面的特定部分,包括陆地、水域以及陆地和水域的上空和地下层。从空间维度看,国家主权的适用范围已经从陆地扩展到海洋、天空,未来有望扩展到网络空间。

陆地(包括陆地上的河流、湖泊)是人类最早的、最主要的聚居区域,因此威斯特伐利亚体系确立时,陆地就非常自然地成为国家主权最初的管辖区域,狭义的领土即指陆地。随着人类社会生产力水平的提高,人类的活动范围也不断扩大,国家主权的行使范围依次从陆地扩展到海洋和天空。

15世纪末开始的地理大发现使欧洲与美洲、非洲、亚洲等地区通过海洋联系起来,海洋的价值日益重要,这引发欧洲思想界关于主权是否适用于海洋的争论。17世纪初,荷兰学者格劳秀斯在《海洋自由论》(1609)中主张海洋不能为任何人独占、所有国家都有权自由地加以利用;与之针锋相对,英国学者赛尔顿(John Selden)在《闭海论》(1635)中提出海洋并非全部公有,英国君主有权占有英国周围的海洋。此时,正值欧洲国家争夺海洋、开拓海外殖民地的狂热时期,因此后者的主张得到欧洲海洋既得利益大国的支持,赛尔顿的著作便是在英国国王查理一世的命令下刊印成书的。17世纪初,意大利法学家真提利斯(Albericus Gentilis)将国家毗连的海域称作"领水",国际法上首次出现"领水"概念;1793年,美国第一个提出3海里的领海。第二次世界大战结束后,海洋法取得了两次大突破,产生了许多新概念和新制度。1945年,美国发布《关于大陆架的底土和海床的自然资源的政策》,由此,主权范围延伸至大陆架,联合国《大陆架公约》(1958)将大陆架确定为一项国际制度;联合国海洋法会议和《联合国海洋法公约》(1982)带来了第二次大突破,12海里领海以及新确立的200海里专属经济区以及国际海底共同开发制度反映了广大发展中国家的利益诉求,至此,全球范围内的国际海洋法律制度确立下来。

19世纪后半期至20世纪初,航天工具(包括氢气球、飞机)的发明和进步,实现了人类探索和利用空气空间的梦想。第一次世界大战中,飞机作为新型武器首次在战争中使用。1921年,意大利将军杜黑(Giulio Douhet)提出"空权论",他认为"航空为人类开辟了一个新的活动领域——空中领域,结果就必然形成一个新的战场",制空权的重要性不言而喻。① 战争甫一结束，国际社会开始着手制订以国家主权为基础的国际航空立法，内容涵盖领空、航空器、航行安全等多项内容。1919 年在巴黎签署的《巴黎航空公约》是世界上第一个关于航空的国际协定，首次确立了国家对于其领土上空具有完全的和排他的主权。但对于领空的上限高度，国际航空法律制度至今没有给出确定的答案，一般认为，以人造卫星最低限度即离地面 100—110 公里的高度作为领空的上限。

除了海洋和空气空间，人类活动还扩展至极地和外太空。不同的是，国际法冻结或否定了各国对极地和外太空的领土要求，将上述地区确立为各国共同开发利用的全球公域，实行主权共享模式。② 19 世纪末，南极洲已经被发现，1908 年英国以扇形理论首次对南极洲提出领土要求，随后法国、南非、澳大利亚、新西兰、挪威、智利和阿根廷等国家也提出领土要求。1959 年，多国于华盛顿签署《南极条约》，正式冻结了各国对南极的领土要求，南极只能用于和平用途，组建南极协商会议，在科学考察方面进行国际合作；北极的人类活动早于南极，目前北极海域的陆地部分已被沿岸国家分割完毕，但迄今为止，北极的法律地位尚无国际协议加以规定。就外太空而言，1957 年苏联成功发射了第一颗人造卫星，人类的活动领域进一步延伸至外太空，美苏竞争也随之延伸至太空领域。为此，联合国 1959 年设立"和平利用外层空间委员会"，专门负责审查、研究和促进外太空领域的合作，此后十多年，该委员会通过拟定和编纂一系列外层空间法，确立了国际社会共享的原则，所有国家只要遵照国际法，就可以自由探索和利用外层空间，而不能将其任何一部分据为己有。

继陆地、海洋、极地和天空之后，信息革命又迅速创造出一个全新的"第五空间"，即网络空间。网络空间形成后，同样引发了主权是否适用的

---

① Thomas Hippler, *Bombing the People: Giulio Douhet and the Foundations of Air-Power Strategy, 1884–1939*, Cambridge: Cambridge University Press, 2013, p.294.

② 美国学者弗兰泽斯认为，极地和外太空属于全球公域，采取的是主权共享模式。对此，笔者提出补充意见，虽然从理论上所有国家都有权进入全球公域，但综合国力的差距和科技实力的高门槛使得只有少数国家才能够进入。就极地而言，北极陆地由北冰洋沿岸国家划分完毕，水域面积由沿岸国家和有科考能力的大国共享；南极陆地和海洋由南非、澳大利亚、新西兰、智利、阿根廷 6 个邻近国家以及美、中、挪威等有科考实力的国家共享。就太空而言，则由中、美、俄等更为少数的航天大国事实上共享。参见 Patrick Franzese, "Sovereignty in Cyberspace: Can It Exist?", *Air Force Law Review*, Vol.64, 2009, pp.14–18。

争论。但遗憾的是，国际社会虽然对主权原则适用于网络空间达成基本共识，但就如何适用的问题意见分歧很大。

（二）主体维度

国家主权包括对内、对外两个层面。对内层面，通过考察主权在国家内部的运行结构可以发现，主权的所有者和行使者是分离的，自人类产生政治组织形式开始，政府始终扮演着国家管理者的角色，是主权的行使者，而主权的所有者则从最初的神变成了人民。主权在国家内部的运行结构经历了多次嬗变，造就了不同的政治体制，最终以共和制为主流政体的民族国家模式胜出。对外层面，第二次世界大战后主权国家独有的国际法主体地位受到政府间国际组织、跨国公司、次国家行为体和个人等非国家行为体的冲击。

对内层面而言，在奴隶社会和封建社会，君权神授思想盛行不衰，欧洲中世纪的天主教会才得以以宗教的名义长期凌驾于世俗政权之上。因此，世俗政权若想拒绝天主教会的控制，要么反控制教宗或另立新教，要么推翻君权神授思想。在世俗政权与教会千余年的斗争过程中，欧洲君主采取的是前项策略，法国在14世纪教会分裂时期通过控制教宗率先成功摆脱教会的控制，英国则是在16世纪另立新教。在思想界，质疑或否定君权神授的思想早已出现，如马西利乌斯。启蒙思想家对君权神授思想的批判非常彻底，阿尔色修斯在博丹思想的基础上最早提出"人民主权论"，卢梭更是把"人民主权论"推向极致，他认为，主权是绝对的、不可分割的和不可让渡的，主权属于人民，只能有民主制一种政治体制存在。法国大革命将君权神授思想彻底粉碎，自此人民主权取代君权神授、共和制取代君主制，成为不可阻挡的历史潮流。① 不过，应注意到，"人民"的内涵经历了不断演变的过程，最初指臣民中的大多数（马西利乌斯），然后扩大到社会的第三等级（启蒙运动），再扩大到西方"文明国家"的全体公民（英国宪章运动），第二次世界大战后扩展至全世界各国人民（第二次世界大战后）。

对外层面而言，威斯特伐利亚体系确立了主权国家间的相互关系，其后在相当长时间里，国家是唯一的国际法主体。成为国际法主体需要满足

---

① ［英］鲍桑葵：《关于国家的哲学理论》，汪淑钧译，商务印书馆2009年版，第52—56页。

三个条件,分别是:有能力享受国际法权利,有能力承担国际法义务,是独立的行为体。据此,只有主权国家才具有国际权利和义务。第二次世界大战后,政府间国际组织、跨国公司、次国家行为体甚至个人都对国家主权构成制约:首先,以联合国为代表的政府间国际组织成为国际法主体,在有限的范围内享有国际人格,为维护国际和平与安全,联合国有权在必要的时候介入国际争端;其次,跨国公司建立起全球范围的国际业务体系,已成为影响国际关系的重要变量;再次,第二次世界大战后各殖民地半殖民地纷纷独立,争取独立的民族由此获得不完全的国际法主体资格;最后,第二次世界大战期间大规模践踏人权的暴行使在传统国际法中被边缘化的个人引起广泛关注,关注人权本无可厚非,但部分国家提出"人权高于主权论",动辄以"人权"为借口干涉他国内政,显然别有用心[①]。信息时代互联网的普及,为国家主权提供了更多的制约因素,非国家行为体可以借助互联网的匿名性特点发动网络攻击,影响公共舆论,挑战国家权威。可以说,信息化时代,国家主权正面临更剧烈的多元化主体冲击。

三 国家主权的要义

在现代国际法体系中,主权是国家独立自主地处理其对内、对外事务的权力,是国家与生俱来的权利。国家主权具体表现为对内和对外两个层面,就对内层面而言,国家主权就是最高统治权威,一个国家独立自主地决定其管辖范围的政治、军事、经济、文化和社会政策,而不受他国的无理干涉;[②] 就对外层面而言,国家具有个体性,而个体性作为排他性的自为的存在,表现为每个国家对别国来说都是独立自主的,[③] 主权对内最高权威的属性进而派生出对外独立的属性,这是因为,主权国家具有平等的国际法人格,有权自主决定自己的对内、对外政策,一个国家无权对另外一个国家发号施令。

(一)国家主权的构成

国家主权以国际法的形式予以确立和保障,形式上表现为国家权利。

---

① Jack Donnely, "Human Rights: A New Standard of Civilization?", *International Affairs*, Vol. 74, No. 1, 1998, pp. 1 – 24.
② 梁西主编:《国际法》(第3版),武汉大学出版社2011年版,第56—57页。
③ [德]黑格尔:《法哲学原理》,范扬、张企泰译,商务印书馆2009年版,第384—398页。

国家权利可以细分为基本权利和派生权利两大类，前者是所有大小国家所共同享有的不可分割的权利，已得到国际社会的一致认定，因而其内涵是相同的；而后者是从基本权利衍生出来的权利，国际社会尚未形成共识，因而其内容有所差异。

国家的基本权利是对主权概念的具体化，它包括独立权、平等权、自卫权和管辖权四类权利。此外，还可从国家主权平等原则引申出国家主权豁免这一派生性权利。

1. 独立权。国家依法享有独立权，有权按照自己的意志处理其管辖范围内的一切事务，有权独立自主地制定和实施其对外政策。独立权是国家主权的根本体现，国家主权不受干涉是独立自主的应有之义。

2. 平等权。各个国家，无论其大小强弱或制度差异，都是平等的国际法主体，享有相同的权利。这意味着，一个国家的对内最高权威和对外政策的自主权应得到国际体系其他国家的尊重和保证，而不是在丛林法则下被迫服从于他国。

3. 自卫权。虽然从法理而言各国是独立平等的，但在现实中却无法忽视不平等的事实，因此，就需要自卫权来维护法理上的应有权利，即各国有权保卫自己的生存和独立。在和平时期和战争时期，自卫权有不同的内容。具体而言，在和平时期，自卫权表现为开展国防建设，在战争时期则表现为自卫。此外，《联合国宪章》规定，行使自卫权需满足遭受外来攻击这一前提条件，从而排除了所谓"进攻性防御"的合法性。

4. 管辖权。管辖权是指国家对其领域内的一切人（享有豁免权者除外）、物或所发生的事件，以及对在其领域外的本国人行使管辖的权利。众所周知，国家的管辖权都是有边界的，一般而言，确立这个边界可以遵循两项原则，即属地管辖和属人管辖，分别以地理边界和国籍划定范围。首先是属地管辖，即国家在其依法管辖的地理范围内实施最高管辖权。管辖范围包括领土以及其他专属管辖区域，领土是一个立体的概念，包括一国的领陆、领海、领空及其底土，未来很可能还包括网络空间；在一国的专属管辖范围，如专属经济区和毗连区，一国也有一定的排他性管辖权。其次是国籍管辖，国家依据国籍来界定其管辖范围，虽然一国的公民、法人、船舶和飞行设备都具备国籍，但一般而言，国籍管辖是针对公民和法人的，这种管辖不仅仅是国家对具有本国国籍的公民和法人的单向管理，还包括公民和法人在境外遇到困难时申请本国保护的权利。

5. 国家主权豁免。国家主权豁免是从国家主权平等原则引申出来的，它是指国家根据国家主权平等原则而享有的不受他国管辖的特权，国家主权豁免适用于外国元首、外交官员以及外国的国家行为和国家财产。国家元首和外交官员是国家的代表，国家彼此间是平等的，相互之间没有管辖权，因此理应享有主权豁免权；20世纪后，资本主义国家放弃不干预经济的传统，开始以国家名义参与商业活动，在其领土范围外的资产及孳息也享受豁免。①

（二）国家主权的特征

结合国家主权的定义和内容，参考国内外学者对国家主权之特征的阐述，可以得出国家主权有两大特征，即确定性和权威性。

确定性有两层含义：一是有确定的权利范围，国家主权有较为稳定的组成部分，即前文所述的独立权、平等权、自卫权和管辖权四项基本权利以及国家主权豁免这一派生权利；二是有确定的地理范围，国家在其领土范围内行使最高管辖权，在其领土范围外则享有独立权、平等权、自卫权和国家主权豁免。国家享有的基本权利是对国家独立自主状态在国际法层面的确认和保障，而物理概念的国家边界在本质上划分了"内部治理"和"外部干扰因素"的界限。② 以国家边界为界限，国家在本国内部致力于保持政治稳定，促进社会和经济发展，同时有选择地接受来自本国外部的影响，既防范来自边界外的安全威胁，又希望接受边界外的有利机遇。权利和边界的确定性能为国际社会的基本成员提供除自助行为之外的国际规则救济，因此，更易为主权国家所接受，这也正是以此为基础的威斯特伐利亚体系能够最终削弱或取代其他国际体系的原因所在。

权威性同样有两层含义：一是主权是独立自主的，正如1928年帕尔马斯岛仲裁裁决决议所说"主权在国与国之间的关系中意味着独立"；二是主权在领土范围内是具有合法性的最高权威，主权的本意就是最高权威，但最高权威必须具备人民所赋予的合法性。在理论上，两层含义都存在矛盾之处：就第一层而言，主权是最高的、绝对的权威，但随着国家间

---

① 梁西主编：《国际法》（第3版），武汉大学出版社2011年版，第84—89页。
② 蔡翠红：《网络地缘政治：中美关系分析的新视角》，《国际政治研究》2018年第1期。

相互依赖程度的加深，主权表现出越来越多的相对性，① 绝对性和相对性构成第一组矛盾，常常引发是否干预内政的争议；就第二层而言，最高权威意味着国家政权对强制力的垄断，国家政权由此获得强制人民作出某种行为的权力，而人民是主权的最终拥有者，强制力和合法性构成第二组矛盾。② 对此，启蒙思想家一方面承认强制力是调和矛盾、整合国家力量必不可少的手段，另一方面就人民是否有权、以何种方式反抗暴政的看法则不尽一致。在网络时代，这两种矛盾将以新的形式表现得更为明显。

（三）国家主权的作用

国家主权制度是一定时期内促进国际和平与安全、建立和维护国内秩序稳定的一种制度安排，是在实践中形成的国际普遍规则，其经过多次国际会议正式确立下来，成为主权国家都应遵守的行为规范，于是国际行为体便可形成对自己或他人行为较为稳定的心理预期，秩序的建立和维持才有可能实现。从这个意义上说，国家主权本身就是国际社会中的主要制度（principal institution）。③

首先，主权有促进国际和平与安全的作用。最初，主权是世俗政权反对教权控制的最有力武器，国家主权理论是在欧洲教权与王权的长期斗争过程中产生和发展的。欧洲三十年战争（1618—1648）是二者的矛盾达到不可调和程度的结果，是欧洲世俗政权与教权最激烈、最直接的碰撞。战争的破坏性是巨大的，近800万人死亡，交战区的社会生产遭到严重破坏。④《威斯特伐利亚和约》总结教训："过去数十年间……基督教徒血流成河，数省土地化为废墟"，交战双方都产生建立普遍和平的愿望，各国"应保持基督的普遍和平，永恒、真正和诚挚的和睦关系"。⑤ 作为威斯特

---

① 国家主权的相对性主要是国家主权的相互制约性、主权内容的动态变化性以及主权权利行使的有限性。参见杨泽伟《主权论——国际法上的主权问题及其发展趋势研究》，北京大学出版社2006年版，第33—35页。

② ［英］约翰·霍夫曼：《主权》，陆彬译，吉林人民出版社2005年版，第52—69页。

③ ［英］赫德利·布尔：《无政府社会：世界政治中的秩序研究》，张小明译，上海人民出版社2015年版，第242—243页。

④ Peter H. Wilson, *Europe's Tragedy: A New History of the Thirty Years War*, London: Penguin, 2010, p.4.

⑤ 世界知识出版社编辑：《国际条约集（1648—1871）》，世界知识出版社1984年版，第1—2页。

伐利亚体系建立的基础，国家主权被赋予促进国际和平与安全的作用。此后的战争浩劫表明，战争表现为对他国主权的粗暴践踏，唯有互相尊重国家主权才能实现国际和平。《联合国宪章》第1条规定联合国的宗旨是维护国际和平及安全，为此，联合国成员国应遵守主权平等之原则，以和平方式解决国际争端，在国际关系中不得使用威胁或武力。[1]

其次，主权有建立和维护国内秩序稳定的作用。一方面，国家主权在对内层面意味着最高管辖权，国家在其领土范围内是强制力的合法垄断者，政府担负建立和维持国内秩序稳定的责任。具体而言，政府以最高权威的名义，建立起军队、警察、监狱等暴力机关，垄断领土范围内的暴力，禁止非政府力量以暴力相互威胁或伤害，介入并调节社会纠纷，惩罚扰乱社会秩序的违法犯罪行为，为本国经济社会发展创造前提条件。另一方面，国家主权在对外层面意味着国家主权应得到尊重、国内社会秩序不应受到外部势力的威胁或破坏。具体而言，互相尊重主权完整对外部势力构成国际道义上的约束；自卫权又赋予国家武装自卫的权利，对外部势力构成第二层约束。

第二节　国家主权在网络空间面临的挑战

包括互联网在内的信息技术是全球化的重要推动力，国家主权在网络空间面临挑战是国家主权在全球化、信息化时代面临挑战的具体体现之一。如前所述，信息技术大大提升了全球信息交流的效率，降低了信息交流成本，是全球化深入推进的有力"助推器"。伴随着这一过程，国家间边界更加开放，非国家行为体崛起，以及国家间发展差距进一步扩大，这些都对国家主权提出了新的挑战。

一　网络空间的出现及其概念界定

以第二次世界大战后期为起点，以计算机、互联网为代表的信息技术迅速发展，为网络空间的出现奠定了物质基础。虽然早在20世纪80年代

---

[1] 联合国新闻部编：《联合国手册》，中国对外翻译出版公司第二编译室译，中国对外翻译出版公司1981年版，第409—410页。

"网络空间"（cyberspace）的概念已在科幻小说中出现，但直到90年代中后期，网络空间才随着互联网的普及很快成为现实。概括来讲，网络空间包含硬件、软件、数据和网络用户四大要素。

（一）信息技术与网络空间

信息技术的成熟与普及为网络空间的形成奠定了物质基础，并使之最终成为现实。1946年，美国制造出ENIAC计算机，标志着现代计算机的诞生，此后计算机先后经历电子管时代（1946—1957）、晶体管时代（1958—1963）、集成电路时代（1964—1972）、大规模集成电路时代（1972—1989）和智能计算机时代（1990年至今），体积越来越小，性能越来越高，在社会生活的各个领域普及。为使众多分散的计算机实现互联互通，1969年美国国防部建立世界上第一个远程分组交换网（ARPANET），标志着互联网的诞生。此后互联网不断进步、成熟，并于90年代投入民用，短时间内在全球迅速普及。[1]

而早在1981年，美国科幻小说作家威廉·吉布森（William Gibson）受美国应用数学家诺伯特·维纳（Norbert Wiener）"控制论"（cybernetics）[2]一词的启发，在小说《燃烧的铬》（*Burning Chrome*）中创造出cyberspace一词，意指"所有国家的数十亿真实的操作员，以及正在被传授数学概念的儿童每天都体会到的交感幻觉"。可见，网络空间最原始的意义强调人的因素及其对新环境的感知。[3]美国政府最早对网络空间作出官方的概念界定，其关于网络空间的阐述多见于国家安全部门和军事部门的官方文件之中，2001年4月21日，美国国防部在《国防部军事及其相关术语辞典》中将网络空间定义为"数字化信息在计算机网络中通信时形成的一种抽象环境"。2003年2月，美国小布什政府发布世界上首份网络安全国家战略（National Strategy to Secure Cyberspace），报告提出"网络空间的良性运转是国家安全和经济安全的基础"，标志着美国将网络安全提升

---

[1] 计算机、互联网发展简史参见惠志斌《全球网络空间信息安全战略研究》，上海世界图书出版公司2013年版，第1—7页；计算机的设计原理参见［美］诺依曼《计算机与人脑》，甘子玉译，商务印书馆2009年版。

[2] Norbert Wiener, *Cybernetics: Or Control and Communication in the Animal and the Machine*, Cambridge, Massachusetts: The MIT Press, 1948.

[3] William Gibson, *Neuromancer*, New York: Ace Books, 1984, p.69.

至国家战略高度。① 此后，世界主要国家和国际组织都陆续对网络空间作出了界定。②

（二）网络空间的概念界定

综观各方定义，网络空间涉及四个基本因素，即硬件、软件、数据和网络用户，其中依据涵盖基本要素的多寡，可以画出从狭义到广义的定义光谱。在光谱的一端，最狭窄的定义将网络空间等同于硬件，即信息通信基础设施，持这种立场的国家包括美国、法国等国家，例如美国在《保护网络空间国家战略》（2003）中提出："网络空间是国家的中枢神经系统，它由无数相互关联的计算机、服务器、路由器、交换机和光缆组成，用以支撑关键基础设施的正常运行。"③ 在光谱的另一端，最广义的定义将上述四个要素都包含在内，持这种观点的有中国、俄罗斯、印度等国家，例如我国《国家网络空间安全战略》（2016）提出：网络空间由"互联网、通信网、计算机系统、自动化控制系统、数字设备及其承载的应用、服务和数据等组成"。④ 在光谱的中间，还有部分国家或将其中两个要素纳入（如德国，基础设施+数据），或将其中三个要素纳入（如以色列，基础设施+数据+网络用户）。⑤

本研究采用最广义的概念，即网络空间应将四个要素都包含在内。理由有两条：其一，网络空间是虚拟与现实交互的人造空间，四个因素缺一不可；其二，最广义的定义已成为国际共识，《塔林手册2.0》规则1第4条明确提出：就本手册而言，主权原则涉及网络空间的物理层（硬件和其他基础设施）、逻辑层（编码方案、数据）和社会层（参与网络活动的个人或组织）三个层次，实质上已经包含了四个基本要素。⑥ 综上所述，本

---

① 原文：the healthy functioning of cyberspace is essential to our economy and our national security. See The White House, *National Strategy to Secure Cyberspace*, February 2003, p. 8, https://www.us-cert.gov/sites/default/files/publications/cyberspace_strategy.pdf, 访问时间：2018年5月10日。

② 联合国经常使用的"信息通信技术环境"概念实则与"网络空间"的概念相通。

③ The White House, "National Strategy to Secure Cyberspace", February 2003, p. 8, https://www.us-cert.gov/sites/default/files/publications/cyberspace_strategy.pdf, 访问时间：2018年5月10日。

④ 国家互联网信息办公室：《国家网络空间安全战略》，http://www.cac.gov.cn/2016-12/27/c_1120195926.htm, 访问时间：2018年5月11日。

⑤ 方滨兴主编：《论网络空间主权》，科学出版社2017年版，第17—34页。

⑥ [美]迈克尔·施密特总主编：《网络行动国际法塔林手册2.0》，黄志雄等译，社会科学文献出版社2017年版，第58页。

研究将网络空间定义为：网络空间是由基础设施、软件、数据、网络用户等基本要素共同构成的虚拟与现实交互的人造空间，其以服务器、计算机及其他硬件设备为载体，网络用户通过网络传输协议实现互联互通，对数据进行创造、存储、修改、传输、使用、展示等操作，以实现特定的活动。

在全新的网络空间，主体的多元性、实力的不均衡性愈加突出，此外，网络空间还具有开放性和虚拟性的新特点，这三类新特点给国家主权在网络空间的运用造成了不小的挑战。

二　网络空间的开放性、虚拟性与国家疆域划分难题

网络空间不同于以往的人类活动领域，新沟通系统改变了人类生活的空间向度，用曼纽尔·卡斯特的话说，"流动空间"（space of flows）取代了"地方空间"（space of places），[①] 空间的属性开始了新的整合。网络空间的开放性架构为国家划分疆界带来难题，使国家主权在网络空间面临行使范围的不确定性。

（一）网络空间开放性和虚拟性产生的根源

网络空间的开放性和虚拟性源自网络空间自身的架构和运行逻辑，表现为在无形的信息传输过程中突破现实身份、位置和内容的限制。与陆地、海洋、极地、天空等人类以往的活动领域不同的是，前者是自然形成的，而网络空间是在科技进步和人类智慧的作用下人为形成的，网络空间有自身的基本架构和运行逻辑。网络空间的基本架构是网络节点、域名服务器、网络协议及网站，其中网络节点是网络的基本单元，域名服务器负责给各个网络节点分配 IP 地址，各节点只要符合网络协议（Internet Protocol，IP），就可以实现相互间的信息传输；万维网（World Wide Web）是建立网站的技术前提，网站则是为各个分散的网络节点搭建的共同活动平台，可以为用户提供种类繁多的服务，网站同样由域名服务器分配 IP 地址和域名。由此可见，互联网实行去中心化的扁平架构，任何网络用户只要达到具备 IP 地址、遵守网络协议两个条件，就可以突破地理界限，实现与

[①] ［美］曼纽尔·卡斯特：《网络社会的崛起》，夏铸九等译，社会科学文献出版社 2001 年版，第 465 页。

其他网络用户的便利联系,而无须过问网络用户在现实生活中的真实身份、地理位置以及所发送的内容。

网络空间的开放性架构给国家主权带来的边界划分难题,源自网络空间自由与秩序的价值博弈,即网络空间要同时兼顾信息自由与信息安全,二者之间存在一定的张力。① 对此,习近平总书记在相关会议中已有重要阐述,2014年指出:"网络信息是跨国界流动的,信息流引领技术流、资金流、人才流,信息资源日益成为重要生产要素和社会财富",习近平总书记同时也强调:"没有网络安全就没有国家安全。"②

(二) 网络空间边界划分的两大难题

网络空间的开放性和虚拟性给国家划分边界提出了新的问题,具体而言,网络空间的边界划分难题体现在两个方面,即网络空间是否应该划界以及如何划分边界。

第一个问题是,网络空间应不应该划界治理?反对划界的一方认为,网络空间本质上是自由开放、鼓励创新的,政府的干预只会损害网络空间的创新环境,而且,网络空间能够实现自我规制。③ 美国网络活动家约翰·巴洛(John P. Barlow)在著名的《网络空间独立宣言》(A Declaration of the Independence of Cyberspace)中宣称:工业世界的政府们,你们在网络空间不受欢迎,你们在这里没有主权。④ 而现实情况是,网络安全问题最早出现于冷战时期,远早于互联网商用化的时间。据美国情报官员魏斯(Gus W. Weiss)撰文回忆,1982年,根据他的建议,美国中情局间谍更改了苏联采购的用于控制天然气输送管道的计算机软件,导致后者的天然气管道爆炸;⑤ 1988年,莫里斯蠕虫病毒(the Morris Worm)出现,标志着网络安全问题从以人为直接攻击为主转向主要依赖远程控制攻击,网络

---

① 牛博文:《自由与秩序:信息主权法律规制的价值博弈》,《学术交流》2016年第2期。
② 习近平:《总体布局统筹各方创新发展 努力把我国建设成为网络强国》,《人民日报》2014年2月28日第1版。
③ David Post, "Governing Cyberspace", Wayne Law Review, Vol. 43, 1996, pp. 155–172.
④ John Perry Barlow, "A Declaration of the Independence of Cyberspace", Electronic Frontier Foundation, https://www.eff.org/cyberspace-independence, 访问时间:2017年7月10日。
⑤ 该建议的提出者魏斯曾撰文描述此事,见 Gus W. Weiss, "Duping the Soviets: the Farewell Dossier", p. 124, https://www.cia.gov/library/center-for-the-study-of-intelligence/kent-csi/vol39no5/pdf/v39i5a14p.pdf, 访问时间:2018年8月14日。

安全问题的表现形态日益多样,形式日益隐蔽。不难发现,现实社会对互联网的依赖程度愈深,网络安全问题的影响范围就愈大且愈明显。此外,网络空间充斥着儿童色情、暴力、赌博、垃圾邮件等违法垃圾信息以及网络空间的商业纠纷,单靠网络空间自治是无法解决这些问题的。① 事实上,正是美国、欧盟等率先立法,将本国法律的适用范围扩展到网络空间。因此,网络空间自治论在现实面前往往苍白无力,可以认为"是否应该划界"的问题已基本解决。

第二个问题是,网络空间如何划分疆界?领土是国家行使主权的空间范围,网络之前的人类活动领域皆是自然生成的,可以划分出有形的边界,而网络空间与前者有着本质的不同,之前的划界方法与网络空间卯榫不合,因此需要提出新的划界方法。事实上,新的划界方法正处于形成过程之中,但还有很多工作要做。其一,新的划界方法吸收了旧有划界方法中的属地管辖原则和属人管辖原则,国家依据网络基础设施的地理位置和网络用户的国籍实现管辖权,这方面已取得广泛的国际共识;② 其二,网络空间治理需要国际组织参与,国际电信联盟(ITU)在信息通信技术领域(Information and Communication Technology,ICT)的信息通信资源管理方面已经积累了近百年的经验,完全有能力管理互联网域名资源,欧洲国家也赞成将互联网名称与数字地址分配机构(ICANN)的域名管理权移交给国际电信联盟,但美国一直极力阻挠;其三,跨境数据管理方面分歧最大,难以达成共识,这是因为跨境数据管理涉及个人隐私、企业经营以及国家安全等众多问题,不同国家对其认识不同,即便是西方国家,在数据保护方面的政策规定也差别极大,③ 遑论国家安全方面的考虑。总之,在网络空间如何划分疆界的问题上,还有很长的路要走。

---

① Jack Goldsmith, "The Internet and the Abiding Significance of Territorial Sovereignty", *Global Legal Studies Journal*, Vol. 5, 1998, pp. 482 – 483.

② United Nations General Assembly, "Report of the Group of Governmental Experts on Developments in the Field of Information and Telecommunications in the Context of International Security (A/68/98)", para. 20, http://undocs.org/A/68/98,访问时间:2018 年 5 月 12 日。

③ The European Parliament and the Council, "General Data Protection Regulation", *Official Journal of the European Union*, April 27, 2016, https://eur-lex.europa.eu/legal-content/EN/TXT/PDF/? uri = CELEX: 32016R0679 &from = EN,访问时间:2018 年 6 月 12 日。

三　网络空间主体的多元性与主权国家管辖权争议

网络以其传播信息的高效率和低门槛等优势吸引现实世界的各个主体接入网络，置身其中的政府、组织和个人共同参与构建一个虚实结合的新空间，人类社会的实践活动随之在另一个空间维度展开，可以说，网络及网络空间极大地延伸了人类活动的时空界限，网络空间具有与生俱来的主体多元性。网络空间的主体多元性与主权国家管辖权之间的张力在于：国家主权的权威受到其他行为体的挑战和约束，国家管辖权得不到有效实施。一方面，国家的对内最高权威受到来自掌握技术实力的跨国公司和公民社会的挑战；另一方面，国家行使管辖权时受到国际社会越来越多的制约。

（一）网络空间中的四类主体

依据性质和诉求的不同，可将网络空间主体大致划分为国家、国际组织、跨国企业和公民社会四类，[①] 每一类下面又可作出更细微的划分。其中，国家的作用是基础性的，国家为网络技术研发和基础设施建设提供资金和政策支持，并主导网络资源分配和议程设置。跨国企业在网络推广中作用甚大，20世纪七八十年代的科技企业[②]抓住计算机民用化和基础设施私有化的机遇，推陈出新，降低网络设备价格及网络接入成本；90年代的科技企业[③]抓住互联网民用化的机遇，提供多样、便捷的生活服务，吸引广大普通民众接触网络。国家政府机关受企业启发，利用网络平台为居民提供便利化的公共服务，而公民社会是网络用户中最庞大的组成部分，是企业和国家吸引和服务的对象。国际组织在网络空间治理中扮演着网络资源的实际管理者和各国政策协调者的角色，是国际互联网治理不可或缺的一部分。

[①] 科学家团体在互联网技术发展过程中作用巨大，他们呼吁"各国政府应尽一切努力减少或消除对信息、思想和人员自由流动的限制"；但自20世纪90年代互联网民用化后，科学家团体不得不依附于国家政权或大型互联网公司，对网络空间的实际影响力下降。因此，在这里没有列出。参见 Paul A. M. Dirac, Piotr Kapitza and Antonino Zichichi, "The Erice Statement", *World Federation of Science*, August 1982, http://www.federationofscientists.org/WfsErice.php, 访问时间：2017年9月9日。

[②] 典型代表如美国的微软（1975）、苹果（1976）、甲骨文（1977）、思科（1984）等科技企业。

[③] 典型代表如美国的雅虎（1995）、亚马逊（1995）、eBay（1995）、谷歌（1998）等科技企业，中国的网易（1997）、腾讯（1998）、新浪（1998）、阿里巴巴（1999）、百度（2000）等科技企业。

(二) 国家管辖权争议的具体表现

在主体高度多元化的网络空间，权力资源的分配极度不均衡。信息革命创造出新的稀缺性权力资源，这包括网络技术能力、网络资源分配能力、议程设置能力等。人类工业革命以来的经验表明，率先抓住科技革命先机的国家都取得了领先于他国的实力优势。在科技革命突飞猛进的背景下，掌握核心资源及其管理权的主体（包括国家和非国家行为体）都将获得强势的话语地位，不同主体间的力量差距将加速扩大。

基于上述原因，网络空间中的国家管辖权争议体现在以下方面。

首先，跨国科技巨头正侵蚀着弱势国家的信息管理权和控制权。在信息革命浪潮中抓住先机的科技企业，迅速成长为大型跨国公司，取得相当于中等国家的经济实力。以谷歌为例，2017年5月，谷歌市值（6800亿美元[①]）已超过瑞士2016年名义GDP（6688.51亿美元[②]），足以跻身世界各国GDP排名前20名之列。一方面，跨国科技企业挑战东道国的管辖权，[③] 典型例子如2010年的谷歌事件。2009年6月，谷歌以"互联网自由"为名拒绝服从中国政府的审查要求，最终谷歌搜索服务于2010年1月13日正式退出中国市场。另一方面，科技企业要在保护消费者隐私与利用消费者数据获取利益间维持平衡，企业会顾虑自己的市场声誉和经营策略，[④] 典型例子如"棱镜门"事件后，美国科技巨头纷纷与本国政府保持距离。2016年，苹果公司为保护用户个人隐私，断然拒绝联邦调查局要求设置后门软件和协助破解美国加州圣贝纳迪诺恐怖袭击疑犯iPhone的要求；2018年7月，苹果公司试图在答复国会议员问询的回信中打消用户对可能发生的监听行为的疑虑，树立起尊重消费者隐私的形象。[⑤]

[①] 数据来源：Mary Meeker, "Internet Trends 2017 – Code Conference", May 31, 2017, p. 322, https://alicliimg.clewm.net/625/738/1738625/149777919622915fa4db4de1fd89c4e678f3155957b051497779193.pdf, 访问时间：2018年6月1日。

[②] 数据来源：世界银行数据库，https://data.worldbank.org.cn/indicator/NY.GDP.MKTP.CD?end=2016&locations=CH&start=1960&view=chart, 访问时间：2018年6月1日。

[③] 赵旭东：《新技术革命对国家主权的影响》，《欧洲》1997年第6期。

[④] Karine E. Silva, "Europe's Fragmented Approach Towards Cyber Security", *Internet Policy Review*, Vol. 2, No. 4, 2013, https://core.ac.uk/download/pdf/34582556.pdf, 访问时间：2018年8月9日。

[⑤] 《苹果公司答复美国国会议员：iPhone不会对用户进行监听》，腾讯网，http://tech.qq.com/a/20180808/027544.htm, 访问时间：2018年8月9日。

其次，国家在网络空间难以垄断强制力。强制力的垄断地位是国家对内最高权的最后保障，强制力分散化容易滋生社会不安定因素，危及社会治安。与传统强制力相比，信息技术更易习得，网络攻击成本低，隐蔽性好，突发性强，非常适合于非国家力量使用，例如反社会人士、犯罪组织、恐怖组织、反政府武装或宗教团体等。[1] 如果掌握信息技术优势者出于不正当目的而滥用技术，将造成严重的社会危害，此外，网络安全问题种类多样，针对一般用户（即个人、企业、政府部门和事业单位），有网络暴力（network violence）、网络诈骗（scams）、数据窃取（data theft）、勒索病毒（ransom ware）等，以2016年徐玉玉事件为例，信息窃取和网络诈骗酿成了震惊社会的悲剧。

最后，国家主权受到的牵制和约束增加。这是因为，一方面，互联网的普及使一国政府随时置于本国公民社会、其他国家的政府以及国际组织的监督之下，为此需增加其内政外交的透明度，从而受到更多的外部制约；另一方面，国际组织是国家参与国际互联网治理的基础平台，而互联网本身是高度国际化的，国际组织在互联网管理中发挥着重要作用，其中ICANN由美国实际控制、以科技企业为主导，负责顶级域名的分配和根服务器的管理工作；联合国和国际电信联盟则是除美国外的其他国家争取网络正当权益的重要平台，正如美国学者毛瑞尔（Tim Maurer）所说："联合国系统本身的网络安全工作是相当碎片化的，每一个组织都被会员国作为组织性平台用来推进它们自己的议程"。[2]

四 网络实力的不均衡性与国家主权维护能力差异

网络空间权力资源分配的不均衡性不仅在不同类别的主体间存在，在不同国家间表现得更加明显。总体而言，发达国家网络空间发展水平高，这不仅表现为网络应用水平高，更体现在垄断网络核心技术和标准，掌控网络资源分配和议程设置的主导权等方面，而广大发展中国家往往缺乏网络技术的研发能力，只能接受不利于国家利益的安排，并受到发达国家在

---

[1] 杨泽伟：《主权论——国际法上的主权问题及其发展趋势研究》，北京大学出版社2006年版，第219—222页。
[2] ［美］蒂姆·毛瑞尔：《联合国网络规范的出现：联合国网络安全活动分析》，曲甜、王艳编译，《汕头大学学报》（人文社会科学版）2017年第5期。

技术、标准、产业等方面的全方位制约。① 总之，网络实力分布的不均衡性将技术落后的国家置于劣势地位，在先进国家面前，落后国家的独立性、平等权、自卫权等基本权利形同虚设。

(一) 全球数字鸿沟巨大

当今世界各国网络空间发展水平极不均衡，数字鸿沟明显，落后国家在网络应用水平、核心资源和核心技术方面都处于弱势地位。如前所述，网络空间涉及硬件、软件、数据和网络用户四个基本因素，因此，网络空间发展水平也以上述基本要素为基础进行衡量。目前，国际上衡量各国信息化发展水平的三大权威报告及指标体系是国际电信联盟设计的信息通信技术发展指数（ICT Development Index，IDI）、世界经济论坛推出的网络化准备指数（Network Readiness Index，NRI）以及联合国经济和社会事务部使用的电子政务发展指数（e-Government Development Index，EGDI），三者的共同点是重视网络基础设施的发展和人力资本的积累。② 以 IDI 为例，国际电信联盟《2017 年衡量全球信息社会发展水平报告》结果显示，发达地区与发展中地区的信息社会发展水平差距极大，发达地区的平均值（7.52 分）比发展中地区（4.26 分）高出 3.26 分，非洲地区平均值仅 2.64 分，远低于全球平均水平（5.11 分），③ 最落后的厄立特里亚得分仅 0.96 分，与排名第一的冰岛（8.98 分）形成天壤之别；此外，发达地区内部比发展中地区内部发展更为均衡，发达地区的内部差异（3.84 分）远小于发展中地区的内部差异（7.89 分）。

就网络信息资源而言，美国凭借首创者的优势掌握了网络时代的"总开关"，拥有其他任何国家都无法比拟的网络核心资源及其管理权。网络信息资源是指与信息内容的生产、传播、存储等活动相关的设备、人员、系统等各种要素的总和，网络核心资源是其中最基础、最关键的部分，包括根服务器及其管理权，以及核心技术（如芯片、操作系统）等。

---

① 鲁传颖：《试析当前网络空间全球治理困境》，《现代国际关系》2013 年第 11 期。

② 具体指标参见惠志斌《全球网络空间信息安全战略研究》，上海世界图书出版公司 2015 年版，第 21—35 页。

③ International Telecommunication Union, "Measuring the Information Society Report 2017", November 15, 2017, p.62, https://www.itu.int/en/ITU-D/Statistics/Documents/publications/misr2017/MISR2017_Volume1.pdf，访问时间：2018 年 6 月 1 日。

首先，核心资源方面，全球仅有13个根服务器（包括1个主根服务器和12个辅根服务器），其中，全球唯一的主根服务器和9个辅根服务器都在美国。此外，美国企业垄断了网络核心技术，微软（操作系统）、英特尔（芯片）、思科（网络设备）等科技公司在各自的经营领域都占据垄断地位，正是凭借这些核心资源优势，美国国家安全局可以轻而易举地实现全球监控。[1] 其次，网络管理权方面，互联网名称与数字地址分配机构（ICANN）是全球互联网关键资源管理的核心平台，自1998年成立以来一直受美国政府管辖，虽然受"斯诺登"事件影响，2016年10月，ICANN完全接管了美国国家电信和信息局掌握的互联网域名管理权，但其总部被严格限制在美国加利福尼亚州，没有改变受美国控制的情况；此外，ICANN由私营部门主导，众多的美国企业代表和科技专家参与主导，也是美国贯彻其意志的有利条件。

（二）不同国家维护主权的能力悬殊

基于网络核心资源的分布情况和网络技术能力的巨大差距，不同国家维护网络安全的实力悬殊，落后国家的基本权利在少数先进国家面前形同虚设。国际电信联盟自2014年起每年发布全球网络安全指数（Global Cybersecurity Index，GCI），GCI指数综合考虑与网络安全相关的立法、技术、组织、能力建设和合作情况，以热力分布图（heat map）的形式非常直观地展现出网络安全水平的巨大差距。

发达地区网络安全水平普遍高于发展中地区，美国、英国、法国、荷兰、挪威、澳大利亚等发达国家处于网络安全水平最高的行列，而广大非洲国家以及部分亚洲、拉丁美洲国家则处于网络安全水平最低的行列。[2] 综合比对全球网络安全指数（GCI）和信息通信技术发展指数（IDI）的分布情况可以发现，GCI与IDI呈正相关关系，一般而言，IDI得分高的国家，GCI得分也高，反之亦然。因此，美国、英国、澳大利亚频频以国家安全受到威胁为由刁难华为、中兴等中国科技企业，未免有些自相矛盾。

网络时代，国家间的实力差距将进一步拉大，主权国家将面临更多的

---

[1] 沈逸：《后斯诺登时代的全球网络空间治理》，《世界经济与政治》2014年第5期。
[2] International Telecommunication Union，"Global Cybersecurity Index 2017"，July 6，2017，p. 4，https：// www. itu. int/dms_ pub/itu-d/opb/str/D-STR-GCI. 01-2017-R1-PDF-E. pdf，访问时间：2018年6月11日。

国家安全问题。首先,网络弱势国家面临的安全形势将更加复杂,一方面,如果东道国相对弱势,来自网络优势国家的科技企业可以凭借自身强势的经济实力和话语地位挑战东道国的管辖权;另一方面,少数网络优势国家可能滥用自身优势,或利用互联网传播本国价值观,煽动社会运动(如2010年由"推特革命"引发的"阿拉伯之春",造成中东地区持续动荡[①]),或肆意侵犯弱势国家的管辖权,实施网络监听、网络间谍或网络攻击行动(如五眼联盟、"棱镜"计划),而面对这种情况,弱势国家除了道义谴责,实际上很难改变现状。其次,即便是网络优势国家也面临着严峻的网络安全形势,网络优势国家对网络的依赖程度远大于弱势国家,其经济、政治、军事和社会活动建立在网络基础设施之上,一旦网络基础设施遭受攻击,造成的损失将非常重大,即便是网络实力最为强大的美国,也难以避免网络安全问题,恰恰相反,美国是最早关注也是最为重视网络安全的国家,美国在获得权力优势的同时也增加了自身的脆弱性,网络安全正是美国的"阿喀琉斯之踵"。[②] 因此,奥巴马政府将任何国家的政府实施的对美网络攻击视为对美国国家安全的挑衅行为,声称将采用常规军事手段予以反制,目前也没有任何国家敢公开挑战美国划出的红线。

第三节　国家主权在网络空间的适用性

如前所述,信息技术的飞速发展创造了全新的人类活动场域,旧有的国家主权模式(有形的地理疆界、主权的对内最高性和对外独立性)在高度虚拟、主体多元和权力分化的网络空间难免"水土不服"。那么,能否就此得出"国家主权模式不适用于网络空间"的结论呢?答案显然是否定的,"正如政治学者们强调的,国家依然是一种庞大的且强有力的政治制度,如果没有国家,大多数公共治理将不能有效地进行",[③] 而国家主权原

---

① Marc Lynch, "After Egypt: The Limits and Promise of the Online Challenges to the Authoritarian Arab State", *Perspectives on Politics*, Vol. 9, No. 2, 2011, pp. 301–310.

② 汪晓风:《信息与国家安全——美国国家安全战略转型中的信息战略分析》,博士学位论文,复旦大学,2004年。

③ [美]弥尔顿·穆勒:《网络与国家:互联网治理的全球政治学》,周程等译,上海交通大学出版社2015年版,第1—2页。

第二章　网络主权的维护：网络边疆治理的目标 <<<

则正是国家参与网络空间治理的法理依据，因此，国家主权理应适用于网络空间。

一　网络空间的可规制性：国家主权介入的前提条件

论证网络空间国家主权的正当性，必须首先回答一个问题，即"网络空间能被治理吗"。对此，答案是肯定的，无论是从技术层面还是制度层面，网络空间都具有可规制性。简言之，在技术层面，网络空间的运行依赖于有形的网络基础设施，网络空间的架构在商业利益的驱使下已经实现技术上的可行性；在制度层面，网络是在政府力量的资助下发展起来的，从未脱离过政府的影响，且政府拥有公共资源优势和强制力优势，这是主权介入的有力基础。

（一）技术层面的可规制性

在技术层面，网络空间是完全可以规制的。网络空间能否被规制取决于它的架构，并没有特定的架构决定网络的本质，虽然最初的网络架构使其难以被控制，但网络架构是可以被改变的。事实上，网络架构已经发生了变化。[1] 实现对网络空间的规制需要在技术上识别三个基本问题，即"谁在使用互联网"（who）、"网络用户在哪里"（where）以及"网络用户做了什么"（do what），这些在技术上都已经实现，而且这些变化多是在商业利益的驱使下实现的。1995 年 1 月，美国互联网公司 CompuServe 应德国巴伐利亚州的要求，设计了基于身份识别的内容过滤技术，以阻止德国用户对其服务器上的色情内容的访问，开创了身份识别和政府规制互联网的先河。而后，美国互联网企业家西里尔·霍里（Cyril Houri）受广告邮件启发，提出要研究 IP 定位技术，以便向目标群体精准推送广告，IP 定位技术在随后的法国诉雅虎案（2000）中很快得到应用。[2] 识别"网络用户做了什么"是最具争议性的，这一问题涉及个人隐私权与信息自由权、商业机密甚至国家机密，极易引发不同主体间的纠纷，且如果发生信息泄露，将会造成严重的安全问题。1994 年，美国网景公司（Netscape）推出

---

[1] ［美］劳伦斯·莱斯格：《代码 2.0：网络空间中的法律》，李旭、沈伟伟译，清华大学出版社 2009 年版，第 36 页。

[2] Jack Goldsmith and Timothy Wu, *Who Controls the Internet: Illusion of a Borderless World*, New York: Oxford University Press, 2006, p. 44.

Cookies 服务，在默认的状态下记录用户的网络足迹；20 世纪末，社交媒体崛起后，网络用户的在线互动产生海量的数据，网络服务提供商不仅能够记录下用户的网络足迹，还能存储每个用户的在线活动内容；"9.11"事件后，美国以反恐为由，通过《爱国者法案》，为大规模监控国内外通信内容提供法律依据。

（二）制度层面的可规制性

在制度层面，网络空间同样是可以规制的。首先，政府可以灵活地调整或建立新的制度来引导信息技术产业的发展，从而适应和塑造信息技术对社会治理带来的新环境。事实上，互联网技术的发展正是在美国政府的支持和引导下取得进步的，且以美国为首的西方国家早已通过一系列立法建立起对网络空间的管理体制。但西方国家的网络自由主义者不仅选择性地忽视这一现实状况，而且，当被挑战的国家是他们的祖国时，他们就会转而为自己的祖国辩护，支持其控制和主导网络空间。[1]

其次，政府拥有无可比拟的公共资源优势和强制力优势，这是政府介入网络空间的现实基础。一方面，网络的运行建立在通信基础设施、通信终端的基础之上，而企业只有取得政府部门的许可才能提供各类网络服务，因此，政府可以要求运营基础设施、制造终端设备或提供网络服务的组织或企业将网络设计成便于政府监管的架构，间接实现对网络空间的规制。美国在 20 世纪 90 年代即通过立法建立起这种模式，其网络运营者在现实中总会尽量做到合法合规。例如，2007 年 11 月，由于担心"处女杀手"唱片专辑封面违反维基百科服务器所在地佛罗里达州的法律，编辑们主动删除了这张涉嫌儿童色情的图片。正如美国学者杰克·戈德斯密斯所说："外国企业必须服从当地的法律，这样它们才能在当地立足，否则，它们在摆脱（政府）监管的同时将失去市场。"[2] 2010 年，美国谷歌公司拒绝中国政府的内容审查而将其搜索引擎服务退出中国，便是一个非常典型的反面例子。另一方面，政府可以运用手中的公共资源发展其他主体难以匹敌的技术，惩罚少部分试图规避政府管辖的组织。有学者认为，网络

---

[1] ［美］弥尔顿·穆勒：《网络与国家：互联网治理的全球政治学》，周程等译，上海交通大学出版社 2015 年版，第 3—4 页。

[2] Jack Goldsmith, "The Internet and the Abiding Significance of Territorial Sovereignty", *Global Legal Studies Journal*, Vol. 5, 1998, p. 480.

空间具有社群自治的属性，当一个网络社群所认可的内容被外部力量破坏时，被破坏的内容有能力通过技术手段进行恢复，政府规制的效果将大打折扣。[1] 笔者承认有少数天才人物有能力做到这一点，但这种观念的错误是十分明显的，一是它低估了国家对规避政府规制行为的打击决心和打击能力，国家这个"利维坦"不会容许任何挑战其权威的行为；二是网络空间的控制权本来就是分散的，没有哪一个政府能够做到百分之百地控制互联网，这正好说明，政府规制互联网的方式还有待改进。

二 网络安全问题日益严峻：国家主权介入的必要性

论证网络空间国家主权的正当性，要回答的一个问题是"国家有必要介入网络空间吗？"答案同样是肯定的，这是因为，随着互联网日益普及，网络对国内秩序和国际秩序的影响亦随之增长，于是，网络空间治理便不可避免地进入公共政策议题和国际政治议题，其中，网络安全问题是首要关切。一方面，为惩治危害社会秩序的失范行为，调解社会主体间的纠纷，保障网络空间在正常的轨道运行，国家必须参与并主导网络安全问题治理；另一方面，不仅美国主导的网络空间治理机制没有消除针对国家的网络安全威胁，而且美国滥用自身优势来谋取本国利益的种种行为也对其他国家构成威胁。秩序与安全是人类社会永恒不变的基本追求，国家主权的作用便是维持国内秩序稳定、促进国际和平与安全，与国家行为体相比，公民社会、企业力量、国际组织都缺少维持秩序与安全所必需的权威。[2] 因此，网络空间治理呼唤国家的回归。

（一）国内层面：惩治失范行为，维护社会秩序

当今世界，信息技术与现实世界的交互程度加深，能产生巨大的公共影响。科学技术在两次世界大战中的毁灭性应用警醒人类：科学知识不能

---

[1] Alessandro Guarino and Emilo Iasiello, "Imposing and Evading Cyber Borders: the Sovereignty Dilemma", *Cyber, Intelligence and Security*, Vol. 1, No. 2, 2017, pp. 9–13.

[2] 新西兰基督城凶手借助社交媒体直播恐袭过程，使脸书备受指责。3月30日，脸书首席执行官扎克伯格在《华盛顿邮报》发布公开信，坦言脸书力量有限，呼吁政府加强对互联网的监管。Mark Zuckerberg, "The Internet Needs New Rrules. Let's Start in These Four Areas", *the Washington Post*, March 30, 2019, https://www.washingtonpost.com/opinions/mark-zuckerberg-the-internet-needs-new-rules-lets-start-in-these-four-areas/2019/03/29/9e6f0504-521a-11e9-a3f7-78b7525a8d5f_story.html?utm_term=.083544035417, 访问时间：2019年3月31日。

置于人类良知和政府监管之外，国家和国际社会应发挥自身的作用。同样，信息技术极大地和深远地扩大了人类的活动领域，其影响力远大于过去出现的任何技术，也使滥用信息技术的影响远大于其他技术，如果信息技术被用于不当目的，后果将是极其严重的，因此，网络空间治理便进入公共议题。

网络安全是指网络系统的硬件、软件及其系统中的数据受到保护，不因偶然的或者恶意的原因而遭到破坏、更改、泄露，系统连续、可靠、正常地运行，网络服务不中断的状态，具体表现为物理安全、运行安全、数据安全和内容安全四个层面，网络安全的特性包括保密性、完整性、可用性、可控性和可审查性。[①] 具体到国内层面，网络安全问题表现为以下三点。

首先，主要针对网民个体的身份盗用、网络诈骗和密码泄露。据有关研究推测，2017年，中国、美国等20个受调查经济体[②]中，近54%的网民（9.78亿人）表示遭遇过上述三类安全问题，造成的经济损失高达1720亿美元，人均需要花费3个工作日的时间去处理后续问题；其中，中国（不含港澳台）的网络安全问题最为严重，有近3.527亿网民受害，占当年中国网民总数（7.72亿人）的45.68%，占总受害人数的36.06%，经济损失高达663亿美元，占总经济损失的38.55%。[③] 此外，现实世界中的社会偏见、人身攻击、侵犯隐私、色情、赌博、勒索、催债、散布谣言等不当或不法言行也"与时俱进"，侵入网络空间，扰乱正常的网络空间秩序，给网民带来极大困扰。

其次，主要针对企业的用户数据泄露、网络勒索和商业机密窃取。在数字经济时代，用户数据是互联网企业设计信息产品和创新服务的前提条件，数据成为经济价值实现的核心生产要素。[④] 企业利用用户数据盈利的

[①] 上海社会科学院信息研究所编著：《信息安全辞典》，上海辞书出版社2013年版，第21页。

[②] 20个经济体分别是亚洲地区的中国、中国香港、日本、印度、印度尼西亚、新加坡和阿联酋，美洲地区的美国、加拿大、墨西哥和巴西，欧洲地区的德国、法国、英国、意大利、荷兰、西班牙和瑞典，以及大洋洲的澳大利亚和新西兰。

[③] the Symantec Cooperation, "2017 Norton Cyber Security Insights Global Results Report", April 2018, pp. 11 – 14, http://now.symassets.com/content/dam/norton/global/pdfs/norton_cybersecurity_insights/NCSIR-global-results-US.pdf，访问时间：2018年6月19日。

[④] 顾洁、胡安安：《数字经济时代：发展与安全的再平衡》，《上海信息化》2017年第2期。

同时，必须履行保护用户个人数据的义务，但现实情况是，多数企业缺乏足够的数据保护能力，用户数据泄露是互联网企业都必须面对的难题，一旦发生，将削弱当事企业的市场信誉，甚至会面临所在地区的严厉处罚。2018年5月25日，欧盟《通用数据保护条例》生效仅数小时，脸书、谷歌就成为首批被告，诉讼涉及金额分别高达39亿欧元（约293亿元人民币）和37亿欧元（约278亿元人民币）。① 此外，数据泄露还可能造成涉事企业被黑客勒索，例如2016年，因5700万名用户和驾驶员的资料被盗取，优步被迫向黑客支付10万美元以求息事宁人。

最后，日益频繁的知识产权纠纷。在互联网时代，知识产权的重要性不言而喻，知识产权激励研发人员进行技术创新，是企业核心竞争力的组成部分，然而，在无边界网络空间促进网络开放和信息共享的同时，却又使得知识产权很容易受到侵害。因此，由国家出面建立知识产权制度，调解社会上的知识产权纠纷，就显得很有必要。一方面，国家建立专利申请备案制度，任何发明创造必须到政府部门申请专利，申请通过者由政府颁发证书，这样能有效避免重复申请，减少知识产权纠纷；另一方面，如果仍然出现产权纠纷，政府部门应承担调解责任。

对于上述国内层面的网络失范行为，国家的作用至关重要，因为只有国家才能合法地垄断强制力，国家有责任也有能力去维持国内秩序稳定。具体而言，网络空间不是法外之地，国家需担负起保障网络空间正常运行的职责。为此，通常的做法是：为规范网络空间行为，由相关部门制定和实施法律法规或行政规范，明确网络服务提供者、使用者以及管理者之间的权责分配，对于违反法规的失范行为，则由政府出面予以惩处，维持社会的公序良俗。②

（二）国际层面：维护国家安全的需要

网络空间正成为地缘政治博弈的新舞台，维护本国国家安全的需要，迫使各国正视网络安全问题，日益深度介入国际网络空间治理。首先，网

---

① "Max Schrems files first cases under GDPR against Facebook and Google", *The Irish Times*, May 25, 2018, https://www.irishtimes.com/business/technology/max-schrems-files-first-cases-under-gdpr-against-facebook-and-google-1.3508177, 访问时间：2018年6月19日。

② 刘杨钺、杨一心：《网络空间"再主权化"与国际网络治理的未来》，《国际论坛》2013年第6期。

络安全威胁不仅仅针对公民和企业,针对国家的网络安全威胁更为严峻复杂,而美国主导的国际网络空间治理机制无法解决这些问题;其次,当前网络核心资源集中掌握在美国手中,美国频繁滥用自身优势,对其他国家而言又构成新的网络安全威胁;最后,随着其他国家致力于缩小与美国在网络空间的实力差距,美国开始加大对任何潜在竞争对手的遏制力度。

首先,针对国家行为体的网络安全问题主要有关键基础设施保护、境内数据资源保护和网络恐怖主义。基础设施与境内数据保护是国家最先面对的网络安全问题,1988 年美国最早通过《保护美国关键基础设施》,此后历任美国总统在任期内都会专门立法强调保护关键基础设施的重要性,"9.11"事件后更是如此。相比而言,欧盟尤其重视数据保护,1970 年德国黑森州颁布《数据保护法》,开辟了一个新的立法领域,[①] 此后,德国及欧盟层面都完成了数据保护立法,2000 年"个人数据保护"被写入《欧盟基本权利宪章》,[②]"斯诺登"事件后,欧盟采取一系列措施,进一步收紧数据保护政策,先是由欧洲法院宣布废除欧美数据安全港协议(EU-US Safe Harbor,2015 年 10 月),而后通过《通用数据保护条例》(GDPR,2016 年 4 月)立法,与美国签订新的欧美隐私盾协议(EU-U. S. Privacy Shield,2016 年 7 月),对美国在欧网络科技企业采取严格的管理措施。

而网络恐怖主义是网络与恐怖主义相结合的产物,通常表现为两个方面:一是针对信息及计算机系统、程序和数据发起的恐怖袭击;二是依靠信息通信技术来沟通、收集信息、招募、组织、宣传其思想和行动及募捐。[③] 就前者而言,美国 1996 年《参与和扩展的国家安全战略》就已提出,要防止恐怖主义和大规模杀伤性武器等破坏性力量对美国的重要信息系统构成威胁。不过,在国际社会的共同努力下,美国担心的第一类情况从未发生过,反倒是后者表现得非常突出。例如,国际恐怖组织非常善于利用互联网发布恐怖视频,制造恐怖效果,传播恐怖主义思想,招募"外籍战士"和募集资金,在全球范围煽动独狼式的恐怖袭击。

---

① 张效羽:《德国如何保护个人数据》,《学习时报》2019 年 5 月 3 日第 A2 版。
② The European Parliament and the Council, "Charter of Fundamental Rights of the European Union", *Official Journal of the European Union*, December 7, 2000, http://www.wipo.int/wipolex/zh/text.jsp?file_id=180670,访问时间:2018 年 6 月 20 日。
③ 郎平:《网络恐怖主义的界定、解读与应对》,《信息安全研究》2016 年第 10 期。

其次，美国滥用自身优势，对包括盟友在内的其他国家构成网络安全威胁。如前所述，计算机和互联网都发源于美国军方的科研项目，此外，美国通过控制根服务器和互联网名称与数字分配公司牢牢掌控着网络空间的核心资源，可以说，美国在网络空间积累的权力资源优势是其他任何国家无法比拟的。2005年信息社会世界峰会突尼斯峰会期间，美国对网络核心资源的垄断引起包括欧盟在内的多数国家的反对，欧盟提出"新合作模式"，原则上同意加强各国政府的作用。为此，美国时任商务部部长古铁雷斯（Carlos Gutiérrez）和国务卿赖斯（Condoleezza Rice）写信给英国外交大臣杰克·斯特劳（Jack Straw），声称美国的控制是为了让互联网"充分发挥它作为全球经济扩张和发展的中介和推进器的潜力"。[①] 但实际上，美国的做法完全是另外一套，即利用自身在网络空间的优势，为美国情报机关获得监控全球的能力。"9.11"事件后，美国情报部门总结认为情报部门对反恐情报的重视不够是重要原因，因此着手加强情报收集和分析能力。《保护美国法案》（2007）和《外国情报监听法案修正案》（2008）允许美国情报系统无须授权便可把监听范围从国际无线电扩展到所有国际通信，斯诺登披露的"棱镜"计划（PRISM）便是依据《外国情报监听法案修正案》第702款启动的。[②] 摩根索曾提出"审慎是最好的美德"，他盛赞"权力与自我节制两相调和的声誉"是英国霸权的基石，[③] 很显然，美国在为追求自身国家利益而滥用权力的道路上走得太远。[④]

最后，美国感到战略焦虑，加剧网络空间的地缘竞争趋势。由于总体实力持续下降、战略资源日益紧张，包括网络空间在内的全球战略"公域"逐渐成为美国新的战略聚焦，并被其视为维护"全球领导地位"的重

---

① Kieren McCarthy, "Read the Letter that Won the Internet Governance Battle", *the Register*, December 2, 2005, https://www.theregister.co.uk/2005/12/02/rice_eu_letter/，访问时间：2018年6月10日。

② ［加］安德鲁·克莱门特：《大规模国家监视所涉及的透明度和网络主权问题研究——一个加拿大视角》，林晓平译，《新闻传播与研究》2016年第S1期。

③ ［美］汉斯·摩根索：《国家间政治：权力斗争与和平》，徐昕等译，北京大学出版社2012年版，第126—131页。

④ Shiping Tang and S. R. Joey Long, "America's Military Interventionism: A Social Evolutionary Interpretation", *European Journal of International Relations*, Vol. 3, 2018, pp. 509–538.

要支柱。① 2017年2月，特朗普上任不到一个月，美国国防部就发布了《美国网络威慑核心能力建设》报告，报告开篇就点名批评中国、俄罗斯、朝鲜、伊朗是最具威胁性的网络安全对手（most cyber-capable adversary states），其中，对中国的指控是"大量窃取美国公司的知识产权至少10年"。报告视中俄为美国网络安全的首要挑战，无理指责中、俄两国已经具备了通过网络对美国的基础设施进行致命打击的能力，并且这种可能性在逐渐增加，美国已处于战略不利位置。② 这种说辞在之后的《国家安全战略报告》和《国家网络战略报告》再次得到强调。在美国的国家网络战略中，美国对中国的指控是"窃取知识产权"，③ 对俄罗斯的指控则是"破坏民主"。

美国毫不隐讳地把中国列为其战略遏制的首要目标，大肆指责溯源至中国的针对美国企业的网络攻击和窃密活动得到了中国政府或军事部门的支持，以帮助中国企业获取商业机密和知识产权资料，提高企业的竞争能力，由此给美国造成巨大的经济损失。对于经济损失的规模，2018年2月美国总统办公厅的估值是570亿至1090亿美元的经济损失（2016年）。④ 而后，随着中美贸易争端愈演愈烈，美国在经济损失规模上不断加码，白宫贸易和制造业政策办公室6月19日发布报告直指"中国制造2025"，指责中国以网络方式窃取美国技术和知识产权，每年给美国造成1800亿至5400亿美元的经济损失。⑤ 在学术界和新闻界，西方国家的不少学者和新闻记者跟风，极力渲染西方国家受到的网络安全威胁，把美国塑造成无辜的受害者。

网络空间的地缘政治化趋势给国家安全带来的挑战是显而易见的，在

---

① 吴莼思：《美国的全球战略公域焦虑及中国的应对》，《国际展望》2014年第6期。
② U. S. Department of Defense, "Final Report of the Defense Science Board Task Force on Cyber Deterrence", February 28, 2017, http://www.acq.osd.mil/dsb/reports/2010s/DSB-Cyber DeterrenceReport_ 02-28-17_ Final. pdf, 访问时间：2018年6月22日。
③ 汪晓风：《中美关系中的网络安全问题》，《美国研究》2013年第3期。
④ The Council of Economic Advisers, "The Cost of Malicious Cyber Activity to the U. S. Economy", February 16, 2017, pp.1, 4, https://www.whitehouse.gov/wp-content/uploads/2018/02/The-Cost-of-Malicious-Cyber-Activity-to-the-U. S. -Economy. pdf, 访问时间：2018年6月11日。
⑤ the White House Office of Trade & Manufacturing Policy, "How China's Economic Aggression Threatens the Technologies and Intellectual Property of the United States and the World", June 19, 2018, p. 3, https://www.whitehouse.gov/wp-content/uploads/2018/06/FINAL-China-Technology-Report-6. 18. 18-PDF. pdf, 访问时间：2018年6月22日。

第二章　网络主权的维护：网络边疆治理的目标 <<<

信息化的过程中，国家的安全、政治、经济和文化利益都日益融入网络空间，一旦网络安全受制于人，主权国家的独立权、自主权和自卫权都将受到严重损害，牵一发而动全身，严重破坏主权的完整性，典型的例子是斯诺登曝光的美国国家安全局监控全球的事实。因此，任何国家都无法容忍国家安全任人摆布的局面，[1]而寻求强化安全自主能力正是各国纷纷介入网络空间治理的动力。

三　网络空间的战略性意义：国家主权介入的驱动力

网络空间的战略性意义表现在经济和军事层面，信息技术的进步与应用能够快速提升国家经济实力和军事优势，归根结底均服务于增强国家综合实力，以便国家更好地行使基本权利，有效维护甚至促进本国的国家利益。因此，网络空间正成为主要国家博弈的新领域，网络空间的战略性意义成为世界主要国家加入竞争行列的驱动力。

（一）经济发展的新引擎

当今世界的国际竞争日益激烈，从政治意义上讲，国际竞争说明了在等级结构的国际体系中，一国力量的上升、下降和维持自身地位的发展轨迹；从经济意义上讲，国际竞争是一国在保障自身在国际经济市场中比竞争对手占有相对大的出口市场份额时所具备的生产和销售产品的能力。[2]而国际竞争突出地表现为综合国力的竞争，其中，经济实力是综合国力其他构成要素的基础，通常用国内生产总值（GDP）表示。在知识经济时代，以信息技术为代表的科学技术是关键生产要素，对于提高产业附加值和国际竞争力、推动产业结构升级、拉动经济增长，进而提高国家综合国力的意义十分明显。

信息技术对经济发展的推动作用具体体现在：以互联网为代表的信息通信技术既是助力经济发展的辅助性工具，又是引领经济发展的核心引擎。回顾历史，人类社会已经历两次信息化发展浪潮，目前进入第三次发展浪潮。第一次浪潮是以单机应用为主要特征的数字化阶段（20

---

[1] 俞晓秋：《"谷歌事件"再敲国家信息主权与安全警钟》，《中国国防报》2010年4月8日第3版。

[2] [美]弗里德里克·皮尔逊、[美]西蒙·巴亚斯利安：《国际政治经济学：全球体系中的冲突与合作》，杨毅、钟飞腾、苗苗等译，北京大学出版社2006年版，第419、421页。

世纪80—90年代），个人计算机大规模普及应用，数字化办公和计算机信息管理系统取代纯手工处理；第二次浪潮是以互联网应用为主要特征的网络化阶段（20世纪90年代中期至21世纪初），人们通过互联网实现高效连接，人类信息交互、任务协同的规模得到空前拓展；2012年前后，人类进入以数据的深度挖掘和融合应用为主要特征的智能化阶段，数据资源的不断丰富、计算能力的快速提升，推动数据驱动的智能应用快速兴起。[①]

作为当前经济发展的主要趋势，数字经济（digital economy）是以数字化的知识和信息为关键生产要素，以数字技术创新为核心驱动力，以现代信息网络为重要载体，通过数字技术与实体经济的深度融合，不断提高传统产业数字化、智能化水平，加速重构经济发展与政府治理模式的新型经济形态。[②] 数字经济具有基础性、广泛性、正外部性和边际效益增加等新特点，其运行机制在于：首先，大幅降低经济运行成本，包括信息获取成本、资源匹配成本、资本专用性成本和制度性交易成本；其次，显著提升经济运行效率，不断深化产业专业化分工水平和企业间生产协同水平，助力实现供需精准匹配；再次，经济组织方式与时俱进，新型组织形态不断产生和快速发展；最后，实体经济的生产率因生产方式的智能化而得到提高，数字经济成为重塑经济发展模式的主导力量。数字经济对经济增长具有巨大的拉动作用，具体而言有两大途径：首先是信息产业的成长，它包含信息基础设施制造、软件开发、信息通信服务业等；其次是信息技术与传统产业相结合，信息技术帮助传统产业提高生产效率和生产数量，由此带来的新增产出便构成数字经济的产业融合部分。

信息技术巨大的经济价值意味着巨大的发展机遇，网络空间成为信息时代国际竞争的战略新高地。就发达国家而言，20世纪90年代，美国率先抓住信息革命的发展机遇，创造出新的经济增长点，出现了战后罕见的持续近10年的高速增长。1995—1999年，美国GDP年均增长率3.3%，

[①] 梅宏：《建设数字中国：把握信息化发展新阶段的机遇》，《人民日报》2018年8月19日第5版。
[②] 中国信息通信研究院：《中国数字经济发展白皮书（2017年）》，第3页，http：//www.cac.gov.cn/2017-07/13/c_1121534346.htm，访问时间：2018年7月4日。

通货膨胀率低于2%，失业率低于5%，信息技术产业迅速崛起为美国经济的支柱产业，其中计算机软件业每年以12.5%的速度崛起，是美国整体经济增长率的近6倍，电脑软件业也超过飞机制造业和制药业，成为美国仅次于汽车和电子行业的第三大产业。① 1996年，美国学者塔普斯科特（Don Tapscott）首次系统阐述了"数字经济"（digital economy）的概念，来描述这种新的经济现象。② 美国数字经济所取得的巨大成就吸引了欧盟和日本的效仿，如今，发达国家抓住发展先机，在数字经济发展方面处于领先地位，在国际电信联盟的信息通信技术发展指数（IDI）、网络就绪指数（NRI）排名中，发达国家无一不名列前茅。③

就发展中国家而言，全球国家间的数字鸿沟拉大，发展中国家总体处于更加不利的地位；但同时也应看到，中国、印度等新兴发展中国家取得了不俗的经济成就。印度的信息产业受益于20世纪90年代拉奥政府的零税率政策和贷款优先政策，再加上美国等西方国家信息产业强劲的外包需求，以及印度的人才资源优势和英语优势，印度凭借软件出口和服务外包带动经济增长，并在全球信息技术领域占据了重要地位。但印度的问题在于，其国内的信息基础设施薄弱，全国网络普及率低，内部数字鸿沟巨大，这也正是印度后续需要努力弥补的短板。

相比于印度，中国走了先硬件后软件、先应用后研发的常规发展道路，总体发展水平较印度高。迄今为止，中国数字经济的发展过程可分为三个阶段。第一阶段，基础设施建设阶段。1993年国务院先后启动金卡、金桥、金关等重大信息化工程，1994年4月正式接入国际互联网，至1997年10月基本完成国家信息基础设施建设。第二阶段，信息化应用阶段。一方面，政府上网工程启动，掀起了政府网站建设热潮；另一方面，国内互联网企业纷纷涌现，如网易（1997）、腾讯（1998）、新浪（1998）、阿里巴巴（1999）、百度（2000）等，网络科技企业以网络为载体提供各类生活服务，推动产业数字化进程。第三阶段，弥补创新能力和核心技术短板。《中国制造2025》文件提出：到2020年，40%的核心基础零部件、关键基础材料实现自主保

---

① 郎平：《浅析美国"新经济"》，《世界经济与政治》1998年第4期。
② Don Tapscott, *The Digital Economy: Promise and Peril in the Age of Networked Intelligence*, New York: McGraw-Hill, 1997.
③ 杨剑：《数字边疆的权力与财富》，上海人民出版社2012年版，第168—174页。

障，到 2025 年，这一比例要提高到 70%。①

对于中国而言，数字经济不仅是经济增长的核心动力，还是产业结构升级的发展方向，中国借此往价值链的顶端攀升。中国数字经济的成就主要体现在以下三个方面：首先，中国网民人数呈现爆炸式增长，其中 2008 年是重要的转折年，中国网民规模（2.53 亿人）首次超过美国（约 2.3 亿人），位居世界第一，网络普及率（22.6%）也赶超全球平均水平（21.9%）；② 其次，数字经济规模庞大，已经成为带动中国经济增长的核心动力。2016 年，中国数字经济总量达到 22.6 万亿元，同比增长 18.9%，是当年 GDP 增长率（6.7%）的 2.8 倍，数字经济总量占 GDP 比重达 30.3%，对 GDP 贡献率更是高达 69.9%；③ 最后，中国独角兽企业④呈崛起的态势。截至 2017 年 9 月，全球 22 个国家共有 267 家独角兽企业，其中，美国有 124 家，中国有 90 家，二者之和共占全球总数的 33.7%，前 10 名中有 5 家中国独角兽企业，分别是排名第 2 的蚂蚁金服、第 3 的滴滴出行、第 4 的小米、第 9 的陆金所、第 10 的新美大。⑤

（二）扩大军事优势的着力点

在国家综合国力中，军事实力与经济实力构成国家硬实力的组成部分，而互联网属于军民两用技术（dual-use technologies），不仅在民用领域具备巨大潜力，在军事领域同样有广阔的应用前景。⑥ 一方面，网络技术

---

① 国务院：《国务院关于印发〈中国制造 2025〉的通知》，http://www.gov.cn/zhengce/content/2015-05/19/content_9784.htm，访问时间：2018 年 7 月 14 日。

② 数据来源：第 1—42 次中国互联网络发展状况统计报告，http://www.cac.gov.cn/hysj.htm，访问时间：2018 年 7 月 5 日。

③ 中国信息通信研究院：《中国数字经济发展白皮书（2017 年）》，第 19 页，http://www.cac.gov.cn/2017-07/13/c_1121534346.htm，访问时间：2018 年 7 月 4 日。

④ "独角兽"（unicorn company）是指私募和公开市场的估值超过 10 亿美元的创业公司，由美国 Cowboy Venture 投资人艾琳·李（Aileen Lee）2013 年首次提出。Aileen Lee, "Welcome To The Unicorn Club: Learning From Billion-Dollar Startups", *Tech Crunch*, November 3, 2013, https://techcrunch.com/2013/11/02/welcome-to-the-unicorn-club/，访问时间：2018 年 7 月 5 日。

⑤ 中国信息通信研究院：《互联网发展趋势报告（2017—2018 年）》，第 9—12 页，http://www.cac.gov.cn/wxb_pdf/baipishu/fazhanqushi02017121344344895 8139.pdf，访问时间：2018 年 7 月 4 日。

⑥ Timothy Thomas, "The Internet in China: Civilian and Military Uses", cited from Andreas Wengers eds., "The Internet and the Changing Face of International Relations and Security", *Information & Security*, Vol. 7, 2001, pp. 131–143.

的军事化运用分为三类,即网络武器、网络军事力量和网络情报,其中网络军事力量是核心,负责收集和分析网络情报、研发和操作网络武器;另一方面,在网络空间,隐蔽性高、破坏性更大的网络攻击更受国家青睐,无论是在和平时期还是战争时期,网络武器都不失为遏制、攻击对手的首选。因此,世界主要国家相继发展自身在网络空间的军事实力,以适应形势变化,既可用于和平时期的网络安全防御,又为未来可能爆发的网络作战做好准备,而垄断核心资源和核心技术的国家能够扩大自身的军事优势,处于被动地位的国家也将努力解除枷锁,发展自身的网络军事能力,于是西方发达国家都把互联网核心技术和材料列入禁止出口的名单。①

首先,就网络武器而言,网络技术在军事领域的实战运用最早可追溯到1982年。目前,网络武器不仅形式多样,而且容易扩散,潜在的网络军备竞赛已经开始。美国是最早将网络技术应用于军事领域的国家,美国国家安全部门已将软件漏洞、网络病毒等纳入网络武器库。2015年4月,美国海军相关部门就曾向安全业界公开收购网络漏洞等可以用作网络攻击的武器。②2017年5月,肆虐全球的WannaCry勒索病毒便是不法分子利用美国国家安全局掌握的危险漏洞"Eternal Blue"(永恒之蓝)进行传播的,而美国事后在没有确切证据的情况下将责任全部甩给朝鲜,丝毫不反省美国国家安全局的失职行为。③考虑到美国同时牢牢掌握着根服务器和域名解析的控制权,其他国家担忧美国霸权会对国家安全构成威胁是完全可以理解的。

其次,就网络军事力量而言,据不完全统计,目前已经有140多个国

---

① Matthew Fuhrmann, "Exporting mass destruction? The determinants of dual-use trade", *Journal of Peace Research*, Vol. 45, No. 5, 2008, pp. 633 – 655; European Commission, "2018 Update of the EU Control List of Dual-Use Items ", *Official Journal of European Union*, Vol. 61, December 14, 2018, https://eur-lex.europa.eu/legal-content/EN/TXT/PDF/? uri = OJ: L: 2018: 319: FULL&from = EN,访问时间:2018年12月20日。

② 晨曦:《美军公开收购未修补安全漏洞用于网络战》,http://tech.qq.com/a/20150615/044061.htm,访问时间:2018年12月20日。

③ Ellen Nakashima, Philip Rucker, "U. S. declares North Korea carried out massive WannaCry cyberattack", *the Washington Post*, December 19, 2017, https://www.washingtonpost.com/world/national-security/us-set-to-declare-north-korea-carried-out-massive-wannacry-cyber-attack/2017/12/18/509deb1c-e446-11e7-a65d-1ac0fd7f097e_ story.html? utm_ term = .99808fd076a1,访问时间:2018年7月2日。

家正发展自己的网络军事力量,各主要大国更是从国家战略层面重视此事,为此,各国采取的措施不外乎三类,网络安全划为国家安全利益红线、创建并提升网络司令部、组建快速反应网络部队等。美国同样是网络空间军事化趋势的引领者,2010年美国正式成立网络司令部(Cyber Command),负责对全球信息网络栅格的操作和防御进行指导,实施全频谱网络战以及保护美国在网络空间的行动自由。[①] 2017年8月,美国国防部将网络司令部升级为一级联合作战司令部,与美国中央司令部、印太司令部平级。此外,2015年,美国将各军种中的网络部队合并成网络任务部队,归网络司令部统一指挥。2016年,美国网络司令部所辖的133支网络任务部队已全部具备初步作战能力,至2018年9月30日,所有任务部队全部达到全面作战水平,其人员部署达到6200人。[②]

最后,就网络情报而言,随着网络与现实深度融合,越来越多的情报将在网络空间以数据的形式呈现,而情报来源对制定军事战略、采取精准的军事打击行动至关重要。"9.11"事件后,美国借全球反恐的名义通过国内立法授权美国情报部门实施全球大规模监控,追求无差别的收集和挖掘信息的无上权力。《保护美国法案》(the Protect America Act of 2007)和《外国情报监听法案修正案》(FISA Amendments Act of 2008)允许美国情报系统无须授权便可把监听范围从国际无线电扩展到所有国际通信,斯诺登披露的"棱镜"计划(PRISM)便是依据《外国情报监听法案修正案》第702款启动的。而据国内外学者观察,"棱镜"计划只是美国诸多监听计划中极为普通的一例,只是斯诺登曝光的惊人内幕使之得到广泛的社会关注度。[③]

正是得益于美国在网络空间超群的军事实力,美国的网络空间防御政策在小布什政府时期便从"被动防御、全面防护"转变为"积极防御、攻防并举",从谋求相对优势到维护绝对优势,但美国的这种战略自信随着

[①] 王舒毅:《网络安全国家战略研究:由来、原理与抉择》,金城出版社、社会科学文献出版社2015年版,第69—70页。

[②] E安全编辑部:《美、印、日等国"网络战部队"发展状况》,《信息安全与通信保密》2017年第8期。

[③] [加]安德鲁·克莱门特:《大规模国家监视所涉及的透明度和网络主权问题研究——一个加拿大视角》,林晓平译,《新闻传播与研究》2016年第S1期。

其他国家纷纷效法美国发展军事力量而逐渐消退，美国国防部坦言"竞争对手的实力正持续快速增强"，美国遭受网络军事攻击的可能性增大，[1] 要求发展"更加致命的军事能力"（a more lethal joint force）。[2] 于是，"安全困境"扩散到网络空间，成为"自我实现的预言"。面对日益激烈的网络军备竞赛，联合国明确提出：反对恶意使用信息通信技术而造成的威胁，呼吁建立信任、稳定和减少风险的措施，合作创造和平、安全、有弹性和开放的信息通信技术环境。[3]

第四节　基于多重场域原理的网络主权生成逻辑

有关网络空间主权的讨论已经成为学界的热门话题，但大多数学者是从经典的理想主义路径出发，将传统国家主权的特性逐一套用在网络空间，最后得出带有很大主观立场的"应然"论述，同时很多讨论还经常被一些诸如"无形""虚拟"等抽象的词语困惑。造成这种理想主义倾向和问题描述模糊的很大一部分原因是相关研究缺乏对网络空间技术原理的认知。网络空间是一个由科技所创造的人造空间，如果不能充分考虑技术的客观属性及其所产生的政治后果，而仅仅是抽象地应和传统政治理论，那么网络空间这个所谓的"新疆域研究"也就失去了其"新"的禀赋。同时，主权是一个历史范畴，虽然其随着国家疆域空间的演变而不断被赋予新的内涵，但始终是受其内在的规定性支配，网络空间主权的生成同样也遵循了这样的基本规律。因此，本书试图把对网络空间技术原理的认知与对主权演绎基本规律与要件的辨识相结合，来剖析网络空间主权的生成逻

---

[1]　U. S. Department of Defense, "Final Report of the Defense Science Board Task Force on Cyber Deterrence", February 28, 2017, https://www.armed-services.senate.gov/imo/media/doc/DSB%20CD%20Report%202017-02-27-17_v18_Final-Cleared%20Security%20Review.pdf, 访问时间：2018年7月2日。

[2]　U. S. Department of Defense, "Summary of Department of Defense Cyber Strategy", September 18, 2018, https://media.defense.gov/2018/Sep/18/2002041658/-1/-1/1/CYBER_STRATEGY_SUMMARY_FINAL.PDF, 访问时间：2018年9月20日。

[3]　United Nations General Assembly, "Report of the Group of Governmental Experts on Developments in the Field of Information and Telecommunications in the Context of International Security（A/68/98）", June 24, 2013, http://undocs.org/A/68/98, 访问时间：2018年6月12日。

辑。需要说明的是，尽管是否存在网络空间主权在学界仍存在一定的争议，但已经有大量的著述阐明了其正当性和合理性，本书在此基础上，主要讨论的是关于"网络空间主权生成的现实条件"，而非"网络空间为何应该存在国家主权"或者"网络空间主权建立的理念主义基础"。

一　网络空间多重场域的技术属性

中文语境中广泛使用着与"网络空间"一词意思多少相近的各种词语，如"赛博空间（cyberspace）""信息空间""互联网空间""虚拟空间"等，在论述网络空间主权问题时，这些概念的混用会直接导致逻辑的漏洞。所以，有必要先厘清这些词语，而对核心概念的解读也将有助于理解网络空间多重场域的技术原理和这一原理对于帮助认知网络空间政治问题的重要性。

（一）网络空间概念的辨析

1. 网络空间的形成与发展

对大多数人而言，网络是一个较为抽象的概念，但这并不妨碍在各个领域中具体地使用这个词语，例如社会网络、神经网络、电力网络等，以及孕育了我们今天所谓网络空间的计算机网络。"计算机网络"是个科技术语，据《不列颠百科全书》（*Encyclopædia Britannica*）中简洁的介绍，"计算机网络就是两台或更多的计算机为了信息通信通过电子的方式联结在一起。除了在物理上连接计算机和通信设备，还要有一套网络系统来建立一个整合性架构，使得各种设备能以近乎无缝的方式传输信息"。[①] 显然，仅在技术层面上，计算机网络就不仅仅意味着物理上的连接，还包括一个整合性的架构，也就是各种网络协议（protocol）的合集。最早的计算机网络属于物理范围小、功能专一，且不能相互连通的专用网络，类似于今天的局域网（LAN）。20世纪60年代后，美国国防部高级研究计划局（DARPA）开始发展革命性的网络技术，能够把各类计算机网络无障碍地连接成更加宽广且高度冗余的网络，也就是广域网（WAN）。随后，在众多学者、各类机构与组织几十年的技术发展和协议构建下，一个连接所有网络的网络

[①] Encyclopedia Britannica's Public Website, "Computer network", https://www.britannica.com/technology/computer-network，访问时间：2018年7月30日。

(network of networks),或者说是最宽广的广域网形成了,这就是今天的互联网。同时,这些积累而成的技术标准和协议也跨越冷战的时空界限成为当今几乎所有的局域网和广域网中遵从的标准。① 而网络空间则是由上述这些网络链路及网络协议创造出来的地方,其在科技的推动下,随着网络的发展而不断丰富与拓展,最终形成了一个有别于传统空间的新空间。

2. 网络空间与赛博空间的同质性

在英文语境中论及网络空间时广泛使用 cyberspace 一词,中文的赛博空间就是这个词语的音译。"赛博(cyber)"一词来源于科学家诺伯特·维纳在第二次世界大战时期根据希腊词 $κυβερν1ητηs$(意为领航者、控制者)所创造的英文词"控制论(Cybernetics)",也就是"有关动物和机器控制和通信"的科学,② 从其词源和中文译名中就不难理解该词本无"虚拟"的意思。直到互联网尚处于萌芽的1982年,作家威廉·吉布森在一部科幻小说中创造了一个赛博空间(cyberspace),将之描述为一个由计算机网络创造的、充满人工智能的虚拟空间。互联网在20世纪90年代普及后,这一用法在英语世界流行起来,人们普遍使用这一词语描述他们在使用互联网交流时所处的"地方"。③《不列颠百科全书》对赛博空间的定义如下:"赛博空间是一个虚拟的世界,它是由计算机、其他上网设备、服务器、路由器,和其他互联网的基础设之间的链路而创造出来的;与互联网本身不同,赛博空间是一个由这些网络上的这些链路创造出来的地方。"④ 这一定义体现了赛博空间的虚拟性、交互性、互联互通性。2011年的《英国赛博安全战略》(The UK Cyber Security Strategy)认为赛博空间:"包括互联网,还包括支撑着我们的商业、基础设施和服务的其他信息系统",⑤ 这一定义还明确指出了赛博空间不仅限于互联网范围内。《美

---

① 参见"Computer",https://www.britannica.com/technology/computer,访问时间:2018年7月30日。

② Norbert Wiener, *Cybernetics or Control and Communication in the Animal and the Machine*, Cambridge: MIT press, 1961.

③ Britannica's Public Website, *Cyberspace*, https://www.britannica.com/topic/cyberspace,访问时间:2018年5月10日。

④ Britannica's Public Website, *Cyberspace*, https://www.britannica.com/topic/cyberspace,访问时间:2018年5月10日。

⑤ U. K. government, *The UK Cyber Security Strategy*, https://www.gov.uk/government/uploads/system/uploads/attachment_data/file/60961/uk-cyber-security-strategy-final.pdf,访问时间:2018年5月10日。

国国防部军语词典》（*DOD Dictionary of Military and Associated Terms*）《美国参联会联合出版物：赛博空间行动》（JP3-12R）《第54号国家安全总统令：赛博安全政策暨第23号国土安全总统令》（NSPD 54/HSPD 23）中对赛博空间的共同定义是："一个信息环境中的全球公域，由相互依赖的信息技术基础设施和寄存其中的数据构成，包括互联网、通信网络、计算机系统，和嵌入式处理器与控制器"，① 这一定义首先突出了所谓的"全球公域"属性，还将嵌入式系统都纳入了其范围。②

在中文语境中，亦有不少人习惯上使用"赛博空间"这个词语，但更常见的用语是"网络空间"，两者实际上具有同质性。例如，中国的网络安全领域的权威专家方滨兴认为："网络空间是一种人造的电磁空间，其以终端、计算机、网络设备等为载体，人类通过在其上对数据进行计算、通信来实现特定的活动。在这个空间中，人、机、物可以被有机地连接在一起进行互动，可以产生影响人们生活的各类信息，包括内容、商务、控制信息等。"③ 他的这一定义与西方国家对赛博空间的定义在内涵上基本一致。

2. 网络空间与信息空间、互联网空间、虚拟空间的差异性

网络空间还经常与信息空间、互联网空间和虚拟空间混用，但它们之间是有差别的。第一，网络空间不能等同于信息空间。尽管前述关于网络空间的定义都认为其是一个信息环境或者信息空间，但都还指出了这是一个由计算机网络和通信网络创造的信息空间，也就是说，还存在其他媒介创造的信息空间，况且作为网络空间基础设施的计算机系统和通信系统都离不开各种硬件，不能认为网络空间就是个单纯的信息空间。第二，网络空间不能等同

---

① U. S. Joint Chiefs of Staff, *DOD Dictionary of Military and Associated Terms*, p. 60, http://www.jcs.mil/Portals/36/Documents/Doctrine/pubs/dictionary.pdf? ver = 2018 - 05 - 02 - 174746 - 340, 访问时间：2018年5月10日；U. S. Joint Chiefs of Staff, *JP3 - 12R*, p. v, http://www.jcs.mil/Portals/36/Documents/Doctrine/pubs/jp3_ 12R.pdf, 访问时间：2018年5月10日；The White House, *NSPD 54/HSPD 23*, p. 3, https://fas.org/irp/offdocs/nspd/nspd-54.pdf, 访问时间：2018年5月10日。

② 作为广义上计算机系统的一种类型，嵌入式系统一般采用软件和硬件一体化的架构，主要用于在高可靠、低成本要求的工业控制领域执行较为模式化的任务，不直接参与人与人之间的交流。

③ 方滨兴、邹鹏、朱诗兵：《网络空间主权研究》，《中国工程科学》2016年第6期。

第二章　网络主权的维护：网络边疆治理的目标 <<<

于互联网空间。原因在于互联网并没有涵盖所有的计算机网络，所以互联网空间也不代表所有的网络空间，尤其是网络空间中还存在着一些关乎重大经济安全、军事安全的局域网，这些局域网都是要求与互联网隔绝的。这就意味着，互联网或许是互联互通的、完全开放的，但整个网络空间绝不是如此。第三，网络空间不能等同于所谓的"虚拟空间"。网络空间也有很大的现实性，比如软件代码和硬件设施等都是网络空间必不可少的构成要件。

（二）网络空间的多重场域构成

上文关于网络空间概念的阐释展现了网络空间中存在着人、计算机、物理空间的复杂重叠的特点，这对于我们理解网络空间的构成有很大启发。网络空间作为科技进步的产物，其最基本的属性是技术性，因此首先需要从技术角度解析网络空间的构建原理和认知蓝图。确立了这样一个角度后，首先联想到的就是网络工程中的 ISO/OSI 七层模型和 TCP/IP 四层模型，这是整个互联网技术体系最基本的技术原理。尽管有些工科的"纯技术"味道，但还是给社科研究者以很大启发，说明"网络空间的活动可以被理解成各种各样的层次"。[①] 此外，我们不仅要借鉴技术上的原理，还应充分考虑并强调网络空间的人格属性，也就是"虚拟空间""网络行为体""网络社会"这类概念所意指的内容。目前，人文社会科学领域已经有很多学者注意到了网络空间存在多重场域并且需要分层分析的原理。[②]

[①] Joseph S. Nye Jr., Cyber power, Harvard Univ Cambridge Ma Belfer Center For Science And International Affairs, 2010, p. 3, https://www.belfercenter.org/sites/default/files/legacy/files/cyberpower.pdf, 访问时间：2018 年 5 月 30 日。

[②] 军事与安全领域的参见 U. S. Joint Chiefs of Staff, Joint Publication 3 – 12 (R), pp. v – vi, http://www.jcs.mil/Portals/36/Documents/Doctrine/pubs/jp3_12R.pdf, 访问时间：2018 年 5 月 10 日；Israeli prime ministers' office, Advancing National Cyberspace Capabilities: Resolution No. 3611 of the Government of August 7, 2011, p. 1, http://www.pmo.gov.il/English/PrimeMinistersOffice/DivisionsAndAuthorities/cyber/Documents/Advancing%20National%20Cyberspace%20Capabilities.pdf, 访问时间：2018 年 5 月 10 日；王永华《论网络空间的体系结构和对抗层次》，《中国军事科学》2017 年第 1 期。法律与产权领域的参见 Yochai Benkler, "From Consumers to Users: Shifting the Deeper Structures of Regulation", *Federal Communications Law Journal*, Vol. 52, Issue3, 2000, pp. 562 – 563; Lawrence Lessig, *The Future of Ideas: The Fate of the Commons in a Connected World*, New York: Random House, 2002, p. 23, http://the-future-of-ideas.com/download/lessig_FOI.pdf, 访问时间：2018 年 4 月 4 日。信息技术领域的参见方滨兴《从层次角度看网络空间安全技术的覆盖领域》，《网络与信息安全学报》2015 年第 1 期。主权与治理领域的参见郎平《网络空间国际治理机制的比较与应对》，《战略决策研究》2018 年第 2 期；张晓军《网络空间国际治理的困境与出路——基于全球混合场域治理机制之构建》，《法学评论》2015 年第 4 期；刘晗《域名系统、网络主权与互联网治理：历史反思及其当代启示》，《中外法学》2016 年第 2 期。

基于以上考虑，本书使用"场域"（domain）这样一个范畴来涵盖网络空间的"层次"或"领域"，将其分为社会域、物理域和逻辑网络域。

根据前文的分析逻辑，首先可以从社会与技术两个场域来解构网络空间。社会场域展现的是网络空间的人格属性，包括国内和国际社会两个层面，涉及商业活动、人员交往、舆论传播、意识形态渗透、国家或非国家行为体间冲突等社会性问题。而技术场域映现的则主要是网络空间的技术属性，包括物理的和非物理的两类要素。物理的要素包括计算机硬件、通信硬件、电缆、无线电波等，它们共同构成了物理域。非物理的因素包括软件代码、数据结构、通信协议或网络协议、网络逻辑上的拓扑结构[①]等。软件代码、数据结构和协议最终的本质就是逻辑，再加上逻辑拓扑结构对于访问路径、权限有着重要影响，所以笔者把这些非物理的技术因素构成的场域统称为逻辑网络域。

需要指出的是，信息不能作为网络空间的独立场域。一方面，信息应该被理解为网络空间的不同场域中都存在的不同形式的内容，例如物理域中嵌入式传感器给机电设备提供的控制信号；逻辑网络域中 TCP 协议用于确认接收和送达的数据包；社会域中的各种网络新闻等。另一方面，信息只有在被人感知或者影响了人的生产和生活行为时才会具有社会意义，并不如物理域、逻辑网络域一样有着体现在自身中的、独立于其他场域的直接社会意义。

（三）网络空间多重场域间的关系

网络空间可以解构为多重场域，但它们之间并非完全独立或隔绝，而是有着密切的关联性。

第一，网络空间是多重场域的重叠。所谓"多重"，不仅指网络空间是由缺一不可的多个场域整合而成的一个整体，还意味着这多个域总是处于高度结合的重叠状态。例如，嵌入式系统中的软件既属于逻辑网络域的范围，但它们又是"固化"在物理域的硬件中的，二者的存在与毁坏完全一体；在面向大众的软件中，操作界面（UI）的使用体验是决定商业成败的一个关键因素，它的设计既是一个逻辑网络域的技术问题也是一个社会

[①] 简单地说，计算机网络的拓扑结构就是关于节点之间连接方式的原理，它既有物理上的也有逻辑上的，这里专指逻辑上的。

域的商业问题；网络舆情的管控，既是有关内容本身价值判断的社会域问题，也是有关信息监测与控制手段的逻辑网络域问题；DNS 服务的问题既是逻辑网络域的问题也是社会域的问题，一个没有域名的 IP 地址也是可以访问的，但是由于访问便利性的减弱，使其在商业便利性的意义上无法被接受。

第二，各个场域间有着一定程度的相对独立性。基于自然的历史发展顺序、人类由具体到抽象的认知习惯和由现实到虚拟的叙事图谱，可以认为，物理域是最为底层的场域，逻辑网络域居于其上，社会域位于更上层。能够控制下层场域并不意味着就能同样控制上层场域，国家能够在下层场域建立牢靠的主权并不意味着就可以对上层场域高枕无忧。例如，一个网站可能有位于多个物理空间中的服务器，但是如果其只有一个 IP 地址，当这个唯一的 IP 地址被阻塞时也无法正常访问。再如，美国虽然有着最完备的电子信息与通信产业，并主导构建了整个互联网，但是对于网络信息审查这一个很大程度上属于社会域的问题仍然难以适从。

第三，各个场域之间相互作用。一方面，下层场域就像房屋的地基，是上层场域存在的基础。例如，2006 年底至 2007 年 1 月，地震引起的太平洋光缆大面积中断致使中国及周边地区严重的网络故障，并引起一定的经济损失，物理域的毁坏直接导致了一切网络活动根本无法进行。[①] 另一方面，上层场域的活动也会反作用于下层场域。例如，近年来互联网巨头的业务纷纷从社会域和逻辑网络域扩展到了物理域，原本扎根于内容检索的谷歌公司进军通信基础设施建设领域，计划建立一个全球高速无线网络。国内外各大电子商务公司近年来也深入云计算领域，它们的云计算服务正成为业界的标杆。[②]

二 主权在新空间生成的基本规律与要件

国际体系经过几百年的发展才确立了主权这一当代国际关系中最基本

[①] 搜狐网：《海底光缆大面积故障引发网络故障》，http://it.sohu.com/s2006/wlgz/，访问时间：2018 年 5 月 20 日。

[②] 参见电子商务研究中心网《阿里、腾讯与华为，谁能左右中国云计算的中场战事？》，http://www.100ec.cn/detail--6449882.html，访问时间：2018 年 5 月 22 日。

的范畴。而主权从最初的陆地疆域不断向海疆、空疆等新空间扩展,尽管进程不完全相同,但始终是受到其内在规律的支配,其基本要件是不可或缺的,这同样决定了主权在网络空间的确立。

(一) 对新空间主权必要性的认知共识

科技的进步使人类涉足新空间领域的能力不断提高,广度和深度不断拓展,但随之而来的是因新空间中的资源相对稀缺或安全威胁而导致的各国在新空间中的冲突不可避免乃至愈演愈烈,这使各国逐渐达成了观念上的共识,即必须在新的空间也建立主权才能更好地维护各自的权利。以领海主权的建立为例,古罗马时期,海洋经济价值有限,进入帝国时期后也没有任何来自海上的安全威胁,因此海洋被认为是和空气、流水一样,属于"一切人(包括非罗马公民)"的共有物。[①] 到了近代,随着大洋贸易的兴起,有关海洋自由与领海主权的争论产生,先有17世纪初格劳秀斯在为祖国的报复性海盗行为辩护而写就的《海洋自由论》中依据自然法而阐述的海洋自由原则,[②] 后有真提利斯和塞尔登等对此的反驳。[③] 直到第二次世界大战之后,随着海上和海底经济活动的普及,越来越多的国家开始索求海上主权,以《联合国海洋法公约》为代表的一系列国际条约确立了大体上被公认的当代领海主权原则。

(二) 对新空间主权边界的确定

在对新空间主权存在的必要性达成共识后,就要对主权的边界进行划分。因为明确的边界既是建立共有观念的基础,也是争议出现后进行协商和谈判的依据。实现边界的划分,既需要客观的技术条件,也需要主观的共同认可。以领空主权的建立为例,在飞机普及之后,各国很快就对大气层内空间主权的划分达成了共识,《1919年国际航空公约》《1944年芝加哥民用航空协定》等文件和其他习惯法明确规定了领空的范围是在领土和

---

① 参见 Percy Thomas Fenn, "Justinian and the Freedom of the Sea", *American Journal of International Law*, Vol. 19, Issue 4, 1925, pp. 716 - 727。

② 参见 Hugo Grotius, *Freedom of the Seas or the Right Which Belongs to the Dutch to Take Part in East Indian Trade*, translated by Ralph Van Deman, New York: Oxford University Press, 1916, pp. 11 - 66。

③ [英] 劳特派特修订:《奥本海国际法》,石蒂、陈健译,商务印书馆1971年版,第98页。

领水垂直上方。① 尽管在领空概念出现时仍然存有对领海范围的争议，只是领海上空的主权因为其缺乏重要性也没有引起争议，在领海确立后，领空的范围也自然地被扩大到领海的垂直上方。

（三）国家对主权边界内疆域的控制

在明确了边界后，国家必须能够对主权边界内的疆域进行有效的、持久的、排他的控制，这是实现对内最高管辖权的先决条件和争议出现后争取权利的法理依据。在领土主权的历史中，占领就意味着主权的最高管辖权得到不可否认的实现。但是，在近代的海上活动中，正是国家对海洋的有效占领无法实现，才使得领海主权难以建立。而主权在外层空间的缺失也是基于同样的道理。外层空间的飞行器基本依靠惯性飞行，除了特定轨道外，没有哪个飞行器能够保持在固定位置，也没有哪种实用手段可以对非合作目标进行及时驱离，所以外层空间的主权一直停留在设想中。

（四）国家对来自主权边界外侵略行为的有效回应

主权的对外独立性不仅表现为国家独立自主地处理国际事务，更重要的是能够有效地制止针对本国的侵略行为，即有效行使自卫权，因此衡量新空间主权有效性的重要标识就是在新空间范围内国家能否对外来侵略行为作出及时、有力的回应。近代领海主权一度难以被尊崇的一个重要原因就是国家缺乏足够的海上力量，无法有效应对外部力量对其领海的侵犯。一些国家试图通过发展岸基火力来弥补海上力量的不足，这也是18世纪时的平刻斯胡克（Corneliusvan Bynkershoek）提出以大炮射程作为主权延伸范围的缘由。② 直到第二次世界大战之后，随着包括导弹、飞机等岸基远程火力投送手段的出现和普及，配合功能日益齐全的海上力量，领海主权才真正得以维护。

上述四点是国家在新空间建立主权逐次递进的基本条件，我们可以此为参照来考察网络空间主权生成的条件。其中，第一条已经无须过多讨

---

① [英]劳特派特修订：《奥本海国际法》，石蒂、陈健译，商务印书馆1971年版，第48页。
② Cornelius van Bynkershoek, *De Dominio Maris Dissertatio on the Sovereignty of the Sea*, translated by Ralph Van Deman Magoffin, New York: Oceana, 1923, p. 44.

论,因为国家间在网络空间的竞争和冲突已是现实,尽管也有对网络空间主权的质疑声,但绝大多数国家已经普遍认识到在网络空间建立主权的必要性。① 我们需要重点讨论的是后三个条件:能否确定网络空间主权边界? 国家能否在网络空间主权范围内建立有效的、持久的、排他的控制?国家能否在本国的网络空间疆域遭受侵犯时进行及时、有力的回应?

三 主权在网络空间的生成逻辑

前文对网络空间多重场域结构和主权在新空间生成基本规律与要件的分析,为思考网络空间主权的生成问题搭建起了一个比较清晰的分析框架。从理论上讲,主权建立的每一个要件应该在各个场域都得到满足,所以,可以在网络空间的不同场域逐一考察主权生成的基本要件,然后再进行总体上的逻辑梳理。

（一）网络空间主权边界的明确

网络空间的物理域是一个已经被传统主权覆盖的场域,主权的边界划分在此没有任何难题。在国家之间,各种以物理形态存在的网络基础设施也已经形成了明确的产权归属,即使对于无线电频谱资源这样可以被视为全球公域的资源也通过国际电信联盟进行了没有争议的分配。物理域的问题看似简单,但是对网络空间主权的完整至关重要,约瑟夫·奈在对全球公域理论的批评中就指出:"公共物品概念可以用来描述互联网中的一些信息协议,但无法用来描述那些以物理方式存在的基础设施,这些基础设施是定位于主权国家领土范围内的稀缺产权资源。"②

要想在逻辑网络域明确国家的边界在当前阶段则面临着挑战,因为与物理域不同,逻辑网络域不存在天然的有形边界,网络行为体的身份和国籍归属也无法识别,也没有"网络沟壑"阻碍这些行为体四处穿梭。③ 但是,建立逻辑网络域的主权边界在技术上是可行的,只是需要整个技术体系

---

① 参见李恒阳《美国网络军事战略探析》,《国际政治研究》2015 年第 1 期; Kyoung-Sik Min, Seung-Woan Chai and Mijeong Han, "An International Comparative Study on Cyber Security", *International Journal of Security and Its Appplications*, Vol. 9, No. 2, 2015, pp. 13–20.

② Joseph Nye, "The Future of Power", *Public Affairs*, 2011, p. 143.

③ 参见许开轶《网络边疆的治理:维护国家政治安全的新场域》,《马克思主义研究》2015 年第 7 期。

第二章　网络主权的维护：网络边疆治理的目标

的更新换代。这个过程可以分为两步进行：第一步是建立一个对主权国家进行高级网络地址分配的技术体系，高级地址的差异就是主权国家在逻辑网络域的边界；第二步是各国对其内部的网络行为体进行低级地址的分配和管辖，最终建立一个与国籍对应的全球网络行为体识别体系。在此之后，国家间的边界和行为体的身份信息与国籍归属得到明确，各国就可以根据自己的政策倾向，针对不同行为体设置不同程度的访问权限，从而形成主权在逻辑网络域的明确边界。而且，由于计算机代码的极端严谨，这种边界比传统主权的边界还要难以引起争议。然而，对于这种设计的阻力并不存在于技术本身，而是来自社会域的问题，这是因为目前决定着逻辑网络域中一些重要资源分配和技术标准制定的最高权力却是掌握在非国家行为体手中。① 所以，只有在社会域达成共识才能使得技术体系的变革得以推进。

所谓社会域的共识起码应包括这样一些内容：各种网络行为体应该有明确的国际法地位；网络空间应该有通行的国际法来定义和规范各国的权利、义务和行为；各国应该保证在网络空间不采取侵略、干涉、颠覆等行为解决国家间争端等。这些共识的达成至少需要一个洛克式的网络国际社会，② 其中尽管有着竞争和冲突，但总的来说，各行为体彼此承认各自的利益和疆界。这样的网络国际社会并非理想主义的幻想，排除了认知态度的差异，有两个客观因素促进着它的生成：第一，网络空间越来越"真实"的经济活动已经日益显著地影响着人们的日常生活，建立必要的网络经济秩序是保障各行为体利益的根本要求，而经济活动天然的"互惠性"也为洛克主义在网络空间的形塑奠定了基础；第二，日益猖獗的网络攻击已经严重威胁到主权国家的安全利益，促逼主权国家出台日趋规范而严格

---

① 例如，逻辑网络域的两个重要资源是 IP 地址和域名，它们的最高分配权和域名解析根服务是掌握在非政府性质的互联网名称与数字地址分配机构（The Internet Corporation for Assigned Names and Numbers，ICANN）手中；各种网络协议和技术标准由国际标准化组织（International Organization for Standardization，ISO）、国际互联网工程任务组（The Internet Engineering Task Force，IETF）、国际互联网协会（Internet Society，ISOC）、万维网联盟（World Wide Web Consortium，W3C）等组织确定。

② 根据亚历山大·温特的观点，国际社会存在着霍布斯式的世界、洛克式的世界和康德式的世界。第一个是你死我活的斗争状态，是人人反对人人的战争（allagainstall），和平是不可想象的；第二个是承认彼此利益和疆界的状态，但如果现状不能满足彼此的需要，自然会大打出手；第三个是人类和解，永远无战争的状态，也就是所谓的人类大同。

的网络空间管理办法。管理本身就意味着权利和义务的明确化，不仅对内起到规范化作用，而且对外也建立在各行为体对其管理权限与边界的认可的基础之上。当然，这里一定存在着矛盾和较量，但相比于你死我活的零和博弈，相互尊重彼此的利益关切和基于多重因素而明确的疆界，未尝不是理性的选择，也是大势所趋。

（二）国家对网络空间主权界限内疆域的全面控制

在物理域，对内控制几乎不存在困难，物理资产的控制用传统手段就能够解决。要控制地下光缆、通信铁塔、通信工具等，与控制地下矿产、地面楼房、汽车等并无本质上的区别。和在物理域确定主权边界相似，国家对物理域的控制虽然相对简单，却非常重要，因为"国家主权的虚拟性行使离不开物质性的力量"，[1] 物理域的控制给逻辑网络域的控制和社会域的控制提供了基本条件。例如，国家要对某一网络公司进行注册、征税、管理的前提是要确定这个公司的地址；要对某一发表不负责言论的个人采取措施的前提是要能够确定这个人的身份和物理位置等。

对逻辑网络域的控制面临一些困难，但这些困难会随着技术的进步而缩小。早期互联网技术是在美国的军事部门和科学家的合作之下发展出来的，军事部门追求的是"生存能力、灵活性、高性能"，科学家则"把他们自己的校园自由主义、分散权威、信息透明等理念植入其中"，[2] 非中心化的种种技术特性与传统主权理念的差异是网络自由主义者希望建立不受政府管制的网络乌托邦的一个重要依据。但是，网络技术本身又具有另外一种属性：代码的严谨性使得其成为最有效力的法律；[3] 网络技术的成熟使得法外之地越来越少。实际上已经有系统的理论为国家在逻辑网络域的各个技术领域建立和完善管控体系提供了指导。[4] 更重要的是，随着使用需求的变化，早期技术先驱的设计理念日渐被替代。匿名通信、信息安

---

[1] 杨嵘均：《论网络空间国家主权行使的正当性、影响因素与治理策略》，《政治学研究》2016年第3期。

[2] Janet Abbate, *Inventing the Internet*, Cambridge: MIT Press, 1999, p. 5.

[3] 参见 Lawrence Lessig, *Code: And Other Laws of Cyberspace*, Version 2.0, New York: Basic Books, 2006。

[4] 参见 Andrew Murray, *The Regulation of Cyberspace: Control in the Online Environment*, London: Routledge-Cavendish, 2006。

全、通信安全、第三方服务等需求将使得未来的通信网络技术弱化终端到终端的功能，而加强核心节点的控制能力，如通信管制、身份识别、信息安全等。政府和公司等凌驾于个人之上的组织将拥有越来越强的控制力。[1]

在技术上的力量足够强大后，国家还要通过法律和制度才能最终建立完善的对内控制体系，这就是社会域的问题。可以预言，网络空间的种种社会活动必将受到越来越严密的法律和制度管控，决定这一趋势的不仅仅是政府意愿或者技术能力，还有经济和社会的力量。今天的网络空间中虽然也存在少量地带可供个人、企业和各类非营利组织不受国家管制地进行活动。但是，他们的活动必然是以个人便利、企业利润、组织的社会影响力等为目标，当目标足够大时，行为也就足够复杂和明显，行为体的身份也就不难识别。实际上，现在网络社会的行为特征与网络自由主义者设想的相反，个人的行迹不仅没有获得更加深厚的藏匿空间，反而更加透明。为了便利，个人身份信息被轻易地出让；算法和大数据则便捷地将蛛丝马迹全部联系到一起。公司、非营利机构等组织也越来越多地受到政府的管制，当它们的规模壮大以后，为了获取利润，它们也需要法律保护；为了产生影响力，它们的活动也渗入了真实的世界。所以，如果说网络空间在早期只是少数的技术玩家和政治异见者的禁脔，他们反对法律和制度的插足，那么在网络空间的经济社会活动成熟后，国家利益必然会压倒乌托邦幻想。[2]

（三）国家对网络空间外来安全威胁的有效防御

对网络空间物理域的安全挑战主要还是来自传统的安全领域，因此对物理域的防护，首先是要对重要的服务器、光缆、数据库等设备做到物理空间可溯，并将其牢靠地控制在领土范围内，然后凭借传统的法律依据和防卫手段保护这些物理资产。各国对此都有相应的措施和规定，例如，《中华人民共和国网络安全法》第三十一条至第三十九条就明确提出了对于关键信息基础设施安全保护的要求和办法。[3] 需要指出的是，传统安全威胁的持续存在

---

[1] 参见 Marjory S. Blumenthal, and David D. Clark, "Rethinking the design of the Internet: the end-to-end arguments vs. the brave new world", *ACM Transactions on Internet Technology (TOIT)*, Vol. 1, Issue 1, 2001, pp. 70–109。

[2] 参见 Patrick W. Franzese, "Sovereignty in Cyberspace: Can It Exist", *Air Force Law Review*, Vol. 64, Issue 1, 2009, p. 29。

[3] 《中华人民共和国网络安全法》，http://www.npc.gov.cn/npc/xinwen/2016-11/07/content_2001605.htm，访问时间：2018年7月30日。

意味着也应始终对网络空间物理域的安全挑战保持高度警惕。

关于逻辑网络域的一个流行看法认为，"网络空间缺乏防御纵深、网络攻防的不对称优势巨大",[①] 所以国家缺乏有效抵御网络入侵的能力，也就无法真正建立对外独立的主权。这种看法其实缺乏对未来趋势的思考。技术永远是朝着越来越复杂的趋势发展的，复杂性的挑战对于进攻方和防御方是同样的，在"魔高一尺，道高一丈"的过程中，增强防御冗余度的方法正在成熟。[②] 防御手段正在不断增多，"进攻方对网络技术隐蔽、快速的特点进行利用，防御方则通过欺骗、设置冗余和快速修复进行应对。"[③] 可以预测，在未来的冲突中，逻辑网络域的进攻和防御绝对不是进攻方一锤定音的偷袭，而是持续的攻防对抗。深度、要害的进攻也必然凭借庞大的队伍和精心的组织，所谓的不对称优势将被抹平，国家整体实力将成为决定力量。

当国家拥有在物理域和逻辑网络域抵御侵略的能力后，还会面临社会域中的一些特殊的困难。在传统空间中，对国家领土边界的侵犯简单地构成了对主权的严重侵犯，据此产生了一系列相关国际法作为国家采取进一步应对措施的依据。然而，由于网络空间中相关的国际法问题远没有得到解决，要把几个世纪以来形成的国际关系规则运用到新的技术空间和战争形态中面临着非常大的挑战。即便上述的边界问题已经得到明确，还有以下困难：网络攻击行为到了何种程度才算构成战争行为？对于网络攻击行为的反制措施是否应该限定于网络空间？如何确定网络攻击行为体的身份，又如何采取合理的报复措施？[④] 不过，与边界明确问题存在的层层相依赖的逻辑不同，对外防御问题中，社会域的困难并不妨碍其他场域内的

[①] 参见沈逸、江天骄《网络空间的攻防平衡与网络威慑的构建》，《世界经济与政治》2018年第2期。

[②] 参见 U. S. Department of Defense, *The DOD Cyber Strategy* 2015, p. 21, https：//www.defense. gov/Portals/1/features/2015/0415_ cyber-strategy/Final_ 2015_ DoD_ CYBER_ STRATEGY_ for_ web. pdf, 访问时间：2018年6月1日。

[③] 沈逸、江天骄：《网络空间的攻防平衡与网络威慑的构建》，《世界经济与政治》2018年第2期。

[④] Matthew C. Waxman, *Cyber Strategy& Policy：International Law Dimensions*, Written Testimony before the U. S. Senate Armed Services Committee, March 2, 2017, pp. 2 – 6, https：//papers. ssrn. com/sol3/Delivery. cfm/SSRN_ ID2926099_ code244408. pdf？abstractid = 2926099&mirid = 1t, 访问时间：2018年7月30日。

第二章　网络主权的维护：网络边疆治理的目标 <<<

能力建设。"现有国际法问题还没有解决这些问题，但已经足够支撑起网络空间的军事战略，包括强有力的网络威慑能力。"[1] 在这些难题得到解决之前，国家必须提前做好在物理域和逻辑网络域的能力建设，只有能力足够，才能在社会域的激烈博弈中占据上风。

（四）网络空间主权生成的逻辑映像

有两个基本逻辑指引了本书有关网络空间主权的分析。

第一，网络空间是物质、逻辑与人格的混合产物，因此可以分为物理域、逻辑网络域和社会域这三个场域。由于根本性质的差异，只有在不同场域中区别地对待主权问题，才能阐明现有的种种迷思。同时，各个场域之间也存在着相互影响、相互决定的关系。虽然物理域的理论思考不存很多困难，但对网络空间主权的生成却具有非常重要的基础性作用。逻辑网络域是一个完全不同于传统空间的场域，它是一个完全人造的空间。在这里，权力由代码决定，边界则需要协议设置。技术的发展会改变不利于主权建立的旧规则，然而推动这种发展的最终力量还是经济的、社会的。社会域的活动已经无法用"虚拟"这样的词语来形容，网络社会发达的种种社会经济活动意味着传统的国内法和国际法都必将渗入这个新空间，这是推动技术变革的根本力量。

第二，通过对主权在新空间生成的历史规律的剖析，可以明晰网络空间主权建立所必需的三个客观要件，即网络主权边界明确、对内全面控制、对外有效防御。（1）关于主权边界明确，这既是一个技术性问题也是一个观念问题。如果不能在技术上确定有效的边界，相应的主张只是空谈；如果不能就边界的定义达成共识，技术上的条件也只是作为可能性而存在。技术上的挑战有一半在物理域，已经基本得到了解决，另一半存在于逻辑网络域。逻辑网络域的现有技术体系并未给主权边界的明确提供有利条件，但通过下一代网络技术的建设可以实现这个目标。问题在于下一代网络技术的设计是否会遵循这样的目标？这最终将还是由社会域中日益发达的经济活动和真切的安全威胁来推动。在社会域中这两个强有力因素的推动下，未来网络技术体系的发展有望尊重主权国家之间的边界。（2）关于对内的全面控制，其总体上正在逐步增强。物理域本身不存在难

---

[1] Matthew C. Waxman, *Cyber Strategy& Policy: International Law Dimensions*, p. 6.

题，只要其他场域的手段足够成熟，能够将目标落实到物理域，就能构筑最牢固的控制体系；逻辑网络域的乌托邦幻想正在破灭，相关的技术体系不断进步，而且整个网络技术发展的趋势使得政府的控制力越来越强；社会域中政府权力的真空会随着网络社会的不断发展而被填补，各种商业活动、舆论动向、个人行为的法律和制度都会不断完善，而推进政府权力渗透的不仅是技术力量和政府观念，更是社会经济发展的客观需求。（3）关于对外防御能力，其在三个场域都将面临持续挑战，但是这些挑战不是无解的。在物理域，传统安全手段依然不可或缺，不过前提是要对物理资产做到物理位置可溯，这还依赖于其他场域的能力建设；在逻辑网络域，技术发展的复杂性趋势使得防御的纵深和手段不断增强，逻辑网络域的攻防将越来越处于攻守平衡的状态；在社会域，国际法上的难题短期内难以解决，但这并不妨碍各国建设提高网络空间防御能力，而且传统的国家主权也是在形成了完整的国际法体系后才建立的，两者之间实际上是个互动的过程，网络空间也将遵循这样的历史规律。

通过以上分析可以看出，网络空间主权生成的基本要件已经具备，尽管各个要件在不同场域满足的程度不同，但总的发展趋势是不可逆转的。当然我们也应看到，网络空间主权的生成是个渐进的长期过程，有几个关键的问题和现象必须得到足够的重视：网络空间主权的建立是一个技术和观念相互建构的过程，因为网络空间是一个完全人造的空间，所以二者之间的互动会更加明显；网络空间是多重场域的重叠，各个场域中的问题性质存在着巨大的不同，然而完整的主权需要在各个场域中都得到充分实现；各个场域之间存在着互动关系，一个场域中问题的解决也离不开其他场域中能力的发展，统筹好各个场域之间的关系是关键；网络空间是个日新月异的新空间，网络技术不断发展和日益成熟是把双刃剑，在为我们解决现有问题提供支持的同时，也会不断滋生新问题。

四　网络空间国际社会的未来

有关网络空间主权的争论背后是这样一个核心悖论：如果国家要单方面地通过技术手段建立与他国之间的"网络沟壑"，那么这种沟壑所围成的"超级局域网"将使该国网络空间的价值锐减，对小国来说这种后果尤其严重；如果要保持网络空间开放属性，虽能带来巨大价值，但又会付出安全被侵蚀的代价。造成这个悖论的深刻原因在于，网络空间是一个由人类科技创造出来的新空间，这个人造空间的秩序不能像在自然空间那样通过零和性的瓜分来简单解决，因为瓜分行为本身就与网络空间所追求的互联互通属性相抵牾。

对于这个核心悖论，解决的逻辑有三种。其一，国家主权被完全压制。然而，当代国际体系中能够压制国家主权的唯一力量就是一个更加强大的主权国家，也就是说，要通过霸权国的绝对权威去塑造秩序。在单极体系下，霸权国可以强求各个国家接受自己对秩序的安排——要么是"全球公域"学说中极端自由主义的，要么是像一些科幻小说设想的那样集权主义的。或者大胆地想象一下，如果国际体系处于莫顿·卡普兰（Morton A. Kaplan）所说的"牢固的两极体系"之下，可能存有两个霸权国主导的两个网络空间，它们内部各自高度发达，相互之间却基本隔绝。这是绝对的权威以牺牲小国利益为代价来解决两难的困境。但是，就目前的世界格局而言，在可以预见的未来，国际体系演化为单极体系或者"牢固的两极体系"的可能性并不大。其二，与第一种办法相反的选择是，国家的主权得到充分的扩张，有足够技术实力的国家都自立藩篱，结果是网络空间破碎化。可是，当今世界除美国之外，并没有哪个国家有这样的实力，也没有哪个国家能够承受这么做所需要付出的成本和造成的损失。其三，是一种妥协、折中的选择，也就是在大体尊重国家主权原则的前提下，以主权国家为基本单位，开展网络主权问题的国际协商，同时也保持一定的竞争。这种洛克式的国际社会将是未来网络空间最有可能的发展趋向。

第五节　中国维护网络空间国家主权的策略及建议

网络空间国际治理的目标是建设和平、安全、开放、合作的网络空间，形成网络空间命运共同体，为此，必须从网络空间国际治理的制度设计层面推动现有体系向多边、民主、透明的方向改革。[①] 其中，网络主权问题无疑是核心问题，以网络主权为基础的网络空间国际秩序符合大多数

---

① 习近平：《习近平在第二届世界互联网大会开幕式上的讲话》，《人民日报》2015年12月17日第2版。

国际体系成员的共同利益。作为新兴的发展中大国，中国在这个过程中应理性、全面地认识当前体系变革所存在的条件和障碍，做出力所能及的贡献，与世界各国一道探讨当前网络空间治理体系变革的可行路径，为构建网络空间命运共同体而努力。

一 从国家战略层面统筹国内外大局

网络空间国际治理是一项关乎所有关联国家利益、涉及众多因素的系统性工程，中国若要推动现有体系向多边、民主、透明的方向改革，需要从国家战略层面分析当前国际层面网络空间治理体系变革的条件与障碍，厘清中国发挥推动作用的优势与劣势，有针对性地制定国家战略，选好着力点。运用态势分析法可以发现，当前网络空间国际治理体系变革机遇与挑战并存，中国可以从三方面入手，推动体系变革，即统筹协调网络安全与信息化，提高科技实力，与各国一道完善网络主权理论；通过国际对话，扩大网络主权共识，探讨可行方案；培育国际组织人才，积极在联合国、国际电信联盟的组织框架内推动变革。

战略分析中经常使用到的态势分析法（SWOT 分析法）有助于我们全面、系统、精准地认识研究对象，从而有针对性地制定相应的战略或对策。态势分析法分为"优势"（strengths）、"劣势"（weaknesses）、"机遇"（opportunities）和"威胁"（threats）四个模块，在分析国际体系变革的国内外环境时，态势分析法同样适用，下面将分别对国际层面和国内层面做具体的分析。

（一）国际层面：机遇与挑战并存，变革动力不足

就国际层面而言，美国在网络空间的单边霸主地位受到其他国家的质疑和反对，国际电联等国际组织也致力于缩小数字鸿沟、推动体系变革，但变革的动力不足，速度很慢。

首先是"机遇"分析，即有利条件分析。当前网络空间国际治理体系变革的有利条件有以下三个：其一，世界各国普遍希望网络空间能够在安全、有序的轨道上正常运行，包括欧洲发达国家在内的广大国家对美国垄断互联网监管权、以美国国家安全为由监听他国的单边主义行径早有不满，"斯诺登"事件后，美国更是很难再让盟友寄希望于美国的自律，但终究心有余而实力不足；其二，全球数字鸿沟正在缓慢缩小，加之新兴国

家的经济崛起和科技进步,新兴国家的科技实力便是体系变革的主要动力所在,发展中国家整体的信息技术应用水平提高,为治理体系的变革创造了有利条件;① 其三,联合国系统中的国际电信联盟、联合国大会长期致力于在全球范围内缩小数字鸿沟,推动网络空间治理体系变革。

其次是"威胁"分析,即障碍分析。当前网络空间国际治理体系变革的不利条件也有三个:其一,最大的障碍是美国希望维持单边霸权地位,极力反对对当前体系的任何变革,尤其是被其视为主要竞争对手的中国、俄罗斯所推动的变革,为此,不惜动用国家力量阻碍中国的科技进步;② 其二,除美国外的国家在网络空间治理体系的变革方向和模式上存在不同意见,欧洲国家对新兴国家以国家主权为基础的变革主张存在疑虑,发展中国家的实力又不足以单独对美国的霸权提出挑战;其三,在当前的制度框架内,国际电信联盟、联合国大会所能发挥的作用有限,美国反对和阻挠国际电信联盟、联合国大会过多参与体系变革,反对将互联网域名与数字分配机构的控制权移交给联合国系统。

(二)国内层面:正视科技实力差距,找准努力方向

就国内层面而言,目前中国的科技实力还远远落后于美国,而且,党的十八大以后才初步形成相对完整的网络强国战略,在战略制定和国内机制建设方面也落后于美国。

首先是"优势"分析。中国的优势条件有三个:其一,体制优势,我国实行党的领导下的社会主义制度,具有集中力量办大事的高效率优势,党和政府有着强大的社会动员能力和社会资源调配能力;其二,经济优势,中国经济规模和人口规模庞大,目前,中国是世界第二大经济体,社会生产力、经济实力和科研教育投入迈上新台阶,使我国更有能力和底气向网络安全与信息技术研发领域进行大规模、长期性、持续性的投入;其三,改革开放以来,中国的科技水平快速提高,以移动互联网为例,中国完成了从3G跟跑、4G并跑到5G领跑的华丽蜕变。

其次是"劣势"分析。中国的劣势也十分突出:其一,中国的科技水

---

① 沈逸:《全球网络空间治理与金砖国家合作》,《国际观察》2014年第4期。
② Andrew Kennedy, Darren Lim, "The innovation imperative: technology and US-China rivalry in the twenty-first century", *International Affairs*, Vol. 94, No. 3, 2018, pp. 553–572.

平还远远落后于美国，核心技术和核心材料受制于人，仍处于价值链的底端，不能盲目乐观，据工信部数据，我国32%的关键材料仍为空白，52%的依赖进口，绝大多数计算机和服务器通用处理器95%的高端专用芯片，70%以上的智能终端处理器以及绝大多数存储芯片依赖进口；[1] 其二，中国科技进步的努力受到来自美国及其盟友的干扰和打压，美国不仅严格管制向中国的技术出口，将中国科技产品排斥在美国之外，还要求甚至威胁盟友国家不使用中国生产的网络设备；其三，中国的国家网络战略起步晚，在组织机制、具体条文上还有待改进。

综上可知，我们应清醒地认识到当前网络空间国际治理体系变革所面临的机遇和挑战，以及中国所具备的优势与劣势，既不妄自菲薄，又不盲目乐观。从对当前国内外形势的分析中，进一步找出工作的方向，提高自身的科技实力，扩大网络主权共识，培育国际组织人才。

二　统筹网络安全与信息化，完善网络主权理论

美国在当前网络空间国际治理体系的主导地位是以其强大的信息技术实力为支撑的，若要推动体系变革，发展中国家必须同样以科技实力的进步为后盾，因此，网络主权理论的完善与推广离不开发展中国家整体网络实力的增强。对于中国而言，中国是世界上最大的发展中国家，把网络主权作为本国关于网络空间全球治理和网络空间国际规则的核心主张，中国在努力提高自身科技实力的同时，也应力所能及地帮助其他发展中国家缩小数字鸿沟。[2]

（一）国内层面：统筹协调网络安全和信息化

习近平总书记指出："网络安全和信息化是一体之两翼、驱动之双轮"，"没有网络安全就没有国家安全，没有信息化就没有现代化"。由此，网络安全正式上升为国家战略，中国的网络强国战略日渐清晰，具体而言，中国既高度重视网络安全，又要抓住信息化的发展机遇。[3]

---

[1]《工信部副部长：130多种关键基础材料中32%在中国仍空白》，https://www.thepaper.cn/newsDetail_forward_2271086，访问时间：2018年8月19日。

[2] 罗勇：《论"网络空间命运共同体"之构建》，《社会科学研究》2017年第4期。

[3] 习近平：《总体布局统筹各方创新发展　努力把我国建设成为网络强国》，《人民日报》2014年2月28日第1版。

首先，统筹协调网络安全保障与国家政治、经济等战略目标的实现，应明确不同阶段的工作重点，勿操之过急。网络空间治理具有牵一发而动全身的综合特征，这使得网络安全保障必然直接影响国家政治、经济、文化、社会等其他国家战略目标的实现。自党的十八大以来，中国变被动防御为积极主动，动作密集，网络政策沿着网络安全与信息化并重的脉络继续发展，自2014年2月中央网络安全和信息化领导小组第一次工作会议后，相关政策文件密集出台，例如，侧重网络安全的法律法规和政策文件有《全国人大常委会关于加强网络信息保护的决定》（2012年12月）、《国家安全法》（2015年7月）和《网络安全法》（2016年11月），侧重信息化建设的文件有《中国制造2025》（2015年5月）、《国民经济和社会经济第十三个五年规划纲要》（2016年3月）、《国家信息化发展战略纲要》（2016年7月）和《新一代人工智能发展规划》（2017年7月）等，不一而足。总体而言，我国应以提高科技实力为基础，以提高网络安全能力为优先选择，在不同的发展阶段，制定区别而有针对性的发展目标，稳扎稳打，循序渐进。

其次，加快提高我国网络安全综合管理水平，提升网络空间安全防御能力。为此，可以从以下方面努力：机构设置方面，充分发挥中央网络安全和信息化委员会的统一领导和政策协调作用，整合公安部、国家安全部、工业和信息化部等部门的网络安全相关职责，建设党政军协调联动的网络安全管理体系；法律法规方面，清理和制定一系列法律、行政法规和部门规章，从顶层设计到具体制度全面提高国内网络空间治理能力，完善网络安全标准，强化法规宣教与实施；工作重点方面，重点强化关键基础设施安全防护，因地制宜地建设关键基础设施的安全保障体系，为保护公民和法人的合法权益、促进经济社会健康发展保驾护航；应急处置方面，建设跨部门网络安全管理支撑服务设施，建立跨部门、跨行业的应急处理机制，发展网络安全技术，全面提升全局性网络安全事件干预协调能力、监测溯源能力、二次恢复能力以及反击自卫能力；外部环境方面，高度关注国际政策动态，尤其是美国、欧盟及其成员国、俄罗斯、印度等国家的政策动态，一则备不虞，二则知彼此。

（二）国际层面：共同完善网络主权理论

国际层面，中国除了通过"一带一路"倡议积极援助落后国家的信息化建设，分享数字经济的发展红利外，习近平主席在外事场合多次倡导国际社会就网络安全问题进行合作。2014年创办首届世界互联网大会以增加对话机会，并在上合组织、联合国框架内推动国际网络空间全球治理的体系变革。2015年第二届世界互联网大会上，习近平主席提出网络空间命运共同体愿景以及"四点原则"和"五点主张"，首次系统阐述了中国的网络主权观。随着中国网络强国战略的实施及世界各国的网络建设发展，中国政治界、企业界和学术界应密切协作，积极参与网络主权理论构建，与世界各国尤其是广大发展中国家一道，进一步完善网络主权理论，扩大网络主权共识。

具体而言，在政、企、学三方协作关系中，政府、企业和学者应发挥各自的优势，明确分工，相互支持。首先，国家的优势在于宏观调控能力，对企业界，政府制定相关领域的宏观规划和标准体系，从税费优惠、知识产权保护和数据共享方面引导和支持企业往高新技术方向发展，鼓励企业提高高新技术研发投入比例；对学术界，政府在学科建设、人才培养和经费支持方面支持其研究活动，加大对网络空间相关领域国际组织人才培养的支持力度，支持本国优秀人才到国际组织工作。其次，企业的优势在于面向市场的技术研发动力，企业应充分利用有利的发展条件，努力实现核心技术突破，为国家间谈判提供支持，为学术研究提供便利。最后，学术界是人才培养和基础理论研究的主要力量，同时，国内外学术界之间的半官方或民间对话形式灵活，意见表达较为自由，能起到维系国家间的网络对话、以民促官的作用。

除发挥各自优势外，政府、企业和学者三者都可与国外同行（counterparts）建立对话关系，交流彼此的主张和观点，参与或发起网络空间相关国际机制，发出国际倡议。国家层面的努力无须多言，企业界、学术界也可以发挥巨大作用，在市民社会高度发展的西方社会尤其是如此。以美国为例，企业界和学术界虽然在某些细节问题上与政府有龃龉，但在对网络空间治理的基本认识上是高度一致的，前者积极在ICANN、国际电联等国际舞台上贯彻美国主张，维护美国利益。微软公司大力倡导国际社会制定《数字日内瓦公约》（A Digital Geneva Convention to protect cyberspace），《数字日内瓦公约》主要作用是维护和平时期的网络空间安全，与《塔林手册》的战时规定形成互补，从该倡议对和平时期国家的安全义务、知识产权保护、个人隐私的规定可以看出，微软本质上是一家不折不扣的美国公司。①

三 深化国际对话合作以扩大网络主权共识

网络空间具有高度的国际性，任何一方都无法完全掌控，因此，国际对话与合作伴随着网络空间治理的始终。利用现有的双边和多边对话机制，有利于扩大大国主导的国际社会在网络主权方面的共识，共同探讨以网络主权为基础的网络空间国际治理体系的可行实施方案。

（一）发挥双边网络对话机制的作用

正如英国学者赫德利·布尔的观察，构成国际体系的国家所拥有的权力是不平等的，这是大国能够对国际秩序做出贡献的原因所在。② 而网络技术将加剧这种权力的不平等，因此，网络空间国际秩序的构建和维持尤其需要大国协调，尤其是中国和美国之间的协调。大国通过管理它们相互之间的关系，培育对责任的共同理解，以及利用自己对责任范围的影响力，来构建和维持秩序。

区域性国际组织框架下的网络对话以及国家间的双边或多边网络对话在互联网治理论坛之后勃然兴起，③ 美国、中国等国家都在寻找志同道合的国家（like-minded countries）来扩大本国主张的影响力。以美国为例，美国充分利用二战后建立的全球轴辐式安全体系，建立起与欧盟（2010、2014）、④ 印度（2011）、日本（2013）等盟友及伙伴国的网络对话机制。2011 年，美国加入北约网络合作防御卓越中心，主导编写《塔林网络战国

---

① Brad Smith, "The need for a Digital Geneva Convention", Microsoft, February 14, 2017, https://blogs.microsoft.com/on-the-issues/2017/02/14/need-digital-geneva-convention/，访问时间：2018 年 9 月 3 日；Kaja Ciglic, "The Evolution of International Collaboration and Law Related to Cyberspace and Security", cited from Samir Saran eds, *Our Common Digital Future: the Global Conference on Cyberspace Journal*, Observer Research Foundation, November 24, 2017, pp. 36 – 41.

② ［英］赫德利·布尔：《无政府社会：世界政治中的秩序研究》（第 4 版），张小明译，上海人民出版社 2015 年版，第 173—190 页。

③ 须田祐子，『サイバーセキュリティの国際政治：サイバー空間の安全をめぐる対立と協調』，『国際政治』，2015, Vol. 179, pp. 57 – 68.

④ 2010 年，美国—欧盟里斯本峰会决议设立"网络安全和网络犯罪工作组"，但因 2013 年"斯诺登"事件影响而停摆。2014 年，双方设立"美欧网络对话"年度机制，恢复网络对话。参见李恒阳《后斯诺登时代的美欧网络安全合作》，《美国研究》2015 年第 3 期。

际法手册》(2013)及其更新版本(2017),抢占网络战规则制定权的意图明显,且手册融入美式的进攻性防御政策和网络威慑思想,体现出浓厚的网络霸权色彩。

在网络安全对话方面,中国属于后来者,逐步建立起相对成熟的对话机制。中国的网络对话机制分为三大方面:一是与美国、欧盟、日韩的网络安全磋商,主要内容是通过对话协调网络安全争端;二是与俄罗斯、巴西等新兴国家的网络合作,共同致力于推动国际网络空间治理体系变革;三是创办世界互联网大会,增加对话合作机会。中国应采取针对性的策略,充分发挥这些对话机制的作用,在前期对话结果的基础上,进一步寻求共识。

首先,中美网络安全磋商机制最为重要,应以管控双方战略分歧为主要目标。中美作为世界第二大和第一大经济体,中美关系已经不是简单的双边层面的关系,而是地区层面甚至全球层面的关系,中美关系稳定则全球局势稳定。回顾中美网络安全磋商机制的曲折过程可以发现,中美两国在科技发展和网络空间管理方面存在严重的结构性矛盾,短期内解决的可能性微乎其微,贸易赤字和知识产权问题是中美关系长期存在的战略性问题。[1] 因此,中国应退而求其次,以管控中美分歧为主要目标,让美国更好地理解中国的战略目的和主张。[2]

其次,在与欧盟(2011)、日本(2014)、韩国(2014)、法国(2014)、[3] 德国(2016)的网络安全磋商机制中,管控分歧的同时,还可以循序渐进地探讨网络空间国际治理体系的变革方案。欧盟主要国家、日本和韩国都是美国的盟友,美国对其采取"胡萝卜加大棒"的政策,一方面,美国有选择地和盟友的企业分享信息技术生产工艺,例如,荷兰ASML公司生产高端EUV光刻机(极紫外光刻机),韩国三星集团的主要收入来自三星电子的半导体部门;另一方面,美国限制盟国的企业将信息

---

[1] 阎学通、漆海霞等:《中外关系定量预测》,世界知识出版社2009年版,第87页。

[2] 汪晓风:《中美经济网络间谍争端的冲突根源与调适路径》,《美国研究》2016年第5期;《首轮中美执法及网络安全对话成果清单》,《人民公安报》2017年10月7日第1版。

[3] 《中法关系中长期规划》,http://theory.people.com.cn/n/2014/0328/c136 457 - 24761323.html,访问时间:2019年3月27日;《中法关于共同维护多边主义、完善全球治理的联合声明》,《人民日报》2019年3月27日第3版。

技术生产工艺转售给被瓦森纳协定封锁的国家（包括中国在内），要求盟国政府在网络空间治理体系中与美国的立场保持一致。"斯诺登"事件后，盟国对美国的霸道做法十分不满，纷纷寻求安全自主，因此，在与美国的盟国对话机制中，中国既要利用现有机制管控知识产权分歧，又可适当讨论网络空间国际治理机制的变革方案问题。

最后，与俄罗斯加强在网络空间安全问题上的协调，探索与印度等其他发展中国家建立网络对话机制，谋划符合发展中国家利益的改革方案。中俄之间并没有专门的双边网络对话机制，双方的网络政策协调主要在上海合作组织①以及两国政要的双边会晤中进行。2006年6月，上合组织成员国元首上海峰会通过了《保障国际信息安全声明》和《行动计划》，决定成立成员国国际信息安全专家组，共同制订国际信息安全行动计划；2009年6月，上合组织叶卡捷琳堡峰会签署《上合组织成员国保障国际信息安全政府间合作协定》，为上合组织成员国协调信息政策，深化务实合作奠定基石。随着印度和巴基斯坦加入上合组织，两国也将加入上合组织国际信息安全的政策协调中，将增强发展中国家推动网络空间国际治理体系变革的动力；但与此同时，上合组织的扩员也将导致其内部分歧增加，中国可考虑与俄罗斯建立单独的网络安全对话机制，作为后备方案。除政策协调外，中国可以探索与上合组织部分成员国一道设立信息技术共同研发机构，优势互补，提高科技实力与政策协调并举。

（二）发挥多边网络对话机制的作用

除国家间的双边或多边网络对话外，国际电信联盟等国际组织以及俄罗斯、中国等重要国家也在努力创造多边网络对话机制，其中，比较重要的对话平台有互联网治理论坛（IGF，2005）、国家信息安全论坛（俄罗斯，2005）、全球网络安全会议（GCCS，2011）以及世界互联网大会（中国，2014）。由于这些机制参与国成分复杂，因此，多边网络对话机制的作用应是为不同主张的国家创造对话机会，增进相互理解。

互联网治理论坛和全球网络空间会议受西方国家的影响大，中国可以在这些会议中了解西方国家的政策主张，寻求扩大与西方国家的政策对话

---

① 考虑到中俄是上合组织内部的主导国家，可以将上合组织内部的政策协调视为两国的双边协调机制，印度和巴基斯坦加入后，情况可能发生变化。

渠道。其中，互联网治理论坛是 2005 年信息社会世界峰会成果性文件《日内瓦议程》授权成立的全球网络对话机制，成立时已被美国严格限制了讨论议程，其决议也不具备硬性约束力，目前已停滞不前。而全球网络空间会议是由西方发达国家联合发起的，其讨论议程也是西方国家所关心的维护自由主义国际秩序、知识产权保护等问题，发展中国家的影响力有限。因此，我们不能对互联网治理论坛和全球网络空间会议寄予太多的希望，将其当作了解西方国家主张的平台更为合适。

相应地，国家信息安全论坛和世界互联网大会是阐述和传播中国主张的重要平台，中国可与发展中国家在此凝聚共识，共商改革方案。2014 年，首届世界互联网大会在浙江乌镇举办，习近平总书记在致信中阐述了以网络主权为基础的改革愿景，即"深化国际合作，尊重网络主权，维护网络安全，共同构建和平、安全、开放、合作的网络空间，建立多边、民主、透明的国际互联网治理体系"。第二年，习近平主席亲自出席第二届大会开幕式，在主旨演讲中进一步提出网络空间命运共同体的愿景，首次系统阐述中国主张，提出"四点原则"和"五点主张"。我们应进一步将世界互联网大会打造出宣传中国主张、创造国际对话的平台，扩大国际社会的网络主权共识。

四 在联合国框架下建立网络空间国家行为规范

网络空间的正常运行有赖于必要的行为规范，当前，网络空间国家行为规范正处于形成期，联合国是网络行为规范产生的重要组织性平台兼规范倡导者。中国政府应利用好联合国这一平台，熟悉联合国和国际电信联盟的运行机制，鼓励本国相关领域的专业人士参与国际电联、联合国大会等联合国机构的管理岗位，并联合新兴国家以及广大发展中国家，在联合国框架下促进国际网络空间治理体系变革，推动国际网络空间的规范化和法制化进程。[①]

网络空间国际规范应以网络主权为基础，以建设平等尊重、创新发展、开放共享、安全有序的网络空间命运共同体为目标。为此，笔者认为

---

① 国家互联网信息办公室：《网络空间国际合作战略》，http://www.cac.gov.cn/2017-03/01/c_1120552617.htm，访问时间：2017 年 3 月 2 日。

网络空间国家行为规范应包括以下四条：（1）国家承诺打击普通网络犯罪，尤其是有组织的网络犯罪；（2）国家不支持更不实施针对他国的网络攻击行为；（3）采取国际互信措施，保持沟通合作；（4）网络空间用于和平目的，限制网络军备竞赛。

总体而言，在联合国框架下建立网络空间国家行为规范可以从以下两方面展开：首先，从国际合作打击非国家行为体的网络犯罪入手，国家在享有网络主权的同时应承担起相应的国际义务；其次，建立负责任的国家行为规范，即国家不能实施或支持网络攻击行为，进而逐步在网络空间建立互信，控制网络军备竞赛，探讨如何将国际法运用到网络空间。

（一）国际合作应对网络犯罪

中国应支持和推动网络空间的国际合作，从分歧较小的普通网络犯罪入手，帮助各国提高打击网络犯罪的能力，建立跨国执法的合作机制，促进共同安全。按照德国学者托马斯·里德（Thomas Rid）的划分，网络攻击的范围很广，从危害程度来看，有普通犯罪、政治暴力和常规战争，政治暴力的界定虽然有待进一步澄清，但大致可分为三段：颠覆活动、间谍活动和破坏活动。[1]

首先，中国应重点培养熟悉国际机制且能够胜任的国际组织人才，利用联合国现有的打击非国家行为体网络犯罪的国际合作机制。联合国在打击针对公民和企业的网络犯罪行为方面已初步建立起国际合作机制，在国际电信联盟框架下帮助发展中国家从立法、技术、机制和人员培训等方面提高自身的网络安全问题治理能力。目前，国际电信联盟是打击网络犯罪问题的主要合作平台。2007年5月，国际电联正式启动"全球网络安全议程"（GCA），负责协调国际合作，推进网络安全，该议程建立了五个工作类域，分别是法律措施、技术与程序措施、组织结构、能力建设和国际合作，为会员国尤其是发展中国家提高网络安全治理能力提供支持。2011年11月，国际电联制定《ITU国家网络安全战略指南》，为各国制定网络安全战略提供指导范本。

其次，中国应推动《布达佩斯网络犯罪公约》（the Budapest Conven-

---

[1] Thomas Rid, "Cyber War Will Not Take Place", *Journal of Strategic Studies*, Vol. 35, 2012, pp. 5–32.

tion on Cybercrime) 的修订工作，使之更加符合发展中国家的实际情况，以更为公平的公约促进打击网络犯罪的国家间合作。① 为此，应充分了解发展中国家和发达国家面对的网络安全问题的差异，照顾发展中国家的利益诉求。国际电联在帮助发展中国家提高网络安全问题治理能力方面的积极贡献是有目共睹的，但其最突出的问题是，仅仅提高各自国家的网络安全问题治理能力，并未有效促进国家间在打击网络犯罪方面的合作，修订后的《网络犯罪公约》有望弥补这一缺陷。

（二）以联合国大会为平台建立负责任的国家行为规范

前项措施的目的是遏制由非国家行为体实施的普通网络犯罪行为，尤其是非国家行为体有组织的网络犯罪。然而，同样值得关注的是，由国家行为体实施的网络窃密和网络攻击，以及日益激烈的网络军备竞赛，建立负责任的国家行为规范有助于解决这些问题。

为此，我们应先厘清两个问题。一是"建立什么样的国家行为规范"。笔者认为，正如地区一体化程度从自由贸易区、关税同盟向更加彻底的共同市场的演进过程，负责任的国家行为规范应从低限度规范逐步向高限度规范演进，低限度规范的目的在于管控分歧，共享网络空间的经济发展机遇，而高限度规范的目的是促成持久安全与繁荣的网络空间国际合作。二是"以什么平台建立国家行为规范"。目前联合国系统中，国际电信联盟塑造网络空间国家行为规范的作用被严重削弱，联合国大会是规范产生的主要平台。国际电联曾试图通过在四年一度的国际电联世界大会讨论修改《国际电信规则》来影响网络空间治理体系变革，须知《国际电信规则》对成员国具有强制的约束力，但规则修改最终因美国、英国等西方国家的反对而以失败告终。② 相比之下，联合国大会决议属于软法，对成员国不

---

① 张豫洁：《评估规范扩散的效果——以〈网络犯罪公约〉为例》，《世界经济与政治》2019 年第 2 期。

② Ben Rossi, "US and UK refuse to sign UN Internet treaty", *Information Age*, December 14, 2012, https://www.information-age.com/us-and-uk-refuse-to-sign-un-internet-treaty-2137303/; U. S. Department of State, "Outcomes from the International Telecommunication Union 2014 Plenipotentiary Conference in Busan, Republic of Korea", November 10, 2014, https://2009 - 2017.state.gov/r/pa/prs/ps/2014/11/233914.htm; ITU, "Final Acts of the ITU 2018 Plenipotentiary Conference in Dubai, UAE", November 16, 2018, pp. 221 - 222, https://www.itu.int/web/pp-18/en/page/61 - documents, 访问时间：2018 年 12 月 1 日。

构成强制的约束，但其决议能影响国家行为，对网络空间国家规范的意义也不容忽视。

  基于以上分析，笔者认为，中国应联合俄罗斯等新兴国家以联合国大会为主要平台，首先推动建立低限度的网络空间国家行为规范，条件成熟后再探讨建立高限度的国家行为规范。中国和俄罗斯正处于关系友好时期，两国在网络空间存在共同的利益诉求，且在新兴国家中，俄罗斯的网络安全技术实力强，总部位于莫斯科的卡巴斯基公司是全球知名的网络安全公司。俄罗斯政府对网络安全的关注非常早，自1998年起，俄罗斯每年向联合国大会提交"安全背景下信息和电信领域的发展"决议草案，高度关注信息技术可能被用于"不符合维护国际稳定与安全的宗旨"。[①] 自2006年起，中俄开始就网络安全展开密切合作，是年12月，中国等13个国家加入决议发起国行列，2011年和2015年，中国、俄罗斯等国家联合向联大提交《信息安全国际行为准则》草案和新草案。

  具体到联合国大会系统内部，联合国裁军所下属的信息安全政府间专家组是中俄开展网络空间合作、推动制定国家行为规范的组织平台。该专家组在联合国大会决议的授权下成立，负责制定网络空间国家行为规范，向联合国大会提交专家组报告。迄今为止，专家组分别于2005年、2010年、2013年、2015年和2017年分别设立，共形成五份报告，在建立网络空间国家行为规范方面取得了较大进展。[②] 其中，2013年的报告最为详尽，5份专家组报告基本确立了低限度的网络空间国家行为规范，[③] 其基本内容包括：首先，提出建立信任、稳定和减少风险的措施，建议在联合国主持下定期举行广泛参与的对话，并通过双边、区域和多边论坛及其他国际政治进行定期对话；其次，明确认可国际法和网络主权适用于网络空间，各国必须履行对归咎于它们的国际不法行为负责的国际义务，而且不

---

  ① 联合国大会决议 A/RES/53/70, 1999年1月4日, http://www.un.org/en/ga/search/view_doc.asp?symbol=A/RES/53/70&Lang=C, 访问时间：2018年8月25日。

  ② United Nations General Assembly, "Report of the Group of Governmental Experts on Developments in the Field of Information and Telecommunications in the Context of International Security (A/60/202)", August 5, 2005, http://undocs.org/A/60/202, 访问时间：2018年12月1日。

  ③ United Nations General Assembly, "Report of the Group of Governmental Experts on Developments in the Field of Information and Telecommunications in the Context of International Security (A/68/98)", June 24, 2013, http://undocs.org/A/68/98, 访问时间：2018年12月1日。

得使用代理人实施此类行为，各国设法确保其领土不被非国家行为体用于非法使用信息通信技术。[①] 笔者认为，为实现持久安全与和平，中俄还应提请专家组讨论"国际法和国家主权如何适用于网络空间"的问题，并推动网络空间国家行为规范明确纳入"网络空间用于和平目的，禁止网络军备竞赛，反对将网络空间地缘政治化的趋势"的类似规定。

小结：信息革命是当今最重大、最有意义的全球性变革，网络通信技术自民用化以来在短短的20多年时间里就迅速渗透到世界各地，深刻地改变着当今世界的生活面貌和国际关系。作为新事物，网络空间有着自己的特征，主权国家起初在面对网络空间时难免有些无所适从，但随着时间的推移和形势的变化，主权国家发现网络空间迥异于网络自由主义者所设想的理想乌托邦，这促使网络规则逐渐生成，要求主权国家在其中承担起更多的责任。当然，国家主权只有作出相应地调整，才能适应网络空间的虚拟性和开放性、主体多元性和网络实力的不均衡性。作为最大的发展中国家，中国大力实施网络强国战略，加强国际对话，积极倡导网络主权观，在联合国框架内推动网络空间治理体系变革，呼吁构建网络空间命运共同体。由于主题和精力限制，本研究只能集中论证上述观点。为实现上述目标，我国还需重点从以下两个方面努力。首先，熟悉与网络空间相关的国际机制，善于利用国际法和国际组织平台讲好中国故事，以增进国际社会对中国主张的理解和接受程度。在这方面，我国国际组织方面的人才建设、机制利用意识明显不足，2018年8月20日，教育部、财政部、发改委联合印发《关于高等学校加快"双一流"建设的指导意见》的通知，提出"加强国家战略、国家安全、国际组织等相关急需学科专业人才的培养"，[②] 这也是今后的努力方向。其次，重视信息技术伦理研究，我们在抓住发展机遇的同时，又要防止网络信息技术发展走向失控。不容忽视的是，云计算、物联网和人工智能是网络信息技术发展的未来趋势，其中，

[①] United Nations General Assembly，"Report of the Group of Governmental Experts on Developments in the Field of Information and Telecommunications in the Context of International Security（A/68/98）"，June 24，2013，http：//undocs.org/A/68/98，访问时间：2018年12月1日。

[②] 教育部、财政部、国家发展改革委：《关于高等学校加快"双一流"建设的指导意见》，http：//www.moe.gov.cn/srcsite/A22/moe_843/201808/t20180823_345987.html，访问时间：2018年9月3日。

第二章　网络主权的维护：网络边疆治理的目标 <<<

人工智能尤为突出，人工智能不仅能在以往认为专属于人类的技能上打败人类，更拥有独特的非人类能力。[①]但网络技术的发展具有内在不确定性，[②]网络技术自身也潜藏着巨大的破坏性力量，最简单的例子莫过于"终结者"系列电影中冷血的机器人杀手。信息技术伦理不失为技术发展过程中的"交通规则"，它为技术的发展划出禁区，为各方制定行为规范，确保技术发展在有利于国际秩序与正义的轨道运行。总而言之，我们正经历一个技术风起云涌的时代，这是美好的时代，我们每个人都无比真切地感受到网络对于日常生活、商业运作、公共管理乃至国际交往的深刻影响；这也是糟糕的时代，网络安全问题相伴而生，成为全人类共同面临的紧迫问题之一。而网络空间治理机制的建立是为了维护和实现普遍的和平与安全，减小甚至消除负面影响，当现有机制无法有效实现这一目的时，网络空间治理机制变革就应运而生，发展中国家以网络主权为核心的变革主张更符合网络空间的实际，中国应与国际社会一道以此推动网络空间治理机制变革。

[①]［以色列］尤瓦尔·赫拉利：《今日简史》，林俊宏译，中信出版社2018年版，第17—20页。

[②]刘杨钺：《网络空间国际秩序构建中的技术因素》，中国国际关系学会·第三届国际关系研究青年学者论坛，2019年4月20日。

第三章　多元共治：网络边疆治理的协同互动机制

网络边疆治理是国家治理的重要组成部分，是网络强国建设不可忽视的重要组成要素，更是维护我国网络主权，确保国家安全，进而推动新时代中国特色社会主义发展的题中之义。面对网络安全挑战，任何组织和个人都难以置身事外，他们是命运共同体。在多重威胁和挑战之下，由于网络信息的众多特征，如隐蔽性强、技术鸿沟、信息不对称、匿名化、数据信息动态流动等，仅靠政府单方面的管控，效果非常有限，很难对网络边疆进行全息式、系统式的值守与治理。"网络安全环境目前凸显出安全责任主体多元化、安全边界范围扩大化、安全焦点问题的国家化，这种多主体、多因素、跨域性的特征导致传统管理方式的格格不入"，[①] 因而需结合不同主体的特点，将互联网企业、社会组织、技术社群、网民等纳入网络边疆治理的体系，打造网络边疆治理共同体，最大限度地发挥协同治理的效果。

第一节　网络边疆协同治理的内涵与基础

哈肯认为协同即是不同子系统要素之间、序参量之间两两相互作用，在时间和空间序列中形成一定的自组织结构，从无序走向有序的过程。[②] 艾默生认为协同治理是指跨越公共机构、政府等级以及公共、私人与市政领域的边界，以实现其他方式无法达到的公共目标的公共政策决策与管理

[①] 陈美：《国家信息安全协同治理：美国的经验与启示》，《情报杂志》2014 年第 2 期。
[②] Herman Haken, "Synergetics of Brain Function", *International Journal of Psychophysiology*, Vol. 2, 2006, p. 27.

过程。① 弗瑞曼（J. Freeman）认为协同治理是以解决问题为导向，由利益相关者参与并共同承担责任的实践。② 笔者认为网络边疆协同治理是指为确保国家的网络安全与政治安全，多元行动主体包括政府、社会组织、技术社群、企业、网络媒体、各类网民在既定的制度框架下，相互协同合作，构成高效的治理结构，整合资源、联合行动、协商合作，共同对危害国家政治安全的网络战争、网络攻击、网络间谍、网络恐怖主义、网络意识形态渗透等行为或事件进行有效的防范、精准打击的管控活动。网络边疆协同治理既包含了不同层级政府与不同政府部门间的内部协同，也包括了政府与其他主体的协同。网络边疆治理从单纯的政府全能式一元化治理结构过渡到网络边疆多元协同治理应基于以下的基础。

一 网络边疆多维复杂特性的有效契合

不同于传统边疆的地理界线、地缘政治格局，网络边疆的界限更为模糊与隐蔽，突破了传统单一维度的地理疆域概念，变得立体与多维化，承载于网络主权之上的网络边疆既包含了以计算机、路由器、服务器、光纤等网络基础设施为主的有形边疆，也包含了各类网络数据、平台在科技、文化、经济、金融、军事等方面的应用活动，还包含了附着于互联网之上的意识形态传播、文化影响、制度发展等涉及国家核心利益的相关内容。为维护网络主权，保障政治安全，网络边疆的有效治理除了防止物理层的网络基础设施遭到敌对势力的破坏与攻击，还要防范来自应用层的"漏洞攻击"与"后门植入"，因为当前遍布我国金融、电力、能源、交通领域的关键应用领域的网络核心技术背后都有着发达国家的身影。据我国互联网应急中心的监测，2017年发现超过245万起（较上年增长了178.4%）境外针对我国联网工控系统和设备的恶意嗅探事件，涉及西门子、施耐德、研华科技等厂商的产品和应用。此外，通过互联网进行的网络舆论战、意识形态渗透与颠覆活动从未消停，中东、北非的"颜色革命"的爆发即是西方国家利用各类网络工具对不同文化、不同宗教国家政权进行颠

---

① Kirk Emerson, Tina Nabatchi and Stephen Balogh, "An Inegrative Framework for Collaborative Governance", *Journal of Public Adminstration Research and Theory*, Vol. 22, No. 1, 2012, pp. 1–29.

② J. Freeman, "Collaborative Governance in the Administrative State", *UCLA law Review*, Vol. 45, 1997, p. 12.

覆的有效证明。意识形态可以"转场",但从未"离场",习近平总书记指出,"当今世界,意识形态领域看不见硝烟的战争无处不在,政治领域没有枪炮的较量一直未停",①可谓一语中的。来自敌对势力的网络攻击与渗透可谓来源多样,并非单纯国家与国家、政府与政府间的对垒博弈,他们可以借助跨国公司、技术社群、黑客组织与个人来实施各类行动。由此看来,网络边疆结构的多维复杂特性,以及网络安全威胁的无所不在与无孔不入,使得传统以政府单一化元治理为主的模式难以奏效,必然需要引入多方主体,形成统一的治理目标,通过协同合作、互动协商以提升网络边疆治理的绩效,切实维护国家政治安全。

二 网络边疆治理工具与功能的交叉互补

目前,对治理工具的概念与类型化研究还没有形成一致性意见。萨拉蒙认为治理工具是一种明确的方法,通过这种方法集体行动得以组织,公共问题得以解决。他将治理工具分为直接政府、社会管制、经济管制、订立合同等多种类型。② 而网络边疆治理工具则是各治理主体通过各种途径、技术与方式对网络边疆进行治理,从而实现相应治理目标的方法。政府治理通常依靠法律、政策、制度这类强制性、管制性工具为主,但由于网络边界的匿名性、开放性、扩散性、自由性等特点,应用于传统边疆治理中政府的一元化管控型治理思维与治理方式容易失灵,难以应对网络边疆日益复杂的新环境与新情况。如为应对不断涌现的威胁国家政治安全的网络行为,政府一直保持高压态势,经常性采取"专项行动"类治理手段,但是许多承载网络攻击与网络意识形态渗透的服务器大多设立在国外,经常是"打一枪换一个地方",很难及时溯源与归因。相比政府对技术与市场的滞后效应,各类互联网企业、社会组织、技术社群拥有政府所不具备的专业化知识、技术特长、覆盖范围广泛等优势,在危害国家政治安全的行为发现、取证、分析、通报和应急处置等方面具有相应的职责和义务。③

---

① 《习近平谈治国理政》(第2卷),外文出版社2017年版,第136页。
② Lester M. Salamon, *The Tools of Government: An Introduction to the New Governance*, New York: Oxford University Press, 2002.
③ 邓建高:《面向国家公共安全的互联网信息行为融合治理模式研究》,《江苏社会科学》2018年第5期。

互联网信息技术发展一日千里,云计算、大数据、各类 App 应用推陈出新,企业、社会组织、个人往往站在网络与信息技术发展的最前沿,能够迅速跟进新技术与新应用的发展变化,这些主体可以凭借信息、技术、商业合同等市场化、社会化工具积极参与网络边疆的治理过程。其基于自身的优势,各自承担相应的治理职责,通过治理工具与功能的交叉互补,促进相互间的协同互动,增强彼此的互信。各主体凭借自身的优势,既要发挥政府在制度与政策层面的管控作用,又要发挥其他各类主体的利用自身产品、技术与平台所进行网络内容审查、消息过滤、实时监测的作用,这样不但可以有效克服网络信息不对称的压力,避免政府单极化治理的弊端,也可以避免治理方式与内容的碎片化,以形成整合性协同效应,共同维护网络边疆的安全与稳定。

三　网络边疆治理价值与利益的根本趋同

网络边疆治理各主体主动、积极参与协同治理的动力是可以达成公共利益和主体利益共赢的结局。一方面,对国家政治安全、社会稳定等公共利益的认同和追求是各主体参与协同治理的大前提与核心枢纽。亚里士多德曾说"一种政体如果要达到长治久安的目的,必须使全邦人民都能参加而且怀着它存在和延续的意愿"。[①] 网络空间中形成的政治认同是网络边疆协同治理的关键动力要素,更是筑牢国家安全的现实根基,维持网络空间的"天朗气清"符合国家和公民的公共利益,也是全社会核心价值的旨归。而网络空间各主体的自身利益与网络空间的公共利益密切相关,只有在安全稳定的网络环境下,各主体才能获得真正的自由与平等参与网络公共事务的权利,各类网络企业、社会组织、网民在参与网络边疆治理的同时,其自身利益也同样得到了增进,可以获得相应的经济利益与社会利益,从而能够理解与信任政府在确保安全前提下进行的管控行为并非必然以牺牲民众网络自由为目的,而是在面临的多重的网络安全威胁和挑战时的必然选择。另一方面,突破单极化治理思路,在对网络边疆进行治理的过程中,吸纳各类社会主体对网络空间政策、法律、行业标准、运行规则的意见,进行互动与协商,能够促进彼此间的相互信任,培养各主体的责

---

① ［希腊］亚里士多德:《政治学》,吴寿彭译,商务印书馆1996年版,第62页。

任意识，推动网民、企业、网络媒体积极行动，配合政府开展的治理行为，构成步调协同的整体性治理网络。

第二节 网络边疆多主体协同治理的现实困境

网络边疆的多元共治并不必然产生治理的协同效应，也有可能面临责任相互推诿、各自利益至上、行为准则和价值观相互冲突、治理碎片化等一系列问题，从而增加网络政治安全风险。因此，从以下几个方面深入探讨掣肘网络边疆协同治理的困境。

一 技术困境：网络边疆协同共治的物理障碍

一方面，对我国网络边疆安全构成威胁的重要因素是由于网络与信息技术能力非对称性依然持续存在。互联网及相关技术都是在西方国家诞生与发展，他们凭借自身的技术优势自行界定与其利益相应的互联网空间规则与标准，其他网络发展中国家由于技术弱势、制度差异，只能被动接受相关的网络技术与标准。网络技术的核心架构如根服务器、根区文件、根区文件系统等关键性技术资源仍处于以美国为首的发达国家控制之下。由于核心技术受制于人，以思科公司为代表的美国"八大金刚"占据了我国网络基础设施领域的半壁江山，我国网络边疆防护的核心技术自主可控能力非常有限，以长城防火墙为代表的网络空间保护设施虽然也对防护中国网络边疆发挥了重大作用，但从目前网络攻击及其带来的危害来看，中国在有效维护网络疆域独立性、安全性方面仍任重道远。[①] 技术鸿沟的存在必然会导致防范网络攻击与网络渗透能力较弱，影响网络边疆治理的绩效。另一方面，由于技术的掣肘，我国缺乏覆盖政府、军队、企业、社会组织、网民统一的网络边疆安全预警与共享平台，网络边疆安全监控平台，网络边疆安全基础资源数据库等。当前不同治理主体间涉及网络安全的相关信息与数据割据现象严重，存在网络数据与信息互通的环节烦琐缓慢，信息共享与传送缺乏实时性。政府不同部门各自形成一套网络信息数据库，不同信息数据库之间缺乏共享机制，企业、社会组织、网民个人信

---

① 王益民：《网络强国背景下互联网治理策略研究》，《电子政务》2018年第7期。

息也呈碎片化状态，行业内、行业间及与政府之间缺乏双向的信息共享通道，各行业、各部门之间形成了一定的信息壁垒，造成网络边疆安全防护能力分散化与弱化，难以形成合力，并对不同层面的网络攻击与网络渗透进行及时的预警与防范。

二 组织困境：网络边疆治理机构与职能缺乏有效整合

网络边疆具有多层次特征，既包含网络基础设施层面的物理系统，又包括计算机软件、各类应用层面的信息系统，还包括网络空间的信息传递、文化交流等内容系统，三大系统构建了网络边疆的立体化整体性结构。网络空间所具有的匿名化、开放性、个体化、去中心化等特征使得来自三个系统层面的网络威胁、网络攻击、网络渗透可谓层出不穷、无孔不入、防不胜防，这些特点导致了"网络整体溯源难和防御难，由此形成的逻辑是网络安全有利于进攻方，理性的决策者会倾向于采取加强能力建设和资源投入的方式来保护自身安全和获取战略竞争优势"。[①] 如何加强能力建设，仅仅靠政府一己之力很难奏效，政府是网络边疆治理的动员者和组织者，占据关键的主导地位，但并非唯一主体。当前，我国网络安全维护、网络边疆值守的任务仍然沿袭传统边疆治理的单极化、科层化控制思维，中央网络安全和信息化委员会、国家互联网信息办公室负责总体领导与协调，具体安全防护与治理职能分散于国家安全、公安、保密等各个不同的政府管理部门之中。中央和地方政府之间，不同政府部门之间、政府与其他治理主体之间仍然存在职能分散，组织间整合不够的"碎片化"问题。

由于网络攻击与威胁的对象不尽相同，危害的严重程度不尽相同，有的是对关系国计民生的重要政务、基础设施系统进行的破坏，可能引发重大的风险，有的是惯常性的普通的威胁，涉及的对象大多是普通企业与网民，引发的危害较小。当前，没有能根据网络边疆的层次性与安全威胁的严重级别进行区别化"分级应对，分情治理"。政府的单极化管控与治理削弱了其他主体对网络边疆治理的主动性与积极性，导致不同治理主体之间的横向协同联动不足。组织结构的体系化与功能间的交叉匹配是开展协

[①] 鲁传颖：《网络空间安全困境及治理机制构建》，《现代国际关系》2018年第6期。

同治理的基本条件，在政府组织内部相关职能分散化，而相对于其他治理主体，政府的治理职能则又过于集中化，从而造成责任的模糊化与协同惰性的共生，不同主体间的协同关系被弱化与虚化，难以发挥协同效应。因此，需合理分配网络边疆的治理权力，优化网络边疆的治理组织结构，重塑政府与其他治理主体间的关系，将其他主体的责任与权利嵌入整体治理体系。

三　机制困境：信息资源共享机制与激励机制亟待完善

如何保障政府、社会组织、技术社群、企业、网络媒体、各类网民等多元治理主体能相互协同共商，合作共治，以共同应对危害国家政治安全的网络威胁与网络攻击，达成良好的网络边疆治理绩效，治理机制的良性运行是关键与核心要素。其一，网络安全信息资源共享机制建设是构建网络边疆协同治理体系的基础，因为面对爆发式增长的、海量的、离散的、千变万化的网络空间大数据信息与资源，任何单一的治理主体都难以收集所有有价值的信息，需要不同主体间展开资源与信息的协同共享。虽然当前我国已逐步意识到信息资源共享机制对实现国家政治安全的重要作用，并在相关法律与政策中做出了网络安全信息共享的制度安排，但相比于以美国为首的西方网络强国，我国对网络安全信息共享的具体范围、共享的主体、共享的对象、共享的原则、共享的程序等方面缺乏严格细致的规定，更缺乏引导互联网企业、安全公司等互联网服务提供者积极参与网络安全信息共享的激励机制。[1] 缺乏横向整合与纵向连贯的网络安全信息共享平台与相应的运行机制，则难以打破网络信息不对称的壁垒，进而难以在网络威胁和网络攻击发生时及时发出预警信号，确保网络疆域内的基础设施及其应用能连续地良性运行。其二，网络突破了空间地域的限制，难以通过传统的地理疆界来隔离和限制网络信息的流动，因而网络空间结构并不适合现实世界的一元化分区管制，加之企业主体、技术社群、网络社会组织掌握了许多网络资源与标准，出于自身权益的考虑，他们往往不太愿意与政府全面共享网络安全、系统漏洞、网络攻击等涉及安全的有价值信息。相比于美国在网络安全协同治理方面建立的激励机制，包括反垄断

---

[1] 马民虎：《美国网络安全信息共享机制及对我国的启示》，《情报杂志》2016年第3期。

豁免机制、知识产权保护和公众披露豁免机制、法律责任豁免机制和自愿参与机制，我国目前缺乏协调其他主体共同参与网络边疆治理、网络安全维护的有效激励机制，导致企业主体与个人大多不愿意在调高安全风险等级或是共享网络信息等方面与政府开展合作，甚至在遭到攻击之后，许多企业仍然选择隐瞒事实。[①] 这必然造成企业、社会组织和网民不重视网络空间安全的维护与网络边疆的值守，多元治理主体难以形成一致的协同行动，达成一致的协同目标。

四 文化困境：网络边疆协同治理意识淡薄

我国网络边疆的威胁与挑战来自多个层面，有网络基础设施领域被攻击破坏的可能，有软件应用程序方面的病毒植入与后门漏洞，更包含网络意识形态的渗透与颠覆。网络边疆的多维复杂性必然要求多元治理主体统一意识，共同行动，从而形成合力，从多层次、多角度进行风险的防范。协同行动的产生必然需要协同意识进行统领，否则难以形成有效的协同效应，必然导致协同治理的"惰性"与形式主义的泛滥。而当前，在我国网络边疆治理、网络主权维护、网络安全防范的过程中，仍然沿袭了党政部门单极化的管制思维，没有摆脱传统科层管理模式的窠臼，政府习惯对涉及国家政治安全的网络敏感问题进行"包办式"管控，网络空间中的"单边主义"意识占据主导，在面对安全风险时，以所谓"隐私权"为名，出于自身利益的考虑，不愿与政府或其他主体共享网络安全威胁的关键敏感信息。"文化互用性方面的问题是有效协调危机解决的主要障碍。有效的合作需要文化的敏感度和共同的语言。否则，冲突不可避免，一些组织将不能或不愿与其他组织合作"。[②] 一方面，是政府内部协同意识的淡薄，政府各组织部门间由于部门利益观与官僚主义的影响，难以形成有效的内部协同，虽然我国成立了网络安全和信息化领导小组，负责统筹协调网络安全相关治理活动，但只能就重大问题进行决策，各涉及网络边疆与网络安全的部门间缺乏相互协作的具体政策规定；另一方面，政府与其他治理主体间由于缺乏互信，加之长期以来对跨部门、跨领域、跨行业协同认识不

---

① 沈逸：《网络空间的攻防平衡与网络威慑的构建》，《世界经济与政治》2018年第2期。
② 杨灵芝、丁敬达：《论城市突发事件的应急信息管理》，《情报科学》2009年第3期。

够，企业、技术社群、普通民众认为网络主权的维护和网络安全的保障是政府部门的事，缺乏主动参与网络边疆协同治理的意识。他们更注重对自身的利益与风险的考量，对涉及网络安全信息的共享、网络主权的有效维护与网络边疆的协同治理带来的根本性、全局性、战略性利益缺乏深刻认识，导致协同共治的内驱力严重不足。

第三节　网络边疆多主体协同治理的突破路径

网络边疆的有效治理应秉持系统化思维，树立协同治理理念，各治理主体应通过资源嵌入与共享、能力的耦合与互补、知识技术的整合与信息沟通，实现主体间的基础协同、组织协同、机制协同与文化协同，以共同应对网络空间政治威胁，切实维护好国家安全。

一　基础协同：强化网络边疆核心技术的协同创新与资源共享

网络边疆的治理绩效与网络主权的有效维护必然根植于网络核心技术的创新与自主化。"技术创新能力的突破，改变技术或代码可能实现比单纯依靠法律更好的规制效果"。[1] 打造"安全可控"的网络边疆，需要在一定时期内扭转技术非对称的态势，关键在于加强自主技术能力建设，发展我国自身的网络信息基础技术、通用技术和颠覆性技术。[2] 习近平总书记在2018年全国网络安全和信息化工作会议上的讲话指出，"核心技术是国之重器。要下定决心、保持恒心、找准重心，加速推动信息领域核心技术突破。要抓产业体系建设，在技术、产业、政策上共同发力"。[3] 网络技术创新是网络边疆治理能力生成的核心元件。首先，要强化包括电脑CPU、操作系统、工控设备、域名系统、大数据等网络关键基础设施的科技研发能力。应密切追踪发达国家铸就网络边疆安全长城的战略动向和核心技术最新发展趋势，以中央网信办、工信部、国家安全部、公安部等部门为重点抓手，协同军队、企业进行横向紧密合作，进行核心技术的集中

---

[1] 左亦鲁：《国家安全视域下的网络安全》，《华东政法大学学报》2018年第1期。
[2] 方滨兴：《论网络空间的主权》，科学出版社2017年版，第76页。
[3] 《习近平谈治国理政》（第三卷），人民出版社2020年版，第307页。

攻关，围绕网络边疆安全构建自主的核心准入技术、内容识别技术、网络攻击与窃密溯源技术、行为分析与鉴定技术等形成我国自主研发、自主生产、自主部署的网络空间防御技术体系。其次，网络基础设施是国家网络边疆安全的原子，以技术为核心的基础网络设施整合是网络边疆协同治理的物理基础。网络边疆协同治理的一个关键点就是基础信息与资源共享问题，应在强化基层信息资源协同整合的基础上打造覆盖政府、军队、企业、社会组织、网民的统一的网络边疆安全预警与共享平台、网络边疆安全监控平台、网络边疆安全基础资源数据库。须由国家网络技术部门设计统一标准化的网络边疆安全的监测工具、网络安全技术标准、数据模型、信息代码等，为构建这些平台提供技术保障。最后，技术的创新与发展离不开人才的建设与支持，应加强覆盖政府、军队、企业、社会组织、各个领域的网络安全技术人才与管理的培养，以网络安全与网络边疆治理需求为导向，通过一系列政策措施，激励并依托高校、科研院所、优秀企业逐步培养达到或接近一流水平的网络安全技术人才与管理人才。

二 组织协同：加强网络边疆协同治理的顶层设计与组织建设

组织机构是基础性的控制参量，是协同治理的依托和决策中心，是各主体的领导组织走向协同的桥梁。[①] 当前我国网络边疆治理已建立了党政部门统筹的自上而下的组织管理机制，一定程度上实现了纵向组织间的合作。在治理过程中，国家网络安全与领导小组、国家网络信息化办公室发挥了战略领导的职能与作用，体现了传统科层治理的惯性，缓解了权力分散与碎片化问题。但从多元治理主体的横向协同与连接来看，不同组织间的职能边界仍然不清晰，导致组织责任的模糊化与协同惰性的产生。因此，首先应加强网络边疆协同治理的顶层设计，优化我国既有法律与网络空间战略。我国的网络边疆治理是一个系统工程，必须依靠政府自上而下的顶层设计来构建协同治理体系，制度的顶层设计与法律法规作为协同治理的外部关键变量，可以为网络边疆各主体的协同治理提供系统性的参照依据。在网络主权遭遇挑战与威胁时，网络边疆的值守，应根据不同治理

---

① 谭九生、任蓉：《网络公共事件的演化机理及社会协同治理》，《吉首大学学报》（社会科学版）2014 年第 5 期。

主体的优势与特性，明确其角色分工、职能与边界、协作关系、协同行为，对于协同治理的目标、协同治理的原则、协同治理的工具做出整体性阐释。我国2016年出台的《网络安全法》，一定程度上体现了不同组织对互联网进行共同治理原则，对各类不同主体的职能进行了大致的规定，但对包含各类市场主体、社会主体在内的组织在面临网络安全威胁、网络主权挑战时的具体职能与责任、主体间的协作关系等尚缺乏明确的规定。此外，应加强网络边疆协同治理的组织建设，确保在涉网络安全、网络主权等信息方面的联动共享，党政权威领导部门加强不同类型组织间的统筹协调，在相关政策的引导下共同收集、研判、发布、通报涉国家政治安全问题的网络信息，构建不同组织参与的协同治理平台，如跨部门、跨行业的国家网络安全信息整合中心，发挥整体性的宣传、监测、通报、预警、处置等功能。同时，赋予其他治理主体更多的参与权与监督权，重塑多方主体间的协作关系，积极拓展包括网络社会组织、网络技术社群、企业组织、个人在内的各类主体在网络边疆治理中的活动空间，从组织横向协同的层面发挥各自的优势，强化互补效应。

三 机制协同：完善网络边疆协同治理的信息共享机制与激励机制

要实现网络边疆的多元主体协同共治，产生"同频共振"的协同效应，只有通过一定程度的"机制协同"才能得以完成，从而以"机制协同"促进"技术协同""组织协同"，进而实现网络边疆的"安全协同"。一方面，针对网络边疆治理过程中，横向协同不畅，委托代理层级过多导致信息失真与不对称问题，应建立与完善网络边疆协同治理的信息共享机制，搭建网络信息共享综合治理平台与数据库，形成联结各治理主体的涉网络安全的动态跟踪、技术规范系统，并对涉网络安全相关信息共享的具体范围、共享的主体、共享的对象、共享的原则、共享的程序等方面做出准确详细的规定，有效协同与整合来源于党政组织、企业、技术社群、民间社会组织和个人的网络威胁、网络攻击、网络间谍活动的分散化、多样化信息，在信息共享的基础上进行网络边疆风险的有效识别与评估，并在不同治理主体间展开技术合作，进行优势互补，从"机制协同"跨入"技术协同"，不断提升横向联动的应急响应能力，构建立体化的网络边疆风险与威胁的有效防护体系，维护我国网络边疆的整体性安全。另一方面，如前所述，由于隐私保护与自身经济与安全利益的考量，要在现有网络空间利益的格局下，实现不同网络边疆治理主体间的网络安全信息与资源共享，单纯依靠压力机制与动员机制难以长期奏效。因此，应进一步构建与完善各主体参与协同治理的激励机制，出台一系列政策，如资金奖励、研发补贴、税收减免、政府优先订单、购买服务、网络保险等鼓励企业、技术社群、民间社会组织和个人在政府的引导下主动共享涉网络威胁、事件和系统漏洞等的关键敏感信息，积极提供有价值的资源与线索，发挥各主体在网络空间中的技术优势、终端优势、快速反应优势，共同进行情报研判、风险评估、技术培训、标准协商，协同开展网络安全演习与应对行动，实现跨部门、跨行业、跨领域的互动合作。

四　文化协同：增强多元主体网络边疆协同治理意识

文化因素是多元治理主体协同行动生发的重要土壤，协同文化的培育主要体现在不同治理主体间的信任、沟通、合作等方面。首先，需要破除政府单一化管控的思维与观念，使政府部门自身意识到多部门与多元主体协同治理的重要性，即由于网络边疆不同于传统边疆的威胁隐蔽性、攻击难溯源性、技术鸿沟效应、信息不对称性等特性，仅靠政府单极化的管控，或某几个部门的"单兵作战"效果非常有限，很难形成立体化的安全长城，必然需要形成以政府为主导，其他治理主体共同积极参与的协同治理格局。其次，需要"充分调动"网络空间中多元治理主体，在既定法律与规则之下，遵循协同共治的原则，构建一种政府内部各部门间、政府与其他治理主体间彼此互信的文化氛围，在网络空间不涉及国家公共安全与根本利益的前提下，尽可能放权给其他治理主体，切实保护网络空间中企业、社会组织、公民的合法权益和利益，疏浚公共议题协商沟通的渠道，增强其他治理主体对政府的信任感，促使政府对其他主体由管制思维向合作思维的真正转向。最后，增强网络边疆治理中其他各主体的协同参与意识是关键，要破除私人利益与小团体利益的藩篱，强化对国家安全、公共安全等公共利益的认同，使他们意识到网络空间各主体的自身利益与网络空间的公共利益密切相关，只有在安全稳定的网络环境下，各主体才能获得真正的自由与平等参与网络公共事务的权利，网络空间的自由、秩序与平等都必然以网络主权的维护和网络政治安全的实现为前提。因此，应加强网络安全的主体责任意识的宣传与教育,树立网络威胁防范与网络主权维护的整体观、系统观、大局观,使其意识到网络安全的维护、网络边疆的治理不仅是政府的职责,也是企业与社会组织的职责,还是每一位网民的职责,使他们自觉担负起网络边疆安全值守的重任。

小结:网络空间已成为各国新的政治角力场,各类网络威胁对我国政治安全构成了全方位的挑战,继陆疆、海疆、空疆之后,网络边疆应运而生。网络边疆协同治理是摒弃单极化治理思维,多元治理主体在既定的制度框架下,进行资源整合、协同合作,以共同应对网络政治安全威胁的联合管控行为。然而,网络边疆协同治理还存在技术、组织、机制、文化等方面的诸多困境,因此,应强化网络边疆核心技术的协同创新与资源共享,加强网络边疆协同治理的顶层设计与组织建设,完善网络边疆协同治理的信息共享机制与激励机制,增强多元主体网络边疆协同治理意识,有效实现基础协同、组织协同、机制协同和文化协同,以全面提升网络边疆治理绩效,切实维护国家政治安全。

第四章 网络空间的技术赋权：
网络边疆治理的基石

  技术赋权现象的相关基础理论源远流长，主要涵盖四种技术权力观，即古典的、近现代的、后现代的以及当代的技术权力观。它们虽然从不同角度阐释了技术与政治权力的关系，但是对于技术为什么能够转化为政治权力、如何转化为政治权力，尚缺乏逻辑自洽。我们可以从技术改变政治权力主体的内部结构、扩大政治权力资源、增强权力客体对权力主体的反作用力、变革政治权力运行的方式等方面来考察技术赋权的逻辑演绎过程。在现实实践中，技术赋权则促成经济生活的嬗变，影响政治发展的进程，改变了国际权力分配的格局。而随着网络时代的到来，国际网络空间成为新的政治权力场域。因此，技术赋权对国际政治权力体系的影响愈加凸显。具体而言，在技术赋权的作用下，部分国际行为体逐渐掌握收集和生产数据或信息流以及建立相对独立的支持群体网络的技术权力，成为国际网络空间技术权力主体，却受困于国际网络空间技术权力分配的"马太效应"；国际网络空间法律的形式虽然趋于多元化，却面临着无法有效增强约束力的问题；国际网络空间协作共识深入政治、经济、安全三大领域，部分技术强国和国际组织却阳奉阴违，做出违背国际网络空间根本原则的技术行为；国际网络空间制度在日渐完善的同时，也存在制度承载体备受质疑、具体运行机制碎片化等困境。基于上述问题，可以得出以下结论，即技术赋权虽然有助于国际网络空间技术权力体系的建立与健全，但是也使该体系逐渐步入曲折发展的阶段。换言之，国际网络空间技术权力体系在持续运转过程中，有力提升了弱技术权力主体的相对技术权力地位，增强了体系内的安全系数。同时，它也显现出在网络核心技术发展、技术权力资源分配以及技术权力的获取和行使这三个维度的一系列问题。

鉴于此，相关国际行为体企图通过网络攻击等技术行为改变甚至颠覆该体系。因而，体系的变革势在必行。通过弱化技术权力主体间的等级特征，建立完整的法律法规体系，深化数据是"人类共同财产"的共识以及搭建完善的国际网络空间制度框架等举措，相关技术权力主体可以共同推动体系的发展。

第一节　技术赋权的理论阐释

科学技术是推动社会进步的决定性力量，影响社会生活的方方面面，深刻改变着人类的生产、生活和思维方式。在政治领域，科学技术同样也扮演了极其重要的角色，特别是在当今的信息化时代，科技对政治生活的渗透与干预更是呈现出了立体化和全方位的特征。著名未来学家阿尔文·托夫勒曾提出"财富、暴力和知识构成了权力框架的三角基石"，并预言知识革命将埋葬旧的国家政治结构，知识最终将占据政治权力的制高点。如今，托夫勒的预言正在变为现实。与之对应，作为知识聚合体的科学技术与政治权力的结合也越来越紧密。从某种意义上说，对科学技术的掌握、拥有和运用直接决定了政治权力的获得和行使。那么，我们究竟应该怎样全面而客观地认识这一人类社会发展的重要现象呢？这是一个极具理论意义与现实价值的研究论题。笔者拟引入"技术赋权"这一范畴，从理论溯源、逻辑演绎、现实观照等层面对这一问题进行粗浅的分析。

一　技术赋权的理论溯源

技术赋权是个历史范畴，古往今来，有很多学者在这方面有过精辟的阐释，形成了不同的理论流派。学界在梳理技术赋权理论流派及其历史沿革时主要采用了两种分析图式。第一种分析图式将技术赋权理论的演绎划分为古典的、近现代的、后现代的和当代的四种，遵循从表象主义技术权力观逐渐向有机互动式技术权力观转变的发展路径。而第二种分析图式则认为自第一次工业革命蒸汽机发明以后，技术才有了转化为权力的现实可能性，他们主张技术赋权理论肇始于海德格尔的座架理论，在此基础上又衍生出了马尔库塞和哈贝马斯对技术与意识形态合法性的研究、芬伯格的"游戏论"的技术权力观以及约瑟夫·劳斯的"实验室"的技术权力观。

基于更为全面地总结技术赋权理论历史发展脉络的考虑,笔者倾向于采用第一种分析图式来展开论析。

(一)古典的技术权力观

古典的技术权力观以传统的治国思想为基础解释技术与权力的关系,该理论的核心观点是"技术专家统治"论。"技术专家统治"论具有较长的历史渊源,远可追溯到古希腊时期的政治学家亚里士多德,18世纪的空想社会主义者圣西门首次对该理论进行了系统性的论述,而当代的一批后工业社会思想家对之也十分推崇。所谓技术专家统治,是指"以技术能力行使权力,或者说把国家统治的事务交给技术专家掌管",①涵盖经典技术统治论和技术决定论两个分支。其中,经典技术统治论的核心观点是技术专家统治国家,并且这里的"统治"主要指的是政治方面的统治,即在政治系统中,作为政治权力主体的技术专家对权力客体拥有一种排他性的制约力量。而技术决定论虽然也强调技术专家对国家的统治,但是其所指的统治范围有了较大的延伸和扩展,不仅涉及政治领域,而且更深入文化、思想等领域中。

"技术专家统治"论错误地理解了技术与权力之间的关系。它过分强调技术发展对政治权力系统的支配性作用。诚然,技术专家通过掌握权力资源,能够实现技术向权力的转化,成为以技术理性为指导原则的行政官僚。但是在权力主体的内部结构中,政治官僚与行政官僚之间依然保持主从关系,真正占据支配地位的还是政治官僚。正如丹尼尔·贝尔所言,"虽然专业管理机构注定要把它的政治或世袭前辈们推到一边,它却很少会成为任何社会的统治权贵"。②虽然"技术专家统治"论存在较大缺陷,但其揭示了人类社会政治发展的一个重要趋势,即技术对包括政治决策在内的政治行为产生了越来越大的影响。

(二)近现代的技术权力观

近现代的技术权力观肇始于文艺复兴时期,集中体现为技术中立理论,强调"技术为人类的选择与行动创造了新的可能性,但也使得这些可

---

① 刘文海:《技术的政治价值》,人民出版社1996年版,第139页。
② [美]丹尼尔·贝尔:《后工业社会的来临:对社会预测的一项探索》,高铦等译,商务印书馆1984年版,第108—109页。

能性的处置处于一种不确定的状态。技术产生什么影响、服务于什么目的,这些都不是技术本身所固有的,而取决于人用技术来做什么。"[1] 其突出强调两点:首先,技术本身的自然属性是中立的,各种技术体现的价值偏向源于技术拥有者的不同社会目的,因此技术作为一种工具和手段可以服务于不同的人群;其次,政治具有较强的价值负荷性,而技术本身的自然属性标志着它是中立的、客观的,所以技术与政治之间不存在固定的、直接的联系。

在现代社会,技术中立理论广受以技术创新为目标的企业、集团欢迎,"成为他们为持续的技术革新进行辩护、避免公众及政治对其活动影响和干预的盾牌"。[2] 但是,不可否认的是,它忽视了技术的社会属性。在政治权力系统中技术的运用必然涉及人与人之间的关系,技术无法保持绝对的自主性,必定要承担一定的政治价值。所以,在人类社会中不存在绝对中立的技术。

(三) 后现代的技术权力观

后现代的技术权力观兴起于20世纪70年代,强调从多个角度灵活地解释技术与权力的关系,具有较强的相对主义性质。另外,相较于之前从宏观层面阐述技术与权力关系的理论,它更倾向于一种微观层面的技术权力观,以福柯、约瑟夫·劳斯等人为代表性人物。福柯的突出贡献在于他提出了一种新的权力形式——"规训权力",即运用分格定位技术、制表技术等来驾驭人的肉体和行为,甚至是对其实施微妙的控制,最终目的在于强化历史的进化性质。[3] 针对福柯的论述可以作进一步解读:第一,权力主体可以通过技术实现对权力客体外在行为的监视与抑制,这体现了技术权力的压制性特征;第二,技术权力的作用力不仅仅是抑制性的,还具有生产性或发展性,即能够影响权力客体的思想、情感等多方面的发展方向和水平,并使之逐渐外化为符合权力系统规范的社会行为。

后现代的技术权力观拓宽了学界对技术与权力关系的分析范围,突出

---

[1] Emmanul G. Mesthene, *Technology Changes Its Impact on Man and Society*, New York: New American Library, 1970, p. 60.

[2] 徐治立:《科技政治空间的张力》,中国社会科学出版社2006年版,第18页。

[3] [法] 米歇尔·福柯:《规训与惩罚:监狱的诞生》,刘北成等译,生活·读书·新知三联书店2012年版,第153—190页。

了技术权力的生产性意义，为研究技术与权力的关系提供了一种新的研究范式，但其过分夸大了技术权力的积极作用，而忽视了其消极影响，具有较为浓厚的理想主义色彩。

（四）当代的技术权力观

当代的技术权力观强调技术与权力之间存在既联系又区分的相对空间，这一理念源于马克思《资本论》第二卷中系统阐释的社会有机体思想。马克思认为政治权力植根于经济关系，权力主体能否掌握权力，取决于他的社会经济地位和阶级基础如何。而自工业革命以来，技术对经济的影响日益扩大和加深，人类的生产力水平因技术的发展而得到了大幅度提升。由此，技术与权力以生产和经济活动为中介发生联系。同时，技术与权力之间又存在一定的相互独立性。技术拥有相对自主的内部结构和运行过程，在一定程度上不受政治权力主体的干涉。

与前述三种理论相比，当代的技术权力观不再局限于技术与权力的外部相关性，而是努力探索两者之间的内在联系，为解决当代社会存在的技术与权力之间的协调性问题——如技术主体与权力主体之间的利益冲突——提供了一种全新的思考路径。不过，尚有一些关键性的问题需要进一步探讨，如技术与权力在何种程度上相互联系，两者相互区分的界限又在哪里等。

通过对技术赋权理论演绎过程的梳理，我们发现，对于技术和政治权力关系的理解，逐渐由技术中性论、技术统治论等两极化的主张，向承认技术与政治权力之间的有机互动关系转变，这是理论上的进步，但是对于技术为什么能够转化为政治权力、如何转化为政治权力，尚缺乏逻辑自洽，仍然需要进一步阐释，这也是本书研究的立意所在。

二 技术赋权的逻辑演绎

科学技术是科学知识的现实运用，在人类政治生活中发挥重要作用。科学技术的客观性和知识性不仅破除了政治体系中陈旧的价值观念，如"君权神授"等，而且政治体系的具体运行方式也因科学技术的发展进步得以进一步优化，电子民主的成功运用就是例证。政治权力系统作为政治领域的核心构件，同样受到科学技术的影响，这种影响涵盖权力主体、权力资源、权力客体等多个层面，它们共同塑造了完整的技术赋权演绎过程。

（一）技术改变了政治权力主体的内部结构

政治权力主体，作为特定政治关系中处于主动和支配地位的行为体，主要包括立法、行政、司法等国家机构和政党、政治社团等政治组织以及特定的政治人，科技进步对三者都具有强大的作用。

在国家机构层面，科技进步以及由此所带来的社会关系剧变，使得国家需要增设相应的职能部门来对之进行有效管理，而且此类部门的数量和权力一直在不断扩大。此外，科技进步也会使原有各个职能部门行使权力的方式不断改变、能力不断提高，那些与科技结缘较为紧密的部门地位得以凸显，权力无形中放大。由此带来了一些重大变化，在纵向结构上，大批技术部门的出现促使科层制国家组织结构趋于复杂；在横向结构上，同一机构的不同部门、不同机构的相近部门之间，形成了技术层面的相互作用力。在政治组织层面，技术发展催生出多个新兴利益集团，尤其以知识精英团体、知识与技术密集型商业组织为代表，它们凭借自身的技术优势和聚合效应组成政治团体，向执政党或政府表达政治诉求，获得政治权力。以成立于2013年的美国高新技术利益集团"前进美国"为例，脸书的CEO马克·扎克伯格、微软公司联合创始人比尔·盖茨等技术精英是该组织的主要创建者和推动者。它拥有正式的院外游说机构，主要职责是利用技术优势进行包含自身政策主张的政治宣传，向美国政府和立法机关表达政治诉求，争取公众的舆论支持，扩大政治影响力。[①]其依靠雄厚的经济实力和高超的政治传播技巧，已经成为美国政治权力系统中一股不可忽视的力量。而技术进步也为特定的政治人参与政治生活、获得和行使政治权力提供了更为便捷而有效的途径。总之，政治权力主体的内部结构因为技术进步而不断演变，其不平衡性得以逐步弱化，随着未来高新技术的不断涌现，技术因素将在这一发展变化过程中发挥日益重要的作用。

（二）技术扩大了政治权力资源

政治权力主体为了增强自身影响甚至操纵他人的能力，必然要依赖于一定的权力资源，包括军事、经济等有形资源以及文化、政治价值观等无形资源。两者的存在都依托于特定的关系或情境，虽然"在一种关系或情

---

① 李铮：《美国高科技利益集团及其政治影响》，《现代国际关系》2016年第12期。

境中能够产生权力的资源在另外一种关系或情境中可能就会失去作用",①如在陆地空间发挥关键作用的军事资源在海洋空间往往无用武之地,但是新兴的科学技术却能够破解这样的悖论。

首先,先进的科学技术能够改变有形权力资源的运行逻辑,使权力主体可以在新的领域有效提取和控制有形资源。以军事资源为例,军队和兵器是传统战争的主要构成元素,但是随着技术的发展和进步,国家之间或国家与非国家行为体之间的战争产生了新的维度,无人化的网络攻击逐渐成为主流,有形的军事资源在网络空间以信息数据流为主要存在形式。掌握先进网络技术的一方不仅可以成功窃取相关信息数据,获知敌方的动向,还可以发动网络攻击,瘫痪敌方的通信和指挥系统,一举获得战场的主控权。由此可见,技术实际上是为权力主体开辟了获得有形权力资源的新渠道。

其次,科学技术构建了有力的支撑系统,增强了无形权力资源对权力作用对象的吸引力。文化、政治价值观等需要依托一定的载体,如报纸、电视等大众传播媒介,才能成为无形权力资源并发挥政治功能,而这些传播媒介都是以特定的科学技术为核心构件,包括印刷技术、OLED显示技术等。特别是在信息化时代,网络信息技术的运用可以为无形权力资源的传扬搭建更为高效的网络宣传平台。一方面,它创设了权力多中心化的具体情境,使更多的权力主体能够发挥推动文化和政治价值观等向外辐射的作用,增大无形权力资源影响权力作用对象价值偏好的现实可能性。另一方面,信息技术的发展,能够扩展权力作用对象的范围。例如,电子报刊等网络交互平台、微信等网络社交工具的出现就使无形权力资源能够影响更为广泛的社会群体。

(三)技术增强了权力客体对权力主体的反作用力

对政治权力的传统理解强调权力主体对权力客体的支配和强制能力,权力客体通常指的是普通民众,相比于权力主体,处于明显的弱势地位。不过,随着科学技术的发展,这种状况逐步发生变化,权力客体拥有了越来越强的对权力主体的反作用力。

技术与这种反作用力之间的连接关系主要基于三个维度。第一,科学

---

① [美]约瑟夫·奈:《论权力》,王吉美译,中信出版社2015年版,第3页。

技术可以为权力客体提供一种具有规则性和秩序性的组织方式，以聚集各行为主体的政治力量。前技术时代的权力客体受到权力主体完全的控制和支配，除了缺乏必要的权力资源，更重要的是占据较大比例的权力客体由于受到地域、时间等现实因素的阻隔，无法形成一种有效的组织形式。而科学技术，如电信技术、交通技术等能够打破这些时间和空间障碍，使不同的权力客体共同汇聚成一个组织行为主体。同时，它作为"一种追求物质目标的理性程序"，[①]具有规则性、秩序性等基本特征，能够帮助该组织合理地划分各职能部门并构建良好的运作模式。第二，科学技术的发展进步可以促成新型公共领域的构建，为权力客体发挥诸如参与政治事务、开展政治监督与批评等反作用力开辟新的平台。当代社会，国家掌握了电视、报刊等大众传媒的主导权，个体和社会组织被排除在外，有学者据此主张公共领域正在被侵蚀，如哈贝马斯提出公共领域的"再封建化"问题。[②]而随着互联网时代的到来，这种权力主体和权力客体之间的不对等状态有所缓解，权力主体可以利用信息技术建立公共论坛等交流平台，以释放权力客体的反作用力。第三，技术的发展大大减少了时间和空间对权力客体参与政治的限制，不断增强权力客体的政治参与能力。以美国为例，美国历史上发生的四次信息革命对公民的政治参与产生了巨大影响：邮政系统发生巨变，选民借此实现了与政治代表的有效沟通；报纸产业在全国的影响力持续增强，政治代表借此发布政策主张以赢得更多选民的政治偏好；广播媒体和电视得到全面推广，利益集团借此宣扬所代表阶层的利益诉求；基于互联网的政治通信系统构建，公民借此获得低成本的信息获取和传播渠道。[③]在这样的演变进程中，权力客体对权力主体的反作用力随着技术的进步而得以不断增强。

（四）技术促成政治权力运行方式的变革

科学技术的发展使政治权力的运行逐步由显性的科层制结构形式向隐性化与扁平化演变。首先，科学技术的大范围应用促成了政治权力运行的

---

① 刘文海：《技术的政治价值》，人民出版社1996年版，第24页。
② ［德］哈贝马斯：《公共领域的结构转型》，曹卫东等译，学林出版社1999年版，第170—171页。
③ ［美］布鲁斯·宾伯：《信息与美国民主：技术在政治权力演化中的作用》，刘钢等译，科学出版社2011年版，第44—87页。

隐性化。以信息技术为例，借助该技术，权力的运行不再主要依赖显性的军事、经济手段，运用政治价值观等隐性资源所起的作用日益增强，其以电子报刊、新媒体等为重要载体，从"网络空间内的权力"延伸到"网络空间外的权力",[①] 最终改变权力客体的行为或倾向。在网络空间内，权力主体可以通过设置网络规范或标准的形式产生权力行为，如由美国军政部门首创的TCP/IP协议就在网络空间对其他行为体形成吸引力，促使其遵循和使用这一网络标准。同时，权力主体也可以通过控制网络空间内的数据流对现实政治经济文化领域产生影响，将网络空间内的隐性权力行为扩散到现实生活中。其次，在科学技术的作用下，人类不断拓展新的活动领域，并逐渐形成开放和分散的体系结构，使扁平化的权力运行方式成为可能。传统的权力运转表现出严格的等级分化特征，且准入机制较为封闭严苛，使得权力主体难以通过权力行为获得想要的权力结果，阻碍了政治权力系统规模的扩大。而由信息技术构建的网络空间则可以利用其开放性和去中心化的特征，实现信息资源的自由流动与整合。各网络行为体能够通过运用这些信息资源增强自身的影响力，得到偏好结果,[②] 产生有效的权力行为。在此过程中，这些网络行为体成为新的权力主体，并不断扩大其掌控政治权力的范围，形成扁平化的权力运行方式。

三 技术赋权的现实观照

自人类步入现代社会以来，知识在权力资源中的重要性大幅度提升，促逼政治系统形成新的权力结构，改变了社会利益关系，技术赋权在现实生活中表现得更加淋漓尽致，对社会经济生活、政治发展及国际权力分配格局等都产生了越来越大的影响。

（一）促成经济生活的嬗变

在农业经济时期，地主凭借对土地资源的占有在自然经济中实现对农民的支配，皮鞭和木棍成为保障农业生产效率的重要手段。第一次工业革命以后，以金钱为基础的"传统烟囱工业"的资本家利用资本权力将工人禁锢在工厂的流水线上，剥削工人获得更多的剩余价值。而随着知识与数

[①] ［美］约瑟夫·奈：《论权力》，王吉美译，中信出版社2015年版，第147页。
[②] ［美］约瑟夫·奈：《论权力》，王吉美译，中信出版社2015年版，第144页。

字经济时代的到来,技术对经济生活的影响日益凸显。其突出表现在以下三个方面:第一,由国家垄断的暴力机关利用高新技术保障经济生活秩序,使暴力这一权力资源与技术要素相融合,增强了其在经济发展中发挥作用的有效度;第二,国家推广电子货币,弥补了金、银等有价货币以及纸币的缺陷,金钱与信息技术相结合,迎合了信息社会产品生产和交易的跨时空性特征;第三,技术赋权甚至在一定程度上改变了经济生产的方式,"今日的农民使用电脑计算谷物饲料;钢铁工人用电视屏幕监看转炉;投资银行家用笔记本电脑预估金融市场",[①]任何经济生产活动都对技术产生了很强的依赖性。

技术赋权在推动经济现代化的同时,也加大了解决常见经济问题的难度。例如,技术赋权改变了经济领域中失业问题的社会属性。在传统农业社会中,自给自足的经济体制以及家庭形式的经营组织使得经济生活中较少存在能够引起社会重视的失业问题。工业革命以来,周期性的经济危机在发达资本主义国家持续存在,失业问题受到公众的高度关注,政府通过发展公共事业、刺激消费者需求等手段为人民创造就业机会来解决失业问题。而当人类进入信息技术时代,失业问题的内涵发生了改变,不能有效掌握信息技术和资源成为人们失业的主要原因,传统解决失业问题的手段也不再适用,掌握新兴技术权力的劳动者不断自我强化,而原属于传统制造业的工人则会因为技术的劣势而面临发展的困境。

(二) 影响政治发展的进程

技术赋权促使国家与社会形成一种多中心化的、分散的权力体系,国家逐渐向社会放权,从而实现政治发展的良性循环。以当代中国为例,中华人民共和国成立初期,由于经济发展落后、社会自组织能力较差等原因,国家对社会以单向管控为主。随着经济的发展,社会力量不断壮大,其分享政治权力的诉求日益强烈,国家放权给社会乃势在必行,而科学技术尤其信息技术的发展,为政治权力的移转提供了便捷、可靠而稳定的工具与途径。国家推出了一系列以简政放权为核心的改革,这些举措如电子政府的建设、政务信息公开制度的完善等都是依托新的信息技术来实现的。由此可见,技术赋权可以有效地平衡国家与社会的关系,实现两者之

---

① [美] 阿尔文·托夫勒:《权力的转移》,黄锦桂译,中信出版社2006年版,第48页。

间的协调有序、良性互动。此外，技术赋权还对民主政治产生深远影响。民主作为一种政治制度，在不同时期有不同的表现形式，其每个发展阶段都离不开科学技术进步的贡献，尤其在信息化时代，技术赋权所生成的电子民主深刻地改变了民主政治的运作方式，引领人们民主生活的新方向。电子民主不仅能够提升人民的政治期望，扩展其政治参与权利，而且能够超越时空限制和体制束缚，促成政府与公民之间的直接交流，有效弥补传统代议制民主制度的不足，使真正意义上的直接民主制成为可能。

不过，技术赋权与社会政治发展也并非总是正向关系，过分强调技术赋权也可能会产生诸如助长全能主义政治等弊端。英国学者伯特兰·罗素主张权力主体拥有两种权力基础：一是靠说服取得权力，二是以机械装置为权力基础。针对后者，他解释道，"处于支配地位的人学会了运用机械的本领以后，就会像他们学会怎么看待自己的机器那样来看待人类，即把人看成没有感情的东西，操纵者能够于己有利地运用法律来加以支配。这种政权之冷酷无情绝非以前任何暴政所能比拟"。[1] 按照罗素的论断，技术主体通过技术赋权得以进入政治权力系统分享权力，却可能会因为过分强调工具理性，诱发全能主义政治。所谓全能主义政治，是指在政治社会中权力主体凭借自身掌握的政治权力，可以随时地、无限制地侵入和控制社会每一个阶层和每一个领域。[2] 它在改革开放前的中国曾经一度盛行。在全能主义政治下，受工具理性的驱动，技术权力主体将政治权力系统界定为可计算的、以效率为衡量标准的客观存在，为推行自身的政治主张，一味强调在经济政治、文化等各个方面对权力客体的单向控制，忽视了权力客体的反作用力，破坏了政治权力主体与客体之间的良性互动，阻碍国家民主政治的健康发展。

（三）改变了国际权力分配格局

技术赋权对国际政治生活也会产生重要影响，会促使国与国之间发生权力的移转，从而改变国际权力分配格局。

首先，技术赋权会加剧国家间权力分配的"马太效应"。"马太效应"，

---

[1] [英]伯特兰·罗素：《权力论：新社会分析》，吴友三译，商务印书馆2012年版，第22页。
[2] 席晓勤、郭坚刚：《全能主义政治与后全能主义社会的国家建构》，《中共浙江省委党校学报》2003年第4期。

即"强者愈强,弱者愈弱"现象,广泛存在于社会生活的各个领域,不仅是科学技术发展过程中难以避免的客观现实,也是国家竞争难以突破的藩篱。在信息化时代,两者的叠加进一步加剧了国家间权力分配的"马太效应"。当年的伊拉克战争爆发时,国际舆论普遍认为,虽然英美联军实力明显占优,但号称"中东第一军事强国"的伊拉克也并非等闲之辈,然而战争的进程却让人大跌眼镜,伊拉克竟然毫无还手之力。这是因为英美联军完全占据了信息和空中的绝对优势,战争伊始就彻底摧毁了伊拉克的军事指挥和通信系统,使其数十万身经百战的地面部队只能沦为任人宰割的羔羊。可谓纯粹的技术上的优势无限放大了交战双方的实力差距,决定了这场战争的结果。这场战争使人们充分认识到,科学技术已经成为国际权力分配的决定性因素,那些占据科技制高点的国家在国际权力格局中的优势进一步得到巩固。如今这一趋势仍在不断强化,发达国家和发展中国家之间的"数字鸿沟"正使得世界两极分化愈益严重。

其次,在某些情境下,技术赋权也能够激发较发达国家向较不发达国家的权力移转。技术的发明与应用具有时效性和发散性的特征,决定了国际政治行为主体因持有某项技术而获得的技术权力不具有永久的排他性和唯一性,必然会发生权力的移转,这就使得在一些特定的领域,权力从较发达国家向较不发达国家移转成为可能。一方面,较发达国家出于技术更新换代和产业升级的考虑,会主动做出调整。例如,进入新千年以来,美国、日本等发达国家将技术发展的重心转移到计算机和微电子等高新技术领域,为了优化产业结构,它们将零件制造和基础性技术研发任务外包给一些发展中国家,由此带动这些国家相关产业的发展。沿着这一发展路径,它们又会将原先获得的技术转接给更加贫困、落后的国家。在产业转移的过程中,一些较不发达国家的综合实力(包括硬实力和软实力)不断增强,国际地位持续提升,从而实现权力在整个国际社会中的渐进移转。另一方面,一些发展中国家在某些技术领域充分利用各种条件奋起直追,打破了发达国家的技术垄断,也可实现在国际权力分配中的逆袭。例如,美国和苏联两国在太空探索领域曾长期占据主导地位,特别是美国因掌握先进的太空技术,而在宇宙空间拥有支配性的权力。中国的航天事业虽然起步较晚,但随着国家整体经济和科技实力的不断提升,近些年来获得了持续快速发展,自主创新能力显著增强,进入空间能力大幅提升,已经崛起为世界航天大国，拥有了相应的话语权，成功地打破了原有的国际太空竞争格局，一定程度上实现了太空探索领域的权力移转。

人类社会已经迈入了数字经济时代，对技术的依赖更加突出，新一代网络技术正在促进人类生活的又一次历史性剧变，可以预见未来技术赋权将会左右物理世界和个人的界限，不断刷新人们的认知，衍生出复杂的伦理、法律、政治和安全等问题，也将会在更广泛的层面深刻影响包括政治权力系统在内的社会关系。

第二节 技术赋权与国际网络空间技术权力体系的形成

在人类社会步入网络时代以后，技术赋权的趋势在国际网络空间日益凸显，且逐渐成为构建和完善国际网络空间技术权力体系的重要支柱。那么，技术赋权在国际网络空间具有哪些特性、发挥什么样的政治功能？技术赋权与国际网络空间技术权力体系之间的逻辑关系是什么？在此基础之上，国际网络空间技术权力体系实际的形成和发展过程又是怎样的？相比较而言，针对前两个问题的分析路径较为清晰，依据国际网络空间和网络技术的现实发展情况，即可剖析技术赋权在其中彰显的特性和发挥的政治作用，以及国际网络空间技术权力体系的生长过程。而两者之间的逻辑关系，则是一个需要全面、深入思考的难题。

一 国际网络空间技术赋权的特性及其政治功能

正如前文所述，在国家层面，通过改变权力主体的内部结构等方式，科学技术深刻影响了政治权力系统，实现了技术赋权。而在国际网络空间这样一个特殊的国际政治环境层面，由于该虚拟世界的匿名性、跨时空性等特征，以及相关国际行为体之间在政治、经济、安全等层面复杂的联系，使得技术赋权的特点及其发挥的效用在很大程度上发生了明显变化。

（一）国际网络空间技术赋权的特性

在国际网络空间，持续研发网络核心技术成为主权国家和相关非国家行为体获取技术发展优势，继而获得信息或数据资源的重要渠道。但是，他们掌握的资源在数量和质量上却表现出较为明显的差异。从某种意义上说，这直接导致了相当一部分的国际行为体能够在很大程度上获得与行使一定的技术权力（即网络技术赋予的政治权力），但是相互之间掌握的技术权力的大小存在较大的差距。换言之，技术赋权在国际网络空间呈现二元性的特征。笔者拟从技术赋权的产生过程和现实结果这两个层面加以论证。

一方面，国际网络空间技术赋权的形成过程兼具开放性与扩张性。前者主要表现在，国际网络空间与现实的政治环境相比，具有较低的进入门槛且在其中行动较为便捷；因此，在该虚拟世界，网络技术的获得、使用以及扩散就存在相对较强的开放性特征。也就是说，除了技术强国以外，其他中小国家和非国家行为体也能够掌握一定的网络技术并相应地增加部分技术权力。与此同时，后者也在较大程度上有所彰显，即技术强国积极研发具有排他性的网络技术，以更快、更加全面地强化自身的技术权力，继而对其他国际行为体产生日益增强的影响，在此基础上，保障其在现实国际政治环境中的主导地位能够延伸至国际网络空间，这深刻凸显了国际网络空间技术赋权产生过程中的扩张性特征。

另一方面，国际网络空间技术赋权的现实结果呈现分散性与霸权性并存的局面。具体而言，其一，在国际网络空间，技术赋权孕育出多个新兴的、分散的技术权力主体，其中最具代表性的是ITU（国际电信联盟）、ICANN（互联网名称与数字地址分配机构）以及W3C（万维网联盟）[1]。它们凭借技术优势，在国际网络空间掌握制定和解释网络技术标准和具体规则的技术权力。此外，上述三个技术权力主体或是隶属于联合国这样的国家间政府组织，或是受到由技术专家、学者构成的网络社群的领导与管理。也就是说，经由国际网络空间技术赋权过程派生的技术权力扩散到多个国家以及多种非国家行为体手中。其二，在ITU等国际网络空间组织的实际运转过程中，技术强国占据主导地位，比如ICANN与美国商务部之间就存在正式和非正式的密切联系，致使美国能够在很大程度上干涉国际网络空间关键信息或数据资源的管理和分配。国际网络空间技术赋权现实结果的霸权性特征因此显露无遗。

---

[1] James Wood Forsyth Jr, "What Great Powers Make it: International Order and the Logic of Cooperation in Cyberspace", *Strategic Studies Quarterly*, Vol. 7, No. 1, 2013, p. 108.

第四章 网络空间的技术赋权：网络边疆治理的基石 <<<

国际网络空间技术赋权形成过程的开放性和现实结果的分散性，使得其在虚拟世界中能够发挥一定的政治功能，比如前文提到的衍生出新兴的国际网络空间技术权力主体，并将其政治影响力延伸到现实政治生活中。同时，它的扩张性和霸权性也令这些政治功能在国际网络空间的发挥维持在有限的范围内。

（二）国际网络空间技术赋权的政治功能

鉴于国际网络空间技术赋权的复杂特征，针对其所能发挥的三个层面的政治功能，需要辩证地加以分析。其一，它有助于构建国际网络空间技术标准制定和监督执行机构。为了进一步解释这一功能，可以将对于此类机构产生过程的历史考察作为核心着力点。具体而言，在国际网络空间，美国、欧盟等网络技术强国的主要目标是保持自身的领袖地位，而其他中小国家和处于"边缘"状态的非国家行为体则以突破技术赋权的"马太效应"为目标。他们最终殊途同归，倾向于建立专门的国际网络空间技术标准制定和监督执行机构，构建完备的规则体系，充分发挥机构成员的力量，从而实现自身的利益诉求。但是，这些机构如 ITU，缺乏足够的技术权力，[1] 难以有效约束相关国际行为体，尤其是网络技术强国以及呈现井喷式发展趋势的非国家行为体的网络技术行为。因此，技术赋权对增强此类机构的约束力所起到的作用较为有限，需要进一步的变革。

其二，技术赋权促进了国际网络空间协议的达成。国际网络空间协议分为技术协议和政治协议两类，技术赋权分别对它们产生了作用。第一，就国际网络空间技术协议（主要用于规定网络技术标准）而言，技术赋权深刻影响了其确立和分配过程。以 TCP/IP 协议（传输控制协议/英特网互联协议）为例，美国是该技术协议的创立国。作为国际网络空间的初创国家，美国自然在其中占据主导地位，在获取网络基础设施、技术人才等技术权力资源上拥有较大优势。在此基础上，它能够掌控网络核心技术，由此创建阿帕网项目，继而创立 TCP/IP 协议。[2] 在该技术协议的作用下，相关数据或信息资源在不同技术权力主体之间的传输得以实现。第二，技术

---

[1] Panayotis A. Yannakogeorgos, "Internet Governance and National Security", *Strategic Studies Quarterly*, Vol. 6, No. 3, 2012, p. 115.

[2] Ronald J. Deibert, Masashi Crete-Nishisata, "Global Governance and the Spread of Cyberspace Controls", *Global Governance*, Vol. 18, No. 3, 2012, p. 342.

赋权推动了国际网络空间技术权力主体之间达成有效的双边或多边政治协议的进程。在国际网络空间，相关技术权力主体因网络技术的发展而逐渐获取了一项技术权力，即利用具有侵犯性的网络技术威胁其他行为体的政治、经济、社会、文化安全的技术权力。为了抑制这一负面效应，技术权力主体之间形成了共同签订双边或多边政治协议的意向。在协议的签订和实施过程中，越来越多的全球性和区域性的国际组织成为重要媒介，如联合国的 GGE（政府专家组），以及 OSCE（欧洲安全与合作组织）。当然，由技术赋权催生的这些国际网络空间技术和政治协议，在其实际运行中，也存在拉大相关行为主体之间的技术权力差距、网络技术强国及国际组织主导协议的实施及运行等局限，这些问题亟待解决。

其三，前文所述的两大政治功能是技术赋权推进国际网络空间治理机制发展的关键步骤，在此基础上，该治理机制得以在更深层次产生现实影响。一方面，国际网络空间技术机构和协议的创建深刻影响了国际网络空间治理机制的四个重要组成部分，包括原则（principles）、规范（norms）、法规（rules）以及组织（organizations）[1]的产生与发展，即完善了正式层面的国际网络空间治理机制的形成过程。一是国际网络空间技术权力主体之间协议的成功签订，从某种意义上说，表明他们至少就国际网络空间的本质，即相关的基本原则（principles），如国家主权原则、审慎原则等达成了一致意见。二是协议的主要内容聚焦于对签署方在国际网络空间的具体责任做出规定，以及为他们的网络技术行为制定合法性标准，这使相关行为体就规范和法规（norms and rules）在文本层面达成统一认识。三是国际网络空间协议，尤其是多边协议的签署和实施主要以该虚拟空间的网络技术机构为中介组织（Organizations），这在一定程度上增强了这些组织对相关技术权力主体的监督执行权力。其具体实现机制如下：当这些机构成为国际网络空间多边协议的中介组织，协议的签署方需要向它们让渡部分主权。[2] 在此基础上，上述中介组织可以制定和运行切实有效的国际网络空间技术标准，从而明确相关技术权力主体在实施技术行为时，所享有的权

---

[1] Milton Mueller, et al., "The Internet and Global Governance: Principles and Norms for a New Regime", *Global Governance*, Vol. 13, No. 2, 2007, p. 252.

[2] ［美］迈克尔·施密特总主编，［爱沙尼亚］丽斯·维芙尔执行主编：《网络行动国际法塔林手册 2.0 版》，黄志雄等译，社会科学文献出版社 2017 年版，第 330—332 页。

利和需要担负的国际责任或义务。另一方面，技术赋权推动了商业往来、文化交流等非正式机制的产生，是对正式机制的补充。如曾经在国际网络空间处于边缘化状态的企业、非政府组织等非国家行为体，因掌握技术人才支持等技术权力资源，能够获取左右经济政策走向、影响其他技术权力主体行为偏好等技术权力。上述例子表明非正式机制具有很强的可操作性，可以强化规范、法规的现实约束力。总之，技术赋权在更深层次上扩大和增强了国际网络空间治理机制的覆盖面和约束力量。但是，其所凸显的"马太效应"致使新兴的国际网络空间技术机构发挥的作用有限，令国际网络空间协议的主导国将部分行为主体排除在外，也提升了技术强国对处于其管辖权范围内的非国家行为体的渗透力。换言之，国际网络空间正式治理机制的原则、规范和法规以及相关组织仍然存在一定的碎片化特征，缺乏统一性标准；非正式机制也在一定程度上受限于国家利益导向。

在国际网络空间，技术赋权凸显的开放性、分散性特征，以及发挥的重要政治功能，促使它能够对该虚拟世界的体系化发展产生巨大的影响，突出表现在技术赋权有助于国际网络空间技术权力体系的形成。上述主张在一定程度上蕴含着较为完整的理论逻辑。首先，国际政治体系外化为国际政治权力体系。如英国政治学家马丁·怀特主张，国际政治体系隐含着权力政治逻辑，[1]换言之，国际行为主体之间政治权力的分配情况是国际政治体系发展与变化的风向标，所以，国际政治体系实际上是凝结为国际政治权力体系。其次，国际网络空间技术权力体系是国际政治权力体系在虚拟空间的一种新的表现形式。如英国学派指出，国家行为体、国际法、国际共识以及国际制度四大要素，[2]构成了一个完整的国际政治权力体系。而在技术赋权作用下逐渐成长起来的国际网络空间技术权力体系，其构成要素既部分符合这一分析范式，又有新的突破与发展，包括国际网络空间技术权力主体，国际网络空间法律，国际网络空间共识以及国际网络空间制度。

二 技术赋权与国际网络空间技术权力体系的构成要素

促成国际网络空间技术权力体系生发的关键内在驱动因素是技术赋

---

[1] ［英］马丁·怀特：《权力政治》，宋爱群译，世界知识出版社2004年版，第1—6页。
[2] ［英］马丁·怀特：《权力政治》，宋爱群译，世界知识出版社2004年版，第66页。

权。阐释这一理论观点，笔者需要厘清技术赋权与体系的四个基本构成要素之间的逻辑关系。

（一）技术赋权与国际网络空间技术权力主体的生成及其多元化

国际网络空间技术权力主体是整个体系的核心组成部分。体系内的其余构成要素的确立与运行都需要相关技术权力主体的实质性参与。而技术赋权则可以为国际行为体成为国际网络空间技术权力主体创建有效路径。20世纪90年代，"Web之父"蒂姆·伯纳斯·李将超文本技术运用于国际网络空间，创建了万维网（WWW）。[①] 自此以后，国际行为体进入国际网络空间的渠道被大大拓宽。除此以外，相关国家和国际组织要成为技术权力主体，还需要满足其他三个前提条件。在国际网络空间的物理层（主要指硬件和其他基础设施）、逻辑层（包括保障数据在物理层进行交换的应用、数据和协议）和社会层（参与网络活动的个人和团体），[②] 相关行为体要能够在技术赋权的作用下获取和行使相应的技术权力，从而在真正意义上成为国际网络空间的技术权力主体。

对于国家而言，他们需要掌握收集和生产数据或信息流的技术权力。其具体路径如下。一是在物理层，相关国家行为体以先进的网络技术为支撑，在更大程度上行使针对现实世界的网络基础设施的管辖权力，从而为数据或信息的收集和生产供给强大的物质基础。具体而言，一方面，美国、英国等国家掌握强大的网络技术研发和运用能力，能够有效增强其对路由器、电缆等网络基础设施的境内管辖权力，保护其不受到其他国际行为体发起的攻击性网络技术行为的损害；另一方面，俄罗斯、印度等国家也可以通过强化自身的网络技术能力，对破坏本国网络基础设施的个人或团体行使域外管辖的技术权力，[③] 尤其是对攻击方采取反措施的权力。二是在逻辑层，主权国家凭借较为强大的网络技术能力成为国家间技术协议的签署方，从而在与其他国家之间的信息流交换过程中，为自身掌握相关

[①] Mark Pallen, "The World Wide Web", *British Medical Journal*, Vol. 311, No. 7019, 1995, p. 1552.

[②] ［美］迈克尔·施密特总主编，［爱沙尼亚］丽斯·维芙尔执行主编：《网络行动国际法塔林手册2.0版》，黄志雄等译，社会科学文献出版社2017年版，第58页。

[③] ［美］迈克尔·施密特总主编，［爱沙尼亚］丽斯·维芙尔执行主编：《网络行动国际法塔林手册2.0版》，黄志雄等译，社会科学文献出版社2017年版，第100—105页。

技术权力提供软件支撑。以技术大国尤其是中国为例,自国际网络空间诞生以来,美国、欧盟国家等技术强国长期在掌握网络核心技术方面处于优势地位,由此造成信息或数据流在物理层的非对称性分布。20世纪90年代以后,中国在网络技术发展上有了长足进步。中国互联网络信息中心(CNNIC)于2019年2月28日发布的第43次《中国互联网络发展状况统计报告》显示,截至2018年底,中国已在5G技术、量子信息技术、云计算技术等网络核心技术上取得突破性进展。而中国掌握的网络核心技术的数量和质量的提升,促使其在以保障信息或数据交换为核心任务的IPV6协议互通中取得重点突破,继而在更大程度上支持中国在物理层收集和生产数据或信息流。三是在社会层,国家需要拥有足够数量的专业技术人员和团体,为获取相应的技术权力提供网络技术人才保障。信息或数据流的收集和生产除了以政府机构为主导以外,还需要企业、技术研究发展机构以及高等学校等非国家行为体提供技术人才支持。总之,只有满足上述三个条件,相关国家行为体才能在更加完整的意义上成为国际网络空间的技术权力主体。

而非国家行为体,则需要拥有建立相对独立的支持群体网络的技术权力,如此才能够进入相关技术权力主体的行列。笔者拟从国际网络空间的物理层、逻辑层和社会层入手,做进一步的分析。近年来,网络高新技术的社会化或市场化趋势日益明显,这促使国家将管理和运营网络基础设施、制定和发展技术协议以及获得技术人才的部分技术权力让渡给了非国家行为体,尤其是一些大型网络技术跨国企业和组织。因此,这些非国家行为体凭借在物理层、逻辑层和社会层坚固的合作关系,共同组成了相对独立于国家之外的国际网络空间支持群体网络,成为国际网络空间技术权力主体中不可缺少的构成部分。

(二)技术赋权与国际网络空间法律的制定、解释和适用

相关技术权力主体为了维护自身的安全与利益,需要在共同协商的基础上构建更加完善和有效的国际网络空间法律,以规范相关技术权力主体的网络技术行为。而技术赋权则持续、深刻地影响这一过程,具体涵盖国际网络空间法律的制定、解释和适用这三个层面。

第一,技术赋权可以丰富国际网络空间法律的制定主体及制定形式。一方面,与传统国际法相比,国际网络空间法律的制定主体不再仅仅局限

于国家行为体。虽然主权国家仍然在其中占据主导地位,但是由于ITU等非国家行为体在一定程度上掌握了物理层、逻辑层和社会层的技术权力,所以能够在这一过程中充当中介组织或技术顾问的角色,必要时相关国家甚至要向他们让渡部分主权,促使其成为非正式意义上的法律制定主体。如ITU基于尊重和保护国际人权原则,可以部分地干涉属于一国管辖权范围内的事项,[1] 这表明相关非国家行为体可以在一定程度上保障尊重主权等基本原则在国际网络空间法律制定过程中得到有效践行,从而在间接意义上促进法律制定主体的多元化。另一方面,国际网络空间法律的形式趋于多元化。传统国际法具有强大的公共权威,是规范网络行为的良好选择,但是其在国际网络空间的不适用性日益凸显,例如,传统国际法一般是对物理空间的动能攻击做出禁令性的法规。相对地,这样就无法清晰界定仅限于虚拟空间的网络攻击行动。因此,创生新的国际网络空间法律形式的必要性就日益凸显。一是国际网络空间协议,正如前文所述,部分国家行为体之间可以在技术赋权的作用下,实现相应数据或信息流的共享,在此基础上共同签订国际网络空间双边或多边协议。协议中包含的具体规范、法规,可以在较大程度上明确攻击方需要在国际网络空间承担的法律责任。协议的签署方因为处于其政治影响范围而受到这些规范、法规的约束。二是国际网络空间习惯法,除了国家行为体以外,前文所述的ITU、W3C等国际网络空间技术机构,凭借其支持群体网络供给的物质基础、软件支撑和技术人才,监督相关技术权力主体践行相关规则。这在一定程度上能够增强国际网络空间习惯法的约束力,使其成为国际网络空间法律的有效组成部分之一。

第二,技术赋权可以进一步明确和增强国际网络空间技术权力主体对国际网络空间法律的解释立场和解释力。就前者而言,国际网络空间技术权力主体针对国际网络空间法律的解释立场,主要包括以下两个层面:一是出于维护自身安全和利益的考虑,对法律的具体内容加以解释,从而使模糊的文字表述能够适应复杂的现实状况,以进一步规范其他技术权力主体的网络技术行为,最大限度地防止网络攻击行动的产生;二是基于维护

---

[1] [美]迈克尔·施密特总主编,[爱沙尼亚]丽斯·维芙尔执行主编:《网络行动国际法塔林手册2.0版》,黄志雄等译,社会科学文献出版社2017年版,第331页。

第四章　网络空间的技术赋权：网络边疆治理的基石 <<<

国际网络空间秩序的立场，相关技术权力主体对现行国际网络空间法律原则、规范等作出解释。而不同技术权力主体之间因技术赋权而掌握的技术权力大小各异，导致他们在不同程度上认识和践行自身的解释立场，继而产生强弱程度不一的解释力。一方面，掌握高新网络技术的技术强国和相关非国家行为体，利用网络技术发展过程的"马太效应"，在更大程度上掌控相应的技术权力，继而在很大程度上主导国际网络空间双边或多边协议的签署和执行。因而，他们可以在这一过程中完整地表达上述两种解释立场，且拥有强大的解释力，即得到大多数签约方的承认。另一方面，与之相反的是，其他技术权力主体则难以完整表达自身的解释立场并有效增强解释力，甚至成为这些强大的技术权力主体的跟随者。

第三，就国际网络空间法律的适用问题而言，技术赋权在一定程度上缓解了网络攻击行动归因问题的加剧。国际网络空间法律的实际运用过程，其主要着眼点在于对网络攻击行动进行归因，据此明确攻击方及其应当承担的国际责任。[①] 但是，由于这一过程会牵涉相关技术权力主体，尤其是主权国家的敏感数据或信息，所以相关监督执行机构会受到不小的阻挠。那么，国际网络空间法律在实际适用过程中就难以发挥其应有的效力。而技术赋权从某种意义上说，可以有效地缓解这一问题的加剧。一方面，国际网络空间法律执行机构对网络攻击行为进行有效归因的能力能够得到增强。法律执行机构能够与其他技术权力主体相互协作，以网络核心技术为支撑，获取相关数据或信息，确定网络攻击行为发起者身份和所处的具体位置，从而根据行为后果的严重程度，明确攻击者及其所属国家应当承担的国际责任。另一方面，受害方采取反措施的技术能力可以得到有效提升，这样有助于从侧面解决敏感数据的收集问题。采取反措施的前提是攻击方对受害方在国际网络空间的基本利益和安全造成了严重的非法损害，[②] 包括严重威胁到了关键网络基础设施，窃取高度机密的数据或信息等。在形成该前提的基础上，受害方可以凭借技术赋权获取和行使相应技术权力，以同样的方式予以还击，即在物理层，国家或组织内部的技术人

[①] Eric F. Mejia, "Act and Actor Attribution in Cyberspace: A Proposed Analytic Framework", *Strategic Studies Quarterly*, Vol. 8, No. 1, 2014, p. 115.
[②] ［美］迈克尔·施密特总主编，［爱沙尼亚］丽斯·维芙尔执行主编：《网络行动国际法塔林手册2.0版》，黄志雄等译，社会科学文献出版社2017年版，第164—171页。

177

员能够利用网络技术审查攻击方的敏感数据或信息甚至破坏其网络基础设施，从而避免了法律执行机构作为第三方处理涉及机密数据的网络攻击行为的不便之处。

当然，由于传统国际法对国际网络空间的适应性较弱，国际网络空间习惯法得到普遍承认的条件又过于严苛与复杂，所以在具体实践过程中，技术赋权主要是对国际网络空间双边或多边协议这一法律形式的制定、解释和适用产生较为显著的影响。

（三）技术赋权与国际网络空间共识的达成

随着网络技术的突进式发展，技术赋权产生的正面或负面效应，能够在很大程度上促使相关技术权力主体之间在政治、经济和安全层面达成国际网络空间共识。

首先，技术赋权令相关技术权力主体之间达成确立国际网络空间政策、决议的共识。正如前文所述，在技术赋权的作用下，对相关技术权力主体的网络行为的规范有了法律文本的依据。但是，该现象也加剧了国际网络空间规则制定由网络技术强国及相关国际组织主导的局面。他们在掌握技术权力资源优势的前提条件下，研发高新网络技术，从而巩固甚至进一步强化其在国际网络空间法律制定、解释和适用中的影响力。因此，在他们与其他技术权力主体之间，国际网络空间法律的相关规范、法规就更加偏向于维护前者的利益。长此以往，相关技术权力主体必然会共同构建有效的国际网络空间政策、决议，即制定相对公正的具体准则、规范等思想理念。其次，技术赋权在很大程度上促使相关技术权力主体产生实现国际网络空间相关经济领域技术及人才协作的共识。一方面，一批新兴的国际网络空间技术权力主体，尤其是网络技术跨国企业，如 Google、微软等，在技术赋权的作用下，相互之间协同建立独立于国家之外的支持群体网络，逐渐衍生出实施技术及人才协作、获取经济利益等共同价值观念。以美光科技、英特尔等网络技术跨国公司为例，它们为了维护国际网络空间贸易关系网络，跨过美国政府，继续保持与华为公司的技术协作；此外，这些公司甚至考虑采取退出机制，即把技术研发移出美国，[1] 以维持网络技术跨国公司之间在经济领域的技术及

---

[1] 萧强、青木：《不愿放弃巨大中国市场！英特尔等多家美企恢复对华为供货》，https：//baijiahao.baidu.com/s?id=1637449079194309257&wfr=spider&for=pc，访问时间：2019年6月28日。

人才协作,获取经济利益。另一方面,部分网络技术跨国企业也与其所在国家存在过于紧密的合作关系,[①] 也就是说,他们会在国家的指示下监控甚至破坏其他技术权力主体所辖的关键网络基础设施、稀缺信息流等经济领域的核心技术权力资源。所以,综合考量上述因素,越来越多的技术权力主体逐渐形成这样一种观念,即在遵守国际网络空间法律的前提下,应当有力推进相互之间的技术及人才协作,以促进自身与其他技术权力主体之间公正、有效地合作。再次,技术赋权的同时也可以让相关国家和非国家行为体树立协同解决国际网络空间安全问题的共识。网络技术的发展和进步,在较大程度上增强了技术权力主体,尤其是网络技术强国在军事层面的技术权力。在此基础上,他们为了维持这一技术权力优势,或是阻碍网络核心技术的扩散过程,让其他技术权力主体对其产生依赖性;[②] 或是直接运用网络技术发起非法的网络攻击行动,破坏网络基础设施甚至是夺取相关国家和非国家行为体的机密数据。最后,部分非国家行为体会利用网络技术,对其他技术权力主体发起黑客攻击行为甚至是网络恐怖主义行动,破坏网络基础设施以及网络技术协议的正常运行,增加他们在国际网络空间的脆弱性。面对这些国际网络空间安全威胁,相关技术权力主体之间逐渐形成联合多方力量协同遏制国际网络空间安全威胁的共识。

(四)技术赋权与国际网络空间制度的标准化

技术赋权促进了国际网络空间技术权力体系三大构成要素的形成和发展。除此以外,该体系的完善还需要高效的制度供给,以进一步明确相关技术权力主体在体系中所处的位置和应当遵守的规则。而技术赋权可以有效推动国际网络空间制度的专业化和整合化进程,且涉及正式制度以及制度的具体运行机制这两个层面,[③] 前者以专业的国际组织为重要载体,践行不可侵犯主权、维护人权等根本原则,[④] 后者主要外化为由相关技术权

[①] Daaim Shabazz, "Internet Politics and the Creation of a Virtual World", *International Journal on World Peace*, Vol. 16, No. 3, 1999, pp. 35 – 36.

[②] Panayotis A. Yannakogeorgos, "Internet Governance and National Security", *Strategic Studies Quarterly*, Vol. 6, No. 3, 2012, p. 106.

[③] Robert O. Keohane, "Multilateralism: An Agenda for Research", *International Journal*, Vol. 45, No. 4, 1990, p. 757.

[④] Milton Mueller, et al., "The Internet and Global Governance: Principles and Norms for a New Regime", *Global Governance*, Vol. 13, No. 2, 2007, p. 251.

力主体共同签署的、针对特定领域问题的国际网络空间协议或公约。这样能够为国际网络空间技术权力体系的完善注入关键的一支强力剂。

第一，在技术赋权的作用下，正式制度的承载体趋于多元化，其依据的国际网络空间的根本原则趋于具象化。就前者而言，众所周知，现存的主要的国际网络空间组织包括ITU、ISOC、ICANN等。但是，网络技术的不断革新与发展会催生出越来越多的专业化网络技术组织、团体，他们的成员涵括国家、网络技术跨国公司、学术界等，由此可以在更大范围和更深层次获得国际网络空间物理层、逻辑层以及社会层的技术权力资源，并拥有建立相对独立的支持群体网络的技术权力，与ITU等组织共同承载国际网络空间制度的发展。针对第二种情况，笔者以ICANN奉行国家主权原则为例。技术赋权有助于该组织获得一系列技术权力优势，包括管理根服务器系统，分配和发展技术协议以及聚集拥有高水平网络技术素养的技术人员等。在此基础之上，当国家经由物理层与逻辑层收集和生产信息或数据流时，ICANN能够利用这些技术权力优势保证其敏感数据不被窃取，使国家主权原则真正彰显于国际网络空间技术权力体系之中。

第二，正如前文所述，技术赋权对相关协议或公约的签订和实际运用产生了强大的推动力。具体而言，包括以下三个层面：一是技术赋权丰富了协议或公约的签署方，不仅包括长期掌握技术权力优势的技术强国和相关非国家行为体，其他技术权力主体也成为其重要组成部分；二是技术赋权使签署方针对协议或公约的解释立场得到准确表述，解释力能够进一步加强；三是协议或公约在签署方范围内的约束力因技术赋权得以强化，而不仅仅停留在形式化的文字表述上。

三 国际网络空间技术权力体系的产生与发展

技术赋权促成了国际网络空间技术权力体系的四个基本构成要素的建立和健全。那么，在它们的综合作用下，整个体系又是如何形成与发展的呢？笔者以国际网络空间的演变历程为叙述视角，将其划分为萌芽阶段、形成阶段和曲折发展阶段。

（一）萌芽阶段（1969—1993）：初创国家浓厚的单独控制色彩

在萌芽阶段，美国作为国际网络空间的初创国家，长期在该虚拟世界处于绝对领导地位。这样一种浓厚的单独控制色彩，从1969年一直延续

第四章　网络空间的技术赋权：网络边疆治理的基石 <<<

到 1993 年。具体而言，1969 年，美国国防部高级研究计划署（DARPA）利用分组及交换技术建立了阿帕网，[①] 即国际网络空间的最初形态。直到 1994 年万维网联盟成立之前，美国长期保持其领导地位。而上文所述的这一特征不可避免地融入体系的四个基本构成要素的形成和发展过程中。

一是在国际网络空间技术权力主体中主要呈现美国一枝独秀的局面，同时部分欧洲国家也加入其中，成为早期国际网络空间领导国家的补充力量。换言之，在萌芽阶段，一方面，非国家行为体尚未进入国际网络空间技术权力主体的行列，且受到技术强国的掌控。例如，1987 年，由美国政府资助的斯坦福研究院网络信息中心（SRI-NIC）运用 DNS 技术在美国境内设置了七个根服务器。[②] 由此可知，美国政府控制处于其管辖权范围内的非国家行为体，借助其研发的先进网络技术，掌握相应的技术权力，获取关键数据或信息。另一方面，美国成为使部分欧洲国家进入技术权力主体行列的重要力量。在萌芽阶段，网络技术主要被运用于军事领域，尤其是服务于美、苏两大阵营之间的军事竞争。为了在这场军事竞争中取得优势地位，美国需要壮大阵营力量，继而产生推动国际网络空间技术权力向以英国为代表的部分西欧国家扩散的政治意愿，并于 20 世纪 70 年代将其付诸实施。但是，由于国际网络空间在物理层的关键基础设施，即 IPv4 根服务器，主要是由美国政府掌控，因此美国仍然在这一阶段处于绝对的领导地位。二是国际网络空间法律基本上依循了传统国际法的发展路径。也就是说，国际网络空间法律的制定主体由国家行为体构成，美国和部分欧洲国家等技术强国处于领导地位；其主要内容以传统国际法为蓝本，例如《联合国宪章》。至于针对国际网络空间法律的解释，美国等技术强国能够在相当完整的意义上表达维护自身安全与利益、维持国际网络空间秩序的解释立场，并且拥有强大的解释力。而传统国际法在实际运用于国际网络空间的过程中，难以适应虚拟空间的匿名性、跨时空性等特征，几乎无法对相关技术权力主体产生约束力。三是国际网络空间技术权力主体之间达成的共识仅限于军事安全方面，即希望利用网络技术在国际网络空间实现

[①] 王磊：《信息时代社会发展研究：互联网视角下的考察》，人民出版社 2014 年版，第 16—21 页。

[②] 中国网络空间研究院编著：《世界互联网发展报告 2017》，电子工业出版社 2018 年版，第 115 页。

关键军事信息或数据的传递与共享,从而在与苏联阵营的军事竞争中获得领先优势。四是相关制度尚未成形,即无论是正式制度的承载体,还是制度的具体运行机制,都由国际网络空间的领导国家掌握其发展方向。如 IANA(网络号码分配局)和 IETF(网络工程任务组),[1] 在很大程度上受到了美国的领导与控制,对国家主权、尊重人权等根本原则的践行也只是流于表面;同时,美国也左右着相关技术协议的制定和运行过程。

(二)形成阶段(1994—2012):多极化(multipolarity)的发展趋势

美国在国际网络空间的绝对领导地位,自1994年以来,持续受到多重冲击。例如,1994年,万维网联盟(W3C)得以建立,囊括来自40个国家的400多个会员组织;2004年,对等网络技术被运用于国际网络空间,世界进入 Web2.0 时代[2]……由此可知,国际行为体在共享信息或数据的方式上产生巨大变革。整个国际网络空间技术权力体系也在这一过程中逐渐成形,主要体现在以下四个层面。

1. 技术权力主体不再仅限于技术强国,中国、俄罗斯等技术大国加入其中,部分非国家行为体则开始逐步建立起相对独立的支持群体网络,成为技术权力主体的重要组成部分。就技术大国而言,他们在物理层、逻辑层和社会层获得与行使相应的技术权力。以中国为例,中国借助研发网络技术过程中积累的成果,于1994年通过美国 Sprint 公司的64k 专线正式接入网络,[3] 这是中国首次采用 TCP/IP 协议实现与国际网络空间的全功能连接;2005年,中国进入国际网络空间的人员突破1亿人次,2008年年底,国内计算机数量达到1.5亿台[4]……由此可知,中国有效获取了收集和生产国际网络空间数据或信息流的物质基础、软件支撑和人才保障,成为真正意义上的国际网络空间技术权力主体,诸如此类的例证不一而足,在此就不多加赘述。另外,包括大型的网络技术跨国企业、网络服务提供商等

---

[1] 中国网络空间研究院编著:《世界互联网发展报告2017》,电子工业出版社2018年版,第115—116页。

[2] 中国网络空间研究院编著:《世界互联网发展报告2017》,电子工业出版社2018年版,第117、123页。

[3] 中国网络空间研究院编著:《中国互联网20年发展报告》,人民出版社2017年版,第3—4页。

[4] 中国网络空间研究院编著:《中国互联网20年发展报告》,人民出版社2017年版,第6—8页。

第四章　网络空间的技术赋权：网络边疆治理的基石 <<<

在内的非国家行为体，开始成为技术权力主体的重要组成部分。以南亚国家的网络服务提供商（ISP）为例，20世纪90年代中期，南亚国家的ISPs凭借自身掌握的先进网络技术与全世界7000个ISPs共同构成了一个庞大的相互合作网络，[1] 在此基础上获得了参与管理和运营服务器、光缆等国际网络空间基础设施的技术权力，进而跻身国际网络空间技术权力主体的行列。

2. 国际网络空间法律有了较大的发展：就制定主体和制定形式而言，在由国家行为体共同制定的传统国际法的基础上，增加了多元化国际网络空间技术权力主体签署的双边或多边协议；新兴的技术权力主体对协议的解释立场和解释力相对来说得到进一步的明确与增强；在国际网络空间法律的实际适用过程中，相关技术权力主体能够提供技术性的证据，[2] 这在一定程度上缓和了国际网络空间法律的归因问题。

3. 国际网络空间相关技术权力主体之间产生的共识开始由安全领域扩展到政治、经济领域。如前文所述，双边或多边政治协议的签订，表明相关国家行为体开始形成讨论、制定和实施国际网络空间政策、决议的共识。至于实现国际网络空间经济领域的技术及人才协作，更是得到了相关技术权力主体的广泛认同。如2011年发起的"伦敦进程"，以促进国际网络空间"经济增长与发展"为五大议题之一，与会代表包括国家、网络技术企业、非政府组织等，[3] 彰显了他们在经济领域的合作共识。

4. 国际网络空间制度的基本架构初步呈现。具体而言，第一，国际网络空间涌现出一批新兴的正式制度承载体，如W3C（1994年）、ICANN（1998年）等。[4] 第二，制度的具体运行机制虽然有所发展，但是进程缓慢。一方面，多个技术权力主体以上述承载体为中介共同签署协议，在签署方范围内维护了他们的安全利益。2005年，信息社会世界峰会（WSIS）

---

[1] Madanmohan Rao, et al., "Struggling with the Digital Divide: Internet Infrastructure, Policies and Regulations", *Economic and Political Weekly*, Vol. 34, No. 46/47, 1999, p. 3317.

[2] Eric F. Mejia, "Act and Actor Attribution in Cyberspace: A Proposed Analytic Framework", *Strategic Studies Quarterly*, Vol. 8, No. 1, p. 129.

[3] 黄志雄：《2011年"伦敦进程"与网络安全国际立法的未来走向》，《法学评论》2013年第31卷第4期。

[4] 中国网络空间研究院编著：《世界互联网发展报告2017》，电子工业出版社2018年版，第119—120、123—124页。

183

举办的突尼斯峰会就具有典型的代表意义。会上成员代表通过的"突尼斯议程"聚焦于国际网络空间治理这一特殊领域,包括发展中国家网络技术本土化、垃圾邮件泛滥等具体问题,并针对机构成员作出相应的倡议。[①]这在国际网络空间制度的具体运行机制的发展过程中具有里程碑式的意义。但是,另一方面,由于与之类似、规模各异的公约或协议数量较多,难以形成一个统一的规范体系,导致制度运行机制的发展动力不足,其整合性还有待加强。

(三)曲折发展阶段(2013年至今):松散耦合的复合体

虽然在形成阶段,技术权力主体、法律、共识和制度等体系的基本构成要素,总体上逐渐趋于完善。但是,自2013年以来,国际网络空间不断曝出威胁数据或信息安全的数字政府监督项目,如2013年披露的美国"棱镜"(PRISM)项目和英国"颞颥"(Tempora)项目,[②]深刻影响了体系的发展进程,成为了其进入曲折发展阶段的导火索。目前,整个国际网络空间技术权力体系表现为一个松散耦合的复合体,即无论是技术权力主体,还是法律、共识和制度,既凸显出碎片化的特征,又维持着一种低度联结状态。

就相关技术权力主体而言,无论是主权国家,还是非国家行为体,其相互之间的关系都产生了较为明显的变化。一方面,虽然美国等技术强国之间的联系日益紧密,但是它们和技术弱国之间的合作关系却在较大程度上有所弱化。技术强国之间达成合作关系,借助本国的研发机构、跨国公司等非国家行为体的技术权力,在未获得其他国家有效同意的情况下,收集敏感数据或信息流,如英国的"颞颥"项目。英国政府通信总部(GCHQ)对国际网络空间物理层的重要组成部分之一,即光缆,实施秘密监控,从而获取其他国家行为体的具体网络通信内容,甚至是元数据。在此过程中,由谷歌、微软、苹果等网络技术跨国公司构成的支持群体网络为其提供软件支撑和技术人才支持。继而,GCHQ将获取的信息或数据与美国国家安全局(NSA)共享。技术强国的这一行为严重威胁到了其他国

---

① WSIS,"Tunis Agenda for the Information Society",WSIS-05/TUNIS/DOC/6(Rev.1)-E,https://www.itu.int/net/wsis/,访问时间:2019年6月18日。

② 中国网络空间研究院编著:《世界互联网发展报告2017》,电子工业出版社2018年版,第128—129页。

家在国际网络空间的安全与利益,尤其是弱化了其与技术弱国之间的合作关系。另一方面,非国家行为体之间构建的支持群体网络密度有所上升,如2018年全球多家大型网络技术公司共同签署了《安全数字世界信任宪章》,[①] 密切了相互之间的联系,自下而上地推动国际网络空间技术权力体系向前发展。

至于国际网络空间法律,尤其是双边或多边协议这一法律形式,发展速度有所放缓。其具体表现为,由于技术强国和相关非国家行为体的阳奉阴违,已生效的协议在国际网络空间的政治约束力有限。例如,英国作为2001年"布达佩斯网络犯罪公约"的签署国之一,应当遵守协议的重要内容,即禁止非法撷取数据或信息,但其却违反该协议规范,制定并实施"颞颥"项目,攫取其他国家的敏感数据或信息流。这一行为使得该协议的规则、规范与协议签署方的具体实践相脱节。因此,这一法律形式对其他签署方的政治权威也就大大减弱。基于这一现实状况,越来越多的技术权力主体逐渐减少制定新的协议的政治意愿,而更加重视传统国际法和国际网络空间习惯法在国际网络空间技术权力体系中的解释和适用,从而切实维护自身的安全与利益。

另外,前文关于技术权力主体和法律变化特征的描述,从某种意义上说,凸显了国际网络空间共识的转变方向,即在政治、经济和安全领域中,相关国家和非国家行为体开始以共同解决国际网络空间数据安全问题为核心取向。这一转变的发生原理如下:在国际网络空间技术权力体系的曲折发展阶段,多元化的技术权力主体无论是在物理层、逻辑层还是社会层,其掌握的技术权力在数量和质量上存在明显的分层现象。而技术强国,尤其是美国,则利用和深化这一分层现象,奉行单边主义战略思维,违背国际网络空间法律,破坏政治、经济等层面的共识。这迫使越来越多的技术权力主体,将维护自身数据安全利益、强化相互合作的思想观念放在首位。

而国际网络空间制度的发展形势堪忧。一方面,随着越来越多的数字政府监督项目被曝光,相关技术权力主体愈加质疑正式制度承载体的中立性。以ICANN为例,它的核心职能是在国际网络空间管理和分配数据或信

---

① 于浩:《西门子携手合作伙伴签署网络信息安全宪章》,《经济日报》2018年2月22日。

息资源（主要包括域名和 IP 地址）。但是，它使用的网络基础设施、技术协议以及网络技术人员却都与美国有着千丝万缕的关系。尽管表面上美国政府于 2014 年将其对该机构的管理权力移交给了国际网络空间多利益相关方社群，[①] 但实际中 ICANN 仍处于美国管辖权范围内。此外，其内部的技术人员同时供职于美国本土的网络技术公司。[②] 上述因素导致 ICANN 难以从根本上保障其在国际网络空间技术权力体系中的公正性。因此，诸如此类的不公现象自然致使其他技术权力主体对原有制度承载体产生日益强烈的不信任感，甚至提出确立新的承载体。另一方面，国际网络空间制度的具体运行机制的发展则陷入瓶颈期。正如前文所述，现有协议的具体规范不能有效约束相关技术权力主体，需要进一步完善其制定、解释和适用过程。

总之，技术赋权，无论是在理论意义还是实践意义上，都可以促进体系的四大构成要素的形成和发展，但同时也会衍生出诸多问题，如部分国际网络空间技术权力主体形成"数字帝国主义"思维模式，国际网络空间法律效力不足，国际网络空间共识遭到破坏，国际网络空间制度发展受阻等。接下来，笔者需要对现存体系的总体架构及具体运转过程做进一步的研究，分析其中暴露出来的具体问题，进而为思考体系的变革路径提供方向。

第三节　国际网络空间技术权力体系的现状

现存的国际网络空间技术权力体系，其总体架构的特征是什么？它在运转过程中又凸显了哪些成效，暴露出什么样的问题？回答上述问题，有助于笔者在更加完整的意义上分析国际网络空间技术权力体系的现状。

一　国际网络空间技术权力体系的总体架构

国际网络空间技术权力体系在很大程度上受到网络技术权力生产与再生产过程的影响，继而在虚拟世界和物理世界都出现分层现象，具体表现

[①] 中国网络空间研究院编著：《世界互联网发展报告 2017》，电子工业出版社 2018 年版，第 129 页。

[②] 管素叶等：《全球互联网治理的模式选择与优化——基于对多利益相关方模式的反思》，《治理研究》2019 年第 3 期。

为在体系内部形成三个分属于不同技术权力等级的梯队。

（一）空间结构：网络技术权力场域的国际分层

在物理空间和虚拟空间，体系的四个基本构成要素都或多或少地存在分层现象。一是因为不同的技术权力主体，在获得和行使技术权力的过程中，所依托的物质基础、软件支撑和技术人才支持都有不小的差距，所以，国家之间有技术强国与技术弱国之分，非国家行为体中也有核心组织和边缘组织。二是国际网络空间法律被用于解决网络攻击行为归因问题时，法律执行机构制裁责任方、受害方采取反措施的技术权力大小不一，导致不同的法律形式，甚至是同一法律形式内部的不同法律规范，其发挥约束力的广度和强度都有所区分。三是国际网络空间共识，会因为相关技术权力主体所属的技术权力等级不同而产生以下差别：技术强国与核心组织达成维持他们在政治、经济和安全领域主导地位的共识；而技术弱国和边缘组织则倾向于打破其在三大领域中的被动地位。四是在国际网络空间制度的发展过程中，相关技术权力主体之间的分层现象更加明显，尤其体现在具体运行机制这一维度。也就是说，不同协议具有大小各异的签署方范围，即参与其中的技术权力主体的数量是有差距的，且各自都有一个技术强国或核心组织在其中占据主导地位。所以这些协议外化的规则、规范会在不同程度上促进体系的秩序化。

（二）基本格局：国际网络空间的"三个世界"

由于体系的四个基本构成要素存在明显的分层现象，所以国际网络空间技术权力体系在总体上就形成了"三个世界"的基本格局。这一观点主要是借鉴了毛泽东的"三个世界划分"理论。他按照国家行为体之间的垂直权力关系，将它们分为三个世界：美国、苏联是第一世界，日本、欧洲国家等发达国家是第二世界，除了日本以外的亚洲国家、非洲国家以及拉丁美洲国家则构成第三世界。[①] 这一主张较为系统地明确了国际政治权力体系内部的力量分配格局。从某种意义上说，而在国际网络空间技术权力体系中，也存在着这样一种垂直的权力关系，只是在主体的范围、划分的标准上有了新的内涵。

---

① 姜安：《毛泽东"三个世界划分"理论的政治考量与时代价值》，《中国社会科学》2012年第1期。

具体而言，相关技术权力主体不只包括国家，还涵盖了部分非国家行为体。另外，将国际网络空间技术权力体系划分为"三个世界"的重要标准，是相关国家和非国家行为体获取和行使的技术权力的大小。美国、欧盟国家等技术强国，以及国际网络空间主要技术机构、大型网络技术跨国公司等非国家行为体是第一世界。俄罗斯、中国等技术大国，以及相关非国家行为体是第二世界。而南非、印度等技术弱国则构成了第三世界。

二 国际网络空间技术权力体系的运转及成效

分属于"三个世界"的技术权力主体，在体系的实际运转过程中，其相对技术权力地位有不同程度的提升。同时，国际网络空间法律、共识和制度等其他体系构成要素亦有所成长，继而上述四个要素共同推动体系的发展、成熟。

（一）多方协同参与，实现体系内弱技术权力主体的跳跃式发展

国际网络空间的技术赋权具有开放性和分散性特征，且技术赋权与国际网络空间技术权力主体的产生和发展存在紧密的逻辑关系。鉴于此，在体系内部，技术权力主体的数量具备了持续增长的理论基础和现实可能性。新兴的技术权力主体寻求技术权力的增加，以突破身处第三世界的相对技术权力地位。但是，技术赋权的扩张性和霸权性又使第一世界的技术权力主体以铸牢自身在体系内的主导地位为目标，从某种意义上说，会因此生发出威胁到其他技术权力主体利益的网络技术行为。为了防止上述这些问题对体系内的秩序造成严重破坏，相关技术权力主体共同参与，进一步推动技术权力向技术弱国和相关非国家行为体的扩散。

因此，在此基础之上，第三世界的技术权力主体，其相对技术权力地位得到明显提升。第一，南非、印度等技术弱国收集和生产信息或数据流的技术权力有所增强。以印度为例，印度虽然在网络基础设施发展水平上处于落后状态，但是自20世纪80年代以来，该国政府持续推进网络技术研发进程，为成为国际网络空间技术大国积蓄力量，尤其体现在网络技术人才支持层面。具体而言，印度近年来在WiMAX（无线城域网）、无线宽带WiBro和3G技术等领域获得重大突破，致使自身网络技术能力不断增强。[①] 大型网络

---

① 曹月娟：《印度新媒体产业》，中国国际广播出版社2012年版，第7—8页。

技术跨国企业、高校研究机构等技术权力主体的技术资助，以及印度政府的政策和资金支持因此纷至沓来，使得印度网络技术人才的数量和质量在全球处于领先地位。① 第二，小型网络技术跨国公司、非政府组织等开始加入第一世界、第二世界的非国家行为体构建的相对独立的支持群体网络，获得国际网络空间技术权力的扩散红利，前文阐述的南亚国家的 ISPs（网络服务提供商）的例子就是最佳例证。

（二）国际网络空间法律约束力增强，提升体系内部的安全系数

在国际网络空间技术权力体系运转过程中，相关法律的约束力也得到有效增强。一是国际网络空间法律发挥约束力的广度逐渐扩大，不仅包括美国、中国等主权国家，还涵盖了 IGF、ICANN 等在体系内具有公共权威的国际网络空间技术机构，以及其他非国家行为体。二是国际网络空间法律发挥约束力的文本和现实依据有所增强，除了由传统国际法和国际网络空间协议或公约提供刚性的规范（norms）、法规（rules）以外，还包括可操作性较强的国际网络空间习惯法。三是国际网络空间法律发挥约束力时，能够彰显其内涵的核心价值理念，即维护相关技术权力主体的安全与利益，以及稳定国际网络空间秩序。四是国际网络空间法律发挥约束力的技术支持趋于强化。具体而言，法律执行机构和网络技术行为的受害方可以利用先进的网络技术分别获取和行使相应的技术权力，从而对网络攻击行为进行有效归因以及采取反措施。

国际网络空间法律约束力的有效增强，有助于体系内部安全系数的提升。也就是说，相关法律能够在更大程度上抑制具有攻击性的网络技术行为及其严重后果的产生。一方面，第一世界相关技术权力主体受到国际网络空间协议、公约的制约，致使其在霸权主义思维指导下的利益需求相对减弱。举例来说，2018 年 4 月，思科、Facebook、微软等 34 家网络技术跨国公司共同签署了《数字日内瓦公约》（Digital Geneva Convention）。② 一些大型网络技术跨国公司因为处于该公约的政治影响范围内，其网络技术行为会在一定程度上受到约束，继而就会减少诸如利用网络密钥技术为所

---

① 周婷：《你们眼中网络奇差的印度互联网，将在这些地方超越中国》，https://36kr.com/p/5056498，访问时间：2019 年 7 月 4 日。

② CCDCOE, "Trends in International Law for Cyberspace", https://ccdcoe.org/library/publications/? years=2019&sortby=year_down，访问时间：2019 年 7 月 5 日。

在国政府开设系统后门等威胁第二世界、第三世界技术权力主体安全利益的违法行为。另一方面，国际网络空间法律约束力的强化，使第三世界相关技术权力主体的安全利益诉求在一定程度上得到满足，主要有两种情况。一是相关非国家行为体与其他大中型国际网络空间技术机构、网络技术跨国公司等签订国际网络空间双边或多边协议，由此加入他们构建的相对独立的支持群体网络，在间接意义上增强自身的技术权力，维护其在物理层、逻辑层和社会层的安全利益。二是相关法律约束力的增强，使技术弱国在一定程度上可以破除因技术权力不足而无法明确具体攻击方及其应当担责任的困境。

（三）国际网络空间共识基础强化，助力体系内部的有限合作关系

在技术权力主体、法律等体系构成要素发展势头良好的同时，政治、经济和安全领域的国际网络空间共识也在一定程度上得以强化。一方面，无论是在各个阵营内部，还是在三个阵营之间，达成相关共识的技术权力主体的数量实现持续性的增长。前者具体表现为，越来越多的相关国家和非国家行为体逐渐认识到，有效实现自身在国际网络空间政治、经济和安全领域的利益需求离不开相互之间的协作。一是非国家行为体依托于相应的支持群体网络，有力地支持网络基础设施的优化、技术协议的制定和实施以及网络技术人才的培养，从而在间接意义上增强了国家行为体在国际网络空间政治、经济和安全领域收集和生产信息或数据流的技术权力。二是非国家行为体在国际网络空间对国家的依赖性也日益增强。后者的发生原理则是，第一、第二世界的相关技术权力主体受制于自身日益扩大的在国际网络空间的脆弱性，比如关键网络基础设施被弱技术权力主体破坏的门槛逐渐降低，需要与第三世界建立良好的合作关系；而第三世界的技术权力主体由于需要获取必要的网络技术权力，从而实现政治、经济利益安全诉求，倾向于与第一、第二世界的国家和非国家行为体达成政治、经济、安全等方面的共识。另一方面，体系的持续运行使相关技术权力主体达成共识的深度不断增强。以网络技术跨国企业与其所在国家在经济领域达成的共识为例。美国等第一世界的技术强国，在体系中占据主导地位，他们利用自身的技术权力优势，以及作为管辖国的特殊身份，迫使非国家行为体以实现其国家利益为取向。但是，当非国家行为体的支持群体网络日益坚固，相关企业对获取经济利益这一目标则更为重视。部分网络技术

跨国公司因此行使相应技术权力以反抗技术强国的霸权行为，前文所列举的美光科技等网络技术跨国公司的例子就是最佳例证。

国际网络空间共识覆盖范围和深度的增大，共同促进相关技术权力主体之间的有限合作关系（即在保障自身安全利益的基础上寻求合作关系）在观念上的优化。第一，国际网络空间共识基础的增强，凸显了有限合作关系的重要性。越来越多的技术权力主体认识到构建相互之间的有限合作关系，能够缓解制定和实施国际网络空间政策、决议过程中的不平等状态，增加在国际网络空间贸易链中获取网络技术及人才支持的可能性，以及增强重要信息或数据在物理层流动的安全性等。第二，国际网络空间共识基础的增强，强化了相关技术权力主体之间有限合作关系的稳固性。也就是说，日益强化的国际网络空间共识，在一定程度上抑制了第一世界技术权力主体发动网络技术攻击行为的政治偏好，使曾经在弱技术权力主体中间根深蒂固的思想观念有所弱化，即安全相对于发展不再占据绝对的优先地位。因此，在此基础上，"三个世界"的技术权力主体之间的技术权力关系就能够在以下两个层面得到有效调整：一方面，基于协同解决国际网络空间安全问题的共识，第一世界的技术权力主体会以维护自身安全利益为重要前提，在此基础上考虑是否获取以及获取多少扩张性的技术权力；另一方面，第二、第三世界的技术权力主体逐渐以政治、经济方面的共识为主要出发点，谋求提升相应的技术权力地位。总之，相关技术权力主体无论是基于安全利益，还是以技术权力增长为目标，最终都以推进相互之间的有限合作关系为基本路径。

（四）国际网络空间制度趋于完善，缓解体系内部的无政府状态

国际网络空间制度在体系运转过程中，也逐渐向前发展。首先，制度承载体运用自身掌握的技术权力，以管理国际网络空间基础设施、制定和发展技术协议等为主题召开论坛，组织相关技术权力主体进行协商，借此能够在一定程度上增强他们在体系内的公共权威，继而更加有效地落实国家主权不受侵犯、尊重人权等国际网络空间的根本原则。其次，制度的具体运行机制，既在数量上实现持续增长，又具有日渐强化的约束力。正如前文所述，无论是国家间签订的双边协议或多边协议，还是非国家行为体之间相互签署的公约，都越来越多地呈现这样一种趋势，即它们的政治影响范围逐渐覆盖到三个世界的技术权力主体中间，且包含日趋翔实的规范

与法规。

国际网络空间制度良好的发展态势,在很大程度上缓和了体系内部的无政府状态。对于国际政治权力体系,许多学者,尤其是现实主义流派认为无政府状态是其突出特征,具体表现为国际关系缺乏集中的权威,[1]致使国家间的利益矛盾、分歧无法得到根本意义上的调和,公共利益因此长期处在次要地位。而在国际网络空间技术权力体系中,这一特性因国际网络空间制度的完善而有所弱化。一方面,制度承载体的公共权威增强,为相关技术权力主体追求公共利益提供了中间媒介,使他们在遵守国际网络空间根本原则的前提下,在国际网络空间物理层、逻辑层和社会层实现自身技术权力增长的帕累托最优状态。另一方面,制度的具体运行机制的优化,为相关技术权力主体追求共同利益提供契约式的环境条件。因为针对特定领域获取和行使网络技术权力的行为,数量众多的协议或公约会做出具体的规范、规定。而相关技术权力主体鉴于运行机制日益增强的约束力,会在更大程度上遵守上述规范、法规,从而进一步凸显自身维护国际网络空间秩序的立场。

三 国际网络空间技术权力体系目前存在的主要问题

虽然在国际网络空间技术权力体系运转过程中,相关构成要素有效地发挥了政治功能,为构建一个公正、安全、合作共赢、规范的体系添砖加瓦,但是也暴露出体系内部存在的一些不可忽视的问题。也就是说,从网络核心技术的发展,到网络技术权力资源的分配,再到技术权力的获取和行使,"三个世界"的技术权力主体,以及相关共识、法律和制度,都在其中呈现出"金字塔"形的等级结构。

(一)技术强国控制网络核心技术

在网络技术研发领域,体系中的四个构成要素都直观地凸显了美国、欧盟国家等第一世界的技术强国对网络核心技术的掌控。第一,与第二、第三世界相比,第一世界的技术强国政府能够为网络技术的发展提供更为全面的支持,而处于其管辖范围内的大型网络技术跨国公司和网络技术研发机构等

---

[1] [美]肯尼斯·奥耶:《无政府状态下的合作》,田野等译,上海人民出版社2010年版,第3页。

非国家行为体则与政府建立了紧密的合作关系。上述两者为技术强国掌握网络核心技术提供了国内政策、资金、人才支持。笔者通过对美国和南非的比较分析，可以从中获取以下证据支撑上述结论：美国作为第一世界的技术强国，能够制定和执行多项国内政策，提供足够的资金支持，并借助国内的苹果、谷歌、微软等网络巨头和耶鲁、麻省理工等网络技术研发机构提供的人才力量，[1] 最终推动网络核心技术的发展。而南非恰恰相反，政府缺乏足够的资金，国内又没有大型的网络技术跨国企业和研究机构，[2] 所以在网络核心技术发展层面，只能仰人鼻息。

第二，在国际网络空间法律的制定、解释和适用中，第一世界的技术强国占据主导地位，为他们发展网络核心技术提供了安全保障，同时也加剧了其他技术权力主体在这一领域面临的安全隐患。一方面，技术强国在传统国际法、国际网络空间协议等法律形式的制定、解释和适用过程中，主张保护网络核心技术是维护网络主权的关键内容，并提出以下倡议：要有效行使技术权力，以控制其他技术权力主体的进入渠道，阻止关键技术人才的外流，[3] 从而防止网络核心技术的外泄。另一方面，他们却指责相关技术权力主体，如中国，违背尊重人权、言论自由等国际网络空间的根本原则，[4] 限制了网络技术的共享。总之，在网络核心技术的发展问题上，技术强国以维护自身的安全利益为出发点，既在很大程度上主导国际网络空间法律的制定，提升了本国网络核心技术的安全系数，又为国际网络空间法律的解释和适用设置极具弹性的标准，为窃取其他技术权力主体的关键数据或信息提供便利。

第三，就国际网络空间共识而言，相关技术权力主体将协同解决国际网络空间安全问题作为首要的、核心的价值观念，从某种程度上说，有助于技术强国掩盖其政治意图，即强化网络核心技术发展的"马太效应"。

---

[1] 中国网络空间研究院编著：《世界互联网发展报告2017》，电子工业出版社2018年版，第25—27页。

[2] 中国网络空间研究院编著：《世界互联网发展报告2017》，电子工业出版社2018年版，第44—46页。

[3] Panayotis A. Yannakogeorgos, "Internet Governance and National Security", *Strategic Studies Quarterly*, Vol. 6, No. 3, 2012, p. 102.

[4] Hao Yeli, "A Three-Perspective Theory of Cyber Sovereignty", *THE FIFTH DOMAIN*, Vol. 7, No. 2, 2017, p. 110.

具体而言，技术强国之间以共同维护国际网络空间安全为依据，建立同盟关系，继而通过网络基础设施的建设与技术协议的制定，实现信息或数据流的共享。同时，这些技术强国与其管辖范围内的网络技术跨国公司、高校网络技术研发机构构建经济领域的合作关系，掌握强大的技术人才力量。继而，上述两者使技术强国在网络核心技术发展层面形成强者愈强的局面。此外，美国等技术强国借助维护国家安全利益的名义，拒斥与其他技术权力主体在国际网络空间实现经济领域的技术及人才协作，从而保护内含国家机密数据的网络核心技术，正如前文列举的美国特朗普政府使大型独角兽企业华为公司进入其实体清单的例子，最终加剧了国际网络空间核心技术发展层面弱者愈弱的问题。

第四，现存的国际网络空间制度为第一世界的技术强国获取其他相关技术权力主体的网络核心技术留下了制度漏洞。也就是说，由于部分技术大国在5G技术、云计算、大数据等特殊领域拥有较为明显的技术发展优势，致使技术强国为了防止由此衍生的技术权力的溢出效应，实施以下政治行为：他们主导国际网络空间制度的主要承载体的具体运行，使其难以在较为公正的意义上行使技术权力，监督其他技术权力主体是否遵循相关制度的国际网络空间根本原则和具体运行机制。上述行为有助于其非法窃取其他技术权力主体拥有的关键数据或信息，继而提升自身掌握的网络核心技术的发展水平。

总之，网络核心技术发展的"马太效应"因体系运转过程中产生的负面影响而进一步加剧。而技术权力资源的分配在这一过程中也产生了不小的问题，亟待解决。

（二）技术权力主体间资源分配存在巨大差距

正如上文所述，技术强国对网络核心技术的强势掌控日益深化。而建立在网络技术基础上的国际网络空间技术权力资源，其分配也出现了较为严重的不均衡状态。从物理层的网络基础设施、逻辑层的技术协议，到社会层的网络技术人才，这三种技术权力资源在不同技术权力主体之间的分配呈现巨大的差距，并且这一特征在体系的四个基本构成要素的运行中有着不同程度的体现。

首先，无论是国家还是非国家行为体，他们掌握的技术权力资源的数量及其发挥的效能，都存在较大的差距。在"三个世界"的国家之间，以美国为首的第一世界技术强国，与其他国家相比，拥有更多、更为优质的网络技术权力资源。比较分析美国、中国和印度这三个国家的技术权力资源，就能够有力佐证上述观点。一是美国掌握物理层网络基础设施中的主体部分，包括 IPV4 主根服务器、光缆等关键要素，创生了 TCP/IP 协议，同时拥有多家网络巨头企业和网络核心技术研发机构，为其提供源源不断的技术人才；二是中国掌控的国际网络空间基础设施相对较少，无法实际介入全球 13 个根服务器的管理和运营，在技术协议的发展过程中参与度较低，在技术人才层面虽然缺乏网络巨头作为后盾，但是拥有日益增多的独角兽企业（即新兴网络技术企业）和高校等技术研发机构；三是印度在网络基础设施方面发展水平低下，在技术协议的分配与进一步发展中处于边缘化地位，拥有的技术人才支持主要服务于软件外包产业，[①] 作为技术权力资源的效用较低。除此以外，对于"三个世界"的非国家行为体而言，这些技术权力资源在他们中间分配不平衡的状态更是显露无遗。以网络技术跨国公司为例，与 Facebook、微软等网络巨头相比，小型的网络技术跨国公司不仅无法在技术权力资源分配上获得优势，甚至会被这些网络技术企业吞并，成为其支持群体网络的一部分，只能拥有光缆、服务器等技术权力资源的使用权。

其次，国际网络空间法律日益碎片化的发展特征，使技术权力资源的分配缺乏统一的、强有力的法律保障。国际网络空间法律以国家之间签订的双边协议或多边协议或公约为主，数量众多，同时也包含少数自下而上的非国家行为体之间签订的协约。[②] 这一碎片化的发展特征让技术权力资源的分配同时面临规则过剩和规则匮乏的问题。就前者而言，数量众多的协议或公约拥有不同规模的政治影响范围，因此，当交叉重合的签署方之间涉及物理层、逻辑层和社会层的技术权力资源的分配问题时，会面对不同的甚至是相互矛盾的规范和法规。而后者则指向以下这种情形：针对相关技术权力主体在何时、何地、以何种方式占有和使用技术权力资源，几乎没有协议或公约对此做具体的规定，[③] 这导致相关技术权力资源的分配

[①] 中国网络空间研究院编著：《世界互联网发展报告2017》，电子工业出版社2018年版，第25—46页。

[②] Ronald J. Deibert, Masashi Crete-Nishisata, "Global Governance and the Spread of Cyberspace Controls", *Global Governance*, Vol. 18, No. 3, 2012, p. 347.

[③] Panayotis A. Yannakogeorgos, "Internet Governance and National Security", *Strategic Studies Quarterly*, Vol. 6, No. 3, 2012, p. 120.

过程既在整体上缺乏统一的规定，又在具体的占有和使用行为上出现规范和法规的真空地带。

再次，技术权力主体之间日益以安全为核心价值取向，这在一定程度上加剧了他们为获取技术权力资源而相互争夺、打压的现象。第一世界的技术权力主体之间奉行在合作中竞争的原则，也就是说，总体上他们相互合作以共同实现网络基础设施、技术协议等技术权力资源的增长，但是仍然以维护自身的安全利益为核心价值，争夺管理和发展技术权力资源的主导权。因此，他们基于维持自身的技术权力资源优势的目的，对于第二、第三世界的技术权力主体则采取打压手段。例如美国政府自2019年5月以来，陆续颁布正式的政策法令，甚至运用非正式的手段，包括将华为公司列入实体清单，将来自中国的技术研究人员定性为学术间谍并进行不公正的审查等，[1] 抑制中国获取相应的技术权力资源。

最后，在国际网络空间制度层面，制度承载体增加的同时，其中立性却逐渐减弱，受到越来越多的技术权力主体的质疑，使技术权力资源的分配缺乏公正的分配主体。正如前文提到的ICANN的例子，它负责根服务器系统的管理以及国际网络空间协议地址的空间分配等，[2] 却受到美国国内法律的管辖，机构内部的技术人才也与美国政府联系紧密，为美国非法获取其他技术权力主体的技术权力资源大开方便之门，威胁到其他技术权力主体的利益。

总之，在体系运转过程中，技术权力资源在相关技术权力主体之间的分配存在数量和质量的巨大差距，缺少统一、有效的法律保障，一定程度上引发了技术权力主体之间的零和博弈，且缺乏公正的分配主体。除此以外，相关技术权力主体获得和行使技术权力的过程也暴露出更多的问题。

（三）技术权力主体间缺少有力的监督机制

根据前文所述，总体上来说，国际网络空间技术权力主体获得和行使

---

[1] L. Rafael Reif, "Letter to the MIT Community: Immigration is a kind of Oxygen", MIT News Office, June 25, 2019, http://news.mit.edu/2019/letter-community-immigration-is-oxygen-0625, 访问时间：2019年7月10日。

[2] 张萌萌：《互联网全球治理体系与中国参与的机构路径》，《哈尔滨工业大学学报》（社会科学版）2018年第5期。

第四章　网络空间的技术赋权：网络边疆治理的基石

的技术权力分为两类，一是国家掌握的收集和生产信息或数据流的技术权力，二是非国家行为体拥有的建立相对独立的支持群体网络的技术权力。而在体系的运转过程中，体系的四个构成要素并没有为相关技术权力主体获得与行使相应的技术权力供给切实有效的监督机制。

第一，在相关技术权力主体中间，缺少针对技术权力获得与行使过程权威性的监督主体。在体系中，部分技术权力主体对上述过程承担了一定的监督功能，但是他们缺乏足够的公共权威。一方面，ISOC（国际网络协会）、W3C（万维网联盟）等国际网络空间技术机构作为正式的监督主体，构建了相对独立的支持群体网络，在此基础上监督相关成员获取和运用技术权力的过程，防范非法行为的产生，但是后者能够以保护自身的机密数据为由拒绝审查，甚至可以选择退出机制。另一方面，在正式监督主体无法有效发挥作用的同时，其他技术权力主体则扮演着非正式监督主体的角色，他们运用自身掌握的技术权力相互监督，也就是说，这些技术权力主体既是监督主体，也是监督客体，具有双重身份，这大大削弱了监督机制的效用。具体而言，对于第一世界的技术权力主体而言，他们在物理层、逻辑层和社会层拥有丰富的技术权力资源，因此在获取技术权力上拥有比较优势，进而使第二、第三世界的技术权力主体难以发挥监督主体的政治功能，即促使前者在法律和制度范围内运用技术权力。与此相对，这些技术强国和相关非国家行为体则能够用监督主体的政治身份掩盖自身获取技术权力增量的政治意图，非法获取相关技术权力主体的技术权力资源，以巩固自身的技术权力优势，甚至是给其他技术权力主体扣上莫须有的罪名，继而运用自身强大的技术权力，对其实施经济、政治、军事等层面的制裁。例如，2018 年 12 月，美国表面上指责位于加拿大的华为分公司违反制裁禁令，危害美国国家利益，要求加拿大政府逮捕华为公司的 CFO 孟晚舟女士，[①] 实则是为了抑制华为 5G 技术的发展，进而阻碍其实现网络基础设施、技术人才等方面的技术权力资源的增长，这是美国和加拿大滥用监督主体的技术权力的表现，受到其他技术权力主体的强烈谴责。所以，在现存的国际网络空间

[①] 中央广播电视总台国际锐评：《加拿大在当谁的"人权卫士"？》，http://news.cctv.com/2018/12/09/ARTIBiVZib4zSVWJhnmCrvCC181209.shtml，访问时间：2019 年 7 月 15 日。

技术权力体系中，基本不存在一个具有强大约束力且得到相关技术权力主体普遍认同的监督主体。

第二，国际网络空间法律发展尚不完善，致使监督机制的制裁效能较低，即受害方不能对责任方非法获取与行使技术权力的行为实施有效的责任追究，包括责任确定和惩处两个层面。前者是指虽然国际网络空间法律因技术赋权，能够在更大程度上解决归因问题，但是非法获取和运用技术权力的国家和非国家行为体，尤其是第一世界的技术权力主体，他们也能够借此增加技术权力，增强自身在国际网络空间物理层、逻辑层和社会层与其他技术权力主体构建合作网络、非法收集信息或数据流的网络技术行为的隐匿性，进而达到间接减弱国际网络空间法律执行机构和受害方的归因能力的目的。后者则是指针对责任方非法获取和运用技术权力的惩处在很大程度上难以实现。一是国际网络空间法律执行机构只能够明确责任方和该行为后果的严重程度，无权惩处责任方。二是受害方采取反措施惩处责任方，也是建立在他相对于责任方而言掌握技术权力优势的基础之上；而当责任方来自第一世界，受害方则属于第二、第三世界时，受害方就受制于责任方强大的技术权力而很难采取反措施惩处其非法获取和运用技术权力的行为。正如前文提到的美国政府实施的"棱镜项目"，技术权力遭到侵犯的技术权力主体只能在体系内表达对他的谴责，而无法采取惩治措施。

第三，国际网络空间共识在体系运转过程中显示出安全与发展之间的矛盾，弱化了监督机制的可持续性。正如前文所述，技术权力主体、相关法律和制度存在或多或少的问题，致使国际网络空间技术权力主体以维护自身的安全利益为核心观念，而在政治、经济领域达成国际网络空间共识则退居次要地位。共识层面存在的这一安全与发展之间的矛盾严重阻碍了相关监督机制在国际网络空间技术权力体系中持续地发挥作用。一方面，当安全在相关技术权力主体的观念结构中发挥主导作用时，自愿接受依托国际网络空间协议或公约而形成的正式监督机制约束的比率下降，至于非正式监督机制持续发挥作用的可能性则更加微弱。笔者持上述观点的缘由在于，相关技术权力主体，尤其是第一世界的技术权力主体以维护安全利益为价值导向，相互构建同盟关系，通过非法的途径运用已有的技术权力实现技术权力增长的"马太效应"。而"一个违规行为被发现，往往增加

第四章 网络空间的技术赋权：网络边疆治理的基石 <<<

了其他人把行为降低到违规者水平的可能性"，[1] 其他相关技术权力主体也会在获取和运用技术权力上挣脱非正式监督机制的管控。

第四，相关技术权力主体之间对于国际网络空间制度依据的国际网络空间根本原则，在概念理解上存在分歧，致使监督机制中的具体规则存在边界模糊不清的问题。"三个世界"的技术权力主体对相关原则的解释大有不同。以主权原则为例，第二、第三世界的国家坚持现实主义的观点，主张国际网络空间正在向物理空间无限逼近，如物理空间的网络基础设施是虚拟空间正常运转必备的配套设施，而网络基础设施是处在特定国家的管辖范围内的。[2] 那么，诸如此类的现实依据促使他们将国际网络空间存在边界作为主权原则的核心要义。然而第一世界的技术强国则在这一问题上持有不同的意见：他们基于自由主义理论，主张国际网络空间有公域和私域之分，但是不具有领土性质，没有边界（boundary）。[3] 这是对国际网络空间国家主权原则核心要素的否定，势必会在一定程度上加剧"三个世界"的技术权力主体之间，尤其是国家之间的矛盾与冲突。其他诸如此类的分歧，在此就不多加赘述。而规则的有效制定是建立在对根本原则共同认知的基础之上的，因此，上述矛盾和冲突就会使得针对技术权力获取和运用的监督机制出现规则边界模糊化的问题。以非正式监督机制运行过程为例，美国作为实行相互监督的重要监督主体，指责中国、俄罗斯、伊朗等第二、第三世界的国家行为体以维护国家主权为借口，运用收集和生产信息或数据流的技术权力，设置数据审查系统，比如"长城防火墙"（Great Firewall）。前者主张后者的这些技术行为违反传统国际法律，尤其是《联合国宪章》涵括的关于保护人权，尤其是言论自由权的规则。[4] 正是因为美国对国际网络空间的几个根本原则的先后顺序给出与中国等其他技术权力主体不同的观点，才导致其在中国的边界范围内错误引用这一规

---

[1] ［美］埃莉诺·奥斯特罗姆：《公共事务的治理之道：集体行动制度的演进》，余逊达等译，上海三联书店2000年版，第279页。

[2] Mary McEvoy Manjikian, "From Global Village to Virtual Battlespace: The Colonizing of the Internet and the Extension of Realpolitik", *International Studies Quarterly*, Vol. 54, No. 2, 2010, p. 381.

[3] Mary McEvoy Manjikian, "From Global Village to Virtual Battlespace: The Colonizing of the Internet and the Extension of Realpolitik", *International Studies Quarterly*, Vol. 54, No. 2, 2010, p. 388.

[4] Erica D. Borghard and Shawn W. Lonergan, "Confidence Building Measures for the Cyber Domain", *Strategic Studies Quarterly*, Vol. 12, No. 3, 2018, p. 27.

则，继而对中国获取和运用技术权力的合法性产生误判。

四 国际网络空间技术权力体系面临的挑战

在国际政治形势日益复杂的背景下，国际网络空间技术权力体系本身存在的问题，使得体系内外的国际行为体开始挑战现存的技术权力体系：网络技术弱国因国家安全利益受到威胁，滋生民族主义情绪与行为；体系内部弱小的非国家行为体受困于边缘化的技术权力地位，于是依托相对独立的支持群体网络，采用非常规方式获取稀缺信息与技术；而体系外的分散化的团体、个人无法获取进入国际网络空间技术权力体系的渠道，就以网络攻击作为施压手段。总之，相关国际行为体上述技术行为的主要目的，在于改变甚至颠覆现存国际网络空间技术权力体系。

（一）网络技术弱国：滋生民族主义情绪与行为

网络技术弱国主要由非洲、南亚国家等欠发达国家组成。它们在面对体系内部的不平衡问题时，产生了极端化的民族主义情绪与行为。伊朗的相关技术行为就是最佳例证。自2011年以来，该国投入了大量的资金和技术人才支持，构建内联网系统"国家信息网"（ININ），阻止网民访问推特和脸书等数万个站点和服务，[①] 目的是完全切断伊朗国内网络与国际网络空间的联系。

诸如此类的民族主义情绪与行为，既具有深厚的历史渊源，又彰显了相关国家行为体在体系中考量的重点内容，即维护其在国际网络空间的国家安全利益。一方面，多数技术弱国曾经在两次世界大战期间，因技术强国的入侵而成为殖民地半殖民地国家，比如前文提到的伊朗就曾遭到英国、法国等国家基于动能武器技术的侵略；基于这一历史因素，他们在国际网络空间技术权力体系中仍然抱有这种民族主义的政治心理而不顾全球化的发展趋势，并将之外化为较为极端的网络技术行为。另一方面，第一世界的技术权力主体在体系中长期占据主导地位，促使技术弱国更加关注维护国家安全利益的问题。作为技术弱国，它们本身就缺乏足够的高新网络技术和技术权力资源，无法有效掌握相应的技术权力，因此与网络技

[①] mkingwang：《伊朗成功开发出内联网 将推自制电脑操作系统》，https://tech.qq.com/a/20110530/000050.htm，访问时间：2019年7月19日。

第四章　网络空间的技术赋权：网络边疆治理的基石 >>>

强国和大型非国家行为体相比，在物理层、逻辑层和社会层就缺乏技术权力优势。前文列举的伊朗，在"三个世界"中，无论是云计算、5G技术等网络核心技术，还是网络基础设施、网络技术人才培养等层面，发展指数都处在较低水平，[①] 致使其无法提升相对技术权力地位。而一旦第一世界的技术权力主体非法运用技术权力，对其发起网络攻击行动，就不单单是国家机密数据或信息被窃取，服务器、光缆等网络基础设施受到损害，与之紧密联系的国家政治、经济、军事等层面的关键基础设施也会因此面临灭顶之灾。最终，无论是在物理空间还是在虚拟空间，技术弱国都无法切实维护国家安全利益。

（二）专业化的非国家行为体：采用非常规方式获取稀缺信息与技术

针对专业化的非国家行为体的挑战性行为的分析，需要对其内涵作出两点限定。第一，他们属于国际网络空间技术权力主体，拥有由学术界、公民社会自治组织、网络技术公司等构成的支持群体网络。第二，他们在体系内处于边缘化的地位，主要体现在以下两个层面：一是高新网络技术创新的投入和产出几乎集中于第一、第二世界的极少数技术权力主体中间；[②] 二是国际网络空间物理层、逻辑层和社会层的技术权力资源几乎都被技术强国和相关非国家行为体抢占，比如小型网络技术企业Mirabilis公司利用IM（即时通信）技术研发了ICQ软件，强化了技术权力主体之间的交互作用，促进了网络技术协议的发展，但是这一成果很快就被Yahoo和微软等网络巨头夺取，[③] 他们利用自身技术权力资源优势，在此基础上构建更具吸引力的同类软件。这是第一世界的技术权力主体的惯用手段，他们借助技术权力资源，获取并运用技术权力，作用于国际网络空间法律和制度的发展进程，使体系内弱小的非国家行为体几乎不能参与其中。总之，上述问题共同造成专业化的非国家行为体在体系内处于不利位置，进而迫使其采取违背国际网络空间法律、共识和制度的网络技术行为，主要

[①] Mark Graham, William H. Dutton, *Society and the Internet: How Networks of Information and Communication are Changing our Lives*, Oxford: Oxford University Press, 2014, p.121.

[②] Soumitra Dutta, et al., "Global Innovation Index 2019", Cornell University, INSEAD, WIPO, https://www.wipo.int/publications/en/details.jsp?id=4434, 访问时间：2019年7月23日。

[③] 中国网络空间研究院编著：《世界互联网发展报告2017》，电子工业出版社2018年版，第118页。

表现为在体系内采取非常规的方式获取稀缺信息与网络技术。

一方面，这些专业化的非国家行为体利用现有国际网络空间法律的漏洞，即无论是传统国际法，还是国际网络空间双边或多边协议和国际网络空间习惯法，都没有对体系内的非国家行为体的网络技术行为制定具体的行为规范（norms）和惩治性的法规（rules），① 肆意获取其他技术权力主体通过服务器、光缆等物理层基础设施传输的排他性数据或信息流，比如在大型跨国网络技术企业分部之间传递的关乎技术研发等层面的敏感信息。另一方面，这些技术权力主体又以国际网络空间制度主要存在的两大问题为跳板，获取所需数据和高新网络技术。一是制度承载体的中立性不足，导致他们体系内的约束力有所削弱，那么这些弱小的非国家行为体在获得数据或信息和先进网络技术的过程中，就缺乏正式的监督主体。二是相关技术权力主体对国际网络空间根本原则的内涵认识不统一，让专业化的非国家行为体抓住了这一漏洞，在弱化维护国家主权的价值导向的同时，强化信息或数据共享等国际网络空间根本原则，为自身获得数据和高新网络技术的行为提供正当性。

（三）分散化的非国家行为体：以网络攻击为主要施压手段

分散化的非国家行为体，则主要是指游离于国际网络空间技术权力体系之外的个人、小型团体等非国家行为体。他们缺乏成为国际网络空间技术权力主体的必备条件，大多只能借助网络技术发起攻击行动，如黑客行为，甚至是网络恐怖主义行为。他们或是为了向体系内的技术权力主体施压，从而迫使后者吸纳其进入相应的支持群体网络，继而可以享有一定的技术权力资源，甚至获取和运用技术权力；或是仅仅为了对体系内的不公正现象施以报复手段，达到弱化国际网络空间法律、共识和制度效能的目标，从而加剧体系内"三个世界"的技术权力主体之间的矛盾与冲突。

针对第一种情况，主要表现为部分人员借助网络技术实施黑客行为，迫使相关技术权力主体将其作为自身的组成部分之一。首先，这些黑客发起的网络攻击行为能够对体系内的技术强国和相关非国家行为体管辖的物理层、逻辑层和社会层产生不小的破坏力。他们能够采取的网络攻击行为

---

① ［美］迈克尔·施密特总主编，［爱沙尼亚］丽斯·维芙尔执行主编：《网络行动国际法塔林手册2.0版》，黄志雄等译，社会科学文献出版社2017年版，第199—200页。

多种多样，比如向物理层的网络基础设施发送蠕虫病毒，对逻辑层的网络协议地址采取篡改域名的攻击行为，在社会层则改变网络服务提供商（ISPs）的数据库，误导国际网络空间用户进入错误的站点[①]等。这些行为让第一世界的技术权力主体无法在更大程度上发挥相关技术权力资源的功能，进而阻碍其获取和行使相应的技术权力。其次，第一世界的国家和非国家行为体，无法针对上述行为体的网络攻击行为采取有效的制裁措施。发起黑客行为的多数为网络技术专家，他们擅长于利用加密技术隐匿自身在国际网络空间的行踪。例如，一个成员来自印度尼西亚、以色列、德国和加拿大的黑客团队，在5个小时之内对20多家大型跨国公司的网站发起了1000多次的攻击，[②] 受害方则只能够确定其所属的国家，却无法精确到个体及其所在的具体位置，那么，国际网络空间法律和制度中的规范和法规就难以对其形成约束力。因此，多数技术权力主体采取的办法是将他们纳入自身构建的支持群体网络，用现存的国际网络空间法律、制度对其加以约束。例如，他们被微软、Google等大型网络技术跨国企业聘用，成为"白帽黑客"，负责维护所属企业在国际网络空间的安全利益。[③] 在此基础之上，他们在很大程度上要遵守《信任宪章》《数字日内瓦公约》等国际网络空间协议，接受ITU、ICANN等国际网络空间制度承载体的监督，遵守相关制度的国际网络空间根本原则。虽然这一办法能够通过制度化的方式满足这些黑客的技术权力需求，但是无形当中会进一步加剧国际网络空间技术权力体系的不平衡状态，因为第一世界的技术权力主体拥有了更为雄厚的网络技术人才支持。

至于第二种情况，则具体表现为部分个人和小团体因政治情绪激化，采取网络恐怖主义行为，破坏技术权力主体之间的有限合作关系，继而对体系内的其他重要组成部分造成严重的负面影响。与黑客不同，网络恐怖主义团体因国际网络空间技术权力体系存在的明显的不平衡现象，产生消

[①] John Arquilla, David F. Ronfeldt, *Networks and Netwars: The Future of Terror, Crime, and Military*, California: RAND Corporation, 2001, pp. 241, 273.

[②] John Arquilla, David F. Ronfeldt, *Networks and Netwars: The Future of Terror, Crime, and Military*, California: RAND Corporation, 2001, p. 257.

[③] HackerOne, "The 2019 Hacker Report", https://www.hackerone.com/resources/the-2019-hacker-report, 访问时间：2019年7月25日。

极、否定的情绪体验,继而实施网络恐怖主义行为。一方面,他们通过采取上述行为破坏第一世界的技术权力主体之间的有限合作关系。他们利用网络技术更改在国际网络空间物理层流通的数据或信息流,继而对相关技术权力主体管辖的关键基础设施造成严重损害,比如网络恐怖主义团体可以通过上述方式破坏空中交通系统,造成两架飞机相撞,形成生命损害和经济损失。[1] 由于上述行为体使用了加密技术,受害方无法确定其具体身份,大多按照传统国际法的规定将这一技术行为涉及的国际责任归咎于他们所在的国家,造成国家之间的冲突与不信任。另一方面,由于相关技术权力主体之间的有限合作关系遭到破坏,国际网络空间技术权力体系的其他三个构成要素的发展与完善也相继面临阻碍。首先,第一世界的技术强国之间达成了共识,相较于协同解决问题、共同发展等价值观念,更倾向于将维护自身的安全利益作为关注的重点。其次,国际网络空间法律和制度的未来发展走向也因此趋于复杂化。前者是指第一世界的技术权力主体与其他国家和非国家行为体签订越来越多的国际网络空间协议,[2] 使得国际网络空间法律碎片化的趋势不断加剧,因而法律的制定、解释和适用就缺乏较为统一的标准,其约束力也有所下降。后者是指 ITU 作为国际网络空间制度最主要的承载体,其公共权威越来越受到第一世界技术权力主体的质疑。例如,2019 年联合国大会通过了美国、欧盟国家、加拿大等技术强国提出的在国际网络空间建立一个除 ITU 以外的新政府间专家组的倡议,[3] 目的在于增加制度承载体的数量,从而形成相互牵制的局面,避免他们过度偏向于某一技术强国。

总之,国际网络空间技术权力体系面临的这些二阶困境,使自身逐渐偏离正确的发展走向:国际网络空间技术权力主体之间的关系因技术弱国和体系内外的弱小的非国家行为体的偏激行为而趋于恶化;国际网络空间法律的碎片化现象愈加明显,其约束力也因为这些国际行为体的非法行为

---

[1] John Arquilla, David F. Ronfeldt, *Networks and Netwars: The Future of Terror, Crime, and Military*, California: RAND Corporation, 2001, p.241.

[2] CCDCOE, "Trends in International Law for Cyberspace", May 2019, https://www.ccdcoe.org/library/publications/,访问时间:2019 年 7 月 27 日。

[3] CCDCOE, "Trends in International Law for Cyberspace", May 2019, https://www.ccdcoe.org/library/publications/,访问时间:2019 年 8 月 5 日。

而进一步削弱；技术权力主体之间的不信任使他们在政治、经济和安全领域难以达成共识，相比较于维护切身的安全利益，协同与合作逐渐居于次要地位；国际网络空间制度的发展也因此处于迟滞状态，制度承载体的数量虽不断增多，但规则、规范等交叉重叠的现象却日益严重。所以，针对国际网络空间技术权力体系的变革应当早日提上日程，以避免陷入恶性循环的境地。

第四节　国际网络空间技术权力体系的变革

国际网络空间技术权力体系面临的这些问题和挑战，使其变革势在必行。笔者拟以主体、共识、法律和制度为着力点，对国际网络空间技术权力体系的变革做一些粗浅的思考。

一　弱化技术权力主体之间的等级特征

在国际网络空间技术权力主体中，仍然是主权国家占据主导地位，同时非国家行为体的效能也不断提升。他们需要积极、主动地行使自身的技术权力，并相互构建合作关系，缩小在网络核心技术发展、技术权力资源分配，以及技术权力的获得与行使等层面的差距，最终达到弱化技术权力主体之间的等级特征的目标。

（一）缩小网络核心技术发展的不对称程度

正如前文所述，网络核心技术在"三个世界"的技术权力主体之间的分布呈现较大的差距。为了弱化网络核心技术发展的这一不对称性特征，一方面，处于第二、第三世界的国家要整合国内包括政府、市场、公民社会等在内的多方力量，实现网络核心技术从宏观到微观的全面发展；另一方面，体系内强大的非国家行为体，尤其是大型跨国网络技术企业要扩大支持群体网络，从而在保障自身发展利益的同时，促进第三世界国家的网络核心技术的进步，与其形成合作共赢的局面。

首先，对于中国、俄罗斯等技术大国和南非等技术弱国而言，如何融合多元力量，促进本国网络核心技术的发展是关键问题。他们可以从宏观和微观两个层面，采取适当的举措。第一，在宏观层面，政府可以为发展网络核心技术提供政策和资金支持。前者是指政府需要与国内的社会力量构建协作关系,共同制定切实有效的政策。技术大国和技术弱国政府,与市场和公民社会之间存在信息不对称的现象。也就是说,市场和公民社会的相关主体在更大程度上掌握国际网络空间在物理层、逻辑层和社会层发展状况的信息。那么,借助他们的力量,政府可以制定出更为有效的政策,从而助力网络核心技术的发展。上述观点的理论来源是加布里埃尔·A. 阿尔蒙德关于政策输入和输出过程的阐释:政府制定一个有效推动网络核心技术进步的政策,需要在制定政策前输入完整的信息,在实施政策后获得反馈信息。① 在国际网络空间,这些信息包括在政策实施前后,物理层网络基础设施的基本发展状况、国家在逻辑层实际获取国际网络空间技术协议发展红利的程度,以及国家在社会层的网络技术人才储备情况。而信息源主要集中于市场和公民社会中。以中华人民共和国国家互联网信息办公室为例,该政府部门制定推动网络核心技术发展的相关政策,需要依据中国互联网络信息中心(CNNIC)发布的《中国互联网状况发展报告》。而 CNNIC 只有在获得网络技术公司、高校、科研机构等市场主体和社会组织的支持下,② 才能获取可用于衡量中国网络核心技术发展情况的相关信息,包括技术的种类以及现实发展状况。总之,政府只有在聚合多方力量的基础上,才能够为网络核心技术的发展提供良好的政策支持。后者则是指政府相关部门可以根据正确、有效的政策,从国家财政收入中提取资金,并将其投向特定技术产业和技术研发机构。第二,从微观层面来看,市场中的网络技术企业和公民社会中的相关社会组织可以构建组织关系网络,从而增强相关主体作为信息源的效能,并强化其网络技术人才培养能力。这样一种组织关系网络,一是能够在更大程度上聚集国内的多元化力量,在更大范围内和更深层次上收集和分析涉及核心技术发展状况的信息;二是可以通过以下渠道聚合高校、企事业单位等多方力量,培养网络技术人才:网络技术企业可以与高校建立合作关系,吸纳高新技术人才;其他社会组织可以举办网络技术创新竞赛,由此遴选出具有巨大潜力的网络核心技术人才……所以,对于第二、第三世界的国家来说,政府、

---

① [美]加布里埃尔·A. 阿尔蒙德、小 G. 宾厄姆·鲍威尔:《比较政治学——体系、过程和政策》,曹沛霖等译,东方出版社 2007 年版,第 10 页。
② 中国互联网络信息中心:《第 43 次〈中国互联网络发展状况统计报告〉》,http://www.cnn-ic.net.cn/hlwfzyj/hlwxzbg/hlwtjbg/201902/t20190228_70645.htm,访问时间:2019 年 8 月 10 日。

市场和公民社会等构成的多中心力量结构,能够有效加快国内网络核心技术的发展。当然,仅仅将国内的力量作为驱动力,其作用是有限的。相当一部分技术弱国还需要深化与国际网络空间技术权力体系的非国家行为体,尤其是与大型网络技术跨国公司和主要的国际网络空间技术机构的合作关系。

其次,就体系内的大型网络技术跨国企业而言,他们遵循"经济人"理性,以实现经济利益为导向。根据詹姆斯·布坎南的公共选择理论,这些网络技术跨国企业要在做出与技术弱国合作的选择前,对机会成本给出一种主观的评价,即企业对所牺牲掉机会的一种预期评价。[1] 具体而言,从企业自身的经济利益出发,他们如果将技术弱国纳入其支持群体网络中,那么因此所丧失的潜在发展机会相对较小,而预期获得的收益却十分可观。这一观点的发生原理是:在物理层,与技术弱国相比,第一、第二世界的技术权力主体的网络基础设施建设或是相对趋于饱和,或是仅仅需要借助本国网络技术企业的力量获得进一步的发展;逻辑层和社会层的状况也大抵相似。此外,这些企业在做出选择之后,其在物理层、逻辑层和社会层付出的实际成本与预期收益比较,也相对较低。企业在物理层为技术弱国提供网络基础设施建设服务,可以提升该国国民,尤其是学生群体的网络技术素养水平,使他们成为这些企业所需的推动网络核心技术发展的技术人才储备力量。至于在逻辑层,企业将这些国家的市场主体和社会组织纳入自身的支持群体网络,从而实现数据或信息共享,在国际网络空间技术协议的发展过程中获得更多的支持。因此,大型网络技术跨国公司与技术弱国合作的机会成本和实际成本都相对较低,同时后者也能在此过程中推动本国网络核心技术发展的进程,实现两者的合作共赢。

(二)优化国际网络空间技术权力资源开发与管理过程

优化国际网络空间技术权力资源的开发与管理过程,是弱化技术权力主体之间的等级秩序特征的又一重要途径。笔者拟将"奥卡姆剃刀"理论作为理论依据,在此基础上探索具体实施路径。

中世纪时期,唯名论者奥卡姆(Guillelmus de Ockham)提出了哲学认

---

[1] [美]詹姆斯·布坎南:《成本与选择》,刘志铭、李芳译,浙江大学出版社2009年版,第42—47页。

识论的简约主义主张，即"以简朴且直探事物本质的方式处理认知世界、组织人类行为"，被后世称为"奥卡姆剃刀"。① 这一理论观点，在很大程度上对相关技术权力主体应当如何改善技术权力资源的开发和管理过程具有启发意义。

正如前文所述，物理层、逻辑层和社会层的技术权力资源，是相关技术权力主体获取技术权力增量的重要前提条件。这些技术权力资源又可以细分为有形资源和无形资源，前者包括计算机、服务器、光缆与网络技术人才等，而后者则涵括国际网络空间 IP 地址、网络技术标准等。因此，第二、第三世界的技术权力主体改善技术权力资源的开发和管理过程，需要解决以下两个问题：一是他们是否拥有足够的技术权力资源？二是他们对这些技术权力资源的使用是否高效？在此基础上才能运用"奥卡姆剃刀"理论，为资源的开发和管理过程制定和实施有效的措施，最终促使他们提升在体系内的相对技术权力地位。

针对第一个问题，即是否拥有足够的技术权力资源，需要针对国家行为体和非国家行为体分别采取不同的分析模式。首先，就国家而言，遵循前文的分类方法，要从技术大国和技术弱国这两个层面加以分析。一是技术大国拥有的技术权力资源出现断层现象，即无形权力资源的数量和质量呈现迅猛增长的态势，而有形权力资源的发展则相对滞后，尤其是与第一世界的技术权力主体相比存在较大差距。以中国为例，数字资源组织（The Number Resource Organization）发布的数据显示，截至 2019 年 6 月，亚太地区的 IPv6 地址数量达到了 81664 块/32，约占总数的 29%。② 而 CNNIC 在第 43 次《中国互联网络发展状况统计报告》中给出的数据是，中国的 IPv6 地址数量是 41079 块/32，③ 是亚太地区数量的一半。但是，中国在物理层的网络基础设施的发展指数却排在全球的第 24 位，④ 由此可见，技术大国在第一个问题上的答案基本是否定的。二是技术弱国拥有的

---

① 赵敦华：《西方哲学通史》（第一卷），北京大学出版社 1996 年版，第 566—567 页。

② NRO, "Internet Number Resource Status Report", https://www.nro.net/wp-content/uploads/NRO-Statistics-2019Q2.pdf，访问时间：2019 年 8 月 18 日。

③ 中国互联网络信息中心：《第 43 次〈中国互联网络发展状况统计报告〉》，http://www.cnnic.net.cn/hlwfzyj/hlwxzbg/hlwtjbg/201902/t20190228_70645.htm，访问时间：2019 年 8 月 18 日。

④ 中国网络空间研究院编著：《世界互联网发展报告 2017》，电子工业出版社 2018 年版，第 36 页。

有形和无形的技术权力资源均处于较为匮乏的状态，如印度的网络基础设施排名为第 36 位，包括南非在内的非洲地区 IPv6 地址数量仅为 9295 块/32 等。其次，对于第二、第三世界的非国家行为体而言，大部分的技术权力资源，或是被国家当作公共产品加以垄断，或是为第一世界的非国家行为体所有，他们只能分得一些残羹冷炙。

既然这些技术权力主体基本上缺乏足够的技术权力资源，那么，他们是否能够对有限的技术权力资源加以高效使用呢，答案也是否定的。也就是说，目前他们需要遵循简约主义的逻辑思路和现实路径，即以协调、集成和同步的方式使用技术权力资源。第一，第二、第三世界的国家，应当为技术权力资源的使用设置扁平化的组织结构。在现实世界中，国家为了有效开发和管理传统权力资源，如土地、黄金、原油等，从中央政府到地方政府，层层加码，实行科层式的委托—代理机制。但是，网络时代的到来造就了虚拟空间，突破了时空限制。科层制不再适用于管理和监督技术权力资源的使用过程。政府可以充分发挥网络世界的特性，实现相关部门的精简与合并，甚至是转变职能，将权力下放给网络技术企业、社会组织等市场和社会力量。第二，隶属于全球性政府间国际组织，即联合国的 ITU 作为核心的监督和执行机构，要减少技术权力资源生产和管理的不确定性。因为在体系中，除了 ITU 等主要的国际网络空间技术机构，还散落着针对特定领域的碎片化的国际网络空间组织，如 RSA 大会、MSC（慕尼黑安全政策会议）等，致使生产和管理国际网络空间技术权力资源的不确定性不断增加。

因此，不但要优化相关技术权力主体之间的关系，还需要优化国际网络空间法律、共识和制度，从而使相关技术权力主体能够在有限范围获取和行使技术权力。

二 强化国际网络空间法律的效度

如前文所述，现有的国际网络空间法律，在规范网络核心技术发展上存在较大不足，使其出现排他性和共享性悖论；在维护技术权力资源公平分配的过程中，有规则过剩和规则匮乏的双重困境；在规范技术权力获取与行使的过程中，无法有效解决针对非法行为的责任确定和责任惩处问题。这些问题的解决，需要发挥包括国家、网络技术跨国公司以及国际网络空间技术机构在内的技术权力主体的政治功能,继而构建起一个完善的国际网络空间法律法规体系。

(一) 发挥相关技术权力主体的政治功能

"三个世界"的技术权力主体拥有大小不一的技术权力,因而会在不同程度上强化国际网络空间法律的效度。第一世界的技术权力主体,包括以美国为首的技术强国以及网络巨头、ITU、ICANN等非国家行为体,可以有效地弥补法律漏洞,从直接意义上强化国际网络空间法律的有效性。首先,技术强国能够将国内法延伸到国际网络空间,从而在技术权力资源分配的过程中有效缓解国际网络空间法律存在的规则匮乏问题。以美国国内网络空间法律法规的建设与发展为例。一是针对物理层,美国在体系的形成阶段就已经先后颁布了《国家信息基础设施保护法》《网络安全信息法》[①]等多部法律。二是对于逻辑层,美国国家立法机构也制定《爱国者法案》《国土安全法》[②]等法律法规来规制网络空间相关主体之间的数据传输和信息共享。三是上述法律法规也对相关技术人才在网络空间中的技术行为标准设置了相应的规范。这些国内法律法规能够对国际网络空间技术权力资源的占有和使用做深入的、全方位的规定,涉及基本概念的界定、惩治措施在条文上的确立等多个层面。其次,第一世界的非国家行为体,虽然在很大程度上无法增强现有国际网络空间法律有效性,但是可以发挥自身的网络技术权力优势,制止相关技术权力主体发起网络攻击行动。换言之,网络巨头、ICANN等非国家行为体与技术强国相比,虽然在信息或数据流的收集和生产上缺乏相对优势,但是拥有强大的支持群体网络,可以吸纳越来越多的成员。这些成员来自不同领域,遍布不同地理区域,可以形成紧密的协作关系,基于维护国际网络空间技术权力体系秩序的立场,运用较为统一的标准,衡量非法网络技术行为对物理层、逻辑层和社会层造成的负面影响的大小,最终明确相关技术权力主体的应当担负的责任。

与第一世界的技术权力主体相比,中国、俄罗斯等技术大国和独角兽企业等非国家行为体作为第二世界的技术权力主体,则可以从间接意义上

---

① 韩德强主编:《网络空间法律规制》,人民法院出版社2015年版,第91—92页。
② 韩德强主编:《网络空间法律规制》,人民法院出版社2015年版,第92页。

促进国际网络空间法律效度的增强。第一，中国、俄罗斯等技术大国可以采用以下三种手段实现上述目标。一是基于维护国家安全的利益需求，技术大国应当加大对网络核心技术的投入和采购力度，从而减少技术强国主导国际网络空间法律制定、解释和适用所造成的负面影响。该负面影响主要是指技术强国利用自身在国际网络空间法律制定、解释和适用中的优势地位，一方面在很大程度上抑制了本国网络核心技术的外溢效应，另一方面过度强调国际人权法在国际网络空间的适用性，迫使其他国家以遵守所谓的开放性和共享性原则为前提条件，发展网络核心技术。技术大国在现阶段无法直接破除上述困境，需要加强对本国网络核心技术发展的资金投入和政策支持，加大对网络技术公司新面世的高新网络技术的购买力度，从而提高其技术创新能力和意愿。在此基础上，第二世界技术大国的网络核心技术发展水平才能够得到切实有效的提升。二是在稳步提升网络核心技术的发展水平以后，技术大国需要借此带动网络空间国内相关法律法规的制定和调整，从而使之逐渐与国际网络空间主要的多边协议或公约相结合，助力解决国际网络空间法律中的规则过剩和规则匮乏问题。三是持续提升技术大国网络核心技术的发展水平，那么，根据现有国际法包含的反措施规制，就可以针对非法获取和行使技术权力的技术行为采取有效的举措，维护自身的安全利益。总之，技术大国从上述的三个层面入手，就能够从侧面强化国际网络空间法律条文在现实实践中的约束力。第二，处于第二世界的非国家行为体，则应当或是发挥其支持群体网络的力量，或是加入由第一世界的非国家行为体构建的支持群体网络，从而增强国际网络空间法律的效度。以网络技术独角兽企业（即创立时间相对较短的估值超过10亿美元的网络技术企业[①]）为例，他们就可以通过上述两种方式，尤其是借助后者强化行业自律，继而自下而上地促成规则匮乏问题的解决。第三，南非、印度等技术弱国首要的是建立健全国内相关法律法规，继而才能对国际网络空间法律的发展发挥一定的积极影响。南非就是反面例证。该国家行为体在很大程度上忽视了针对网络安全的立法工作，导致国内网络攻击、网络犯罪行为横行。与之相对应，在相关技术权力主体共同

[①] 中国网络空间研究院编著：《世界互联网发展报告2017》，电子工业出版社2018年版，第36—37页。

创制国际网络空间法律的过程中，南非作为制定主体，就很难发挥重要作用，对法律的解释力也极为有限。

（二）完善国际网络空间的法律法规体系

国际网络空间技术权力主体不同程度地发挥相应的政治功能，能够为构建一个完善的国际网络空间法律法规体系打下坚实的基础。继而，相关技术权力主体就能够以优化国际网络空间法律的制定、监督和执行为着力点，以隶属于联合国的国际网络空间技术机构 ITU 为主导力量，实现国际网络空间法律的体系化目标。

首先，就国际网络空间法律的制定而言，相关技术权力主体应当认可 ITU 作为国际网络空间立法组织的技术权力地位。值得注意的是，虽然在理论意义上，国家行为体使国际网络空间法律与国内相关法律法规同步化，是解决国际网络空间法律规则匮乏问题、增强法律效度的有效路径。但是，如果国际网络空间立法组织缺乏公共权威，就会大大降低上述理想转化为现实的可能性。而 ITU 恰恰能够规避这一风险。目前，ITU 已经拥有 193 个成员国和 700 多个部门成员，基本涵括了不同类型的技术权力主体。因此，ITU 至少满足了成为国际网络空间立法组织的一个重要的前提条件，即它能够从普遍意义上收集相关技术权力主体的安全利益需求，并据此形成公意。当然，ITU 还需要构建一个透明、民主、多边的机制，使相关技术权力主体能够在程序意义上共同参与国际网络空间法律的制定，发挥各自的政治功能，从而在更加完整的意义上主导国际网络空间法律的制定过程。一是 ITU 要保障传统国际法的公正性。由于相关法律的制定主体主要是针对攻击方在物理层造成的动能损害形成相关规则和法规，同时不同技术权力主体管辖的物理层网络基础设施脆弱性程度不一，两者共同导致技术强国成为起主导作用的制定主体，并以其管辖的光缆、服务器等网络基础设施的发展水平为基准，维护他们的安全利益。所以，当 ITU 作为国际网络空间立法组织，应当以保障最少受惠者的最大利益为基本原则，使传统国际法的相关规则和法规能够覆盖多数技术权力主体在物理层的安全利益。二是 ITU 应当发挥自身的技术权力优势，增强国际网络空间双边或多边协议的有效性。现存的双边或多边协议多数是由 ICANN 等国际网络空间技术机构扮演中介组织的角色，且牵涉国际网络空间虚拟地址资源的分配。而第一世界的技术权力主体因为或是国际网络空间技术协议的

第四章　网络空间的技术赋权：网络边疆治理的基石 <<<

创始主体，或是其早期受惠主体，且直接或间接地作用于 ICANN、IANA（网络数字分配机构）等地址资源分配机构的创设，所以能够利用这些优势持续增强地址资源分配的"马太效应"。与上述国际网络空间技术机构相比，ITU 掌握更加强大的构建支持群体网络的技术权力，因此应当发挥这一技术权力优势，吸纳 ICANN、IANA 等地址资源分配机构进入其支持群体网络，从而为国际网络空间地址资源的分配设置统一、具有约束力的规范，而不是任由这些技术机构表面上由网络社群管理和运营，实际上却与第一世界的技术权力主体存在紧密的关联，丧失了中立性。三是 ITU 需要增强国际网络空间习惯法的约束力。该法律形式是除传统国际法和国际网络空间双边或多边协议之外，规范相关技术权力主体的网络行动的最后一道防线，且最切合国际网络空间的隐匿性、跨时空性等特性。迄今为止，第一世界的技术强国在国际网络空间习惯法的形成过程中发挥主导功能，即其面对网络攻击行动的举措能够获得其他技术权力主体的有效同意，形成"法律确信"，最终创制出国际网络空间习惯法。而如果 ITU 成为国际网络空间立法组织，就能够在一定程度上改变其他技术权力主体的被动状态，具体程序如下：第一，ITU 对相关技术权力主体在国际网络空间应对网络攻击行动的做法加以聚合；第二，ITU 组织支持群体网络中的成员，对这些网络攻击行动造成的后果的严重程度进行归因；第三，在 ITU 发挥协调、组织功能的基础上，相关技术权力主体共同讨论、对话，针对攻击方需要承担的责任以及对应的惩治措施形成较为统一的意见，从而确立在真正意义上具有约束力的国际网络空间习惯法。

其次，在监督国际网络空间技术权力主体是否遵循国际网络空间立法内容的过程中，ITU 还需要借助其支持群体网络成员的技术权力，发挥多元化的技术权力主体的监督功能。ITU 在一定程度上可以通过审查相关技术权力主体尤其是国家行为体制定的网络空间安全和发展战略等方式，履行监督职能，监督相关技术权力主体遵守国际网络空间法律的公开言论与其实际行动是否相符，但是效能有限。为了弥补这一缺陷，ITU 应当在网络核心技术发展、技术权力资源的分配和技术权力的获得与行使等三个层面，发挥包括主权国家、网络服务提供商、网络技术跨国公司等在内的相关技术权力主体的力量，最终完善自身的监督功能。第一，对于前文所述的美国、英国等技术强国利用技术权力优势，非法获取其他技术权力主体发展网络核心技术的关键信息或数据的政治意愿，部分非国家行为体可以表达维护国际网络空间秩序的立场。以处于技术强国管辖范围内的苹果、Google 等大型网络技术跨国公司为例，他们应当拒绝中央政府提出的协助获取其他国家网络核心技术发展的敏感数据的要求，包括为政府设置系统后门等。上述举措的合理性在于，这些大型网络技术跨国公司在运营过程中，为在更大范围内获取经济利益，需要持续增强自身的技术权力，即他们需要与其他技术权力主体构建协作关系，以在更大程度上参与管理和运营网络基础设施、发展网络技术协议以及吸纳更多的网络技术人才。他们一旦为技术强国窃取机密数据的非法技术行为提供支持，就会失去其他技术权力主体的信任，导致其与后者之间的合作关系受到很大限制，从而破坏这些网络技术巨头发展的经济命脉。鉴于此，网络技术跨国公司、网络服务提供商等非国家行为体应当以维护网络核心技术发展的安全性为重要任务，有效发挥对其他技术权力主体，尤其是技术强国的监督功能。第二，针对技术权力资源的分配，相关研究机构可以通过撰写调查研究报告增强其透明性，从而抑制国际网络空间技术权力资源分配的"暗箱"操作现象。目前，与技术权力资源分布现状相关的调查研究报告不在少数，包括 NRO（即数字资源组织）发布的国际网络空间地址资源分布调查研究报告，有"网络女皇"之称的玛丽·米克尔发布的网络趋势报告等。但是，这些调查研究报告的客观性有待商榷，主要缘于它们的发布主体或是数据提供者存在中立性不足的问题。以 NRO 发布的调查研究报告为例，该报告关于网络号码资源分布状况的数据，来源于分管亚太地区、美洲地区等五个地区的网络注册中心（RIRs）。[①] 这些资源是由 PTI（Public Technical Identifiers，是 ICANN 的附属机构）分配给五个注册中心的，因而五个 RIRs 与 ICANN 之间存在紧密的联系。而正如前文所述，ICANN 的中立性明显不足，那么 RIRs，甚至是 NRO 发布的调查研究报告的客观性也难以得到有效的保障。而如果 ICANN 能够被纳入 ITU 的支持群体网络，就可以一定程度上保障这些研究机构更为客观地描述国际网络空间技术权力资源的分配过程和结果，从而更为有效地对相关技术权力主体的技术行为起到

[①] NRO, "Internet Number Resource Status Report", https://www.nro.net/about/rirs/statistics/, 访问时间：2019 年 8 月 23 日。

第四章　网络空间的技术赋权：网络边疆治理的基石 <<<

监督作用。至于针对技术权力的获得和行使的监督，除了依靠上述两者的监督效能以外，还可以在 ITU 的成员之间运行相互审查机制，审查管理和运用国际网络空间基础设施、发展网络技术协议的过程是否存在研发网络攻击武器等非法行使技术权力的行为。所以，多元化的技术权力主体以 ITU 主导制定的法律内容为依据，共同行使监督功能，能够为国际网络空间法律的执行，尤其是解决责任惩处问题打下坚实的基础。

最后，在国际网络空间法律的执行层面，应当是在由 ITU 保证法律供给的前提下，让其他技术权力主体扮演执行主体的角色。面对技术强国主导国际网络空间法律的制定、解释和适用，并借此掩盖其窃取网络核心技术发展数据、肆意夺取网络技术权力资源等非法网络技术行为，第二世界的技术权力主体由于缺乏统一的国际网络空间法律标准，无法实施合法的反制措施。同时，第三世界技术权力主体的不作为，使国际网络空间法律，特别是国际网络空间习惯法的执行过程及结果也丧失效能。而 ITU 如果能够发挥其作为国际网络空间立法组织的政治功能，提供统一的国际网络空间法律标准，那么第二、第三世界的技术权力主体就能够在更加直接、有效的意义上执行国际网络空间法律。以第二世界的技术权力主体为例。他们拥有较强的网络核心技术创新能力且发展势头良好，利用 ITU 提供的统一的法律标准，他们能够解决在执行国际网络空间法律过程中出现的双边或多边协议针对反措施的相关规定存在限制条件交叉重叠和法律法规模糊不清等问题。前者是指针对反措施，不同的协议或条约对其适用情况设置了不同的条件，有的条约规定受害方采取反措施，需要建立在物理层已经形成有形的、重大的损害的基础之上，有的协议则限定了更加严苛的条件，即非法获取网络核心技术数据、抢夺技术权力资源等网络技术行为需要能够归因于国家，受害方才可以采取反措施。后者则是指多数协议规定反措施对责任国造成的损害要与受害国遭受的损害相对称，[①] 这种对称性要求相关损害可观察、可测量。而不同国家之间由于技术能力有高低之分，以及由此造成的技术权力资源的脆弱性程度的不同，导致无法为这种相称性设置准确的客观标准。面对上述困境，正如前文所述，ITU 作为

---

① ［美］迈克尔·施密特总主编，［爱沙尼亚］丽斯·维芙尔执行主编：《网络行动国际法塔林手册2.0版》，黄志雄等译，社会科学文献出版社2017年版，第158页。

国际网络空间的立法组织，能够在创制统一的国际网络空间法律标准的过程中，构建透明、民主、多边的机制。这样既有助于解决国际网络空间法律中有关反措施的规范和法规相互矛盾的问题，也能够促使相关技术权力主体在综合考察不同国家和非国家行为体掌握的网络技术发展水平、拥有的网络技术权力资源数量和质量的基础上，以符合最小受惠者的最大利益为基本原则，共同构建与反措施现实实践相关的具体规范。

三　深化数据是"人类共同财产"的国际网络空间共识

为了固化上述两者的改革成果，需要推动体系内相关共识的变革进程，使信息是"人类共同财产"这一基本原则在最大范围内得到国际网络空间技术权力主体的广泛认同。实现上述目标的具体途径是，主权国家、非国家行为体等技术权力主体以解决国际网络空间共识存在的问题为导向，从改善信息或数据流的收集和生产过程入手，在实际意义上落实信息或数据是"人类共同财产"的思想观念，继而将其内化为国际网络空间的共识。

（一）优化数据的内容、流动方向和传输速度

无论是网络技术、技术权力资源还是网络技术权力，其核心的、基本的要素是数据。所以，可从数据的内容、流动方向和传输速度入手，迈出落实数据是"人类共同财产"的思想观念的第一步。第一，就相关数据的内容而言，除了涉及技术权力主体核心安全利益的部分数据以外，国际网络空间技术权力主体应当就数据内容的共享问题进行磋商，为深化数据是"人类共同财产"这一观念增加信任基础。当数据内容牵涉相关技术权力主体掌握的机密、敏感信息时，他们可以基于维护自身的安全利益，利用收集和生产信息或数据流的技术权力，发挥支持群体网络的力量，从物理层、逻辑层到社会层，保障数据的排他性，拒斥与其他技术权力主体就相关的数据内容共享进行协商。而当面对发展需求时，包括促进技术权力主体之间政策、决议的达成，以及实现经济领域的技术及人才协作，相关技术权力主体要深刻落实数据是"人类共同财产"的思想观念，就这些非关键的、发展型的数据内容如何在物理层流通，怎样在逻辑层实现共享等问题进行公开的讨论与协商，协调不同的发展偏好选择，在求同存异中增强相互之间的信任基础。

第四章　网络空间的技术赋权：网络边疆治理的基石 <<<

　　第二，关于数据的流动方向，一方面要打破数据主要在"三个世界"内部进行封闭性流动的局面，另一方面要实现数据在"三个世界"的技术权力主体之间的双向流动，使更大范围的技术权力主体增强关于数据是"人类共同财产"的国际网络空间共识。首先，数据在"三个世界"内部，尤其在第一世界的技术权力主体之间的封闭性流动，导致技术权力主体之间的国际网络空间共识出现愈加严重的分层现象。一是技术强国和相关非国家行为体控制网络核心技术中的关键数据，在第一世界的技术权力主体之间实现数据或信息的共享。二是三种主要的技术权力资源分配存在的严重不均衡状态，都凸显了重要数据的流动局限于第一世界内部这一弊端。具体而言，数据流动的物质基础，包括根服务器等关键设施在内，处于技术强国的管辖范围内；数据流动的软件支撑，即发展技术协议标准的主导权是掌握在美国等技术协议的初创国手中的；在数据流动的网络技术人才保障上，谷歌、Facebook、英特尔等网络巨头以压倒性的优势吸纳了大量的尖端网络技术人才，覆盖基础性技术和前沿技术两大技术研发领域。在上述两者的基础之上，第一世界的技术权力主体在获得和行使技术权力的过程中，将数据的流动限制在第一世界内部，形成先占先得的共识，美国的"棱镜项目"和英国的"颞颥项目"就是最佳例证。而第二世界的技术权力主体，特别是以中国、俄罗斯等技术大国和腾讯等网络独角兽企业为代表，形成了打破数据在第一世界内部呈封闭性流动的发展趋势的共识。第三世界的技术权力主体之间则尚未形成相对紧密的关系网络，缺乏有效的国际网络空间共识。其次，实现数据在"三个世界"的技术权力主体之间的双向流动，需要技术权力主体共同行动。其一，在网络技术发展上，网络技术跨国公司是推动这一进程的主要载体，他们所能采取的主要手段是实现部分非机密性网络技术在相关技术权力主体之间的转让。2019 年 9 月，华为公司的负责人任正非先生在接受《经济学人》（The Economist）杂志的采访过程中，表明华为愿意向其他技术权力主体转让 5G 技术，[1] 这是向其他技术权力主体传达了一种价值观念，即华为作为第二世界的技术权力主体，认可在经济领域实现网络技术协作的共识，愿意推

---

[1] 观察者：《采访任正非：华为愿出售 5G 技术》，https：//news. china. com/socialgd/10000169/20190917/37053552_ 7. html，访问时间：2019 年 9 月 18 日。

动数据在"三个世界"之间的双向流动,而不仅仅是由第一、第二世界的技术权力主体获取其他技术权力主体掌握的数据。华为对于网络核心技术发展的这样一种思想观念应当推广至其他网络技术跨国公司中。其二,技术权力资源,从物理层、社会层再到逻辑层,覆盖整个国际网络空间技术权力体系,为了保证这些资源在数量和质量上的增长,"三个世界"的技术权力主体需要实现数据的双向流动,而不是孤立地、封闭地循环往复。其三,对于技术权力的获得与行使,如果技术权力主体之间能够实现相关数据的双向流动,就能够互为监督主体,从侧面缓解ICANN等国际网络空间技术机构作为监督机制载体的中立性不足的问题。总之,以变革数据的流动方向为着力点,能够在更大范围深化数据是"人类共同财产"国际网络空间共识。

第三,为了加快国际网络空间数据传输速度,需要优化相应的物质基础、软件支撑和网络技术人才支持,为技术权力主体之间贯彻数据是"人类共同财产"的国际网络空间共识提供现实支柱。首先,不断发展的网络技术能够降低物理层的网络基础设施的脆弱性指数。后者包含光缆、服务器等多种形式,由不同的国家管辖,不同类型的非国家行为体参与管理。在实现数据内容共享、数据双向流动的基础上,相关技术权力主体能够逐渐缩小"三个世界"的技术权力主体之间网络技术发展水平的差距,继而第二、第三世界的技术权力主体能够在更大程度上提升对相关基础设施的管理和发展能力,从而减小第一世界的技术强国和相关非国家行为体破坏其他技术权力主体管理的卫星、光缆等设施的可能性,为加快数据在国际网络空间的传输速度提供更为坚实的物质基础。其次,逻辑层的网络技术协议,主要外化为国际网络空间数字地址的分配规则,是加快数据传输速度的软件支撑。针对数据内容和数据流动方向的变革能够从间接意义上缓解数据传输速度不一的问题,即原本在第一世界内部的技术权力主体之间呈现出封闭式共享特征的数据得以在第二、第三世界的国家和非国家行为体之间流动,那么,拥有相对较少的数字地址的技术权力主体就能够在一定程度上与第一世界的技术权力主体实现数据的共享,从某种意义上说加快了数据的传输速度。最后,社会层的网络技术人才,为加快数据传输速度供给技术人才支持。他们服务于多个技术权力主体,如ICANN、IGF等国际网络空间技术机构和大型网络技术跨国公司,是这些技术权力主体构

第四章　网络空间的技术赋权：网络边疆治理的基石

建的支持群体网络的重要组成部分，参与研发网络核心技术及其技术产品，助力提升网络基础设施和国际网络空间数字地址的发展水平。另外，由于非机密性数据可以在"三个世界"的技术权力主体之间实现双向共享，这些网络技术人才能够据此充分利用国际网络空间数据传输的物质基础、软件支撑，从而加快数据在"三个世界"的技术权力主体之间的传输速度。

总之，国际网络空间技术权力主体将强化相互之间的信任，依托于强大的现实支柱，在更大范围内深化数据是"人类共同财产"的国际网络空间共识。在此基础上，相关技术权力主体之间需要共同构建常态化的、有效的数据有限共享模式，从而将这一国际网络空间共识真正外化于技术权力主体获取和行使网络技术权力的具体行动中。

（二）构建便捷、有效的数据有限共享模式

构建便捷、有效的数据共享模式需要满足一个前提条件，即要保障国家行为体和非国家行为体的安全利益，实现数据的有限共享。而构建一个数据有限共享模式，则需要立足具体架构和运行机制两个层面。

首先，在数据有限共享模式中，针对技术权力主体之间的具体架构，应当基于扁平化的原则加以安排。也就是说，一方面，"三个世界"的技术权力主体，尤其是技术弱国和弱小的非国家行为体，应当在最大范围内运用其技术权力贯彻数据是"人类共同财产"的共识，而不是一味地受制于"三个世界"的划分，以及由此带来的数据流动的"马太效应"。在"三个世界"中，对于弱小的技术权力主体而言，与第一世界的技术权力主体相比，他们拥有的技术权力或多或少地存在一些短板，以印度为例。印度管辖的网络基础设施在体系内排名第36位。但是，他们在一定程度上拥有突出的优势，印度的网络技术人才培养及储备较为强大，甚至超过了一些网络技术强国。然而，他们却因为前者而被划入第三世界，无法获取助力于自身网络核心技术发展的数据内容，在技术权力资源分配中遭受打压与掠夺，成为第一世界技术权力主体非法获取和行使技术权力的受害者。这些弱技术权力主体应当最大限度地运用上述优势渐进地增强自身的技术权力，从而在与技术强国和相关非国家行为体就数据内容、流动方向和传输速度进行磋商的过程中占据主动权，而不仅仅是成为第一世界技术权力主体的跟随者。另一方面，国家与非国家行为体之间，同样需要在更大程度上遵循扁平化原则，在此基础之上就数据的共享进行讨价还价。因为基于扁平化原则，国家和非国家行为体就能够在真正意义上秉持数据是"人类共同财产"的国际网络空间共识，相互之间共享数据，发挥多中心力量的功能，共同推动网络核心技术的发展、技术权力资源的增长以及技术权力的获取和行使。

其次，ITU应当为这一扁平化的架构模式提供必要的法律供给，以起到巩固作用。结合前文的理论观点，如果ITU能够作为国际网络空间立法组织，就可以为这种扁平化的具体架构搭建一个有效的平台，创制必要的国际网络空间法律，既服务于防范数据流动的分层现象的复归，又用于落实数据是"人类共同财产"的基本原则，并将其落实到政治、经济和安全层面的国际网络空间共识中去。一是在政治层面，ITU可以在法理意义上使技术弱国和相关非国家行为体成员发挥自身的技术权力优势，实现以下目标：第三世界与第一、第二世界双向传输政治层面的数据内容，进而在一定程度上影响相关议程的设置。具体而言，一方面，在国际网络空间技术权力体系内部，弱技术权力主体虽然在管理和发展物理层的网络基础设施方面普遍处于相对较低的技术权力地位，但是在逻辑层和社会层却或多或少地拥有一定的技术权力优势，如通过加入强大的技术权力主体构建的支持群体网络，从中获取部分技术权力。然而，与第一、第二世界的技术权力主体相比，他们在相关技术权力主体中确立共同制定国际网络空间政策、决议层面的国际网络空间共识时，尚无法起到改变政策偏好的作用，而只能在偏好聚合中亦步亦趋。另一方面，ITU作为国际网络空间立法组织，应当在发展传统国际法和创制国际网络空间习惯法的进程中列入相应的条款，至少在法理意义上增强"三个世界"的技术权力主体在扁平化架构中双向传输政治层面的数据内容的可能性。二是在经济方面，通过ITU的组织协调，相关技术权力主体可以共同创制相应的国际网络空间法律，规范相关数据内容的双向流动，从而保障技术权力主体在网络技术的发展和技术人才的分配上呈现秩序化的特征。国际网络空间技术权力主体之间在达成经济层面共识的过程中，彼此共建的扁平化的架构具有较强的不稳定性。一旦美国等技术强国和相关非国家行为体的"经济人"理性相对于这一共识形成压倒性的优势，那么，他们为了实现自身经济利益的帕累托最优状态，就会侵犯其他国家的主权，破坏非国家行为体构建的支持群体

第四章　网络空间的技术赋权：网络边疆治理的基石 <<<

网络的一致性与协调性，混淆数据内容的界限，利用专业化的网络技术人才窃取机密数据。若 ITU 制定相关法律，规范经济层面的数据内容类别、数据流动方向和数据传输速度，那么就能够在很大程度上避免这样一种乱象，即针对相关数据内容践行先占先得原则，破坏数据流动的扁平化的架构特征。三是在协同解决国际网络空间安全问题层面，ITU 可以利用其强大的支持群体网络，最大限度地保证归因问题的解决，使技术强国和相关技术权力主体惮于国际网络空间法律的权威，减少对弱技术权力主体生产和传输的敏感性数据内容的破坏，保障关键网络基础设施（涉及金融、交通、能源、公共事业等社会生活的多个层面）的正常运行，从而维护第三世界技术权力主体的安全利益。正如前文所述，ITU 作为具有公共权威的国际网络空间立法组织，拥有上百个国家、组织和个体成员，他们共同构成其支持群体网络，涵盖技术研发、技术协议标准制定、技术人才培养等多个领域，能够以先进的网络技术发展水平为支撑，以国际网络空间习惯法为主要形式，制定统一的法律标准，明确攻击方应当承担的国际责任。技术强国和相关非国家行为体则受制于此，无法在数据流动过程中对关键数据加以破坏或篡改，不能对物理空间造成巨大的破坏，也就不会严重威胁其他技术权力主体的安全利益。

最后，针对数据有限共享模式，还需要构建有效的运行机制，具体表现为技术权力主体之间自下而上地签署和实践相应的国际网络空间协定或公约，并针对非机密数据内容双向流动的具体情况制定相关的规范和法规。需要注意的是，这些协定或公约是建立在具有普遍意义的法律供给基础之上的，即受到由 ITU 统一组织制定的法律标准的制约。第一，针对规范数据内容的协定或公约，除了在政治和安全层面以国家为制定主体之外，在经济层面，专业化的技术权力主体，即网络技术跨国公司发挥了重要作用，涉及对经济领域相关数据内容的界定。网络技术跨国公司与国家以及其他技术权力主体之间存在较为明显的信息不对称现象，即这一类技术权力主体以经济利益为核心导向，处在国际网络空间经济发展的第一线，直接掌握网络技术发展和网络技术人才分布的具体情况并深知其中存在的问题，对蕴含于其中的数据内容有更为清晰的认知。所以，由体系内的网络技术跨国公司自下而上地制定的国际网络空间协定或公约，能够筛选出可以在相关技术权力主体之间有效流通的数据，缓解安全和发展的矛

221

盾。第二，规范数据双向流动的国际网络空间协定或公约，其制定和执行过程，既要积极发挥体系的国际网络空间技术机构的功能，又要吸纳分散化的网络技术团体、个人等体系外的力量。正如前文所述，在体系内部，除了主权国家以外，越来越多的非国家行为体，特别是国际网络空间技术机构能够发挥自身的技术权力，即借助支持群体网络的力量管理和发展技术协议。该技术权力优势能够为规范数据的双向流动提供重要的软件支撑。换言之，数字地址在国际网络空间技术权力主体中间的分布情况，包括各个技术权力主体获得的 IP 地址的数量和使用率，[①] 如果能够在国际网络空间技术机构的作用下得到有效规制，那么，相关协定或公约的效力就将大大增强。另外，ITU 需要积极地、有选择地将体系外分散化的技术团体和个人纳入支持群体网络。主要原因在于以下两方面：一是后者拥有一定的技术权力欲，且具备较高的技术能力和水平；二是前者具备趋利避害的思想观念，能够避免后者对支撑数据双向流动的网络基础设施、网络技术协议等技术权力资源造成损害，同时增强自身的技术权力。第三，致力于规范数据传输速度的国际网络空间协定或公约，尤其需要借助网络巨头的技术权力，使其成为除主权国家以外重要的制定主体。在无法令数字地址在国际网络空间技术权力主体中间的分布状况出现显著变革的情况下，加快数据传输速度的主要途径是强化物理层的网络基础设施，尤其是海底光缆。而网络巨头是海底光缆的重要建设力量，且他们有满足自身数据中心流量业务传送的需求，[②] 因而除了国家以外，这一类的技术权力主体在参与管理海底光缆过程中，能够就相关协定或公约的制定、解释和适用发挥积极功能。

由此可见，以数据是"人类共同财产"为核心要义的国际网络空间共识，要在"三个世界"的国际网络空间技术权力主体中间得到有效落实。实现上述目标的首要步骤是在理论意义上设定数据的内容、流动方向和传输速度。在此基础之上，相关技术权力主体致力于构建有效的数据有限共享模式，从而在更大程度上解决国际网络空间共识存在的分层现象、安全

[①] 中国网络空间研究院编著：《世界互联网发展报告2017》，电子工业出版社2018年版，第149页。

[②] 中国网络空间研究院编著：《世界互联网发展报告2017》，电子工业出版社2018年版，第145页。

与发展的矛盾激化等问题。

四 搭建完善的国际网络空间制度框架

在国际网络空间技术权力体系中，无论技术权力主体，还是由他们共同创设的国际网络空间法律和共识，存续于一个完善的国际网络空间制度框架当中。所以，ITU应当作为关键承载体，与其他国际网络空间组织协调解决国际网络空间存在的问题，包括制度承载体中立性不足、基本原则的概念不清等，最终促进整个国际网络空间技术权力体系的发展。

（一）以ITU统一领导下的多中心结构为制度载体

变革国际网络空间制度的第一要务，就是解决制度承载体，即W3C、IETF、ICANN等国际网络空间组织在其他技术权力主体中间公信力明显下降的问题。上文涉及的这些制度承载体不可避免地处于某一个或多个国家的管辖范围内，要受到他们的技术权力的影响，受制于其国内的法律法规。相反地，ITU却在很大程度上规避了上述缺陷。因而，多元化的制度承载体可以通过加入ITU构建的支持群体网络的方式，在ITU的统一领导下相互联结，获取和行使相应的技术权力。

第一，ITU对多元化的国际网络空间制度承载体的统一领导，表明这些制度承载体成为ITU的支持群体网络的成员，是ITU的派出机构，在参与管理和发展网络基础设施、数字地址等技术权力资源的过程中要对ITU负责。实现上述目标需要解决以下难题，即制度承载体所在国家在直接和间接意义上对他们过度行使管辖权的问题。一是针对制度承载体面临的国内法对国际网络空间法律的越位问题，ITU可以通过以下渠道解决这一问题，即将其纳入自身构建的支持群体网络。国内法是以维护制度承载体管辖国的对内主权为根本原则，以中央政府为最高政治权力主体，维护其利益与安全。在此基础上，当涉及物理层网络基础设施的管理，逻辑层数字地址的分配，以及技术权力的获取和行使时，相关国际组织都要受制于其管辖国的利益偏好。然而这些制度承载体在行使技术权力的过程中，其影响力覆盖"三个世界"的技术权力主体，需要以国际网络空间立法组织创制的规范和法规为最高标准。为了防止部分国家的国内法律继续蚕食国际网络空间法律，尤其是为了使制度承载体在很大程度上摆脱管辖国的国内法律的压制，ITU应当吸纳其加入自身构建的支持群体网络。二是由ITU

遴选出符合条件的网络技术人才，以规避国际网络空间技术权力资源分配由部分技术强国掌控的问题。多数制度承载体使用的网络技术人才来自管辖国，导致他们在获取和行使网络技术权力时无法保障较强的客观性。而如果 ITU 从自身构建的支持群体网络中遴选出符合条件的成员，就可以在很大程度上保证后者秉持的数据是"人类共同财产"的国际网络空间共识，相对公正地为"三个世界"的技术权力主体分配技术权力资源。此外，网络技术人才的来源应当涵盖 ITU 全体成员国家、组织和个人，这样才能够起到强化技术权力主体之间相互监督机制的作用。总之，在 ITU 的统一领导下，其他制度承载体可以在一定程度上避免受到其管辖国，主要是技术强国的控制，增强其他技术权力主体对自身的信任。当然，除了接受 ITU 的统一领导，这些制度承载体之间还应当形成一个相对平等的多中心结构，从而为推动国际网络空间制度的发展迈出关键的第一步。第二，多元化的制度承载体除了接受 ITU 的统一领导以外，还应当相互构建协商、合作关系，削弱等级特性。建立这样一种多中心结构是为了规避双重领导的问题。以 ICANN 与国际网络空间的 5 个 RIRs（即地区性网络注册机构）之间的技术权力关系为例。从某种意义上说，ICANN 拥有较为显著的技术权力优势：5 个 RIRs 是 ICANN 的支持群体网络的成员，需要定期参加 ICANN 组织的会议，更为重要的是，RIRs 行使技术权力所依托的关键技术权力资源，即 IP 地址掌握在 ICANN 手中，[①] 也就是说，5 个 RIRs 在实质意义上受 ICANN 支配。那么，当 RIRs 接受 ITU 的统一领导以后，调配网络数字地址的技术权力应当上收至 ITU，如果继续由 ICANN 持有，鉴于它与美国的紧密联系，将会进一步加剧其他技术权力主体对国际网络空间制度承载体的不信任感，同时也会使 ITU 和 ICANN 就获取和行使相应的技术权力产生矛盾与冲突。而相关制度承载体之间形成协商、合作关系的路径如下所示。一是要借助 ITU 构建的平台，就规范 5G 技术、云计算等网络技术的发展、技术权力资源的分配以及技术权力的获得和行使等问题，展开平等、公开透明的协商，以进一步深化数据是"人类共同财产"的国际网络空间共识。二是这些制度承载体要明确，协商的最终目的是增

[①] ICANN:《ICANN 与地区互联网注册管理机构（RIRs）如何合作》，https://news.domain.cn/html/yumingzixun/2017/1013/55517.html，访问时间：2019 年 9 月 8 日。

第四章　网络空间的技术赋权：网络边疆治理的基石 <<<

强国际网络空间技术权力体系的制度化供给，而不是以实现部分技术强国和相关非国家行为体的利益需求为依归。三是 ITU 要发挥组织和协调功能，为协商过程制定相应的规范，避免第一世界的技术权力主体运用自身的技术权力优势对其他技术权力主体施加压力，最终形成虚假性制度变革的所谓共同意见。第三，在上述两个举措的基础之上，ITU 要进一步强化国际网络空间制度承载体的多元化特征。鉴于技术强国和相关非国家行为体会利用现有的部分制度承载体制造制度漏洞，ITU 需要使多层次、多领域的国际网络空间组织加入制度承载体的行列，以规范体系内的秩序。

（二）消除对国际网络空间根本原则的理解及实际运用乱象

在调节国际网络空间制度承载体之间的技术权力关系的基础上，这些国际网络空间组织还需要解决两个关键问题：一是如何破除技术权力主体之间关于国际网络空间根本原则的理解分歧？二是如何防止部分技术权力主体颠倒国家主权原则、人权原则等国际网络空间根本原则的主次地位？

针对第一个问题，在国际网络空间制度承载体的组织和协调下，"三个世界"的国际网络空间技术权力主体对于国际网络空间根本原则，特别是国家主权原则和管辖权原则的基本内涵应当形成较为统一的认识，其他细节部分则允许存在一定的分歧。第一，就国家主权原则而言，相关技术权力主体要认识到，保证国家行为体在国际网络空间拥有明确的对内和对外主权是稳定国家间技术权力关系的关键一步。确定一国的对内和对外主权，关键在于明确国与国之间的边界线。与陆地、海洋等不同，在国际网络空间，由于其虚拟性，相关国家行为体无法划定相互排斥的界限。技术强国利用这一特性，让国际网络空间是全球公地的理论甚嚣尘上。[1] 具体而言，他们不仅以国际网络空间无政府主义为意识形态基础，还利用经验主义的方法，证明在国际网络空间划定确切边界的可能性微乎其微。以该理论为基础，第一世界的技术权力主体主张国际网络空间制度承载体应当由非政府间国际组织来担任，如美国等技术强国坚决反对将分配数字空间地址资源等技术权力从诸如 ISOC（即国际网络协会）一类的国际网络空间技术组织手中转移给 ITU。然而，实际情况是，国家行为体在国际网络

---

[1] Mireille Hildebrandt, "Extraterritorial Jurisdiction to Enforce in Cyberspace? Bodin, Schmitt, Grotius in Cyberspace", *The University of Toronto Law Journal*, Vol. 63, No. 2, 2013, p. 196.

空间拥有对内和对外主权，且存在边界。该边界的特殊之处在于，它是根据国家对网络基础设施、数字地址等网络技术权力资源的实际控制程度来划定的，是动态发展的。因此，由 ITU 领导的国际网络空间制度承载体，应当制定统一的、具体的标准，明确规定国家行为体在国际网络空间中的对内和对外主权的范围，从而在一定程度上起到约束第一世界的技术权力主体的作用。第二，国际网络空间技术权力主体应当就管辖权原则的内涵形成统一认识，包括属地管辖权和域外管辖权，从而有效处理国家与非国家行为体之间的技术权力关系。前者是指，对于"三个世界"的国家掌握的属地管辖权，国际网络空间制度承载体需要从以下两个层面限制相关国家获取和行使该权力的范围。一是针对牵涉一国国家利益的数据内容，在不违反国际网络空间多边协议或公约的前提条件下，国家可以践行属地管辖权原则，令其管辖范围内的非国家行为体遵守国内相关规则和规范。二是国家运用收集和生产信息或数据流的技术权力，迫使相关非国家行为体改变政治意愿或偏好的行为，都属于对属地管辖权原则的滥用，需要制度承载体以相关规则和规范为依据对这一越轨行为加以纠正。后者则是指，对于域外管辖权，需要明确其行使范围，即处于国家主权范围内的物理层、逻辑层和社会层不能被涵括在内。同时，国际网络空间制度载体也可以遵循上述逻辑思路，对相关国家和非国家行为体之间的技术权力关系加以规范。

对于第二个问题，为了优化国际网络空间抽象原则具象化的过程，相关技术权力主体要厘清国家主权、尊重人权等根本原则的先后次序。也就是说，第一，国家行为体，尤其是第一世界的技术强国要形成这样一种认知，即在其获得和行使国际网络空间技术权力的过程中，主权原则高于一切，尊重人权原则不能凌驾于国家主权原则之上。在国际网络空间技术权力体系中，美国、英国等技术强国扮演着卫道士的角色，相较于国家主权原则，更加突出尊重人权原则的重要性。他们指责以中国、俄罗斯为代表的第二、第三世界的国家行为体过度行使技术权力，限制了数据在国际网络空间的自由流动。一方面，这是对国际网络空间根本原则适用对象的混淆。尊重人权原则主要被应用于体系内的国家和非国家行为体之间，而上述例证在很大程度上牵涉的是体系外掌握一定网络技术知识的个人、团体，背离了该根本原则的基本内涵。另一方面，更为关键的是，相关技术权力主体尊重、维护国家主权原则是保障国际网络空间技术权力体系秩序化不可或缺的前提条件，在此基础上，尊重人权原则的践行才具备一定程度的可行性。第二，对于国际网络空间技术机构、网络技术跨国企业等非国家行为体而言，首要的是遵循国家主权原则，继而是基于尊重人权原则，在有效且合法的意义上行使技术权力。以网络巨头脸书公司为例，其因为非法使用用户数据内容而被推上了风口浪尖，德国等欧盟国家对其展开了调查。2019 年 10 月 4 日，欧盟法院裁定，欧盟成员国法院可以责令脸书公司在全球范围内删除非法数据内容。而脸书公司则指责欧盟的这一决议违背了在国际网络空间尊重人权的根本原则。[①] 由两者爆发的这一冲突可知，脸书公司作为国际网络空间技术权力主体，拥有一个庞大的支持群体网络，并借此参与管理物理层的基础设施、发展技术协议和获取网络技术人才支持。而保障相关数据内容的机密性，是其维护自身技术权力地位的关键步骤。但是，欧盟国家为了维护在国际网络空间的国家主权，是可以行使相应技术权力，干预敏感数据内容的传输过程的。所以，脸书公司在国际网络空间技术权力体系中，应当首先遵循国家主权原则，在此基础上，才能够行使技术权力，保障数据内容在相关技术权力主体之间双向流动。

至于国际网络空间制度的具体运行机制，由于其与国际网络空间法律的主要形式之一，即国际网络空间双边或多边协议、公约之间在很大程度上存在交叉重叠，在此就不多加赘述。

小结：从古至今，国内外众多学者对科学技术与政治权力之间的关系做了全方位、多层次的分析，使得这一理论问题的答案逐渐清晰化。但是，针对技术赋权，尤其是国际网络空间的技术赋权，学界尚缺乏一种较为完善的理论分析模型。此外，值得注意的是，在国际网络空间，因技术赋权而逐渐形成的技术权力体系的运转已初见成效，同时也暴露出一些亟待解决的问题。本书主要是以体系的四个构成要素的变革为着力点，以国际主义和多元主义为价值导向，思考整个国际网络空间技术权力体系的发展变化。此外，还有一些问题有待进一步探讨。一是技术赋权如何能够与

[①] 焱燚：《欧洲最高法院裁定 欧盟可要求 Facebook 删除非法内容》，http://baijiahao.baidu.com/s?id=1646401235122986473&wfr=spider&for=pc，访问时间：2019 年 10 月 8 日。

政治权力主体内部复杂的结构相切合的问题。当科学技术对整个政治权力系统产生影响的时候，虽然从理论上讲，可以从政治权力主体、权力客体、权力资源和权力运行方式这四个方面入手，分析科学技术为什么以及如何转化为政治权力，可是整个政治权力系统的运作过程非常复杂。以政治权力主体为例，它被划分为国家机构、政治组织和特定的政治人这三个组成部分，但是实际情况是，它们受到制度和非制度因素的影响，存在一种交叉重叠甚至相互矛盾冲突的关系。那么，科学技术在作用于政治权力主体的内部结构时，又该如何应对政治权力主体的这一固有特征呢？二是ITU如何在国际网络空间技术权力主体中间构建公共权威的问题。对于如何解决国际网络空间技术权力体系在运转过程中凸显的问题，笔者尝试做了一些粗浅的思考，涵盖体系内的技术权力主体、法律、共识和制度等构成要素。这些举措的核心要点是要确立ITU在全体技术权力主体中的公共权威，但是，要达成这一目标，却存在不小的现实阻碍。具体而言，虽然ITU隶属于全球性国家间政府组织，即联合国，但是目前它毕竟只是一个国际网络空间技术标准制定和执行机构。那么，如何赋予其更大的合法性，使其他技术权力主体对它体系内的领导地位形成较强的认同意识，又怎样确保它体系内的位置和需要遵守的规则能够得到持续性的制度供给？这些也是笔者后续的重点研究内容。

第五章 国家间网络冲突中的制网权争夺：网络边疆治理的核心

面对日益严峻的网络威胁与安全竞争，国家间的网络冲突尤其是攻防对抗逐渐成为国家行为体在网络空间的主要互动形式之一，并对国际体系的战略稳定构成威胁。其中，网络攻防理论对国际网络冲突攻防互动关系的解释逐渐成为主流路径，是现实主义理论家族，尤其是进攻—防御理论在网络空间这一新领域的有力拓展。通过文献梳理可以发现，网络空间攻防理论的传统解释认为网络空间的攻防关系是"进攻占优"，即在国际网络空间中，网络攻击的发起国占据先发优势，目标国则处于被动地位，不利于网络空间的战略稳定。然而，这一理论既无法解释国家间为何没有爆发大规模网络战争的原因，也难以解释为何网络攻击的目标国往往不选择妥协和让步，以及网络攻击产生的实际效用也仍然有限的现象。网络攻防平衡理论虽然对此给予了修正，但仍没有摆脱"进攻占优"的陷阱。通过双边网络事件和争端数据库的数据显示（DCID，Version1.1）可以发现：绝大多数的网络冲突事件均以发起国成功完成网络空间层面的攻击目标，且目标国并没有做出发起国想要的让步行为而收场。这反映了当下的国际网络冲突在攻防结果维度上实现了相互制约与平衡的态势，也就是本书提出的"攻防制衡"关系模式。这一关系模式将打破传统的网络攻防理论过程视角，从结果层面构建新的分析框架。根据 DCID 样本数据进行统计建模，以及伊朗对沙特的沙蒙行动与美国对伊朗的震网行动两个案例可以发现：网络冲突的严重程度对"攻防制衡"模式的生成具有显著的负向影响。然而，正是"攻防制衡"模式所具有的低烈度特征，才使其成为当前国际网络冲突攻防互动的常态。随着国家行为体在网络空间博弈程度的日益加深，制网权逐渐成为国家争夺的一个新型控制权,在网络基础设施与行为体方面存在着先天的"地缘政治"属性。争夺制网权成为国家网络冲突攻防互动的实质,并发挥着关键作用。而对这一概念的阐释一直存在着较大的争议以及界定模糊的问题,本研究则对制网权的相关研究进行了多角度梳理和清晰界定。因此,准确把握"攻防制衡"模式与制网权所产生的共同作用,对网络空间安全与国际体系的战略稳定具有重要意义。

第一节 网络空间攻防理论的溯源与阐释

传统的进攻—防御理论是网络空间攻防理论的渊源,因此本部分将对传统的攻防理论进行系统阐释。基于网络空间的技术特征,传统的攻防理论应用到网络空间中形成了一些变体:进攻占优论、攻防平衡论以及制网权理论。然而这些理论分支均难以对当前的国家间网络冲突攻防对抗现象与国家反应机制进行有效的解释,存在一些局限和不足。

一 传统进攻——防御理论的概述

(一)传统攻防理论的核心要义

网络空间的攻防理论可以追溯到传统国际体系的进攻—防御理论。[1]以肯尼斯·华尔兹(Kenneth Waltz)为代表的结构现实主义认为,在国际无政府状态下,国家追求的终极目标不是权力,而是安全。[2] 由于缺少"利维坦"式的权力来源,国际无政府状态下所产生的安全困境,[3] 使国

---

[1] 一些学者曾对传统的进攻—防御理论进行了详细的综述与阐释。参见 Tang Shiping, "Offence-defence Theory: Towards a Definitive Understanding", *Chinese Journal of International Politics*, Vol. 3, No. 2, 2010, pp. 213–260;王伟光《攻防平衡理论及其批判》,《国际政治科学》2012 年第 3 期。

[2] Kenneth N. Waltz, "The Origins of War in Neorealist Theory", *The Journal of Interdisciplinary History*, Vol. 18, No. 4, 1988, pp. 615–628.

[3] John Herz, "Idealist Internationalism and the Security Dilemma", *World Politics*, Vol. 2, No. 2, 1950, pp. 157–180; Robert Jervis, "Cooperation under the Security Dilemma", *World Politics*, Vol. 30, No. 2, 1978, pp. 167–214; Randall L. Schweller, "Neorealism's Status-Quo Bias: What Security Dilemma?" *Security Studies*, Vol. 5, No. 3, 1996, pp. 90–121; Charles L. Glaser, "The Security Dilemma Revisited", *World Politics*, Vol. 50, No. 1, 1997, pp. 171–201.

第五章　国家间网络冲突中的制网权争夺：网络边疆治理的核心

家为追求安全所采取的行动自然被他国视为威胁。即使国家没有表现出恶意，国家之间的恐惧与不安全感仍是普遍存在的。攻防理论正是在国际无政府状态下的安全困境中孕育出来的，其核心变量是攻防平衡与行为体行为之间的关系。罗伯特·杰维斯（Robert Jervis）被认为是进攻—防御理论的提出者与创始人。[1] 他指出进攻防御理论的前提假设是国家所经历的安全困境的强度可能会有所不同，这取决于军事技术的发展状况和某些情境因素。当军事进攻占上风时，合作就很困难，战争就更有可能发生；当防御占上风时，战争就容易避免，合作便更容易实现。[2] 当进攻比防守有优势时，进攻是维护国家利益的最佳途径。任何一个国家如果不设法扩大其规模和影响力，都将难以维护其既有的国家利益。[3]

斯蒂芬·埃弗拉（Stephen Van Evera）则持相同的观点，认为当征服变得很容易时，战争发生的可能性要大得多，攻防平衡的变化对战争的风险有很大影响。[4] 攻防理论认为影响攻防平衡的两个变量是：（1）防御性武器和政策是否可以区别于进攻性武器和政策；（2）防御或进攻在准备和结果上是否占据优势。[5] 传统的攻防平衡则受到军事实力与技术、地缘因素、国家社会结构、国家联盟以及民族主义等因素的影响。其中，军事技术因素又是影响攻防平衡的首要因素。[6] 随着军事技术的不断发展，进攻的成本将会逐渐减少，进攻性的国家战略成为主权国家维护和争取国家利益的先天倾向与重要选择，而这会成为国家间发生冲突的"催化剂"。此

---

[1] 韦宗友：《攻防理论浅析》，《现代国际关系》2002年第6期。

[2] 也有一些学者认为在防御占优的情况下，战争的风险会增加。参见 James D. Fearon, "The Offense-defense Balance and War since 1648", *Paper Delivered to the Annual Meetings of the International Studies Association*, Chicago, February 21 – 25, 1995, pp. 379 – 414; Peter Liberman, "The Offense-defense Balance, Interdependence, and War," *Security Studies*, Vol. 9, No. 1 – 2, 1999, pp. 59 – 91。

[3] Robert Jervis, "Cooperation under the Security Dilemma", *World Politics*, Vol. 30, No. 2, 1978, pp. 167 – 214.

[4] Stephen Van Evera, "Offense, Defense, and the Causes of War", *International Security*, Vol. 22, No. 4, 1998, pp. 5 – 43.

[5] Robert Jervis, "Cooperation under the Security Dilemma", *World Politics*, Vol. 30, No. 2, 1978, pp. 167 – 214.

[6] 韦宗友：《攻防理论浅析》，《现代国际关系》2002年第6期。

外，地缘因素也是影响进攻与防御的重要因素，例如国家即使在其他方面存在劣势，但依靠其广阔的水域面积（如海洋、河流）、险峻的高山、茂密的森林、恶劣的气候环境等地理优势进行战略防御，可增加对方进攻的困难程度，从而影响或改变攻防关系。随着时间的推移，无论是进攻占优还是攻防平衡都逐渐成为攻防理论的核心变量，并广泛用于分析国家行为体的国际互动行为中。

（二）传统攻防理论的争议与讨论

随着进攻—防御理论的兴起与发展，其在现实主义理论体系框架中均势政治与安全竞争背景下对国际现实做出了较好的解释。但随之也引发了学界一系列质疑与批判。[1]

首先，关于攻防平衡的核心概念界定的争议。杰克·李维（Jack S. Levy）认为攻防平衡存在概念模糊的问题。他以历史案例为基础，对基于军事技术的攻防平衡概念进行了检验，发现攻防平衡的概念太过模糊和笼统，使其在理论和历史分析中难以彰显价值。即使在更广泛概念下所纳入的其他变量本身可能是有用的，但还需要更多的分析来证明这些概念具有重要的理论意义。[2] 肖恩·林觉思（Sean M. Lynn-Jones）则对攻防理论的一些批评进行了一定的辩护，他认为该理论并没有假设单个武器可以分为进攻性还是防御性。相反，它认识到新技术可以生产新武器，从而降低采用进攻或防御战略的成本。一些批评让人们注意到，有必要通过观察某些国家对攻防平衡的看法来解释它们的外交政策。也有人强调，攻防平衡必须与其他变量相结合，如此才能构成有力而全面的解释。琼斯认为攻防理论解决了这些问题，使这些批评难以站得住脚。他认为攻防理论的支持者和批评者应该停止争论武器是否可以或应该被归类为进攻或防御。攻防理论所面临的挑战是提出可验证的假设，并进行实证检验。恰当地加以说明，攻防理论应该能够解释国际政治的许多方面，而这些方面是权力分

---

[1] 例如以唐世平为代表的学者曾对攻防理论进行了批判，参见 Tang Shiping, "Offence-defence Theory: Towards a Definitive Understanding", Chinese Journal of International Politics, Vol. 3, No. 2, 2010, pp. 213–260。

[2] Jack S. Levy, "The Offensive/Defensive Balance of Military Technology: A Theoretical and Historical Analysis", International Studies Quarterly, Vol. 28, No. 2, 1984, pp. 219–238.

第五章　国家间网络冲突中的制网权争夺：网络边疆治理的核心

配所不能解释的。[1]

其次，有关攻防平衡形成原因的讨论。从传统攻防理论的主流解释来看，影响攻防平衡的一个核心解释变量是以武器为代表的军事技术，当武器更具进攻性时，则有利于进攻；反之，则向防御倾斜。凯尔·莱伯（Keir Lieber）对此提出了质疑。他认为学者夸大了科技对军事结果的影响，也夸大了进攻或防御主导的观念对政治和战略决策的影响。了解攻防理论的局限性可能有助于学者发展出更细致的因果解释，以及对这些假说进行更精确的经验检验。然而，该理论可能最终无法提供足够的分析来理解国际政治，特别是考虑到操作和测量攻防平衡的复杂性。无论如何，技术变革与国际安全之间的关系太过重要，也太过迷人，不能基于军事技术攻防平衡这一有缺陷的概念而放弃。[2]

最后，对攻防平衡核心变量关系真实性的质疑。一些学者认为攻防平衡理论是难以经得住普遍事实检验的，也难以对历史上的多数案例进行有效的解释。甚至可以说，攻防平衡基于其内在不够成熟与完善的理论逻辑，导致其具有不可检验性。例如王伟光认为攻防平衡理论在经验上具有不可检验性，其理论逻辑是一种虚假的因果关系。攻防平衡作为该理论的核心自变量，难以操作化，不具备经验上的内涵，因而是一种虚幻的存在。进攻与防御相互交织，是一体的和可以相互转化的关系。此外，一些用来测量攻防平衡的伤亡比、军事投入比、成本比等指标并不意味着其具有实际意义或理论意义。[3]

（三）传统攻防理论对于网络空间的适用性

网络空间为主体间的入侵与防御提供了天然的技术平台，它具备几个有利条件。一是网络空间可以跨越时空的界限，攻击的发起者可以随时随地通过操纵计算机代码实施网络入侵，并给对方造成损害，这给源于传统地缘政治冲突的进攻—防御理论的施展提供了天然的技术逻辑。军事技术尤其是武器作为传统攻防理论的核心变量对影响攻防双方关系起着决定性

---

[1] Sean M. Lynn-Jones, "Offense-Defense Theory and Its Critics", *Security Studies*, Vol. 4, No. 4, 1995, pp. 660 – 691.

[2] Lieber A. Keir, "Grasping the Technological Peace: The Offense-Defense Balance and International Security", *International Security*, Vol. 25, No. 1, 2000, pp. 71 – 104.

[3] 王伟光：《攻防平衡理论及其批判》，《国际政治科学》2012年第3期。

作用。网络技术的发展是网络攻防对抗能力的直接体现，决定着攻防对抗的结果。二是网络进攻实施的成本非常小，发起方既不需要受到地理条件的限制，即可瞬时投送"兵力"，也不需要进行大规模的备战，而军备是要耗费极大成本的。三是网络空间为进攻防御理论提供了近乎完美的"伪装"和"保护罩"，基于网络归因的困难，网络攻击的发起者可以很好地进行自我隐蔽，以防止被敌方进行归因和识别，从而减小被报复的概率。所以传统的进攻—防御理论对解释网络空间攻防冲突与攻防关系问题具备天然的优势，甚至直接被学者拿来用于网络空间。所以，恰恰因为网络空间为进攻—防御理论提供了天然的技术支撑，从而导致网络空间进攻—防御理论成为当下解释网络冲突攻防互动的主导理论，并衍生出网络进攻占优论、网络攻防平衡论以及网络空间的制网权等理论观点。

二 网络空间攻防理论的建构

（一）网络攻防理论的主流阐释：进攻占优论

在无政府的国际体系中，国家将在威胁面前保持平衡。斯蒂芬·沃尔特（Stephen Walt）认为对国家来说，威胁是综合实力、地理邻近性、进攻性、能力和侵略意图的结果。[①] 网络攻击的匿名性与归因难题更是加剧了国际网络空间的安全困境，给国家带来严重威胁。因此，攻防理论与网络安全领域的结合便有存在的可能。基于网络空间技术特征所带来的未知恐惧与不安全感，国家往往会持续加强网络攻防能力建设，甚至不惜采取先发制人的策略以保障自身安全。对于一些网络大国来说，国家网络战略的制定成为一种例行举措，"网络部队"发展为继陆军、海军、空军之后的又一新军种，成为维护国家网络空间安全与承担网络攻防对抗任务的重要力量。

网络空间的进攻占优论成为学界的重要理论解释。在网络冲突的攻防问题上，多数学者认为进攻占优，因此预计会有更多的攻击者和破坏者。网络攻击增加了发起国进攻并对目标国造成损害的机会，同时降低了发起

---

① Stephen M. Walt, *The Origins of Alliances*, Ithaca: Cornell University Press, 1987, pp. 17 – 33.

第五章 国家间网络冲突中的制网权争夺：网络边疆治理的核心 <<<

国承担的风险，因为发送特殊的程序代码比派遣特种部队更为容易。① 进攻占优的理论依据源于斯蒂芬·埃弗拉所认为的进攻容易导致战争的论点；现实依据则体现在网络空间的技术特性上。一方面，对于网络冲突的发起国，网络空间的技术特征极大提高了进攻的效率和胜率。网络战的准入门槛非常有限，即便是大国也很容易受到不间断的虚拟攻击。具体而言，一是网络空间超越了时空的限制，对于进攻方来说具有出其不意的优势；二是网络攻击的匿名性与隐蔽性使得网络攻击的发起国可以减少自身被暴露的风险，从而增加敌方归因的困难，进而减小被报复概率；三是发动网络攻击的成本较低，因为网络武器主要是基于计算机程序代码。肯尼斯·纳普（Kenneth Knapp）和威廉·博尔顿（William Boulton）指出大范围强大的网络武器已变得更加便宜和可用，攻击者只需花400美元就能制造出一枚电磁炸弹。② 网络攻击方式主要包括破坏、分布式拒绝服务、入侵与渗透。其中，网络渗透可以细分为逻辑炸弹、病毒、蠕虫、监听等方式。③ 这些网络攻击的方式对于国家来说，其成本微不足道，更无须承担

---

① 学界关于网络空间进攻占优论的有关论述，参见 William F. Lynn Ⅲ, "Defending a New Domain—the Pentagon's Cyberstrategy", *Foreign Affairs*, Vol. 89, No. 5, 2010, p. 97; Lucas Kello, "The Meaning of the Cyber Revolution: Perils to Theory and Statecraft", *International Security*, Vol. 38, No. 2, 2013, pp. 7 – 40; Kenneth Lieberthal, Peter Warren Singer, *Cybersecurity and US-China Relations*, Washington, D. C: Brookings, 2012; Martin C. Libicki, *Cyberdeterrence and Cyberwar*, Santa Monica: Rand Corporation, 2009; Joseph Nye, *Cyber Power*, Cambridge, Massachusetts: Harvard Univ Cambridge Mabelfer Center for Science and International Affairs, 2010; Adam P. Liff, "Cyberwar: A New 'Absolute Weapon'? The Proliferation of Cyberwarfare Capabilities and Interstate War", *Journal of Strategic Studies*, Vol. 35, No. 3, 2012, pp. 401 – 428; Chris C. Demchak, *Wars of Disruption and Resilience: Cybered Conflict, Power, and National Security*, Athens: University of Georgia Press, 2011; Nazli Choucri, *Cyberpolitics in International Relations*, Cambridge, Massachusetts: MIT Press, 2012; Keir Lieber, "The Offense-Defense Balance and Cyber Warfare", *Cyber Analogies*, 2014, pp. 96 – 107; Timothy J. Junio, "How Probable is Cyber War? Bringing IR Theory Back in to the Cyber Conflict Debate", *Journal of Strategic Studies*, Vol. 36, No. 1, 2013, pp. 125 – 133; John B. Sheldon, "Deciphering Cyberpower: Strategic Purpose in Peace and War", *Strategic Studies Quarterly*, Vol. 5, No. 2, 2011, pp. 95 – 112。

② Kenneth Knapp, William Boulton, "Cyber-Warfare Threatens Corporations: Expansion into Commercial Environments", *Information Systems Management Journal*, Vol. 23, No. 2, 2006, p. 76。

③ 关于网络攻击方式的介绍与分类参见沈逸、江天骄《网络空间的攻防平衡与网络威慑的构建》，《世界经济与政治》2018年第2期；Ryan C. Maness, Brandon Valeriano, "The Impact of Cyber Conflict on International Interactions", *Armed Forces & Society*, Vol. 42, No. 2, 2016, pp. 301 – 323; Stephen M. Walt, "Is the Cyber Threat Overblown?" *Foreign Policy*, March 30, 2010, https://foreignpolicy.com/2010/03/30/is-the-cyber-threat-overblown/，访问时间：2018年12月13日。

人员伤亡的风险。即使网络攻击的成本再高,使用网络武器的门槛也会低于其他种类的武器。①

另一方面,对于网络冲突的目标国家来说,网络空间的技术特征使得网络防御的成本相对昂贵。具体而言,一是实时归因问题难以解决,网络攻击可以在技术上对攻击源头进行伪装和分散,使网络冲突的目标国难以确定攻击来源。此外,一旦目标国人为归因失误,将会产生新的敌人,并引发新的冲突,归因的不确定性使战争爆发的风险增加,从而对网络空间的战略稳定构成挑战。②二是国际网络冲突中目标国网络系统的脆弱性会增加网络攻击后所承受的损失。现代网络系统的脆弱性加速了国际社会不可避免地滑向网络战争。③事实上,网络应用较为发达的国家可能会成为网络攻击的重要目标,因为它们对普遍应用的网络系统依赖程度更高,网络攻击所带来的损失也可能较大。而网络技术并不发达的国家在遭受网络攻击时所遭受的损失和负面影响可能有限。而在国际网络冲突中,国家网络基础设施的脆弱性更加成为网络防御的弱点。

总之,网络攻防理论的传统解释以"进攻占优论"为特点,并将经典的攻防理论与网络空间的技术特征有机结合起来,在国际政治中网络空间安全理论的完善与发展方面迈出了重要一步。

(二)网络攻防理论的认知转变:攻防平衡论

网络攻防平衡理论也对进攻占优的观点进行了修正:丽贝卡·斯莱顿(Rebecca Slayton)从网络攻防的成本—效益角度出发,认为在攻防双方开展网络行动所获得的实际效用相等时,攻防平衡是可以实现的。衡量这种效用的方法就是双方通过"进攻—防御"所获得的绝对效用减去攻防成本得出的净效用。④更多的网络攻防平衡理论从攻防过程出发,

---

① Timothy J. Junio, "How Probable is Cyber War? Bringing IR Theory Back In to the Cyber Conflict Debate", *Journal of Strategic Studies*, Vol. 36, No. 1, 2013, p. 130.

② 刘杨钺:《网络空间国际冲突与战略稳定性》,《外交评论》2016年第4期;Timothy J. Junio, "How Probable is Cyber War? Bringing IR Theory Back In to the Cyber Conflict Debate", *Journal of Strategic Studies*, Vol. 36, No. 1, 2013, pp. 125 – 133。

③ Gary McGraw, "Cyber War is Inevitable (unless we build security in)", *Journal of Strategic Studies*, Vol. 36, No. 1, 2013, p. 109.

④ Rebecca Slayton, "What is the Cyber Offense-defense Balance? Conceptions, Causes, and Assessment", *International Security*, Vol. 41, No. 3, 2017, pp. 72 – 109.

第五章　国家间网络冲突中的制网权争夺：网络边疆治理的核心

认为网络攻防态势存在一种平衡关系，网络攻击的效用被过分夸大，且防御的能力被人为低估，这有利于国际网络空间形成新的战略稳定。[①] 此外，发起者寻找机会并成功实施网络破坏行动的复杂程度正在上升，复杂系统的保护和防御设置越好，发起者所需资源越多，技术越复杂，设计越具体，需要的组织越多。如托马斯·里德（Thomas Rid）认为，只有很少的精密的战略行动者才有可能完成类似"震网"那样顶级的计算机破坏行动。[②] 在归因问题的解决方面，攻防平衡理论认为，随着技术的发展，归因变得越发容易，即入侵检测系统可以更好地实时识别入侵，更快地利用更多的数据。更具适应性的网络可能会提高进攻行动的成本，从而消除混乱，释放资源，更好地识别高调的入侵行为。[③] 事实上，综观国际网络冲突动态，国家间并没有公开爆发大规模持续激烈的网络战争，而是维持着一种长期低烈度的态势，网络攻防行动大多是在暗中进行。而且多数网络攻击的目标国并没有采取过度的回应，甚至不惜淡化处理网络入侵事件。

通过梳理文献发现，网络空间的攻防平衡理论是对网络进攻占优理论的有力改进，并有效解释了网络冲突维持低烈度态势的过程机制。该理论为本书核心问题的解释提供了理论挖掘的基础，也为国际网络空间的战略稳定提供了技术逻辑。

（三）网络攻防理论的逻辑内核：制网权理论

首先，网络攻防理论与制网权理论存在共有的地缘政治逻辑。网络攻防理论从进攻防御理论衍生出来，而制网权则是从传统地缘政治学中的制陆权、制海权、制空权等军事控制权发展而来。因此，二者都有共同的地缘政治内涵。网络空间看似超越了地缘因素的限制，但是它仍然有显著的

[①] Ilai Saltzman, "Cyber Posturing and the Offense-defense Balance", *Contemporary Security Policy*, Vol. 34, No. 1, 2013, pp. 40–63; Salma Shaheen, "Offense-defense Balance in Cyber Warfare", *Cyberspace and International Relations* (Heidelberg, Berlin: Springer, 2014), pp. 77–93；沈逸、江天骄：《网络空间的攻防平衡与网络威慑的构建》，《世界经济与政治》2018年第2期；左亦鲁：《国家安全视域下的网络安全——从攻守平衡的角度切入》，《华东政法大学学报》2018年第1期。

[②] Thomas Rid, "Cyber War Will Not Take Place", *Journal of Strategic Studies*, Vol. 35, No. 1, 2012, p. 28.

[③] Thomas Rid, Ben Buchanan, "Attributing Cyber Attacks", *Journal of Strategic Studies*, Vol. 38, No. 1-2, 2015, p. 29.

地缘政治逻辑。[①] 一是网络基础设施具有地缘政治属性，例如生产信息的计算机主根服务器、传输信息的光缆，尤其是国际海底光缆以及接收信息的相关硬件都是现实的物理架构。一旦这些物理架构遭到切断或破坏，网络空间就将随之隔开或消散。二是网络空间的行为体具有地缘政治属性。无论是个人还是网络攻防过程中的组织或国家行为体，都是地缘政治下的活动单元。行为主体无法脱离地缘环境的限制，有时甚至会为地缘政治利益关系服务。此外，随着网络空间国际冲突的日益加剧，国家行为体在网络空间的博弈日益频繁与激烈，并不惜搭建"防火墙"来构建具有现实政治意义的"网络边疆"以维护国家主权与网络空间安全。因此，制网权作为衍生于地缘政治逻辑下的网络控制权，是网络攻防理论的核心概念与逻辑内核。

其次，从经验上来看，网络攻防理论以现实主义为理论根基，强调网络空间的攻防实力消长，而制网权强调行为主体对互联网的控制权，这就意味着对制网权的掌握可以拥有较强的网络攻防能力，换句话说，网络攻防能力将成为衡量制网权的重要指标。但是，这里仍存在一些不足。一是网络攻防能力是难以测量的，网络空间的攻防互动多在暗中进行，基于计算机代码与程序命令操作的攻防机制难以通过一些指标来测量其攻击与防御能力，更难以确定一些参数范围。所以，网络攻防能力的难以测量问题导致我们难以通过攻防实力代表制网权。二是制网权作为行为主体对互联网的控制权，仅仅通过网络攻防实力来代表制网权仍然存在缺陷：行为主体对互联网的掌控是多方面的，它既包括网络攻防能力等硬实力，也包括对网络基础设施的掌控权、网络空间国际治理规则的制定权、网络空间舆论的话语权等软实力。诚然，以网络攻防能力为代表的硬实力是制网权的关键组成部分。因此，本书认为网络攻防理论的逻辑内核以制网权理论为支撑，网络攻防能力作为制网权的重要组成部分将对网络空间国际冲突的攻防互动产生不可忽视的影响。

三 网络空间攻防理论的局限

（一）网络攻防理论对冲突结果的忽视

进攻占优理论作为网络空间攻防理论的重要解释，存在以下问题。进

[①] 蔡翠红：《网络地缘政治：中美关系分析的新视角》，《国际政治研究》2018年第1期。

第五章　国家间网络冲突中的制网权争夺：网络边疆治理的核心 <<<

攻占优理论在理论层面过于聚焦网络冲突的攻防过程而忽视网络冲突后的攻防结果。网络空间的进攻与防御体现了网络冲突从网络攻击的发起到给目标国造成实质上的物理损害为止这一攻防过程。在这一过程中，网络冲突的发起国同样存在无法达到网络攻击效果的可能。虽然发起国成功完成了网络空间的攻击，但这并不意味着目标国必然会选择妥协和屈服。如果目标国选择积极防御甚至采取报复行为，那么，网络冲突的攻防态势可能会像日本偷袭美国珍珠港一样出现反转，并进一步扭转网络冲突的攻防态势。退一步讲，如果网络冲突的目标国在修复网络漏洞或挽救损失之后继续先前的政策选择，则意味着网络冲突发起国并没有在根本上实现其战略目标。

（二）网络攻防理论在经验上已被证伪

进攻占优论在经验层面上已被相关学者证伪，且难以得到事实和数据的支持。正如詹姆斯·费伦（James Fearon）所认为的，如果战争爆发，攻防理论还需要区分从争端中获得的优势和从积极行动中获得的优势。[1]费伦指出进攻占优意味着国家更倾向于进攻而不是防御，而不管力量的平衡如何，弱国在任何情况下都很少占上风。

首先，聚焦于冲突过程的网络攻防能力并非衡量攻防平衡的唯一因素，[2]因此，攻防平衡理论仍未完全规避进攻占优的陷阱。正如费伦所言，学界更倾向于将不断变化的攻防平衡与实力平衡混为一谈。[3] 其次，成本—效用模式作为一种理论解释存在网络攻防损益难以衡量的问题，因为网络攻击的成本具有相对性，且这种成本也会因为所在国家的网络战略定位、经济实力以及国防投入能力的不同而展现出不同的承受能力。此外，网络冲突攻防双方的净效用也难以衡量。成本—效用平衡的理论模式以双方互动产生效用的差值来评判网络攻防是否平衡，而更多的攻防平衡论侧重论述网络冲突中，发起者发动攻击的难度在加大，且目标防御行为的能

---

[1] James D. Fearon, "The Offense-defense Balance and War since 1648", *Paper Delivered to the Annual Meetings of the International Studies Association*, Chicago, February 21 – 25, 1995, pp. 379 – 414.

[2] Erik Gartzke, "The Myth of Cyberwar: Bringing War in Cyberspace Back Down to Earth", *International Security*, Vol. 38, No. 2, 2013, p. 66.

[3] James D. Fearon, "The Offense-defense Balance and War since 1648", *Paper Delivered to the Annual Meetings of the International Studies Association*, Chicago, February 21 – 25, 1995, pp. 6 – 7.

力也在增强。其实这仅是对进攻绝对占优论的一种修正,提醒我们认清进攻优势与网络空间威胁被过分夸大。但是这并不能改变在实际的网络冲突过程中,进攻者仍然占据一定的先发优势,只是这种攻防失衡的程度在逐渐减轻,但仍未达到绝对的平衡态势。最后,当前进攻与防御的界限已变得非常模糊,现有的聚焦网络冲突过程的攻防理论将难以区分孰为进攻、孰为防御。例如,特朗普政府提出的"防御前置"理念为美国的积极防御行为赋予了合法性。"防御前置"最后必然导致一些先发制人的行为,使其不可避免地带上了进攻的色彩。

综上所述,现有的网络空间进攻占优理论与攻防平衡理论均难以对本书的核心问题做出有效的解释。本研究将在现有的网络攻防平衡理论的基础上对国际网络冲突的攻防关系进行重构,提出一种新的理论模式来做深入阐释。

第二节 国家间网络冲突的内涵与攻防过程

为了准确地揭示国家间网络冲突的攻防互动规律,需要对本研究的核心研究对象——网络冲突尤其是国家间网络冲突的内涵进行专业的解读。同时,国家间的网络冲突集中表现为一种攻防对抗现象,需要了解其背后蕴藏着的网络攻防技术,并分析其对攻防对抗结果所产生的影响。

一 国家间网络冲突的内涵解读

(一)网络冲突的概念界定

本书的研究对象为国家间的网络冲突,即国际网络冲突。[①] 关于网络冲突的界定,学界一直存在争议,并出现网络冲突与网络战争混淆使用的情况。[②] 郎平对网络冲突进行了全面、科学的分类,包括技术、社会公共

---

① 本书将国家作为国际网络冲突重点关注的行为主体,虽然出现了各种各样的其他非国家行动体,包括个人、跨国公司和非政府组织,但在无政府状态的国际体系中,拥有主权的国家是最高等级的行为体,也是网络空间安全互动的主要参与者,这种国家的独特属性适用于网络空间。此外,为达到控制变量的目的,本书控制各个国家的内部因素这一变量以排除对国际互动行为的影响差异。

② 刘杨钺:《国际政治中的网络安全:理论视角与观点争鸣》,《外交评论》2015年第5期。

第五章　国家间网络冲突中的制网权争夺：网络边疆治理的核心

政策以及经济和国家安全三个层面。① 里德认为网络战争不会发生，他引用克劳塞维茨（Carl Von Clausewitz）《战争论》中对战争的界定标准，认为进攻性行为只有符合致命性、工具性、政治性等三个标准才构成战争行为，然而事实上并没有符合这三个标准的网络攻击。② 约翰·斯通（John Stone）对此进行了反驳，他认为网络战争是存在的，战争行为通过使用武力产生暴力。这些暴力在本质上不一定是致命的，但仍可产生巨大的影响，依然属于战争范畴。③ 加里·麦格劳（Gary McGraw）持相近观点，认为控制关键基础设施的信息系统非常容易受到网络攻击，除非改善网络防御与所依赖系统中的系统性安全漏洞，否则网络战是不可避免的。④ 对此，亚当·里夫（Adam Liff）则持较为中立的立场，他拒绝把自己的观点与里德混为一谈，认为网络攻击能力的扩散虽然可能会增加战争爆发的频率，但这种影响却是微弱的，而且会因情况而异，即它对战争可能性有一定影响，但却很小。⑤

由此可见，学界对网络冲突这一概念的界定存在十分激烈的争论，对于网络战争是否会发生也没有统一的定论，但另一方面也说明网络冲突已然成为国际网络安全领域的重要问题，值得深入探讨。为避免产生概念分歧，本书将研究对象界定为外延较广的国际网络冲突，并定义为国家行为体利用网络信息技术在网络空间对目标国家的网络系统进行攻击，并试图影响或改变对方行为的国际互动形式。国际网络冲突体现出一种国家为实现本国利益在网络空间对目标国发起的施压过程。这种冲突形式在网络空间是普遍存在的，但网络冲突并不意味着等同于网络战争，而是将其包含于内。就本研究而言，电磁脉冲（Electromagnetic Pulses）、雷达对抗（Radar Countermeasure）、光电对抗（Optoelectrionic Countermeasure）以及传统

---

① 郎平：《网络空间国际秩序的形成机制》，《国际政治科学》2018年第1期。
② Thomas Rid, "Cyber War Will Not Take Place", *Journal of Strategic Studies*, Vol. 35, No. 1, 2012, pp. 5 – 32.
③ John Stone, "Cyber War Will Take Place!", *Journal of Strategic Studies*, Vol. 36, No. 1, 2013, pp. 101 – 108.
④ Gary McGraw, "Cyber War is Inevitable (unless we build security in)", *Journal of Strategic Studies*, Vol. 36, No. 1, 2013, pp. 109 – 119.
⑤ Adam P. Liff, "The Proliferation of Cyberwarfare Capabilities and Interstate War, Redux: Liff Responds to Junio", *Journal of Strategic Studies*, Vol. 36, No. 1, 2013, pp. 134 – 138.

上被认为是电子战（Electronic Warfare）的其他攻防对抗，并不属于国际网络冲突。①

（二）网络冲突的行为分类

国内学界从网络行为主体、行为手段、行为目标、行为威胁程度等方面对网络冲突行为类别进行了划分。有的学者依据参与网络冲突的行为主体进行分类。传统安全视角下的网络冲突主要是以国家行为体主导，或国家行为体背后支持的网络攻击，包括大规模黑客攻击、网络间谍、网络外交（网络渗透）。②非国家行为体参与的网络冲突主要是一些非传统安全，包括网络犯罪、网络恐怖主义、黑客攻击、社会网络冲突（社会网络战）等。有的学者将网络冲突依据行为类别划分为网络攻击、网络防护和网络支持三个方面，这三类分别对应着网络攻击、网络防御和网络支持手段。③依据网络攻击的目的的不同，网络冲突行为可分为网络袭击和网络牟利。网络攻击的目的在于修改、破坏、误导、降级或毁坏敌方网络系统，而网络刺探的目的在于利用网络基础设施来达到非法目的，但不会对网络系统本身造成伤害的行为。④有的学者依据网络威胁程度将网络行为的类型划分为网络犯罪、网络恐怖主义、网络冲突、网络战争。这里的网络冲突被界定为冲突程度较低，还不至于引发国家间的军事对抗，但是也上升到了政府间的外交层面，如中美之间的网络间谍案、欧美之间因网络监听引发的冲突等。⑤由此可以看出，多数学者并不认同把网络冲突与网络战争混为一谈，网络战争仅是网络冲突程度最高的阶段，网络冲突并不一定意味着战争的发生。

王军对网络战的类型划分对本书关于网络冲突行为的类型划分具有较高的借鉴价值。网络战争的第一类是国家与社会力量在网络自由和网络监

---

① 为使国际网络冲突"攻防制衡"模式能在实证检验过程中获得数据分析的支撑，本研究将国际网络冲突区别于传统的电子对抗，即网络冲突事件需要出于恶意目的操纵计算机程序代码。电子操纵则通过电子（如无线电波）、定向能损坏或破坏电路等方式进行干扰和破坏。相关数据分析将在下文详述。

② 王军：《多维视野下的网络战：缘起、演进与应对》，《世界经济与政治》2012年第7期。

③ 卢昱、张伶、卢鋆：《网络战装备概念和体系结构研究》，《计算机工程与科学》2006年第2期。

④ 丛培影、黄日涵：《网络空间冲突的治理困境与路径选择》，《国际展望》2016年第1期。

⑤ 郎平：《全球网络空间规则制定的合作与博弈》，《国际展望》2014年第6期。

第五章 国家间网络冲突中的制网权争夺：网络边疆治理的核心

控方面的对抗；第二类是国家（间）基于军事又不止于军事领域的网络攻击或网络对抗；第三类是作为社会政治运动的网络民族主义黑客对抗。[①]因此，本书对网络冲突进行分类可遵循几个标准：例如行为主体、冲突程度等方面。从行为主体来看，可从国家行为体和非国家行为体，或者是否有国家行为体参与对网络冲突进行分类。非国家行为体参与的网络冲突主要是非传统安全框架下的行为，包括网络犯罪、网络恐怖主义、黑客攻击、社会网络冲突（社会网络战）等。传统安全视角下的网络冲突主要是以国家行为体主导，或国家行为体背后支持的网络攻防行动。在网络攻击层面有大规模黑客攻击、网络间谍、网络外交（网络渗透），在网络防御层面主要有网络威慑。本研究所要重点探讨的是具有国家政府背景的网络冲突行为。

从冲突的程度来看，可分为网络冲突与网络战争两大类。网络冲突的外延更为宽泛，泛指一系列网络入侵行为，网络入侵所给目标网络系统造成的烈度没有下限。而网络战争则更凸显国家行为体基于强烈的政治意图，而集中制定战略部署对目标国发动网络攻击与妨害的行为。显然，网络战争的损害烈度要更大。网络空间的开放性决定了界定是否发生入侵行为不是依据地理空间的介入程度，而是网络空间访问权限是否超越。入侵行为并不意味着网络冲突的发生，主要依据入侵的目的，如果并非胁迫对方服从自身意志的网络入侵行为，则不构成网络冲突的发生条件。善意的访问不构成冲突，敌意的入侵如果是针对国家而言，则属于网络冲突的范畴。

二 国家间网络冲突的攻防过程解析

（一）网络冲突的进攻方式

网络攻击，是指以计算机信息系统、基础设施、计算机网络或个人计算机设备为目标，利用各种方法窃取、修改或破坏数据或信息系统的任何类型的攻击行动。网络入侵发起者可以使用多种方法，包括恶意软件、网络钓鱼、勒索软件、拒绝服务等方式对目标网络系统发起攻击。随着国家行为体在网络空间较量的广泛展开，网络攻击成为主权国家间网络冲突的有力方式，具有成本低、效果显著的特点。此外，网络攻击还可为个人、活动团队、国际组织所利用，甚至成为恐怖主义的重要攻击方式。例如，

---

① 王军：《多维视野下的网络战：缘起、演进与应对》，《世界经济与政治》2012年第7期。

243

黑客可以通过入侵易受影响的系统来窃取、改变或摧毁特定的目标。网络威胁的复杂程度各不相同，从在小企业上安装恶意软件或勒索软件攻击，到试图摧毁政府机构、战略资源设施等关键基础设施。网络攻击的一个常见副产品是数据泄露，即个人数据或其他敏感信息被暴露。

在众多网络攻击的方式中，最为常见的当数分布式拒绝服务攻击（distributed denial-of-service，DDoS）。这种攻击方式成本低廉，技术门槛较低，但是危害巨大，甚至成为国家间网络冲突的重要方式。本书则以DDoS攻击为例，呈现网络攻击的模式及技术原理。DDoS攻击是一种恶意攻击，它试图通过大量的互联网流量来击垮目标服务器的正常流量，通过利用多个受危害的计算机系统作为攻击流量的来源来实现其有效性，而被利用的机器可以包括计算机和其他网络资源，如物联网设备。通俗地讲，DDoS攻击就像高速公路上的交通堵塞，阻碍了正常到达目的地的交通。DDoS攻击要求攻击者获得对在线计算机网络的控制，以便实施攻击，而电脑和其他机器（如物联网设备）则被恶意软件感染，变成了机器人或僵尸。然后，攻击者可以远程控制一组被称为僵尸网络的机器人。一旦僵尸网络建立起来，攻击者就可以通过远程控制向每个机器人发送更新后的指令来控制这些机器人。当受害者的IP地址成为僵尸网络的目标时，每个僵尸网络都会向目标发送请求，这可能会导致目标服务器或网络的容量溢出，从而导致对正常流量的拒绝服务。也就是说，DDoS的主要作用就是利用大量合法的请求占用大量网络资源以达到瘫痪对方网络的目的。[1] 由于每个机器人都是合法的互联网设备，因此很难将攻击流量与正常流量区分开来。

（二）网络冲突的防御机制

网络防御是一种计算机网络防御机制，包括对行动的响应和关键基础设施的保护以及对组织、政府实体和其他可能网络的信息保障。网络防御的重点是预防、检测和及时响应攻击或威胁，使基础设施或信息不被篡改。随着网络攻击的数量和复杂性的增加，网络防御对于大多数实体来说是至关重要的，以保护敏感信息以及保护资产。网络防御通过网络安全给予实体阻止网络攻击的能力。它涉及保护网络、数据和节点不受未经授权的访问或操作的

---

[1] 池水明、周苏杭：《DDoS攻击防御技术研究》，《信息网络安全》2012年第5期。

第五章　国家间网络冲突中的制网权争夺：网络边疆治理的核心

所有流程和实践。最常见的网络防御活动包括：安装或维护阻止黑客的硬件和软件基础设施；分析、识别和修补系统漏洞；旨在分散零时攻击的解决方案的实时实现；从部分或完全成功的网络攻击中恢复过来等。

从技术角度来看，网络防御主要有以下几类：网络防火墙技术、网络加密技术、入侵检测技术以及网络安全扫描技术等。其中网络防火墙技术是维护内部网络安全最基本，也是最关键的防御措施，包括包过滤技术、加密技术、防病毒技术、代理服务器等。① 作为一种用于防止未经授权的对私有网络进行访问的系统，这种技术可以硬件或软件的形式，或两者的组合来实现网络防御。防火墙还可以防止未经授权的网络或服务连接到专用网络，特别是内部网。所有进入或离开内部网络的消息都必须通过防火墙，防火墙检查每条消息并阻止不符合指定安全标准的消息。在当前形势下，国际网络空间仍然被西方发达国家主导，无论是网络系统安全还是网络空间话语权，都对中国的国家安全造成严重威胁。因此，中国网络防火墙搭建于1998年，这一网络安保系统审查和过滤掉了大量来自境外的危险信息，有力保障了国家的网络安全。

其实，将网络进攻与防御完全割裂开来也是不现实的。网络攻击与防御往往相互交织，难以区分。将进攻元素融入防御系统中往往能够起到先发制人的作用。在这种情况下，区分进攻与防御首先必须抽象地进行分析，而非认为这两者在现实中是相互对立的对象。

第三节　国家间网络冲突攻防互动的内在逻辑

本节将从网络冲突的攻防结果维度对国家间网络冲突的攻防关系进行重构，梳理出国家间网络冲突在结果层面存在四种可能的关系模式：进攻制胜、防御制胜、攻防错位、攻防制衡，认为国家间的网络冲突存在"攻防制衡"的关系模式。这一模式将更为准确地解释当前国家间网络冲突在冲突结果层面存在的一种相互制衡状态。为检验这一关系模式的客观存在，本书通过相关数据对这一假设进行了证实，同时通过统计建模与案例检验的方式对"攻防制衡"模式生成的影响因素进行了相关检验。此外，

---

① 刘英：《浅析计算机网络入侵与防御技术》，《计算机时代》2019年第9期。

本研究还认为制网权作为网络空间的新型控制权对网络空间攻防互动同样发挥着关键作用。

一 国家间网络冲突"攻防制衡"模式的理论框架

（一）"攻防制衡"的前提假定

在对网络冲突的核心概念与基本攻防过程清晰界定之后，本书需确定三条前提假定，分别为"理性国家行为体假定"、"敌对国家入侵成功假定"和"攻防结果维度假定"。只有满足这三条前提假定，"攻防制衡"模式才具备生成的环境与条件。

假定1：理性国家行为体假定。参与网络冲突的行为主体必须为主权国家或有国家的支持和参与的其他行为体，由于国家是理性行为体，因此参与网络冲突的行为体默认偏向于做出符合本国利益最大化的政策选择。

假定2：敌对国入侵成功假定。国际网络冲突中对目标国的攻击是发起国的主观意图，且发起国成功完成了网络入侵。如果网络冲突的发起国不仅突破了目标国的"网络边疆"，同时也对目标国的网络系统完成信息窃取、篡改和破坏等行为，即视为发起国在网络空间层面中攻击成功；反之，则为不成功。如果网络冲突的目标国主动在实际反应中表现出妥协和让步，或者被迫中断、推迟现实行动，从而实现发起国的进攻意图，则视为目标国做出了妥协，反之，则为不妥协。

假定3：攻防结果维度假定。国家间网络冲突攻防关系的重构必须站在网络冲突攻防结果的维度上做出评判。这一结果维度独立于传统的攻防过程维度，过程维度重视从网络攻防对抗过程来考察攻防互动的优劣态势，结果维度则跳出网络冲突攻防互动的过程，立足发起国网络攻击之后，目标国依据网络冲突的损害程度等因素而做出的政策选择这一时间节点。因此，这一假定既能说明网络攻防态势对冲突结果不产生决定性影响，也可较好地避免进攻与防御界限模糊的问题。

（二）"攻防制衡"模式生成的内在逻辑

从均势理论来看，国家通常会在权力失衡的状态下采取制衡行为。均势关注的是实力和状态，制衡关注的是政策和行为。[1] 网络冲突的发起与

---

[1] 刘丰：《大国制衡行为：争论与进展》，《外交评论》2010年第1期。

第五章　国家间网络冲突中的制网权争夺：网络边疆治理的核心 <<<

目标国的回应在客观上也可以形成一种权力均衡的态势。既有的网络攻防平衡理论更像是一种对未来趋势的展望。

当前网络空间的攻防关系仍然体现出一种进攻占优的态势，判断网络攻防平衡的实现不能仅仅基于网络攻击被有效遏制且防御能力得到增强。根据 2000 年至 2014 年发生的国际网络冲突数据统计结果[①]可以发现：绝大多数的网络冲突中防御一方都处于被动局面，即网络攻击成功的案例仍占绝大多数。这显然对现有的网络攻防平衡理论构成了挑战。事实上，更多的网络冲突均以发起国完成网络空间层面的攻击目标，且目标国并没有做出发起国想要的让步行为而收场。这反映了当下的国际网络冲突在攻防结果维度上客观实现了相互制约与平衡的态势，也就是本书所说的"攻防制衡"（Offense-defense Counterbalance）模式。

为建立全面的网络冲突攻防关系理论模型，本书在假定 1 与假定 3 的条件下对国家间网络冲突的攻防关系进行重构。表 6-1 展示了网络冲突的发起国与目标国存在四种可能的攻防关系模式：

表 6-1　　　　　　　国际网络冲突的攻防关系模型

发起国＼目标国	妥协	不妥协
成功	进攻制胜	攻防制衡
不成功	攻防错位	防御制胜

资料来源：作者自制。

如表 6-1 所示，如果一国为网络冲突的发起国，必然以进攻成功为目的。在进攻成功的条件下，目标国将随之做出两种反应：妥协与不妥协。目标国作为理性行为体，一般不会在损害本国利益的条件下轻易选择妥协政策。因此，当且仅当目标国做出妥协的成本小于不妥协的成本时，才会做出妥协决定。如果目标国做出妥协的政策选择，那么网络冲突的发

[①] 该双边网络事件和争端数据库（2000—2014，Version1.1）及编码信息可从以下地址获取：https://drryanmaness.wixsite.com/cyberconflcit/cyber-conflict-dataset，访问时间：2018 年 12 月 15 日；Ryan C. Maness, Brandon Valeriano, "The Impact of Cyber Conflict on International Interactions", *Armed Forces & Society*, Vol. 42, No. 2, 2016, pp. 301-323.

起国就成功实现了其攻击的战略意图,至少在形式上攻防双方形成"进攻制胜"的态势。在目标国不妥协的情况下,发起国虽然成功完成了网络空间的进攻,但却无法实现其战略意图,攻防双方在网络冲突结果维度上实现了客观的"攻防制衡"态势。另外,如果发起国没有成功完成网络攻击,这说明目标国成功防御了发起国的网络进攻。此时,目标国同样可以做出是否妥协的决定:如果目标国选择妥协,那么此时的攻防关系就表现为一种错位关系;如果目标国选择不妥协,那么攻防双方就实现了"防御制胜"的态势,显然这是一种经验性的判断和选择。

根据国际网络冲突的发起国与目标国之间的攻防关系模型,可以引申出四种可能的攻防关系模式,分别是"进攻制胜""攻防制衡""攻防错位"和"防御制胜"。然而,在理性国家行为体的前提假定下,"攻防错位"缺少实际意义,网络冲突的目标国作为理性行为体不可能在发起国发起网络攻击失败后仍然做出让步和妥协。"防御制胜"的攻防关系模式不符合本书的敌对国入侵成功假定,防御成功的目标国自然不会主动选择让步或屈服。因此,无论是符合前提假定还是既有的研究意义,"攻防错位"和"防御制胜"的攻防关系模式不作为本书探讨的核心。本书将对"进攻制胜"与"攻防制衡"两个攻防关系模式进行检验和讨论。此外,在满足假定2的条件下,"进攻制胜"与"攻防制衡"存在互斥关系,即国际网络冲突中的发起国进攻成功后,目标国无法同时做出两种相反的选择。如果国际网络冲突"攻防制衡"的关系模式假设检验成功,则意味着国际网络冲突"进攻制胜"的关系模式被成功证伪。

因此,基于网络空间进攻占优及日益夸大的网络威胁,本研究将重点对国际网络冲突"攻防制衡"的关系模式及其影响因素进行实证检验,力求探索当前国际网络冲突攻防互动的规律。

(三)"攻防制衡"模式的基本假设

为探求"攻防制衡"模式是否真实反映了国家间网络冲突在结果层面存在这种规律,本研究围绕攻防制衡模式是否存在与其生成的影响因素,尤其是当前学界主要声称的网络安全威胁达到了前所未有的程度,甚至会颠覆传统的物理空间的战争形式,提出了两条基本假设。

假设1:当前国际网络冲突的攻防关系普遍表现为"攻防制衡"的关系模式,即发起国进攻成功,目标国则往往不选择妥协和让步。

第五章 国家间网络冲突中的制网权争夺：网络边疆治理的核心 <<<

假设2：国际网络冲突的严重程度对事件结果具有负向影响，严重程度越低，"攻防制衡"模式生成的概率越高。

如果假设1得以通过检验，那么国家间的网络冲突在结果层面存在攻防制衡的关系模式，即当前国家间网络空间的冲突普遍存在发起国进攻成功，而目标国普遍表现为不妥协的反应，进而发起国的战略意图难以从根本上达到，网络冲突发起的实际效用得到抵消。如果假设2成立，则说明网络入侵的严重程度对攻防制衡模式的生成存在负相关。当且仅当网络冲突的严重程度普遍较低时，"攻防制衡"模式则反映当前网络冲突攻防互动的常态。

二 国家间网络冲突"攻防制衡"模式的实证检验

本部分首先通过网络冲突领域数据库对"攻防制衡"关系模式的相关假设进行数据检验，并试图分析影响"攻防制衡"模式生成的因素。本部分将进一步根据相关案例分别进行证实与证伪，验证网络空间的"攻防制衡"理论模式的可靠性与生成的内在逻辑。

（一）网络"攻防制衡"模式的数据检验

在数据检验部分，笔者通过统计描述的方式对"攻防制衡"模式的存在性与普遍性进行检验，同时立足国际网络冲突的演化过程，选取相关变量探讨影响"攻防制衡"模式生成的相关因素，并重点探讨国际网络冲突的严重程度对"攻防制衡"模式的影响。

1. 数据来源

本书使用的数据来自美国海军研究生院国防分析部的瑞恩·曼尼斯（Ryan C. Maness）所参与整理的双边网络事件与争端数据库（DCID, Version 1.1）。[1] 该数据库包含2000年至2014年192个由国家行为体发起的双边网络冲突事件，编码方法与战争相关指数数据库（COW）进行了关联。网络攻击的目标必须是政府实体或作为目标国家的国家安全机构（例如电网、国防承包商和安全公司）的部分私人实体、重要媒体组织（第四产业）或重要公司。数据库不包括多边网络冲突事件。因此，

---

[1] 该双边网络事件和争端数据库（2000—2014, Version1.1）及编码信息可从以下地址获取：https://drryanmaness.wixsite.com/cyberconflcit/cyber-conflict-dataset，访问时间：2018年12月15日；Ryan C. Maness, Brandon Valeriano, "The Impact of Cyber Conflict on International Interactions", *Armed Forces & Society*, Vol. 42, No. 2, 2016, pp. 301 – 323。

该数据库符合本书关于理性国家行为体和攻防结果维度两个假定。由于网络归因存在不确定性，难免会降低发起国坐实攻击身份的准确性，从而会影响研究结果，但 DCID 数据库完美地避开了归因问题，即发起网络攻击的国家必须相当明确。如果归因指向存在严重疑问，那么该网络冲突事件就会被排除在样本之外。此外，本数据库的所有事实判断必须通过政府声明、政策报告、世界著名网络安全机构的白皮书等消息来源作为验证，从而进一步保障信息的真实性和准确性。最后，数据库还通过 15 位具有相关军事教育背景的专家协助编码关键变量来进行卡帕检验（Kappa Test）[1]，以验证编码的变量是否可靠，并得出了 0.646 的卡帕系数。所以，该数据库无论是样本、变量选择还是编码的一致性都具有较强的可靠性，同时较好地契合了本书的研究设计，成为数据检验的基础。

2. 变量选取

DCID 数据库所统计的网络冲突数据及包含的相关变量为检验以上假设与全面呈现国际网络冲突演化过程提供了有力支持。

（1）因变量的选取。对于网络冲突所造成的严重程度是否会影响该模式的生成假设，本书将网络攻击是否成功（Objective Success）与目标国是否妥协（Concession）两个变量进行分类组合。排除不符合前提假定的样本后，如发起国在网络空间成功实现攻击目标，且目标国拒绝做出妥协，则冲突攻防双方形成"攻防制衡"的关系模式（假设1）；反之，则为"进攻制胜"的关系模式。本书将因变量确定为是否符合"攻防制衡"模式，其中"是"赋值为1，"否"赋值为"0"。由于"攻防制衡"与"进攻制胜"存在非此即彼的互斥关系，当因变量取值为"0"时，表示"进攻制胜"的攻防关系模式。最后，本书确定数据库符合条件的样本量为 169 个。

---

[1] 卡帕检验（Kappa Test）是一种统计方法，用于评估固定数量的评分者在对一些项目进行分类评分或对项目进行分类时达成一致意见的可靠性。kappa 计算结果为 -1—1，但通常 kappa 是落在 0—1，可分为五组来表示不同级别的一致性：0.0—0.20 极低的一致性（slight）、0.21—0.40 一般的一致性（fair）、0.41—0.60 中等的一致性（moderate）、0.61—0.80 高度的一致性（substantial）和 0.81—1 几乎完全一致（almost perfect）。Anthony J. Viera, Joanne M. Garrett, "Understanding Interobserver Agreement: The Kappa Statistic", *Fam Med*, Vol.37, No.5, 2005, pp.360-363.

第五章　国家间网络冲突中的制网权争夺：网络边疆治理的核心 <<<

（2）自变量的选取。关于国际网络冲突的概念操作化问题，已有若干国内外学者进行了有益尝试。首先，针对网络攻防能力的测量，有学者对不同国家的网络攻击能力、网络防御能力以及网络依赖能力进行了评估，并将得分的总和作为其网络对抗能力的总体指标。[①] 然而，网络空间存在其特有的组成方式，"网络空间的虚拟性意味着很难判断国家间的实力格局、使用实力的意志及对两者的感知"[②]。因此，难以寻找合适的变量与指标来对国家行为体的网络实力进行有效测量。斯莱顿则认为攻防关系态势并非由技术决定，而是效用。[③] 网络攻击的效用是攻击目标的价值（例如夺取地盘、窃取秘密或控制计算机）减去实现目标的最低成本；防御的效用是防御目标的价值（例如控制领土、保守机密、控制计算机）减去最低的防御成本。[④] 然而，正如前文所述，网络攻击的成本会因其所在国家的网络战略定位、经济实力以及国防投入能力的不同而展现出不同的承受能力。即使在发起网络攻击成本相同的情况下，网络冲突给双方带来的相对效益的衡量仍缺少统一的标准。

网络空间的相互博弈使信息的非对称程度得以加剧，造成干扰变量过多，影响理论模型的建构与检验的假设。因此，本书跳出还原主义的视角，运用分析性方法[⑤]理解网络冲突的演化过程与攻防关系。如图6-1所示，本书从国际互动形式的主体—过程—结果三个维度来呈现国际网络冲

---

① Richard A. Clarke, Robert K. Knake, *Cyber War: The Next Threat to National Security and What to Do about It*, New York: Harper Collins Publishers, 2010.
② 任琳：《网络空间战略互动与决策逻辑》，《世界经济与政治》2014年第11期。
③ 这一概念源于经济学，在战争的博弈论和讨价还价理论中都得到了应用，参见Rebecca Slayton, "What is the Cyber Offense-defense Balance? Conceptions, Causes, and Assessment", *International Security*, Vol. 41, No. 3, 2017, pp. 72–109。
④ Rebecca Slayton, "What is the Cyber Offense-defense Balance? Conceptions, Causes, and Assessment", *International Security*, Vol. 41, No. 3, 2017, p. 80. 这种操作化方法曾被斯蒂芬·比德尔所批评，他认为攻防所需的最低成本是不可观察的，而胜率是更好的指标之一。相关论述参见Stephen Biddle, "Rebuilding the Foundations of Offense-defense Theory", *The Journal of Politics*, Vol. 63, No. 3, 2001, p. 749。
⑤ 分析性方法是将整体还原为分离的个体，然后检验各部分的性质和彼此间的联系。对整体的理解是通过对处于相对简单状态的各要素的研究以及对其联系的观察得来的。它在一定程度上是有效的，尤其是当某些因素之间的联系可以分解为成对变量之间的关系，而其他因素则保持不变，而且可以假设未包括在变量中的干扰性因素的影响很小的情况下，该方法对本书探讨的国际网络冲突的演化过程十分有帮助。参见［美］肯尼斯·华尔兹《国际政治理论》，信强译，上海人民出版社2017年版，第41页。

251

突的演化过程。冲突的主体包含发起国与目标国。在发起国对目标网络空间的入侵过程中,锁定攻击目标、使用的攻击方式以及对目标网络所造成的损害程度成为完成网络攻击的必要环节和因素。结果维度体现了目标国在发起国完成网络空间的攻击之后,需要做出的政策选择(是否妥协)。这一分析框架的优势是它从复杂的网络冲突互动中抽象出若干独立的变量,形成逻辑关系,以达到控制变量的目的。

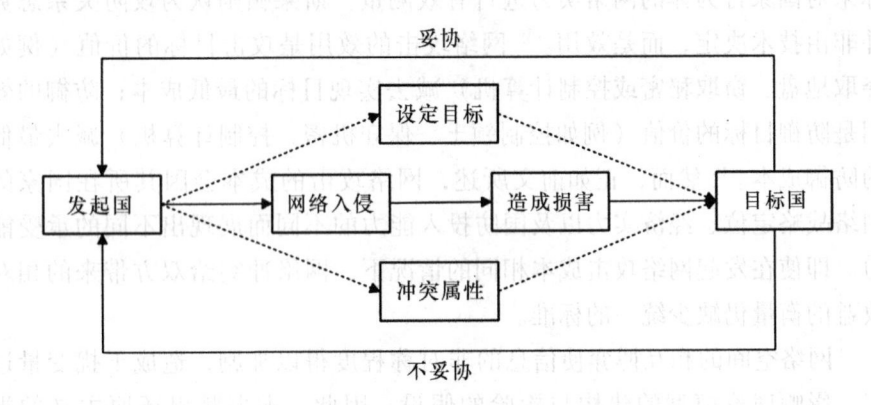

图 6-1 国际网络冲突演化过程

资料来源:作者自制。

曼尼斯等人在分析网络冲突对国际互动的影响时则通过将网络冲突事件的关键构成要素进行概念化操作,从而起到简化识别网络冲突复杂过程的作用。DCID 数据库成为学界通过系统的定量方法研究网络冲突的首次尝试。[①] 依照国际网络冲突演化过程的分析框架与 DCID 数据库的变量情况,设定目标通过"目标类型"(target type)来表示;网络入侵通过"攻击方式"(cyber method)与"是否 APT"(apt)来表示;造成损害通过"损害类型"(damage type)、"持续时间"(time FL)与"严重程度"(severity)来表示。此外,网络冲突属性的不同也会对目标国的政策选择产生可能的影响,该属性通过"冲突类型"(interaction type)来表示。其中,"严重程度"是核心自变量,"目标类型""攻击方式"

[①] Ryan C. Maness, Brandon Valeriano, "The Impact of Cyber Conflict on International Interactions", *Armed Forces & Society*, Vol. 42, No. 2, 2016, pp. 301–323.

"是否 APT""损害类型""持续时间"为控制变量。控制变量也是解释变量,可能会对因变量的生成产生影响,但不作为本研究关注的重点。以上所有自变量的分类与取值情况请见下文"自变量设置、赋值与描述性统计"(见表6-2)。

3. 数据检验与讨论

在前提假定与变量选取的基础上,检验假设1与假设2是否成立成为下文的主要任务。通过对整理后样本量进行统计,发现符合"进攻制胜"模式的样本数量为11个,占样本总量的6.5%;而符合"攻防制衡"模式的样本数量为158个,占样本总量的93.5%。由此可见,"攻防制衡"关系模式数量占绝大多数,成为国际网络冲突攻防互动的常态,假设1被初步证实。

表6-2　自变量设置、赋值与描述性统计

变量名称	变量设置	攻防制衡 赋值	攻防制衡 频数（次）	攻防制衡 频率（%）
目标类型	私人或非政府机构	1	34	21.52
	政府非军事机构	2	99	62.66
	政府军事机构	3	25	15.82
攻击方式	破坏	1	30	18.99
	拒绝服务（DDoS）	2	25	15.82
	入侵	3	75	47.47
	渗透	4	28	17.72
是否ATP	是	1	63	39.87
	否	0	95	60.13
损害类型	直接意图与即时攻击	1	91	57.59
	直接意图与延迟攻击	2	65	41.14
	间接意图与即时攻击	3	1	0.63
	间接意图与延迟攻击	4	1	0.63
持续时间	三天之内	—	53	33.54
	两周之内	—	32	20.26
	两周以上	—	73	46.2

续表

变量名称	变量设置	攻防制衡 赋值	攻防制衡 频数（次）	攻防制衡 频率（%）
严重程度	缺少动态网络的探测	1	4	2.53
	出现骚扰、扰乱治安等现象	2	73	46.20
	目标关键信息被窃取	3	47	29.75
	广泛的重要信息被窃取	4	32	20.25
	出现单个关键网络破坏的企图	5	0	0.00
	单个关键网络大面积破坏	6	2	1.27
	直接造成的最少人员伤亡	7	0	0.00
	对国民经济造成严重影响	8	0	0.00
	对国家基础设施造成严重破坏	9	0	0.00
	大量人员伤亡	10	0	0.00
冲突类型	妨害性行为	1	79	50.00
	防御性行为	2	0	0.00
	进攻性行为	3	79	50.00

注：（1）持续时间作为连续型变量，为便于呈现变量特征，我们在描述性统计中虽不做赋值处理，但划分了若干区间以呈现样本分布情况；（2）本书将严重程度也作为取值区间为1—10的连续型变量处理。

在检验"严重程度"对"攻防制衡"形成的影响之前，本书利用Stata 14统计分析软件对影响"攻防制衡"模式的自变量进行描述性统计，并形成自变量与因变量的交互表，从而更直观地了解变量赋值与在"攻防制衡"模式下的变量取值分布情况。

通过上述描述性统计，可以发现三条重要规律。第一，从损害类型来看，国际网络冲突"攻防制衡"模式中，网络入侵并给目标国造成损害是发起国的意图，但网络攻击对目标国产生的损害却不一定会即时产生效果。例如"震网"蠕虫病毒的目的则是通过代码操作慢慢影响和破坏伊朗纳坦兹工厂的离心机来阻挠核试验。第二，观察持续时间变量，可以发现33.54%的网络冲突事件在3天之内结束，20.26%的网络冲突事件在2周之内结束，随着持续时间的延长，事件发生频次减少，呈现瞬时性与逐时

第五章 国家间网络冲突中的制网权争夺：网络边疆治理的核心

递减的特点。第三，从网络冲突结果的严重程度来看，网络攻击的破坏能力并没有我们想象得那么严重，而是维持在一种低烈度的态势，更缺少因为网络攻击而造成人员伤亡的数据支持。尤其是在"攻防制衡"模式下，网络冲突的严重程度占比最高的指标值仅为2，但却占据样本总量的46.20%。这就意味着数量相当的网络攻击给目标国带来的损害较为轻微。

那么，严重程度是否会影响"攻防制衡"模式的生成呢？为检验我们的假设2，本书根据变量特征依次建立Probit、Logit以及Cloglog模型，并进行多模型比较分析。因为"是否生成攻防制衡模式"是一个典型的二分变量，所以本书构建二元选择模型如式（1）所示。

$$y_i^* = \beta_0 + \beta_1 \cdot severity_i + x_i'\beta + \mu_i, \quad i = 1, 2, \cdots, N$$

$$y_i = \begin{cases} 1, & y_i^* > 0 \\ 0, & y_i^* \leq 0 \end{cases} \quad (1)$$

在式（1）中，i表示冲突事件序号，y表示可观测的因变量，即国际网络冲突事件中"攻防制衡"模式是否生成：当该模式生成时，$y=1$；当该模式没有生成时，$y=0$。y^*表示与y对应的不可观测的潜变量，并假设该潜变量可以被描述为一个由冲突事件特征x_i（包括事件严重程度、持续时间等）定义的线性函数。其中，本书重点关注的冲突事件特征即为严重程度，记为$severity$。据此，在冲突事件i中生成"攻防制衡"模式的概率为，

$$\begin{aligned} P(y_i = 1 \mid severity_i, x_i) &= P(y_i^* > 0 \mid severity_i, x_i) \\ &= P[\mu_i > -(\beta_0 + \beta_1 \cdot severity_i + x_i'\beta)] \\ &= P(\mu_i < \beta_0 + \beta_1 \cdot severity_i + x_i'\beta) \\ &= F(\beta_0 + \beta_1 \cdot severity_i + x_i'\beta) \end{aligned} \quad (2)$$

在式（2）中，误差项μ_i被假设服从对称分布，且其累积分布函数记为$F(\cdot)$。于是，在冲突事件i中没有生成"攻防制衡"模式的概率为

$$P(y_i = 0 \mid severity_i, x_i) = 1 - F(\beta_0 + \beta_1 \cdot severity_i + x_i'\beta) \quad (3)$$

根据式（2）和式（3）在全样本N的范围内采用最大似然法进行估计，即可得到待估参数β的估计量。分别假设μ_i服从不同的分布函数，则式（1）所示的二分选择模型可以被定义为Probit、Logit和Cloglog模型。本书首先基于Probit模型在不同的控制变量下对式（1）进行估计，结果如表6-3所示。

表6-3　　"攻防制衡"模式生成的 Probit 模型估计结果

变量	模型1 系数	模型1 边际效应	模型2 系数	模型2 边际效应	模型3 系数	模型3 边际效应
严重程度	-0.726***	-0.071***	-1.166***	-0.069***	-1.170***	-0.069***
	(-3.23)	(-3.21)	(-3.13)	(-3.13)	(-3.14)	(-3.19)
攻击方式（DDoS）			-1.644	-0.097*	-1.608	-0.095*
			(-1.60)	(-1.81)	(-1.60)	(-1.85)
直接延迟			-0.571	-0.028	-0.341	-0.018
			(-0.81)	(-0.93)	(-0.53)	(-0.56)
间接即时			-3.098***	-0.516***	-3.045***	-0.506***
			(-3.91)	(-2.93)	(-3.66)	(-2.87)
间接延迟			-1.825*	-0.196	-1.668*	-0.182
			(-1.66)	(-1.03)	(-1.66)	(-1.11)
持续时间					-0.034	-0.002
					(-0.30)	(-0.30)
政府非军事机构					0.450	0.027
					(0.70)	(0.66)
政府军事机构					-0.103	-0.008
					(-0.18)	(-0.18)
常数项	3.929***		6.488***		6.293***	
	(4.76)		(3.60)		(3.54)	
样本量	169		169		169	
拟R平方	0.239		0.532		0.547	
Chi2统计量	10.414		35.582		38.526	
P值	0.001		0.000		0.000	

注：（1）括号内表示估计系数对应的 t 值；（2）* 和 *** 分别表示在 0.1 和 0.01 的统计水平上显著；（3）所有边际效应都取样本平均值。

如表 6-3 所示，基于三种模型设定形式估计的 Probit 模型整体拟合效果都表现良好，所有模型的 Chi2 统计量都在 1% 的统计水平上高度显著。模型 1 中仅控制了严重程度变量，此时模型的拟 R 平方为 0.239，说明冲

第五章　国家间网络冲突中的制网权争夺：网络边疆治理的核心 <<<

突事件的严重程度可以在 23.9% 的程度上解释是否生成"攻防制衡"模式。从估计系数来看，事件严重程度对"攻防制衡"模式生成的概率在 1% 的统计水平上会产生显著的负向影响。结合边际效应的估计结果，事件严重程度每提高 1 个等级，冲突双方实现"攻防制衡"模式的概率会下降 7.1 个百分点。

考虑到单变量模型中可能由遗漏变量引起内生性问题，导致严重程度的估计结果有偏且不一致，本书补充估计了模型 2 和模型 3，分别引入了更多的事件特征作为控制变量。随着在模型中引入更多的控制变量，模型的拟 R 平方得到了显著的提高，而严重程度仍然被证实在 1% 的统计水平上会对"攻防制衡"的生成产生显著的抑制作用。估计结果显示，事件严重程度对"攻防制衡"的边际影响效果仅从 -7.1% 上升到了 -6.9%。据此可以认为，事件严重程度对"攻防制衡"的负向影响在不同模型设定下表现十分稳健，且应该可以排除模型中存在内生性问题的可能。

此外，从控制变量的估计结果来看，本书选择"是否 DDoS"的虚拟变量代表"攻击方式"与"是否 APT"变量放入模型中。[①] 通过模型估计，攻击方式中采取 DDoS 攻击在 10% 的统计水平上会对"攻防制衡"模式的生成产生显著的负向影响，即相对于其他方法，在 DDoS 攻击下，冲突双方实现"攻防制衡"态势的概率会下降约 9.5 个百分点。相对于直接即时的攻击损害类型，直接延迟在 1% 的统计水平上也会对"攻防制衡"模式的生成产生显著的负向影响，且在间接即时损害类型下实现"攻防制衡"态势的概率较直接即时低了 50 个百分点以上。然而，通过损害类型不同分类下的样本分布来看，间接即时与间接延迟下的冲突事件样本各仅为 1 个，考虑到样本数量极少，并不能说明损害类型与因变量的生成具有因果关系。而基于共线问题，导致模型无法控制冲突类型变量，因此只能

[①] 本研究将"是否 DDoS 攻击"作为重要参考值代替其他攻击方式，原因一方面在于规避分类变量过多而在实际统计建模过程中所导致的共线性问题；另一方面，DDoS 攻击作为一种公开式网络攻击，会对目标国的网络系统与社会民众的心理产生较大的负面影响。换句话说，虽然 DDoS 攻击所带来的破坏力并不强大，但造成的社会影响却不容小觑。相似观点可参见 Ryan C. Maness, Brandon Valeriano, "The Impact of Cyber Conflict on International Interactions", *Armed Forces & Society*, Vol. 42, No. 2, 2016, pp. 301 - 323.

把它排除在控制变量之外。

接下来，本书进而考虑采用 Logit 和 Cloglog 模型对式（1）再次进行估计，结果如表 6-4 所示。结合表 6-3 和表 6-4 的估计结果，可以认为包括严重程度在内的变量对"攻防制衡"模式生成的影响效果在不同的模型设定下仍十分稳健。

通过对 Logit 与 Cloglog 模型的比较，我们可以发现两种模型的整体拟合效果表现依然良好，所有模型的 Chi2 统计量都在 1% 的统计水平上高度显著，且估计结果高度一致。因此，我们可以得出以下三点结论。一是国际网络冲突的"攻防制衡"模式成为当前国际网络冲突攻防互动的常态，假设 1 被证实。二是从影响"攻防制衡"模式生成的可能自变量描述性统计分析中可看出，国际网络冲突的损害程度与现实国家之间的军事冲突相比，还不可同日而语，网络安全给国家安全带来的威胁存在人为夸大的成分。造成网络安全议题被夸大的原因可从媒体、决策者和专家三个主体层面分析背后的动因，包括并不仅限于恐惧、权力以及经济利益的存在。①三是从严重程度对"攻防制衡"模式生成影响情况的回归模型中可看出，冲突事件的严重程度是影响"攻防制衡"模式生成的关键因素，且影响效果非常显著，假设 2 被证实。

表 6-4　　攻防制衡模式的 Logit 与 Cloglog 模型比较分析

变量	Logit 1 系数	Logit 1 边际效应	Logit 2 系数	Logit 2 边际效应	Cloglog 1 系数	Cloglog 1 边际效应	Cloglog 2 系数	Cloglog 2 边际效应
严重程度	-1.439*** (-2.89)	-0.072*** (-2.67)	-2.323*** (-2.82)	-0.071*** (-3.39)	-0.540*** (-2.98)	-0.069*** (-3.49)	-1.196* (-1.82)	-0.075** (-2.12)
攻击方式（DDoS）			-3.483* (-1.70)	-0.106** (-2.27)			-1.513 (-1.26)	-0.095 (-1.43)
直接延迟			-0.716 (-0.49)	-0.019 (-0.54)			-0.312 (-0.69)	(-0.71)

---

① 刘建伟：《恐惧、权力与全球网络安全议题的兴起》，《世界经济与政治》2013 年第 12 期；蔡翠红、杰古：《网络战叙事的结构分析：主体和动因》，《情报杂志》2014 年第 8 期。

第五章　国家间网络冲突中的制网权争夺：网络边疆治理的核心 <<<

续表

变量	Logit 1 系数	Logit 1 边际效应	Logit 2 系数	Logit 2 边际效应	Cloglog 1 系数	Cloglog 1 边际效应	Cloglog 2 系数	Cloglog 2 边际效应
间接即时	-5.974***		-0.487***				-2.949***	
	(-2.94)		(-4.19)			(-2.63)	(-1.78)	
间接延迟	-3.423*		-0.192				-1.286	
	(-1.74)		(-1.41)			(-1.28)	(-0.76)	
持续时间			-0.179	-0.005			0.052	0.003
			(-0.64)	(-0.69)			(0.45)	(0.46)
政府非军事机构			1.275	0.040			0.311	
			(0.79)	(0.77)		(0.70)	(0.64)	
政府军事机构			-0.144	-0.006			0.105	
			(-0.12)	(-0.12)		(0.20)	(0.21)	
常数项	7.523***		12.780***				5.399**	
	(4.16)		(2.93)				(2.35)	
样本量	169	169	169	169	169	169	169	169
拟R平方	0.234		0.551					
Chi2 统计量	8.356		29.300		8.869		28.652	
P 值	0.004		0.000		0.003		0.000	

注：（1）括号内表示估计系数对应的 t 值；（2）*、** 和 *** 分别表示在 0.1、0.5 和 0.01 的统计水平上显著；（3）所有边际效应都取样本平均值。

因此，一方面，可证实假设 1 是成立的，即国际网络冲突的攻防关系常态表现为"攻防制衡"的关系模式。虽然国际网络冲突在冲突的过程中是有利于攻防开展的，但网络攻击的效用在网络冲突结果维度中得到了约束与制衡，这有利于网络空间的相对安全与国际体系的战略稳定。另一方面，通过多模型比较，我们可以证实网络攻击给目标国造成的严重程度与"攻防制衡"模式的生成构成非常显著的负向关系，故假设 2 得到证实。接下来，本书将通过证实、证伪两个现实案例进一步验证我们的假设是否成立。

(二) 网络"攻防制衡"模式的案例考察

为进一步验证"攻防制衡"的关系模式是当前国际网络冲突攻防互动的常态，本部分选取了沙特的"沙蒙"网络行动作为证实案例，美国对伊朗的"震网"行动作为证伪案例。[①] 这两则案例的选取依据是："沙蒙"与"震网"都是以国家行为体作为主要参与者发起的网络冲突事件，且两次行动均成功完成了网络空间的攻击。但作为证实案例，"沙蒙"的目标国沙特阿拉伯并没有做出任何妥协；而"震网"的目标国伊朗的核项目因为该事件而遭到重创，并被迫做出一定程度的示弱行为，因此可作为证伪案例使用。

1. 对证实案例的考察："沙蒙"行动

自 2012 年 8 月 15 日始，沙特阿美石油公司[②]遭受了严重的黑客攻击。在几个小时内，超过 35000 台计算机的内部信息被部分擦除或计算机被完全摧毁。这种病毒抹除了沙特石油公司 85% 的电脑数据，并被燃烧的美国国旗图像取代，致使沙特石油公司供应全球 10% 石油的能力突然受到威胁。随后，计算机专家发现了这种新型病毒——"沙蒙"（Shamoon），也被称为"W32. DisTrack"。这个恶意软件有一个逻辑炸弹，触发了主引导记录和数据清除有效负载并使联网计算机无法使用。公司前安全顾问克里斯·库贝卡（Chris Kubecka）说，如果计算损失的成本，索尼影业遇袭事

---

① 为避免案例中可能存在的归因不确定问题，本部分的案例选取仍然源于双边网络事件和争端数据库（DCID）。原因在于该数据中的案例基于高度一致性的卡帕系数和多方权威机构和专家的认证，否则案例被数据库排除在样本之外。从案例的因果推断来看，我们可以看出西方学者的观点占据已知的众多公开资料中。因此，我们仍然不能绝对认定"沙蒙"与"震网"的幕后主使，但作为学术研究者，基于条件的限制只能力求通过多方公开资料还原事件真相。因此，案例分析也不失为一种可取的检验方式。可以确定的是，无论是"沙蒙"行动还是"震网"行动，仅凭一般个人或非政府组织的能力是无法独立发动如此大规模网络攻击的。此外，主动宣称对网络攻击事件负责往往更符合独立黑客或非政府组织的心理，因为非政府组织可能会存在名声、金钱利益等其他目的，而不纯粹是为了发起攻击。所以，"沙蒙"与"震网"归因不确定的问题可以得到较好的解决。关于非政府组织发起网络攻击的动机问题，可参见 Erik Gartzke, "The Myth of Cyberwar: Bringing War in Cyberspace Back Down to Earth", *International Security*, Vol. 38, No. 2, 2013, pp. 41 – 73。

② 沙特阿美，又称沙特阿拉伯国家石油公司。据一些金融杂志估计，这家石油巨头的市值高达 10 万亿美元，政府持股达到 100%，是世界上市值最高的公司。因此，对沙特阿美的威胁可能危及沙特阿拉伯的国家安全。故沙特王国投入了 33000 名士兵和 5000 名警卫的武装部队，以确保沙特阿美设施的安全。相关介绍请参见 Anthony H. Cordesman, *Saudi Arabia: National Security in a Troubled Region* (Santa Barbara, California: ABC-CLIO, 2009)。

第五章　国家间网络冲突中的制网权争夺：网络边疆治理的核心 <<<

件与这次网络攻击事件相比都显得微不足道。① 不过，该公司在一份声明中却称这次袭击对石油生产作业没产生任何影响，也没造成任何基础设施的破坏。② 国际社会普遍认为伊朗的嫌疑最大。著名网络安保公司托菲诺安全（Tofino Security）认为，这次袭击是由一位不满沙特政府的内部人士发起的。但仅凭借其个人能力无法发起如此大规模的网络攻击。托菲诺认为，这位内部人士与伊朗政府展开了密切的合作。③ 美国中情局同样认为此次"沙蒙"攻击是由伊朗网军和沙特什叶派教徒合作完成的一次成功的网络袭击。④

那么，沙特政府是如何回应的？从现有的公开信息来看，沙特石油公司在遭受网络攻击后即刻请出数名美国网络安全专家对病毒进行监控。在袭击发生后数小时内，著名安全公司赛门铁克（Symantec）的研究人员开始分析病毒样本。⑤ 实际上，沙特网络防御能力仍较为落后，但其有着充足的资金来聘请外援帮助其解决网络安全问题。在"沙蒙"行动之后，沙特并没做出任何过激反应，而是加紧修复网络安全漏洞，并在石油供应停摆之后恢复了供给。可以说，这场历史性的网络攻击并未给沙特石油的生产和供给造成严重影响。从长远发展战略规划上的反应来看，沙特先后制定了一系列改革方案来增强本国的综合实力。以上事实足以说明，沙特在遭受"沙蒙"袭击之后并没做出任何形式的妥协和让步。而分析伊朗发起"沙蒙"行动的原因，一种观点认为，行动的原因在于沙特政府对叙利亚和巴林逊尼派的援助；另一种观点认为，这次网络攻击

---

① Jose Pagliery, "The Inside Story of the Biggest Hack in History", CNN Business, August 5, 2015, https：//money.cnn.com/2015/08/05/technology/aramco-hack/index.html, 访问时间：2018年12月10日。

② BBC News, "Shamoon Virus Targets Energy Sector Infrastructure", August 17, 2012, 访问时间，2018年12月10日。

③ Heather MacKenzie, "Shamoon Malware and SCADA Security—What are the Impacts?" *Tofino Security*, October 25, 2012, https：//www.tofinosecurity.com/blog/shamoon-malware-and-scada-security-what-are-impacts/, 访问时间：2018年12月10日。

④ 转引自 Richard Sale, "Iran behind Shamoon Attack", *Industrial Safety and Security Source*, October 15, 2012, http：//www.isssource.com/iran-behind-shamoon-attack/, 访问时间：2018年12月10日。

⑤ Nicole Perlroth, "In Cyberattack on Saudi Firm, U.S. Sees Iran Firing Back", *The New York Times*, October 23, 2012, https：//www.nytimes.com/2012/10/24/business/global/cyberattack-on-saudi-oil-firm-disquiets-us.html, 访问时间：2018年12月13日。

是伊朗对美国对其核设施发动的"震网"行动的报复。"沙蒙"行动没有动摇地区安全结构，沙特与伊朗在中东地区的对立格局并没有发生任何改变，更没有撼动中东地区大国的战略地位，而是地缘政治博弈在网络空间的一次反映，符合国际网络冲突中"攻防制衡"关系模式的理论假设。

2. 对证伪案例的考察：美国对伊朗的"震网"行动

如上所述，本书不仅关注支持"攻防制衡"模式的网络冲突事件，也对看似不支持假设的案例进行重点分析。本书的核心假设认为，当前国际网络冲突普遍表现为"攻防制衡"的关系模式，国际入侵虽有利于进攻，但网络攻击的效用得到制衡，有利于网络空间的相对安全和大国的战略稳定。为什么震惊世界的"震网"事件实现了发起国的战略意图——破坏伊朗核计划？上述案例在网络冲突的结果维度上看似与"攻防制衡"模式相悖。只有证明该逆向案例在本质上仍属于"攻防制衡"的理论范畴，才能够确认其在解释力和预测力上的有效性。

"震网"（Stuxnet）是一种计算机蠕虫病毒，2010年6月被发现。该病毒最主要的攻击目标是伊朗纳坦兹铀浓缩厂的核设施。"震网"专门被用于针对可编程逻辑控制器（Programmable Logic Controllers，PLCs），这种控制器允许机电过程自动化，例如用于控制工厂装配线上的机械或用于分离核材料的离心机。"震网"病毒利用了4个零日漏洞（Zero-day Exploit），[1] 通过瞄准使用微软窗口操作系统（Windows）和网络机器来发挥作用。据报道，"震网"病毒破坏了伊朗的可编程逻辑控制系统，收集工业系统的信息，导致快速旋转的离心机分裂。[2] "震网"病毒毁坏了伊朗近五分之一的离心机，感染了20多万台电脑，导致1000台机器物理退化，并使得伊朗核计划倒退了两年。[3] 赛门铁克（Symantec）在2010年8月指

---

[1] Ryan Naraine, "Stuxnet Attackers Used 4 Windows Zero-day Exploits", ZDNet, September 14, 2010, https://www.zdnet.com/article/stuxnet-attackers-used-4-windows-zero-day-exploits/，访问时间：2018年12月13日。

[2] David Kushner, "The Real Story of Stuxnet", IEEE Spectrum, February 26, 2013, https://spectrum.ieee.org/telecom/security/the-real-story-of-stuxnet/，访问时间：2018年12月3日。

[3] Yaakov Katz, "Stuxnet Virus Set Back Iran's Nuclear Program by 2 Years", The Jerusalem Post, December 15, 2010, https://www.jpost.com/Iranian-Threat/News/Stuxnet-virus-set-back-Irans-nuclear-program-by-2-years，访问时间：2018年12月13日。

第五章　国家间网络冲突中的制网权争夺：网络边疆治理的核心 <<<

出，全球60%的受感染电脑在伊朗。① 俄罗斯网络安全公司卡巴斯基实验室进一步得出结论，如此复杂的攻击只能在"国家支持下"方可进行。② 这进一步证实了发起"震网"攻击的幕后主使有伊朗的宿敌美国参与。针对这起网络入侵，伊朗时任总统内贾德虽证实了攻击事实，但并未明确描述更多细节，且伊朗政府宣称该病毒并未对其核项目产生较大的影响，但鉴于"震网"病毒的扩散范围较广，要清除铀浓缩过程中涉及的所有计算机设备的病毒是非常困难的。③ 也许正是因为这些忧虑，使得伊朗2010年11月全面暂停了纳坦兹的铀浓缩生产。④

该案例显示了在这次国际网络冲突中，发起国美国成功完成网络空间的攻击，并给目标国伊朗的核设施带来重大打击，且伊朗在一定程度上被迫暂停核武器重要原料铀浓缩生产。这在形式上符合国际网络冲突攻防关系模型中的"进攻制胜"假设。因此，该案例完全可以作为"攻防制衡"模式的证伪案例。

本书认为，纵使美国针对"震网"行动在表面上符合"进攻制胜"假设的逻辑，但实际上，"震网"仍然符合"攻防制衡"理论模式的内在逻辑。第一，纳坦兹铀浓缩生产的暂停是伊朗为防止面临更大的损失而被迫选择的结果，并不是伊朗政府主观意愿上的屈服和让步。第二，伊朗被破坏的网络系统并没有被彻底毁坏，且具有恢复的可能。虽然"震网"在短时间内给伊朗核武的研制带来了冲击，但并没从根本上毁灭伊朗核武的研制能力。第三，美、伊两国常年敌对的关系并不会使姿态强硬的伊朗单方面做出实质性的妥协和让步，反而更加刺激伊朗不断加强网络空间的攻防能力建设，加紧修复网络攻击给伊朗核设施带来的损失，并加快推动伊朗

---

① William MacLean, "UPDATE 2-Cyber Attack Appears to Target Iran-tech Firms", *Reuters*, September 24, 2010, https://www.reuters.com/article/security-cyber-iran/update-2-cyber-attack-appears-to-target-iran-tech-firms-idUSLDE68N1OI20100924, 访问时间：2018年12月13日。

② Kaspersky Lab, "Kaspersky Lab's Experts Believe that Stuxnet Manifests the Beginning of the New Age of Cyber-warfare", September 24, 2010, https://www.kaspersky.com/about/press-releases/2010_kaspersky-lab-provides-its-insights-on-stuxnet-worm, 访问时间：2018年12月13日。

③ [美] 保罗·沙克瑞恩等：《网络战：信息空间攻防历史、案例与未来》，吴奕俊译，金城出版社2016年版，第273—274页。

④ David Albright et al., *Did Stuxnet Take Out 1,000 Centrifuges at the Natanz Enrichment Plant?* Washington, DC: Institute for Science and International Security, 2010, p. 6.

核计划的实施,"伊核"问题也没有得到实质性解决。

国际网络冲突并不能使网络冲突的目标国轻易选择妥协和让步,也没有升级为激烈程度更高的网络战争,更难以轻易改变国际体系的战略稳定与国家政策选择。因此,无论是证实案例还是所谓的证伪案例均从正、反两面证实了国际网络冲突的攻防互动态势基本符合"攻防制衡"理论模式的内在逻辑。依据以上案例分析冲突严重程度对"攻防制衡"模式生成的影响,可以看出严重程度对"攻防制衡"模式的生成产生显著的负向影响。首先,网络攻击严重程度较高不利于"攻防制衡"模式的生成。"震网"事件不可谓不是一次成功的网络入侵事件,虽然伊朗政府并没有主动做出妥协和让步,但该病毒成功破坏和推迟了伊朗核计划的实施,这在一定程度上实现了美国部分的战略意图。其次,网络攻击的严重程度仍然有限,难以促使目标国主动做出妥协和让步的政策选择,从"沙蒙"行动可以看出,该网络入侵也是一次严重程度较高的事件,并对沙特石油公司的网络信息造成了严重破坏,但是依然没有促使沙特放弃对伊朗逊尼派势力的援助和本国什叶派群体的打压。"沙蒙"行动虽然成功对沙特国有资产造成了一定的损失,但这种损失还没有达到促使沙特做出让步的程度。综上所述,本书认为,网络冲突的严重程度对"攻防制衡"模式的生成具有一定的负面影响,但不具备决定性作用。

三 国家间网络冲突攻防互动的实质

(一)网络冲突攻防互动的实质:制网权争夺

2018年1月17日,世界经济论坛(World Economic Forum,WEF)发布《2018年全球风险报告》,指出今年的全球性风险比往年都要高,尤其集中在四个关键领域:环境恶化、网络安全风险、经济紧张及地缘政治危机。其中,网络攻击首次被纳入全球前五大安全风险之列。报告还指出DDoS攻击(Distributed Denial of Service,又称分布式拒绝服务)成为当下网络攻击的主要威胁之一。[1] 又如,2018年4月16日,美国商务部宣布禁止美国公司向中国第二大通信设备公司——中兴通讯出售包括芯片在内的

---

[1] World Economic Forum, *World Economic Forum Global Risks Perception Survey* 2017–2018, http://www.weforum.org/docs/WEF_GRR18_Report.pdf, 访问时间:2018年12月15日。

第五章　国家间网络冲突中的制网权争夺：网络边疆治理的核心

元器件等产品，使得中兴公司生产链瞬间断裂。可以说，现实的网络安全威胁不仅体现在商业活动中，更体现在政府间活动中。网络安全已然成为国际政治研究的新领域，如何建设与夺取制网权也成为该领域的核心问题。

概念研究是理论研究的起点。当前关于网络安全理论的核心概念制网权的相关研究还较为稀缺，学界对制网权的解释还没有形成共识，也就更难以找到科学统一的界定，出现了概念使用混乱的状况。美国著名政治学家乔万尼·萨托利（Giovanni Sartori）曾强调概念研究在政治学研究中尤其是比较政治学研究中的重要作用。他认为："概念的界定一定要清晰，即在术语和意义之间要避免歧义，要消除一词多义和多词一义，同时也要简洁，即在意义和指称之间使用决定性属性来界定。"[1] 当我们对某个关键概念的解释仍有分歧时，要想继续深入及研究就必须重新回到起点，对概念进行清晰的界定与释义。所以，对制网权进行再审视是网络空间安全研究的理论基础，也是本书的核心问题和主要任务，具有较强的理论研究价值。

当前关于制网权释义分歧主要体现在两个方面。一方面出现了两种不同的理论视角：第一种是通过概念类比的方法，从网络军事冲突的视角出发将制网权界定在军事作战领域的网络战争维度之中；第二种是通过概念延伸的方法从国家安全战略的视角出发将制网权界定在国家安全领域的网络安全维度之中。另一方面出现了多元观点的争鸣，与制网权相关的概念有很多，例如"网权""网络权力""制信息权""领网权""领网主权""网络主权"……这些解释是否都意指制网权？如果不是，这些相似概念之间在内涵与外延上有什么联系与区别？如何对制网权进行科学合理的释义？这些问题都是互联网国际政治理论研究中的基础问题。

在此背景下，为探求这种释义混乱状况的原因，并阐明当前关于制网权研究的现状，本书试图对制网权的释义展开的视角与争鸣进行梳理与总结。本书的后续将由三部分组成：第一部分通过文献回顾对已有研究中关于制网权相关的论述进行归类总结，归纳出制网权释义的两种理论视角；

---

[1] Giovanni Sartori, "Guidelines for Concept Analysis", *Social Science Concepts: A Systematic Analysis*, London: Sage, 1984, p. 50.

第二部分主要阐述多元观点争鸣下的制网权，并对与制网权相近的概念进行辨析；第三部分是笔者结合文本分析提出"网络权力域"解释模型，并试图对制网权给出科学合理的界定，同时对与之相关问题的深入研究进行展望。

（二）双重理论视角下的制网权

当前制网权释义的分歧表现的第一个方面是出现了两种不同的理论视角：一种是通过概念类比的方法，从网络军事冲突的视角出发将制网权界定在军事作战领域的网络战争维度之中；另一种是通过概念延伸的方法从国家安全的战略视角出发将制网权延伸到国家安全领域的网络安全维度之中。这两种理论视角的出现具有时间先后性与层次从属性，可以说，国家安全视角下的制网权界定是基于军事作战领域的基础之上的。此外，这两种理论视角存在包含关系，军事冲突视角下的制网权适用于网络战争过程中，强调攻、防双方对一定网络空间的控制权；国家安全战略视角下的制网权强调其适用范围并不局限于网络军事冲突，应当赋予其更普遍的内涵，以便适应国际网络安全形势的需要，但学界对此仍存有分歧。

1. 网络军事冲突视角下的制网权

制网权的概念来源于网络军事冲突领域。它是继制陆权、制海权、制空权、制天权之后衍生出来的一种新型控制权。早在19世纪末期，世界著名地缘政治学家阿尔弗雷德·塞耶·马汉（Alfred Thayer Mahan）在其论著《海权对历史的影响》中就系统阐述了"海权论"。他指出控制海洋的能力是指夺取和保持制海权的能力，即一般意义上的制海权，这也是海权的基本目的和功能。[①] 这里的制海权便是从军事作战领域出发强调国家对海洋的控制能力，是交战一方在一定时间对一定海区的控制权。制网权也是从制海权等传统军事术语中衍生出来的。一般而言，制网权强调作战双方对一定网络空间的控制权和主导权。国内学者较早提出并持此观点的学者大多从军事领域出发解释制网权。国内针对"制网权"的专门研究在新世纪之初就已经开始了。[②] 其中，首次对制网权进行界定的是徐永富，他从网络信息技术的角度出发认为"制网权是指一个国家对本国的政治、

---

① 叶自成、慕新海：《对中国海权发展战略的几点思考》，《国际政治研究》2005年第3期。
② 汪澈：《制网权：未来世界的"制高点"》，《国家安全通讯》2000年第4期。

第五章　国家间网络冲突中的制网权争夺：网络边疆治理的核心 <<<

军事、经济、文化等领域在技术上保证其信息网络系统的安全可靠和有效传输运转、使其免遭攻击和破坏，并同时拥有战胜对方的综合能力"。[①] 这个界定较为准确地反映了主权国家在发生网络冲突时掌握制网权即拥有先发制人的战术主动权。孔宝根、李曼与屠明亮认为："制网权是指阻止敌人控制和使用计算机网络的权力并保证己方拥有该能力的权力，具体就是指利用各种可能的手段和措施，对敌方作战系统中的计算机网络与信息系统进行侦察、侵扰、欺骗和破坏，使敌方作战系统的战斗力降低或丧失，并采取各种有效措施保护己方计算机网络与信息系统免受敌方攻击的网络对抗行动。"[②] 这个定义只描述了网络冲突过程中行为主体对互联网的控制权和主导权，但并没有明确行为主体是谁，而且当前的制网权早已突破了网络战的层面，而被赋予了更多的内涵。程群也认为："所谓制网权，简单地说就是对互联网的控制权。在由网线、调制解调器、交换机和处理器构成的'战场'中，无数的二进制代码正在进行着渗透、阻塞和攻击的惨烈搏杀，以及对网络硬件（如计算机、网络的基础设施）的物理破坏与反破坏，为的就是争夺制网权。"[③] 此外，其将争夺制网权的主要内容归结为网络攻击技术和网络防护技术，因而具备明显的网络军事冲突视角。而实际上，很多学者并不认同将制网权限定在军事冲突领域，而应该适应国际网络安全形势的发展并赋予其更普遍的内涵。

2. 国家安全战略视角下的制网权

随着对制网权研究的不断深入，国内部分学者开始逐渐跳出军事作战领域将制网权的概念进行延伸，上升到国家安全战略领域的网络安全维度并进行了新的思考，可以说，国家安全战略视角下制网权的内涵是包含前者的。不可否认互联网技术在网络战争中的运用是制网权的重要组成部分，但随着时代的发展，主权国家在国际社会中的竞争自然会延伸到网络空间，网络战争在国际政治网络空间博弈的比重逐渐减小。因此，已有的制网权释义已不能适应网络时代国际政治网络空间安全形势的需要。例如张维华跳出军事作战领域并从国家信息安全的新角度出发认为制信息权是

[①] 徐永富：《网络安全呼唤"制网权"》，《光明日报》2001年1月10日。
[②] 孔宝根、李曼、屠明亮：《未来信息战中制网权的研究》，《现代电子技术》2005年第1期。
[③] 程群：《美国网络安全战略分析》，《太平洋学报》2010年第7期。

指对信息资源的获取权、控制权和使用权,即在一定时空范围内控制信息资源的主导权。[①] 此外,余丽认为制网权是网络时代的一种新型国家权力,是指一个主权国家对广义上的计算机互联网世界的控制权和主导权,主要包括国家对互联网域名的控制权、IP 地址的分配权、互联网标准的制定权和网上舆论的话语权等。[②] 这种界定已将军事术语中的制网权概念进行了延伸,外延的扩展更加适应了当前国际网络安全形势的需要。当前关于制网权的构成基础和建设目标已不局限于网络冲突过程中,还体现在网络基础设施建设实力、网络信息技术的发展、国际网络空间治理的参与能力、互联网技术标准的制定能力、国际网络空间话语权的争夺、国家互联网战略的制定等内容。可以说,制网权是有关互联网的所有硬权力与软权力的集合体。

(三) 多元观点争鸣下的制网权

制网权释义分歧表现的另一个方面是出现了多元观点的争鸣。在英文语境中,有关制网权的相关术语有 Cyber Power、Network Power 以及 Internet Power, Network Power 并不一定指基于互联网的权力,任何以网络结构组成的形式都可以是 Network,比如恐怖组织也有它的组织网,但这是一个人际关系网,所以如果是 Network Power,那么指的是以网状结构组织在一起所产生的权力。[③] Internet Power 出现于宽泛的网络空间力量,但在西方语境中并不常用。只有 Cyber power 才是唯一广泛应用的术语。所以,基于制网权的多元观点主要指涉国内学界的释义,且不同观点之间仍存有较大的差异。经笔者梳理,国内学界对制网权的释义有很多,例如"网权""网络权力""制信息权""领网权""领网主权""网络主权"。因此,本部分作者梳理了有关制网权的三种解释,并提出了"网络权力域"的解释模型。笔者认为这些观点的内涵均指涉一种基于网络空间的权力,而争论的焦点在于这种权力的外延不同,也就是制网权的应用范围存在分歧。因

[①] 张维华:《新制权理论:制信息权的几个问题》,《情报杂志》2007 年第 12 期。

[②] 余丽:《论制网权:互联网作用于国际政治的新型国家权力》,《郑州大学学报》(哲学社会科学版) 2012 年第 4 期。

[③] AM Slaughter, "How to Succeed in the Networked World: A Grand Strategy for the Digital Age", Foreign Affairs, https://www.foreignaffairs.com/articles/world/2016 - 10 - 04/how-succeed-networked-world? cid = soc-tw-rd,访问时间:2019 年 1 月 26 日。

第五章　国家间网络冲突中的制网权争夺：网络边疆治理的核心

此，有必要进行归纳和梳理。

1. 网络权力说

网络权力说是当前多元制网权释义中影响较为广泛的一种观点，也是制网权概念流变过程中的前身。在前期的研究中，网络权力一般泛指网络空间的基础设施、技术水平以及人才等可以用来增强自身网络空间实力的力量，且并未明确与制网权相联系。网络权力的研究始于20世纪末。英国政治学者蒂姆·乔丹（Tim Jordan）首先从综合的社会学、文化、政治和经济视角出发对网络权力进行了全面的解释与界定：他认为网络权力是由网络空间的个人技术力量和网络空间的想象力构成的。随着互联网对现实世界的影响越来越大，在网络空间中逐渐形成一种独立的国家权力形态——网络权力。[1] 约瑟夫·奈（Joseph Nye）从电子和计算机信息的创建、控制和传播有关的资源集合的角度来定义网络权力——基础设施、网络、软件和人的技能。[2] 国内有学者从还原主义的角度对网络政治权力进行了阐释，认为网络政治权力结构是由网民的政治权力、网络共同体的政治权力和网络政府的政治权力所构成的有机统一体。[3] 这个分类与划分是依据权力主体而言的，但这个界定仅仅是还原主义视角，而非站在系统的视角，即缺少国际视野，因而也就无法用于解释国际社会中的网络政治现象。2009年，美国国防大学技术和国家安全政策中心进行了重新定义，认为网络权力是利用网络空间创造出来的，其作用和影响超越了其他权力工具。后来，一些学者认为，网络权力包括网络空间中的权力和网络空间外的权力。在网络空间中，权力可以直接建立在议程上，也可以直接受到攻击。网络空间外权力可以是对数据和监控系统的攻击，或者是通过社交媒体的动员。[4] 还有学者认为网络权力是社会行动者利用信息技术与信息资源对他人进行控制与支配的一种力量。依靠技术与话语作为双重支撑，互联网重塑了人类生产、生活场景，将世界链接为一个全球性与地方性相冲

---

[1] Tim Jordan, *Cyberpower*, *The Culture and Politics of Cyberspace*, London: University of East London Press.
[2] Joseph S. Nye, *The Future of Power*, New York: Public Affairs, 2011, p. 123.
[3] 李斌：《网络政治学导论》，中国社会科学出版社2006年版，第129—139页。
[4] 丛培影、黄日涵：《网络权力：国际战略层面的新思考》，《江南社会学院学报》2013年第3期。

突的场域，权力在不同国家、不同主体之间进行流动。[①] 从这些观点可以看出，学者们虽然没有明确提出制网权，但其关于网络权力的解释已经与制网权的释义呈现出高度的重叠。

后期对于网络权力的研究逐渐出现与制网权融合的趋势。例如，真正将网络权力与制网权作为同义语使用的是东鸟的观点，他认为，"网络权力是网络空间的控制权、主导权、话语权。比如根域名的控制权、IP 地址的分配权、国际标准的制定权、网上舆论的话语权……对一个主权国家来说，网络权力就如同制海权、制空权一样，都是体现国家主权的基本权力"[②]。这里作者实际上已经将"制网权"解释为"网络权力"，简称"网权"，此外，他将网络权力赋予了话语权等新内涵。后来这个"网络权力"的定义被学者借鉴，并用于对制网权的界定之中。[③] 这个定义是当前学界较为权威的界定，并被《世界社会主义黄皮书》引用。但在笔者看来，这个定义具有两个方面的不足之处。一是对"制网权"的行使主体限定不够准确，网络权力与传统权力相比，最为突出的特点就是产生了权力流散。[④] 如今网络空间中的权力早已不为主权国家所专有。非国家行为体依然可以作为独立实体发挥重要作用，例如黑客组织、大型的互联网公司等行为主体在网络空间中发挥的作用不容小觑。当然，主权国家无论在现实世界还是网络空间仍然是国际关系中最主要的行为体，并发挥着主导作用。二是"制网权"所指涉的范围并不能够全面描述其所属行为主体在网络空间的实力状况，制网权的构成基础已经得到了扩展，既包括硬实力也包括软实力。

2. 制信息权说

"制信息权"是制网权的另一种说法，国内在 21 世纪之初就已经出现了对制信息权的介绍，几乎与制网权同时期出现，二者基本是混合使用的，没有严格的区分，且二者的内涵均指网络空间中的权力，只是严格来

---

① 刘贵占：《网络空间的权力：技术与话语》，《东北大学学报》（社会科学版）2015 年第 2 期。
② 东鸟：《中国输不起的网络战争》，湖南人民出版社 2010 年版，第 12 页。
③ 余丽：《论制网权：互联网作用于国际政治的新型国家权力》，《郑州大学学报》（哲学社会科学版）2012 年第 4 期。
④ 丛培影、黄日涵：《网络权力：国际战略层面的新思考》，《江南社会学院学报》2013 年第 3 期。

说，制信息权更偏重应用于军事作战视角，① 后来制信息权逐渐与制网权出现了融合的趋势，例如张维华对制信息权的界定。② 然而，有学者对此提出了不同的观点，例如宋辰婷从社会学视角出发对网络权力与信息权力的融合进行了反驳，她认为信息自古就有，而信息崭新的生命力则是源于生机盎然的互联网平台；信息也并非互联网时代的本质特征，而孕育在信息之中的权力才是互联网的真正价值所在。③ 基于已有研究可以发现，关于制信息权与制网权是否可以进行融合并作为同义语使用，学界仍有分歧，且主要体现在两个方面。一是制信息权更偏重于军事术语，一般应用于信息化战争中，④ 强调作战双方对网络信息技术的控制权与主导权，属于军事作战领域的术语，与网络冲突视角下的制网权内涵实现了契合。而当前的制网权已经实现了概念的延伸，且解释范围更为广泛，并具备超越军事作战领域的国家网络安全视角。二是广义上的信息并非互联网时代的专用术语，而使用网络更能突显时代特征。

3. 网络主权说

近些年来，"网络主权"（Internet Sovereignty）在国际社会上的呼声越来越高，网络主权对内是国家拥有独立自主发展、监督、管理本国互联网事务的权力，但在外延上与制网权出现了混淆，有的学者已将制网权等同于网络主权。2010年6月，中国首次提出"网络空间主权"（简称网络主权）这一新型国家主权类型。2013年6月24日，联合国发布的 A/68/98 文件，正式认可了网络主权的理念。文件中提道："国家主权和源自主权的国际规范和原则适用于国家进行的信息通信技术活动，以及国家在其领土内对通信技术基础设施的管辖权。"⑤ 但是国家的网络主权在国际社会一

---

① 相关研究参见孙建祥《试析信息化战争中的精神对抗与政治工作制信息权》，《南京政治学院学报》2005年第4期；巨乃岐、王建军《信息作战的本质探析》，《求实》2006年第S1期。
② 张维华：《新制权理论：制信息权的几个问题》，《情报杂志》2007年第12期。
③ 宋辰婷：《权力转换：网络权力与现实权力的互动研究》，《兰州大学学报》（社会科学版）2017年第6期。
④ 杨星：《什么是信息化战争（国防知识）》，《人民日报》2014年8月10日第6版。这里的信息化战争，是指主要使用以信息技术为主导的武器装备系统、以信息为主要资源、以信息化军队为主体、以信息中心战为主要作战方式，以争夺信息资源为直接目标，并以相应的军事理论为指导的战争。
⑤ 联合国：《从国际安全角度看信息和电信领域的发展政府专家组的报告（项目94临时议程）》，http://www.mofa.go.jp/files/000016407.pdf，访问时间：2018年12月18日。

直存有争议。

当前,国际社会对网络主权的争论主要体现在以下两个方面。一是网络主权与网络自由主义的矛盾。支持网络主权的观点认为,网络主权是国家主权在网络空间的延伸,是国家主权不可分割的一部分,网络空间拥有主权,设置网络规则需要尊重国家主权。[①] 而反对网络主权的主张被归于"新主权理论",鼓吹互联网自由,政府无权管理网络空间,网络空间不受主权国的干涉,将国家形态映射到无物理边界的领域是有争议的。[②] 以美国为首的网络强国主张国际网络空间自由,实际上网络自由主义的背后捆绑着意识形态渗透等政治行为。例如2010年1月,时任美国国务卿希拉里在华盛顿就网络自由问题发表了长达四十分钟的讲话,对所谓的互联网自由进行了辩护,并指责中国等国家破坏互联网规则,侵犯了网络自由权等"错误"行为。[③] 实际上,互联网已成为美国塑造全球政治影响力的有力工具。而广大发展中国家呼吁网络主权是国家主权的一部分,是主权国家保障国家安全,维护国家利益的固有权力。二是在国际网络空间治理方面体现为网络主权与多利益攸关方的矛盾。网络主权主张主权国家对网络空间拥有绝对的管辖权与控制权。而支持"多利益攸关方"网络空间治理模式的观点认为,网络空间治理应由参与建设、运行、管理、使用互联网的相关企业以"利益攸关方"的形式继续掌控国际互联网,而不应该由政府干预。

也有学者将网络主权界定到与领土、领海、领空同等的地缘政治层面,并在此基础上提出了"领网主权"(简称"领网权")。[④] 所谓"领网",是指"国家主权扩展于网络空间的领域",[⑤] 主要是由信息基础设

[①] 参见 Lindsay J. R., Cheung T. M., Reveron D. S., *China and cybersecurity: Espionage, strategy, and politics in digital domain*, London: Oxford University Press, 2015。

[②] 参见 Post D. G., *In search of Jeffsrson's moose: Notes on the state of cyberspace*, London: Oxford University Press, 2009。

[③] 朱稳坦:《希拉里演讲推销"网络自由"批评中国管制网络信息》,《环球时报》2010年1月22日。

[④] 王春晖:《互联网治理四项原则基于国际法理应成全球准则——"领网权"是国家主权在网络空间的继承与延伸》,《南京邮电大学学报》(自然科学版)2016年第1期。

[⑤] 胡丽、齐爱民:《论"网络疆界"的形成与国家领网主权制度的建立》,《法学论坛》2016年第2期。

第五章 国家间网络冲突中的制网权争夺：网络边疆治理的核心

施、计算机信息系统、计算机数据、软件等要素组成的社会空间，是"兼具有形与'无形的集合体'"。[1] 有形方面主要体现为现实存在的信息基础设施，而在无形方面则体现在制度、标准等互联网规则。有的学者便将领网权与制网权放在一起进行解释，指出制网权是国家在"领网"空间行使主权的具体表现，主要指国家对"领网"空间的依法管辖权和控制权。[2] 这里作者将制网权权力行使的范围限定在了"领网"范围内。笔者认为，这个界定稍有不妥，制网权表现为一种实力特征，它并不具有天然的权力边界，因此不应该被限定在主权国家的领网范围内。而"领网权"则表现为国家主权在网络空间的自然延伸，应当赋予权力的应用范围。此外，夏德元、童兵则在"网络主权"的基础上重新解释了"领网主权"，并将"网络主权"等同于"领网主权"，并对"制网权"作了区分。作者认为，网络信息传播控制权在军事领域中称为"制网权"，在外交领域和国际舆论较量中则称为"网络主权"或"领网主权"。[3] 所以，基于已有的研究可以看出"领网权"、"领网主权"以及"网络主权"三个词的核心内涵是相通的，都表现为主权国家在"领网"范围内的特有权力。所以，"网络主权"、"领网权"与"领网主权"是可以作为同义语使用的，只是我们没有对这些相近的概念进行辨析和梳理。

从对网络主权相关释义的争鸣中可以看出网络主权与制网权的内涵相近，均指权力，但它们在外延上存在较大区别。首先，二者所属主体有所差别。网络主权理论讨论的焦点是网络主权是否是国家主权在网络空间的自然延伸，主权国家是否有权在自己的主权范围内独立自主地发展与监督本国互联网空间事务，是否有权作为国际行为主体参与网络空间治理。而制网权所讨论的焦点并非主权国家特有的控制权，而将权力的主体流散到了不限于主权国家的非国家行为体。其次，二者存在的合法性有所差别。网络主权原则本身在国际社会仍存在争议，它受主权国家的属性、政治利益所左右；而制网权所展现出来的利益观念不随国家性质而改变，表现为

---

[1] 胡丽、齐爱民：《论"网络疆界"的形成与国家领网主权制度的建立》，《法学论坛》2016年第2期。
[2] 王春晖：《"制网权"是构建网络综合治理体系的法律基础》，《中国电信业》2017年第11期。
[3] 夏德元、童兵：《网络时代需要强化"领网主权"意识》，《光明日报》2014年3月17日。

一种实力特征，是一个普遍的中性词汇，是国际社会共同关注和争夺的对象。最后，就二者所涉的空间范围来看，网络主权或领网主权强调的是主权国家对网络边疆，即"领网"范围内的互联网空间拥有管辖权。而制网权是一种超越空间范围的存在，没有固定的边界，体现为一种实力特征。所以，很明显网络主权与制网权的本质属性虽同指权力，但二者所关注的重点存在明显差别，不可互为解释。

（四）"网络权力域"视角下制网权的界定

综上所述，笔者从两个层面对制网权释义的路径进行了梳理与总结。一方面，关于制网权的释义出现了两种理论视角，分别是网络军事冲突视角下的制网权与国家安全战略视角下的制网权。这两种理论视角出现有时间先后性与层次从属性，可以说，国家安全视角下的制网权界定是基于军事作战领域的基础之上的。另一方面，国内学界对制网权的释义出现了多元观点争鸣的状况，造成了概念使用的混乱，需要在文献梳理的基础上进行辨析。

1. 制网权多元释义的辨析

经笔者的文献梳理可以看出，学界当前关于制网权的界定与释义还没有达成共识。要想对制网权进行科学合理的释义，则需要对相关概念进行界定。与制网权相关的概念有很多，其中，"网权"是"网络权力"的简称，"领网权"是"领网主权"的简称，"领网主权"与"网络主权"可作为同义语使用，但以"网络主权"的叫法为多。所以，以上对制网权的多元解释便归结为网络权力说、制信息权说与网络主权说三种观点。

如图6-2所示，笔者提出"网络权力域"解释模型来辨析这些概念之间的关系。所谓"网络权力域"，是指基于网络空间中的"权力"这一共有内核基础，不同网络空间权力类型的外延（包括所属主体、适用范围）有所不同，且存在相互包含的逻辑关系。可以看出，这种多元解释的内涵是相通的，均指网络空间中客观存在的权力，只是在外延上存在差异。网络权力说体现出普遍意义上的权力概念，是政治权力在网络空间中的延伸，它建立在网络信息技术水平的基础之上，概念的外延最大；制信息权说则与制网权的概念最为相近，基本可以作为同义语来使用，但制信息权的外延相对较小，即往往用于信息化战争中，与网络军事冲突视角下的制网权同义，所以制网权权力的应用范围相对较广；而网络主权的外延

第五章　国家间网络冲突中的制网权争夺：网络边疆治理的核心

最小，体现为国家主权在网络空间的延伸，强调主权国家在网络空间中应有的管辖权和主导权，而制网权表现出来的实力并非为主权国家所特有，它所展现出来的利益观念也不随国家性质而改变。所以，笔者认为网络权力、制信息权以及网络主权均不可对制网权进行准确的解释。

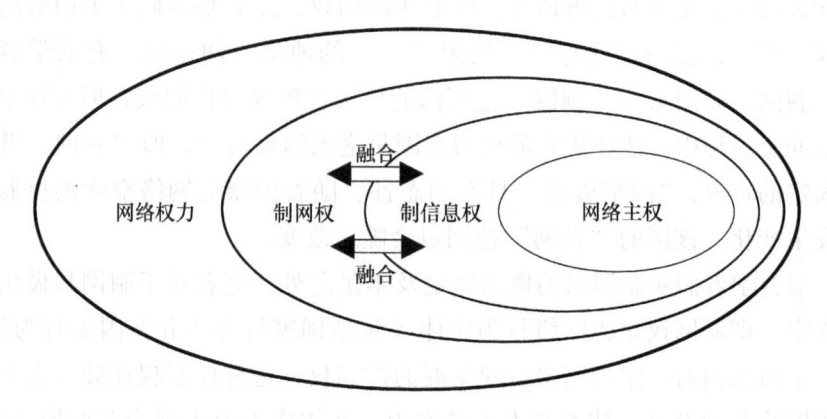

图6-2　"网络权力域"韦恩图

资料来源：作者自制。

2. 制网权的界定

综合以上观点，当前关于制网权的内在构成可以归结为以下几种变化。第一，制网权的所属主体发生了流散。所有关于制网权的定义都默认了一个前提条件，那就是制网权是主权国家特有的权力。而事实上，世界上存在很多非国家行为体可以作为独立实体在网络空间尤其是网络战争中发挥非常重要的影响。例如伊斯兰抵抗运动"哈马斯""匿名者"等非政府组织。[①] 第二，制网权的构成基础发生了扩展。既有研究基本认为制网权体现在对网络空间的控制和主导，但所涉范围的侧重点不同：有的观点认为"制网权"是军事领域的术语，适用于网络战争中，但网络冲突中制网权并不能解释非冲突时期网络行为主体对互联网空间的主导与控制；有的观点认为制网权适用于外交领域和国际舆论较量中，但这也同样不能解释网络冲突过程中，攻防双方的"冲突状态"；有的学者认为制网权涵盖

[①] ［美］保罗·沙克瑞恩、亚娜·沙克瑞恩、安德鲁·鲁夫：《网络战：信息空间攻防历史、案例与未来》，吴奕俊等译，金城出版社2016年版，第54—57页。

四种具体的权力,这种观点虽是正确的,但不够全面,这会造成制网权的释义被固化。正如余丽给出的这个限定最终得出"美国是世界上拥有制网权的唯一国家"[①]的结论。这就部分丧失了制网权的应用价值,如果只有美国一个国家拥有制网权,其余所有国家都没有制网权的话,这个概念又有什么现实意义和研究价值呢?所谓的制网权,无非是等同于美国的网络霸权。第三,制网权的存在不局限于一定的地域空间范围。有的学者认为,制网权是国家在"领网"范围内的依法管理权与控制权,但实际上在网络冲突过程中,法律规定的权力范围是毫无约束力的,即"领网"并没有固定的边界,"网络边疆"具有动态性,随着国家对网络空间的控制能力发生变化,该国的"领网"范围也会随之改变。

综合学者们对制网权的概念界定及不足之处,笔者对于制网权做出如下界定:即制网权是指网络行为主体(包括国家行为体和非国家行为体)在一定时期内对一定的网络空间掌握的控制权,这种控制权在硬实力上表现为网络基础设施、技术与人才的实力,在软实力上表现为互联网战略、标准制定与掌控话语权的能力。依据制网权在国际网络空间博弈过程中所发挥的地位和作用,笔者将制网权分为三种类型:战略制网权、战役制网权和战术制网权。战略制网权主要指一个国际行为体对全球整个网络空间的控制权和主导权,即掌握国际互联网根域名的控制权、IP 地址的分配权、互联网标准的制定权等网络空间的"生死大权",在当前的网络空间中,只有美国掌握战略制网权。战役制网权是指在某一固定的网络空间范围内,不同行为体之间发生网络冲突,冲突一方对整个网络冲突过程中局域网络空间的控制权和主导权。战术制网权是指在国际网络冲突过程中,冲突一方在某个较短的时间段掌握了网络攻击的主动权,并不代表对整个网络冲突拥有网络空间的主导权,这里比较典型的案例是 2008 年伊拉克"真主旅"成功入侵美军"捕食者"无人机并窃取了关键数据。这里,伊拉克"真主旅"在一个短暂的时间段获得了战术制网权,但并不代表拥有可以战胜美国的主导权。

制网权是一个动态的概念,它随着网络冲突过程中攻防双方的互动而

[①] 余丽:《论制网权:互联网作用于国际政治的新型国家权力》,《郑州大学学报》(哲学社会科学版)2012 年第 4 期。

第五章　国家间网络冲突中的制网权争夺：网络边疆治理的核心 <<<

发生转移，并向攻击优势方倾斜。这个概念在现实的网络冲突过程中具有较强的适用性并可用于解释所有的网络冲突过程中。当前关于制网权问题的研究尚处初级阶段，该领域还有着非常广阔的研究空间。网络空间安全已经成为世界各国重视的领域，如何对制网权的内涵进行全面深入的解读？制网权在国际网络空间博弈中起着什么样的作用？网络发展中国家如何推进制网权的建设，并有效争夺制网权等问题都是后续深入研究亟待解决的问题。

第四节　国家间网络冲突与网络空间的战略稳定

通过第三节的数据检验，可以证实国家间网络冲突在攻防结果层面存在"攻防制衡"的关系模式，正是当前国家间的网络攻防所具备的低烈度特征导致"攻防制衡"模式得以生成，并对网络空间的战略稳定产生重要影响。此外，制网权所具备的硬实力与软实力内涵，将为网络空间安全保障与国际治理提供可行的实践价值。

一　"攻防制衡"模式与网络空间的战略稳定

（一）多极稳定与权力分散下的网络空间

本书通过实证检验表明，"攻防制衡"模式是当前国际网络冲突攻防互动的常态。网络空间攻防关系理论模型的构建有助于从根本上把握网络冲突攻防双方的互动态势，进而有利于国家依据互动规律积极应对网络入侵，抑制网络冲突的战略效果，维护网络空间的战略稳定。对于发起国来说，赢得网络冲突并不会给自身带来更多的政治权力，输掉网络冲突也不会真正损害一个在网络空间已经很强大的行动者的权威。[1] 从国际稳定的视角来看，网络空间的进攻占优论暗含着单极稳定论的假设。威廉·沃尔弗斯（William Wohlforth）在创建单极稳定论时曾指出：多极世界中，大国之间进行着霸权竞争和安全竞争，从而导致国际体系的不稳定。[2] 网络空

---

[1] Mariarosaria Taddeo, "Cyber conflicts and political power in information societies", *Minds and Machines*, Vol. 27, No. 2, 2017, pp. 265–268.

[2] William C. Wohlforth, "The Stability of a Unipolar World", *International Security*, Vol. 24, No. 1, 1999, pp. 5–41.

间作为全球性虚拟空间，任何国家都有入侵他国"网络边疆"的可能，进攻占优的技术优势为这种客观的多极体系增添了不稳定的因素，不利于网络空间的相对安全与国际体系的战略稳定。而"攻防制衡"模式下的网络空间则更偏向于多极稳定论的理论假设。正如卡尔·多伊奇（Carl Deutsch）与戴维·辛格（David Singer）所认为的：随着国际体系从两极转向多极化，国家之间的战争倾向度较低，而国家间的互动关系不仅是竞争性的，合作性也会凸显。[①] 一方面，"攻防制衡"模式下的国家在孕育多极环境下的网络冲突中存在一种相互的制衡关系，这种客观上的制衡对网络冲突的升级和国际体系的失序起到稳定作用。在传统的国际社会，战争或冲突的解决往往作为政治权力转移的标志，比如19世纪初的滑铁卢战役。约瑟夫·奈（Joseph S. Nye）认为信息时代的权力已实现在国家和非国家行为体之间扩散，而非转移；[②] 另一方面，尽管世界各国纷纷加强其网络攻防能力建设，但合作仍然是网络空间互动的重要方式，如网络安全对话作为中、美两国四个高级别对话机制之一，对加强两国之间的战略稳定具有重要意义。

（二）"攻防制衡"模式的低烈度特征与战略稳定

国际关系的战略稳定这一概念最初兴起于传统安全领域。1990年，美国和苏联将战略稳定界定为任何国家没有动力发动第一次核打击。然而，随着冷战的结束，防止世界核大国之间发生核战争的地缘政治、技术与心理环境发生了重大变化。战略稳定的概念和条件也发生了根本的变化：从传统安全领域扩展到了非传统安全领域。国际关系的战略稳定既需要考虑传统安全领域中的核战争、军事对抗以及地区冲突，也需要考虑非传统安全领域中的冲突行为，国际网络冲突已成为影响国际体系战略稳定的关键因素。需要注意的是，网络空间的战略稳定相对于国际核战略，又产生了内涵的流变。基于网络冲突在发起过程中所具有的"进攻占优"优势，国家间网络冲突的绝对防止是不现实的，而维护网络空间战略稳定的根本目标便是减少国际网络冲突给国家安全带来的威胁和损害。

国际网络冲突的"攻防制衡"会对网络空间的冲突态势产生抑制作

---

① Karl W. Deutsch, J. David Singer, "Multipolar Power Systems and International Stability", *World Politics*, Vol. 16, No. 3, 1964, pp. 390–406.

② Joseph S. Nye, *The Future of Power*, New York: Public Affairs, 2011, p. 15.

第五章 国家间网络冲突中的制网权争夺：网络边疆治理的核心 <<<

用，这有助于网络空间的战略稳定。如图 6-3 所示，"攻防制衡"模式的生成与网络冲突的严重程度存在较强的负向关系，但不具备决定性作用。在"攻防制衡"模式下，网络冲突的目标国弱化了发起国网络攻击的实际效果，使得发起国的战略意图难以实现。因而，网络冲突对国际体系的战略稳定难以构成挑战。"进攻制胜"模式下的网络冲突虽表现为目标国做出对预谋活动的暂停、放弃等行为，但这并不能说明是目标国主动做出了妥协和让步。所以，"进攻制胜"模式下的网络冲突的内在逻辑在较大程度上仍存在符合"攻防制衡"理论模式的可能。当然，如果发起国对目标国的网络入侵行为造成了切实严重的损害，则会在一定程度上改变目标国的战略行动，并令国际体系的战略稳定滋生不稳定因素。

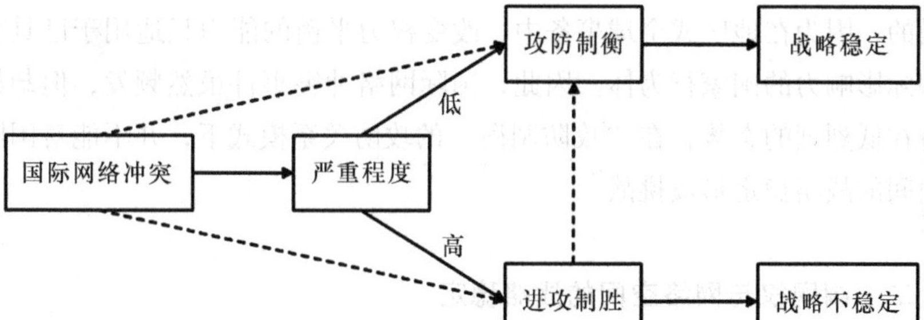

图 6-3 "攻防制衡"模式对战略稳定的影响

资料来源：作者自制。

事实上，当下的网络攻击并未被证明具有特别强大的战略意义，除非它们能对对手造成实质性的、持久的伤害。"由于网络攻击涉及对目标军事能力和民用基础设施的临时软杀伤，如果不能同时进行旨在对目标的恢复能力造成永久性损害的地面攻击，那么攻击的价值就基本上失效了。"[1] 里夫认为网络战似乎更像一种工具，只有在非常有限的情况下，才能以相对较低的成本追求政治（战略）或军事（战术）目标。[2] 在大多数情况

---

[1] Erik Gartzke., "The Myth of Cyberwar: Bringing War in Cyberspace Back Down to Earth", *International Security*, Vol. 38, No. 2, 2013, p. 62.

[2] Adam P. Liff, "The Proliferation of Cyberwarfare Capabilities and Interstate War, Redux: Liff Responds to Junio", *Journal of Strategic Studies*, Vol. 36, No. 1, 2013, pp. 135 – 136.

下，只有在网络攻击伴随地面军事力量（或其他旨在利用通过互联网取得的任何暂时丧失能力行动）时，这种情况才会发生。仅仅通过互联网造成危害的能力并不能预测网络战将取代陆地战争，甚至不能预测网络战将成为未来战争的一个重要独立领域。[1] 从曼尼斯早先整理的 2001 年至 2011 年 DCID 数据库中也可发现这样的规律：在 126 起网络冲突事件中仅有 20 对（约 16%）事件存在目标国报复与反击的行为，而绝大多数（80%）网络冲突事件仅仅是一种由发起国发起的单向网络攻击，而目标国并没有做出反击和报复。[2] 一方面，发起国难以通过网络攻击对目标国造成较大的损害；另一方面，即便发起国成功完成网络空间的攻击行为，绝大多数的目标国并没有做出较为激烈的报复行为，这也在侧面证明了网络攻击带来的损害并不能达到发起报复性行动的阈值。相反，这种损害的后果被证明是效用甚微的，因为在地区或全球事务中，改变权力平衡的能力只适用于已具有相当国际影响力的国家行为体。因此，国际网络冲突事件虽然频发，但却始终维持在低烈度的态势，在"攻防制衡"的攻防关系模式下，并不能对国际网络空间的战略稳定形成挑战。

二 制网权与网络空间的战略稳定

（一）以实力保安全：制网权的硬实力建设与网络空间威慑

1. 无政府状态对网络空间国际秩序的挑战

当前国际网络冲突态势的发展凸显了网络空间的无政府特质，各国正在加强网络攻防能力的建设，网络军备竞赛一触即发。这些发展与米尔斯海默提出的进攻性现实主义的五个基本假设比较一致：（1）国际体系是无政府状态的，没有凌驾于国家之上的中央权威；（2）大国拥有进攻性的军事能力；（3）国家永远无法确定其他国家的意图；（4）生存是国家的首要目标；（5）大国是理性行为体。由于缺少中央权威，没有对行为主体具有较强约束力的行为规范，网络空间国际法的空缺导致国际网络空间陷入

---

① Erik Gartzke, "The Myth of Cyberwar: Bringing War in Cyberspace Back Down to Earth", *International Security*, Vol. 38, No. 2, 2013, p. 57.

② 刘杨钺：《国际政治中的网络安全：理论视角与观点争鸣》，《外交评论》2015 年第 5 期；Brandon Valeriano, Ryan C. Maness, "The Dynamics of Cyber Conflict between Rival Antagonists, 2001 – 11", *Journal of Peace Research*, Vol. 51, No. 3, 2014, pp. 347 – 360.

一种自然的无政府状态，在这个虚拟的国际自由空间中，一切人反对一切人的霍布斯状态具有自发性。结构现实主义认为在这种无政府状态下，均势政治成为国家间互动的特定规律。在安全困境状态下，一国在网络空间实力的增长必然会给他国带来网络空间威胁。

国家行为体基于自助的原则，首要追求的并不是权力，而是网络空间的安全，而制网权是实现网络安全的手段。因此，行为主体的自我保护与利益维护成为首要目标。从硬实力建设入手，掌握强大的制网权将成为行为主体，尤其是主权国家保障国家安全的基本诉求，也是以实力保安全的理论前提。通过美国对伊朗的"震网"行动、伊朗对沙特的"沙蒙"行动以及索尼影业遇袭事件等案例可以对无政府状态对网络空间国际秩序的冲击进行较好的说明。

2. 从制网权到网络威慑：网络空间的实力逻辑

在进攻性现实主义视角下，国际社会无政府状态使得国家间难以准确猜测对方的战略意图。这里的战略意图有三方面的含义：一是意图具有不确定性，没有国家能确信不会在任何时候、任何情况下遭到他国的军事攻击；二是国家并非必然拥有敌对性意图，但意图的不确定性使国家不可能相信别国都"抱有可靠的善意"；三是攻击的可能原因很多，没有国家能确信别国不会受到任意一种原因的驱动。[①] 因此国家应该追求权力的最大化，只有权力的最大化才能带来安全的最大化。应用到网络空间中，国家应该努力加强对互联网的控制权，甚至不惜采取先发制人的战略以保自身的绝对安全。2018 年特朗普政府推出的《美国网络战略报告》就体现了这一点。该报告提出了一个"防御前置"的新概念，实际上便是一种先发制人的战略。

此外，需要区分网络威慑与网络冲突的关系。网络威慑的目的是阻止网络攻击，是一种在网络安全风险系数较高的情况下，为维护本国国家安全而被迫采取的主动或被动网络行动，包括拒止型网络威慑和报复型网络威慑（报复型威慑也叫惩罚型威慑），[②] 一些国家甚至会采取先发制人型网络威慑以阻止敌人的网络攻击行为。拒止型网络威慑是以静制动，惩罚型

---

① 陈岳、田野：《国际政治学学科地图》，北京大学出版社 2016 年版，第 41 页。

② 董青岭、戴长征：《网络空间威慑：报复是否可行?》，《世界经济与政治》2012 年第 7 期。

网络威慑是以动制动。惩罚型（报复型）网络威慑与先发制人型网络攻击不同，惩罚型网络威慑限定在行为体在遭受网络攻击之后选择进行报复式的惩罚与反击，而先发制人型网络攻击则在尚未遭受网络攻击的情况下，采取预防性网络攻击，实则是积极的网络攻击行为。[1] 网络冲突的概念不应该泛化，发动网络攻击与网络威慑的区别在于网络攻击的目的是自发主动地通过网络手段胁迫敌人屈服于自己的意志，主观动机是破坏和平；网络威慑是一种积极防御手段，主观动机是为了避免更大规模的战争给自身造成的损失。

然而，实力是基础和保障，安全困境下的制网权建设与争夺形成恐怖的网络威慑，网络空间在客观上呈现出相互威胁的平衡，形成了战略稳定的状态。实力不仅可以作为安全的保障，还可以为国家采取进攻型战略提供技术支持。美国近年来的网络安全战略很好地体现了从"防御""控制""塑造"到"先发制人"战略的演变。

（二）以治理谋安全：制网权的软实力竞争与网络空间治理

网络空间作为全球公域，不应该成为法外之地、犯罪的天堂，主权国家有责任加强网络空间的治理与合作，这也是推动国际网络空间战略稳定的长久之道。此外，通过本研究对网络空间国际冲突攻防互动所呈现的"攻防制衡"关系模式，可以看出当前的国家间网络冲突相较于现实世界中的军事武装冲突，其烈度仍然是很低的，且难以对目标国产生致命的威胁。但是，这既不意味着未来网络空间的安全威胁不会加大，同时也显示出网络空间治理的紧迫性与必要性。

1. 制度、规范与网络空间国际治理

在现代国际关系中，以制度为中心的学术研究有着悠久的传统。这一领域的古典研究侧重于国际联盟失败背景下的联合国及其机构的研究。随着欧洲一体化的演变，制度主义出现了新的转折，试图将国内和国际政治联系起来。

以罗伯特·基欧汉（Robert Koehane）为代表的自由制度主义者认为国际制度决定国际体系的稳定性，也为从制度主义视角入手开展国际网络

---

① 徐龙第：《美国"先发制人"网络打击政策：背景、条件与挑战》，《当代世界》2013 年第 7 期。

空间治理提供了理论依据。相较于以均势与霸权为主要逻辑的现实主义视角，自由制度主义理论认为国际制度并非完全是国家寻求权力等国家利益的工具，它同时也体现了和谐互惠的自由主义理念，成为一种国际公共产品。这一公共产品为网络空间秩序的塑造提供了平台。此外，网络空间的制网权竞争是很难衡量的，个体在网络空间的攻防对抗与网络空间威慑中所能发挥的作用与能量要远大于传统的物理空间。因此，通过制度的建设可以从规则与规范方面约束个体行为。同时，制度创造了信息流动，促进了行为体间意图的传递与沟通，减少战略误判，缓解网络空间的紧张局势。随着新自由主义与建构主义的合成，二者均强调观念、共有知识、新兴法律原则和多边制度的相互作用如何重塑行为体的身份与偏好，进而融合为"自由建构主义"。[①] 在这一理论范式下，网络空间国际法与国际治理机制的构建将与网络空间行为体之间合作观念的形成相得益彰，共同推动全球治理体系向深发展。制网权的软实力内涵昭示了国家行为体在推动自身参与国际网络空间乃至全球治理所能产生的重要作用。

2. 制网权的软实力竞争与网络空间的战略稳定

制网权的争夺不仅表现在技术竞赛上，还体现在软实力竞争中。互联网中的信息传播与标准制定同样影响着网络空间国家间的互动态势。信息化时代的国际环境已经变得更加多极化，信息的链接与沟通也更加密切，而财富、权力与信息则日益分散。民主、社会媒体与直接行动的兴起意味着政府必须对国家和全球舆论做出越来越多的反应。大规模的对等国际文化交流正在增加，并且正在改变文化关系的性质。如果一个国家在全球网络空间舆论环境中掌握更多的话语权，那么，国家软实力所发挥的作用也越来越大。例如，当今国际网络空间70%以上的传播语言均为英语，美国无疑掌握着强大的网络空间话语权，这是制网权软实力的一个体现。又如，在全球网站访问量最高的前20名中，绝大多数均为美国网站。此外，美国还拥有全球最大的互联网市场与数据库资源。作为软实力的制网权，为美国维护其网络空间安全等国家利益提供了有力保障。

制网权的软实力竞争还体现在互联网标准的制定与制度建设中。互联

---

① ［美］鲁德拉·希尔、彼得·卡赞斯坦：《超越范式：世界政治研究中的分析折中主义》，秦亚青、季玲译，上海人民出版社2013年版，第24—31页。

网名称与数字地址分配机构（The Internet Corporation for Assigned Names and Numbers，ICANN）成立于1998年10月，位于美国。具有帮助协调互联网地址分配机构（IANA）的职能，并为互联网域名系统（DNS）持续运行提供关键技术服务。其主要功能包括：（1）协调技术协议参数的分配，包括地址（IP）和路由参数区域（ARPA）顶级域的管理；（2）管理与互联网DNS根区管理相关的某些职责，如通用域名（gTLD）和国家代码（ccTLD）顶级域名；（3）互联网号码资源的配置等服务。[1] 这一机构在成立之初，一方面成为互联网域名系统的服务机构，另一方面它也在美国的管辖之下，成为美国掌控全球制网权，为国家利益服务的有力工具。近年来，关于ICANN改革的呼声逐渐高涨，尤其是广大网络新兴行为体，例如中国、俄罗斯等国家。迫于压力，美国政府在2016年与ICANN合同终止之后，"放弃"了管辖权。但从改革效果来看，情况并不容乐观，主要体现在国家行为体与非国家行为体之间、发达国家与新兴的发展中国家之间的利益博弈上。此外，ICANN作为美国国内的域名管理机构，其仍然受到美国的司法管辖，而不是完全独立的组织。因此，美国对ICANN的影响力仍然不容小觑。但通过一系列治理模式的改革，ICANN已经成为一个以多利益攸关方为特征的治理模式，在一定程度上为国际机制参与网络空间治理提供了较为可行的制度架构。

软实力发挥作用的核心渠道就是通过国际制度。约瑟夫·奈认为软实力是一种"同化性"的力量，通过这种"同化性"的能力对他国或者国际社会拓展自身利益。[2] 在国际网络空间治理模式的改革中，以IP地址的分配权、互联网域名的管理权为主要内容的参与和主导程度便是制网权的软实力。由此可见，当下的国家网络空间仍然存在激烈的软实力竞争。行为体所拥有的制网权将与其在网络空间参与治理的程度存在紧密联系。这种制度化的竞争模式虽然在本质上依然是一种主导权与实力之争，但它将无疑为全球网络空间治理提供一个缓和的平台，对网络空间乃至国际体系的战略稳定起到积极作用。

---

① ICANN，About ICANN，https：//www.icann.org/resources/pages/welcome-2012-02-25-en，访问时间：2019年12月1日。

② ［美］约瑟夫·奈：《硬权力与软权力》，门洪华译，北京大学出版社2005年版，第97页。

第五章　国家间网络冲突中的制网权争夺：网络边疆治理的核心 <<<

小结：本研究探讨了传统的网络攻防理论的解释框架在分析当前的网络攻防互动的关系所存在的解释力危机。进而从网络冲突攻防结果维度出发，提出网络空间攻防关系的新模型。其中"攻防制衡"的关系模式是当下国家间频发网络冲突的合理形式。通过数据分析与案例检验，"攻防制衡"模式也被证实为当前国家间网络冲突攻防互动的普遍态势。该模式较好地解释了国际网络冲突中为何发起国常常进攻成功，而目标国却选择不妥协的问题。其背后理论模式的构建也进一步弥补了传统的进攻占优理论的不足，并有助于增强网络空间攻防平衡理论的解释效力。其生成的内在逻辑在理论上源于网络空间的攻防关系模型的构建；在现实层面源于网络冲突给目标国造成的损害程度仍然较低，且大概率远低于目标国做出妥协的成本，即使严重程度较高会增加目标国做出妥协的概率。事实上，网络冲突带来的现实危害却难以达到发起国的目标阈值，正是其低烈度特征使得"攻防制衡"模式成为当前国际网络冲突攻防互动的常态。这既是"攻防制衡"模式生成的现实逻辑，也为网络空间的相对安全和国际体系的战略稳定提供了可能。

本研究构建的"攻防制衡"理论模式也存在一定的局限性，但并不影响理论构建和检验的可靠性。首先，从理论模式的构建上来看，"攻防制衡"模式必须建立在一定的前提假定下，才具备生成的环境与条件。其次，由于 DCID 数据库仍在建设中，理论检验的样本量限制难免会导致变量之间产生共线性突出等问题，同时数据的收集和整理仍无法避免存在一定程度的遗漏和偏差。这看似对本书数据检验的科学性构成了挑战，但从该数据库编码过程的严谨性和统计建模的显著度来看，该数据库具备较高的契合性与可靠性，且难以影响本书核心理论假设的验证结果。最后，关于本书案例选择，其参考资料大多源于多方公开信息，由于网络安全领域涉及诸多敏感信息，甚至被国家有意保密和隐瞒，所以可能存在一定的偏差。作为学术研究者，基于研究条件的限制，只能力求通过多方公开的信息还原事实原貌。本书将案例的选取限定在 DCID 数据库中，其对归因问题的专业化处理，极大降低了归因失误带来的影响。因此，该局限之处同样难以对本研究的理论检验构成挑战。

此外，本研究同时指出了国家间网络冲突攻防互动的实质是制网权的争夺。而制网权作为一种网络空间的新型控制权，一直存在多种解读和变

285

体，导致其内涵的界定非常模糊。因此本研究的贡献还在于对制网权进行了较为详细的梳理，并给出了合理的界定。本研究同时指出，制网权不仅包括我们传统上认为的技术、基础设施等硬实力，还包括规则与治理、话语权等方面的软实力。二者相得益彰，共同构成并丰富了制网权的内涵，在国家间网络攻防过程中发挥着关键作用。

本研究为国家间网络冲突行为的研究提供了一个新的解释维度。这种维度将跳出传统的网络攻防过程，而聚焦于网络攻防背后的冲突结果。这既有利于研究者揭开网络攻防技术对国际网络冲突过程施加的伪装，从根本上认知国际网络冲突在国际互动过程中带来的直接影响，也成功规避了进攻占优的魔咒，从而有力反驳了网络威胁过分夸大的观点。事实证明，国际网络冲突客观存在的"攻防制衡"模式，极大地削弱了网络冲突给国际体系的战略稳定所带来的威胁和挑战。此外，本研究还从制网权的视角出发，从制网权的硬实力建设与软实力竞争两个方面探讨了制网权与网络空间战略稳定的关系，并为主权国家参与网络空间安全的治理与合作提供了理论依据和现实根基。

第六章 网络空间国际话语权：网络边疆治理的外部环境塑造

互联网技术的普及和发展，导致国际舆论传播环境发生了深刻的变化。一方面，互联网冲击着现存的国际舆论格局，使话语权在网络空间面临被重新分配的境地。另一方面，互联网作为一个亟待开发的新空间，为各国争夺该领域的国际话语权创造了公平竞争的机会。在此基础上，话语权问题被提升到了一个新的维度。争夺网络空间国际话语权，抢占国际舆论制高点越来越成为各国用于拓展国际发展空间、创造良好的国际发展环境的重要手段。"网络空间"作为话语权争夺的一个全新"战场"，为广大发展中国家争取与西方国家相抗衡的话语权开辟了一个新的起点，极大地缓解了中国在现存国际舆论格局中"难发声""被描述"的尴尬境地。对中国来说更好地抓住和利用互联网带来的新契机，谋求更多的网络空间国际话语权，占据更加有利的国际舆论格局是现阶段中国构建网络空间国际话语权必须重新审视和思考的问题。目前，中国已发展为一个名副其实的网络大国，但距网络强国的目标还有很长的路要走。近年来，中国越发地认识到了其网络大国的地位与网络空间国际话语权薄弱的现状存在明显不符。在西方话语强势围攻不断加剧以及网络空间国际话语权竞争日趋白热化的背景下，中国开始为争夺网络空间国际话语权展开有益的实践探索，以期抓住话语权在网络空间重新被分配的契机，为自身在网络空间谋取更多的话语权，这在一定程度上改善了中国在网络空间格局中的话语地位。但与西方网络话语强势地位相比，中国既没有核心的网络技术支撑，又缺乏较强的议程设置能力，因此中国的网络国际传播效果十分令人担忧。所以，加强中国网络空间国际话语权问题研究，探究中国谋求网络空间国际话语权的可行性路径就显得十分必要。

>>> 网络边疆治理研究

第一节　网络空间国际话语权的内涵解析

中国网络空间国际话语权问题研究必须建立在对网络空间国际话语权的全面认知和理解基础上。互联网的发展将国际话语权问题延伸至网络空间，因此对网络空间国际话语权的理解必须在与传统国际话语权的对比区分中凸显出来。另外，对网络空间国际话语权影响因素及网络空间国际话语权特征等问题的研究也是进一步探究中国网络空间国际话语权问题的前提。

一　网络空间国际话语权的概念界定

网络空间的国际话语权是国际话语权在网络空间的拓展和延伸，界定何为网络空间的国际话语权，首先必须要明确何为国际话语权，进而将国际话语权与网络空间的特性相联系，最终概括网络空间国际话语权的含义。因此，有必要分别阐释国际话语权和网络空间国际话语权。

（一）国际话语权的含义

"话语"一词，从文化语言学角度看，指的是一种思维符号和交际工具，包括语言、含义、符号等形式，人们借助话语在言说者和受话人之间进行意义交流。[1] 话语是在人与人的互动中呈现出来的，因此具有社会性。随着社会生产力的发展和社会分工的出现，人们对话语的本质和功能的认识更加深化，话语不再纯粹作为人们日常超越各种制度和阶级界限的交流工具，而越发地被赋予更多更为丰富的内涵和社会意义。话语一经形成，便具有传递特定价值观念的功能，从而影响话语对象的判断和选择，进而达到自己预期的目的。这里"话语"不仅仅是一种工具，更是一种目的和手段。法国哲学家米歇尔·福柯曾在他的《话语的秩序》中写道：话语就是人们斗争的手段和目的，话语是权力，人们通过话语赋予自己权力。显然，福柯将人们对话语的认知和理解又推进了一步，他将"话语"延伸到"权力"的范畴。那么，"权"作为一种政治上的概念，必然存在"权力"

---

[1] 陈正良、周婕、李包庚：《国际话语权本质析论——兼论中国在提升国际话语权上的应有作为》，《浙江社会科学》2014年第7期。

第六章　网络空间国际话语权：网络边疆治理的外部环境塑造 <<<

和"权利"的双重属性，那么，"话语权"究竟是一种"权利"，还是一种"权力"呢？对此，学界各位学者给出了不同的看法和见解。一些学者认为，"话语权"是人们在表达自己的观点和想法以及在与他人进行言语交流的过程中拥有的说话机会的权利，即"说话权"。另一些学者则认为，"话语权"不同于"说话权"，"说话权"是行为主体发出语言的权利，而"话语权"是行为主体追求其表达语言的含义能够被确认的权利，① 即"影响力"。关于"话语权"的争论，福柯在 1970 年提出了"话语即权力"的观点，他认为，"话语"与"权力"密不可分，它在形成和发展的过程中一直受到权力的控制与规训。人们对话语的争夺，实际上就是对权力的争夺。权力操控着话语，同时话语也在不断地生产和强化着权力，话语与权力的相互斗争促成了社会不断向前发展。由此可见，"话语权"本质上是一种"权力"。

"话语权"概念的提出改变了话语作为人们交流工具的属性，而将话语逐渐上升到国际意义的公共空间和非公共空间，使话语权成为当今左右国际社会发展和国际舆论导向的重要权力。由此不难发现，在国际关系领域同样存在激烈的国际话语权之争。国际话语权作为国际关系的重要产物，越来越成为各国维护国家利益，影响国际秩序的重要手段。在一定程度上，当前的国际政治也逐渐演变为话语权政治。因此，关于"国际话语权"问题的研究也引起了国内外学者的高度重视。"国际话语权"的概念在冷战后被国际社会普遍接受和广泛使用，但目前学界对"国际话语权"的定义仍存在一定的分歧，其分歧的焦点主要集中在两点：一是"国际话语权"究竟是一种"话语权利"，还是一种"话语权力"；二是"国际话语权"的行为主体究竟是主权国家，还是非国家行为体。

首先，"国际话语权"作为话语权的重要延伸，必然与话语权一样存在着"权利"与"权力"的争论。对此，张殿军认为："话语权则是指社会成员就社会公共问题和国际事务自由发表意见、立场和主张的权力和资格。"② 此外，梁凯音教授对"国际话语权"也有相似的界定，他认为："国际话语权是指以国家利益为核心，就社会发展事务和国家事务等发表

---

① 梁凯音：《中国拓展国际话语权的思考》，《中共中央党校学报》2009 年第 3 期。

② 张殿军：《硬实力、软实力与中国话语权的构建》，《中共福建省委党校学报》2011 年第 7 期。

意见的权利。"① 即知情权、表达权和参与权等各种权利的综合运用。他们认为"国际话语权"在本质上是一种权利。但也有部分学者从"权力"的视角解读"国际话语权"。张志洲在《中国国际话语权的困局与出路》中指出："国际话语权是指通过语言来运用和体现权力，它在本质上反映的是一种国际政治权力关系。"② 通过上述观点的分析我们不难发现，无论是"权利"还是"权力"，无不体现着话语主体的一种能力。因此，"国际话语权"实际上是"权利"和"权力"的双向结合体。"话语权利"是"话语权力"产生的基础，更是话语权力得以发挥作用的前提。在话语传播的过程中，只有掌握了国际话语权，赢得主动发声的机会，我们才能通过意识形态输出等方式对他人施加影响，继而达到期望的目的，这也是"话语权力"产生的过程。无论"权利"抑或是"权力"，其归根结底都是一种能力。毫无疑问，话语主体拥有话语输出的权利是能力的重要体现，同时话语主体在话语输出的过程中，通过议程设置、规则制定和舆论引导等方式达到改变他人的想法或左右他人的行为的目标，这亦是能力的表现。因此，相较于以上两种争论，本书更倾向于将"国际话语权"定义为一种能力，它既涵盖了话语主体在国际社会中说话的权利，同时也包含了说话的效力和影响力。

其次，关于"国际话语权"行为主体的问题，学界也存在两种不同的声音。王啸把国际话语权定义为："主权国家通过正式外交、媒体传播、民间交流等渠道，将蕴含一定文化理念、价值观念和意识形态等因素的话语渗透到国际社会中，使其他国家自愿接受并认同的能力。"③ 据此，吉雪燕提出了不同的看法，她认为："国际话语权是指国际行为体在国际社会中掌握了一定资源信息、规则机制和知识后，通过各种语言或非语言表达形式所对外产生的、足以改变其他行为体思维逻辑和行为方式的能力。"不可否认，非国家行为体在争夺国际话语权中具有重要的积极作用，但是相对于主权国家而言，非国家行为体在争夺国际话语权的过程中明显动力不足。国家利益是国际话语权的本质诉求，尽管各种民间组织、新闻团

---

① 梁凯音：《论中国拓展国际话语权的新思路》，《国际论坛》2009 年第 3 期。
② 张志洲：《中国国际话语权的困局与出路》，《绿叶》2009 年第 5 期。
③ 王啸：《国际话语权与中国国际形象的塑造》，《国际关系学院学报》2010 年第 6 期。

第六章　网络空间国际话语权：网络边疆治理的外部环境塑造 <<<

体、国际组织等非国家行为体在国际社会上积极发声，但其任何话语的最终落脚点仍然在于本国的国家利益。因此，国际话语权的行为主体依然为主权国家。综上所述，本书认为国际话语权是主权国家通过正式外交、媒体传播、民间交流等渠道，将蕴含一定文化理念、价值观念和意识形态等因素的话语渗透到国际社会中，使其他国家自觉接受并认同的能力。

（二）网络空间国际话语权的界定

随着网络时代的到来，话语权也在第一时间被引入网络空间，网络空间国际话语权的概念应运而生。"网络空间国际话语权"作为一个新概念，是网络时代的特定产物，也是国际话语权在网络空间的延伸。但目前学界对网络空间国际话语权的研究十分有限，对何为网络空间国际话语权缺乏确切的定义，并且其研究的焦点仍然是"网络话语权"和"网络意识形态话语权"，不过这些研究也为我们解读"网络空间国际话语权"提供了一些启发。

要明确"网络空间的国际话语权"，首先，我们需要了解何谓"网络空间"。本书认为"网络空间"是非物理的虚拟空间对现实世界的自然延伸，因此网络空间不仅包括网络基础设施等物质因素部分，同样也存在着各种暗含国家意志的网络意识形态部分。而网络空间国际话语权则属于网络意识形态的部分，国际话语权的任何运作归根结底还是维护其网络意识形态的安全，即国家的政治、法律、文化等制度环境不受干扰和破坏，人们的思想、道德、伦理、价值观等观念领域不被误导和失序。其次，网络拓展了国际话语权的竞争场域，改变了信息传播的单一模式，任何行为体都可以借助网络平台扩大自己的声音。网络时代的话语权，既包括国家元首、各级官员、新闻发言人的官方话语，也包括传统媒体和网络媒体中形成的民间话语。尽管各种行为体都可以在网络空间自由发声，但网络空间相较于现实世界来说，其对技术、设施、综合实力等因素要求较高，一般国际行为体很难整合各方面资源，形成强大的话语优势。因此，对"网络空间国际话语权"的话语主体的界定一方面依然强调国家的主导性地位，另一方面则要求更加突出非国家行为体的主体性作用。网络空间国际话语权的竞争本质上是国家利益的竞争。最后，议程设置能力是网络空间国际话语权实现的关键环节。网络时代，信息传播呈现无中心、碎片化的特点，这种流动式的布局更加需要国家层面的议程设置来引导舆论。拥有网络空间的议程设置权，主权国家完全可以通过对信息的整合和议程设置来左右世界范围内人们的想法，从而影响国际舆论的发展方向。综上所述，"网络空间国际话语权"是主权国家统筹各非国家行为体共同利用各种网络平台整合各种网络资源，通过议程设置、规则制定和相应的政治操作等手段，传播附有本国意识形态成分的价值观念，影响话语客体的认知、判断与评价，最终达到影响与控制网络舆论走向效果的能力。

二　网络空间国际话语权的影响因素

根据不同话语主体的可作用范围，将网络空间国际话语权的影响因素概括为网络硬实力、网络软实力、网络传播力以及网络外交力，其主要对应网络空间中官方、民间和媒体等不同的传播主体。对网络空间国际话语权而言，网络硬实力是基础，网络软实力决定话语的影响范围和效果，而网络传播力及网络外交力则是具体的谋求手段。

（一）网络硬实力

尽管当今的国际社会是一个软实力激烈博弈的时代，但硬实力在国际社会的竞争中依然是不可或缺的，在网络空间中亦是如此。在网络空间，完善的网络基础设施和先进的网络技术是网络硬实力的基础，因此，网络硬实力对网络空间国际话语权的影响也主要基于这两个方面而言。

网络基础设施是互联网发展的基石，配套完善的网络基础设施为网络空间国际话语权的获取提供了坚实的物质支撑，它直接决定一国有无争取网络空间国际话语权的资格。网络的本质在于互联，信息的价值在于互通。任何国家只有不断加强信息基础设施建设，铺就信息畅通之路，才能不断缩小与不同国家、地区、人群间的信息鸿沟，才能让信息资源充分涌流。只有确保信息资源的充分流动，才能为本国的话语发声创造时机。

如果说完善的网络基础设施是一国进入网络空间争取国际话语权的准入门槛，那么，是否具备先进的网络技术则直接决定了一国话语权的大小。在网络空间，谁拥有互联网的核心技术，谁便拥有了网络信息的控制权。换言之，谁拥有互联网的核心技术就意味着谁获得了主宰互联网的"生杀大权"。网络信息的控制可以直接影响意识形态的发展，进而轻易实现控制国际舆论走向的目的。正如阿尔温·托勒夫所言："未来世界政治的魔力将控制在拥有信息的强人手里，他们会使用手中掌握的网络控制

第六章　网络空间国际话语权：网络边疆治理的外部环境塑造 <<<

权、信息发布权，达到暴力金钱无法征服的目的。"故而对网络技术强国而言，任何不利于本国国家利益的话语都将被拦截或重新改造，任何不服从本国网络管理的国家都可能被轻易地从互联网世界中剔除。美国是当今世界当之无愧的网络技术强国，支撑世界互联网运转的 13 台根服务器，美国始终控制着 1 台主根服务器和 9 台副根服务器。[①] 当前，美国生产的 CPU 大约占到了全球产量的98%；微软操作系统约占全球电脑操作系统的95%[②]；全球主要的大型数据库中有 70% 设在美国。[③] 可以说，美国实际上已经实现了对网络空间的技术统治，并且这种技术统治在较短时间内难以被打破。技术上的优势赋予了美国控制全球信息流动的特权，比如，在伊拉克战争中曾一度中断伊拉克顶级域名". Iq"的申请和解析。先进的网络信息技术是美国实现网络话语霸权的基础和先决条件，同样对广大发展中国家来说，能否实现网络核心技术的自主可控将直接影响其在网络空间国际舆论格局中的地位。

（二）网络软实力

随着经济全球化和政治多极化的深入发展，软实力日益成为影响国际政治斗争的重要因素。如果说网络硬实力是一国争取网络空间国际话语权的基础，那么网络软实力则直接决定了一国话语的影响力度和范围。在网络空间，国际话语权的竞争说到底不过是各国际行为体之间意识形态感召力、政治价值观念吸引力以及话语内容认同力的较量。网络软实力对国际话语权的影响包括两个方面：一是以软实力为手段重塑一国话语在网络空间的合法性，二是在合法性的基础之上拓宽该国话语权的影响范围。因此，网络软实力对国际话语权的影响主要基于以上两方面来探讨。

一方面，意识形态所具有的柔性特征，有效地扩大了一国话语在网络空间的渗透力。网络空间国际话语权的竞争说到底不过是网络意识形态的竞争。而意识形态在具体的传播过程中又分为"刚性传播"和"柔性传播"，作为影响网络空间国际话语权的网络软实力更倾向于"柔性意识形态"的传播模式。"柔性意识形态"是指以柔性的方式讨巧地进行主流意

① 李江静、徐洪业：《准确把握互联网意识形态话语权争夺的新形势》，《红旗文稿》2015年第 22 期。

② 申琰：《互联网与国际关系》，人民出版社 2012 年版，第 192 页。

③ 蔡翠红：《信息网络与国际政治》，学林出版社 2013 年版，第 79 页。

293

识形态的传播，其相对于刚性传播来说，更能达到"润物细无声"的效果。因此，柔性意识形态会直接影响一国话语在网络空间的实际传播效果和最终的影响力。柔性意识形态话语的优势在于，它不像官方发言人一样赤裸裸地进行意识形态的宣传，而是将暗含本国意识形态的价值观隐藏于人们日常生活中的各种介质内，通过介质的传播隐蔽地将一些价值观念传递于世界各地，使人们在潜移默化中受到其价值观念的影响，最终形成"燎原之势"，为其话语在网络空间的传播赢得更多的理解和认同基础，进而产生一定的号召力。此外，"柔性意识形态话语"作用于网络空间国际话语权的另一个途径则是通过主动设置网络意识形态热点话题，再经网络"意见领袖"的加工和助推，达到舆论态势"一边倒"的局面，进而营造有利于己的话语环境。如果说网络硬实力在网络空间国际话语权的激烈角逐中发挥的是地基的作用，那么"柔性意识形态话语"在网络空间国际话语权的竞争中发挥的则是先锋队的作用。因为在话语权的争夺中，话语认同是话语权获得的前提，要获得话语认同，首先要传递自己的价值观念并获得他人的认可，而"柔性意识形态话语"则能达到这样的效果。

另一方面，网络话语的贡献能力影响一国网络空间话语权的大小。所谓网络话语的贡献能力，是指一国提出并推广有关网络的新思想和新观念的能力，但在现实的国际社会中我们会发现仅靠新思想和新观念并不足以保障国际话语权的获取，尤其在网络空间中各种意识形态话语混杂，要想在其中脱颖而出就必须保障其话语的质量。因此，在网络空间充分的话语贡献能力是获取话语权的保障，而网络话语的质量则是提高网络空间国际话语权的关键。网络空间被视为继陆、海、空、天之后的"第五空间"，存在着许多亟须被明确的问题，比如，网络空间是否存在主权，如何界定网络主权的范围以及网络空间规则的制定等问题，这为各国争取网络空间的国际话语权提供了足够的话语活动空间。在这一特定的时期，一国若能抓住网络空间话语权重新分配的契机，积极贡献话语理念，必将改善本国目前的话语处境。近年来，中国充分认识到了自身网络大国地位与网络意识形态的影响力明显不相称，开始在网络空间营造话语存在感，贡献了大量网络话语理念，如"网络空间命运共同体""网络主权说"，以及网络空间治理的"四项原则""五点主张"等，中国在网络空间的积极作为不仅展现了中国智慧，也改变了国际社会对中国形象的传统定位，使西方对

第六章　网络空间国际话语权：网络边疆治理的外部环境塑造 <<<

中国的话语陷阱不攻自破。另外，高质量的网络话语需要强大的人文和社会科学研究为后盾，人文和社会科学研究是一个国家的思想和理论阵地，也是高质量话语的生产机构和基地。[①] 如今西方话语拥有的优势地位，得益于其强大的人文和社会科学研究的支撑。如"全球治理""文明冲突论""历史终结论"等均出自人文和社会科学研究者的成果。因此要提高网络空间国际话语权，必须重视人文和社会科学的研究，发挥其基础性作用。

（三）网络传播力

传播力决定影响力，一国要想在网络空间国际话语权中占得一席之地，极为重要的一点就是要建立强大的网络传播队伍。本书所探讨的网络传播力主要针对的是网络媒体的传播能力。尽管在网络空间强调传播主体的多样性，但媒体毕竟是专业的传播主体，拥有专业的传播人才、先进的传播理念以及熟练的传播技巧，是一国对外宣传的主力。一个国家国际话语权的大小，很大程度上取决于媒体的传播力大小，而媒体的传播力则又取决于媒体在全球的影响力以及媒体对信息的控制力。

具有全球影响力的媒体在话语的传播过程中本身就占据了优势，它们往往凭借自身的权威性，左右着网络受众对信息的优先选择，主导着国际舆论的方向。从一定意义上来说，权威性即代表着可信性，并且在很大程度上削弱了国外受众对信息的质疑，人们也更倾向于选择具有国际影响力的媒体和网站获取信息，这使得本身就具有话语优势的媒体获得更多的优势，进一步巩固了其在网络空间中信息传输的优势。因此，对一国而言，要想在网络空间中谋取更多的话语权，首先必须要培育具有全球影响力的主流媒体。网络媒体对国际话语权的掌握，主要依靠三个维度，即"说了有人看（认知维度），看了有人信（态度维度），信了有人做（行为维度）"[②]。而具有国际影响力的主流媒体不仅说了会有人看，而且看了会有人信。美国被认为是世界传媒的风向标，即使在网络媒体迅速发展的今天，依然没有人能够撼动其在传播格局中的地位。究其原因，主要在于它拥有强大的网络媒体传播力，据统计，全球有80%

[①]　张志洲：《话语质量：提高国际话语权的关键》，《红旗文稿》2010年第14期。

[②]　胡泳：《互联网国际话语权构建的三个维度》，《对外传播》2012年第11期。

295

的信息来自美国，美联社、路透社、《纽约时报》及《华盛顿邮报》等国际性的媒体无时无刻不在主导国际舆论。

在网络世界，谁拥有了网络信息的控制权，谁就掌握了信息的传播及流向，从而拥有了传播某种意识形态的权力。正如托夫勒所说："谁掌握了信息，控制了网络，谁将拥有整个世界。"网络话语权掌握在谁手里，国际舆论流向、是非的判断标准就会掌握在谁手里。一方面，对媒体而言，其对信息控制力的来源主要基于媒体自身的实力和较强的议程设置能力。据统计，全球有80%—90%的信息来自西方媒体，四大主流通讯社每日的新闻发稿量约占全球的4/5。由此可见，媒体实力基础的不同造就了信息传输量的差异，拥有信息垄断地位的国家必然比话语弱势的国家拥有更多的话语权。另一方面，议程设置能力在国际话语权的竞争中具有不可忽视的作用，尤其在今天人们被信息包围的时代，强大的议程设置能力不仅能够引导人们去关注什么，还能够影响人们如何理解。例如，在"棱镜门事件"被爆出的第二天，美国国家安全局立马在 Twitter 官方账户上辟谣，主动承认其监听行为，但为其行为找了一个名正言顺的理由，即"反恐"。美国强大的议程设置能力轻而易举地将其不法行为合理化。

（四）网络外交力

随着网络时代的到来，传统的外交方式明显难以有效地应对纷繁复杂的网络空间，伴随互联网发展而来的网络外交以其范围广、时效快等优势备受各国青睐。网络外交以政府为主导，同时强调充分发挥非政府组织以及个人行为体在网络空间中的作用，因此，网络外交在对本国价值理念的阐释方面更加具有深度和广度，更加能够促进国际社会对本国的理解，进而为一国争取网络空间国际话语权创造了良好的国际环境。

首先，传播主体的多元化促进了网络话语声音的多元化，从而弥补了官方单一宣传模式的不足。网络外交不再强调官方发言人、官方媒体是一国外交活动的唯一主体，而是鼓励更多的非官方行为体，如非政府组织、跨国公司、社会精英以及普通民众广泛地参与到网络外交活动中，发挥他们各自的优势，为本国话语营造良好的话语空间。正如美国前国务卿希拉里所认为的那样，今天的外交早已不再是"一帮闭门造车的特权男性的专属领地"，也不再局限于国务院或使馆的专业外交人员去推动，故应鼓励

第六章　网络空间国际话语权：网络边疆治理的外部环境塑造 <<<

美国公民与外国人借由互联网络进行交流互动。① 任何一个网络主体在网络空间中都代表一种声音，网络外交的多元化主体基于各自的角度和立场向外传递着本国的内外政策，使一国在国际社会的形象更加多元、丰满。并且非政府行为体在对外传播中往往更能获取国外受众内心的认可，在很多重要的时刻能为官方话语提供话语依据和支撑。如针对西方媒体对"5·12汶川地震"的不实歪曲报道，中国普通民众通过网络向国外受众传递了国内的真实情况，有力地回击了西方对中国的诬陷，捍卫了中国的国际话语权，维护了本国的国家形象。

其次，双向互动的沟通方式激发了受众对一国主动了解的热情。了解是判断的基础，国际社会如果对一个国家有足够的认识和了解，那么任何诋毁该国的网络谣言都会不攻自破。网络外交的一个重要特点就是十分重视与网民的互动。在网络空间中，与受众建立良好的互动关系，不仅有利于促进受众对本国的深入了解，而且提高了受众在整个过程中的参与感，更加容易激发受众继续关注的热情。网络互动不仅给予了受众知情权、参与权，同时也赋予了话语主体主动言语的权利。网络话语的主动权在争夺网络空间国际话语权中十分关键，因为在话语的获取中表明自己的态度、说出自己的想法，这是话语获得的第一步，进而才是谋求自己话语的影响力。例如，温家宝总理就曾利用网络视频的方式与国外受众在线交流，并对国外受众关心的中美关系等国际问题表明本国的态度和立场。然而在现实的国际话语竞争中我们不难发现，处于话语弱势地位的国家面对国际社会的一些诬陷和诽谤时常常处于失语状态，连最基本的澄清事实的机会都没有。另外，更为重要的是网络外交中与受众的直接互动，极大地避免了话语霸权国议程设置的中间环节，保证了事实话语的有效传播，进而保障有关国家获得与网络霸权国相抗衡的力量。网络外交互动性在争取话语权中的优势被越来越多的国家看重。比如，日本政府设置了 Twitter 主页与网友交流，美国总统奥巴马更是多次亲临脸书公司总部与网友现场互动。②

---

① 檀有志：《网络外交——美国公共外交的一件新式武器》，《国际论坛》2010 年第 1 期。

② 唐小松、卢艳芳：《西方国家网络外交的发展及其对中国的启示》，《国际问题研究》2010年第 6 期。

297

三 网络空间国际话语权的特点

权力是话语权的本质属性，而利益则是每个话语主体的根本追求，任何话语权都不可能偏离这两个因素而独立存在。因此，对网络空间国际话语权特点的探讨也主要基于权力和利益两个要素，据此本书将其总结为：国家利益的指向性、权力运行的非孤立性和隐蔽性。

（一）国家利益的指向性

上文中我们提到话语不仅仅是一种交流的工具，更是一种目的和手段，任何话语都不是简单的言语叠加，在话语外衣的包裹下都隐藏着话语主体特定的利益追求，网络空间国际话语权的利益诉求是将个人利益上升为国家层面的利益追求。正如马克思所说，"人们奋斗所争取的一切，都同他们的利益有关。"[①] 对国家层面而言，任何形式的话语其本质追求是维护本国的国家利益，因此，在网络空间，国际话语权的利益指向性依然适用。

任何利益都不是凭空产生的，都存在于一定的社会关系之中，具体到网络空间国际话语权则体现为话语主体和话语客体对利益的权衡。就话语传播主体而言，在网络空间中，统筹话语传播任务的主要是主权国家，国家利益是一切主权国家对外活动的根本出发点和落脚点。网络空间国际话语权的行为主体对外的任何传播行为都必须以国家的意志为基础，以维护国家的根本利益为最终目标。因此，其话语对象的选择、话语内容的斟酌以及话语平台的运用无不围绕着国家利益的主题。网络空间国际话语权中的内容选择必定以国家利益为先，为维护国家的利益服务，这是网络空间国际话语权利益指向性的具体体现。无论在现实世界还是网络空间，因国家利益冲突而上演的话语争夺战无处不在。比如，以美国为首的西方国家为了维护现存的既得利益，常常通过议程设置等方式歪曲捏造事实，抹黑中国的国际形象，将一些暗含深意的标签，如"中国网络威胁论""国家干涉网民的言论自由"等强加于中国的头上，极力挤压中国网络空间意识形态的话语空间，以此达到限制中国发展的目的。另外，从话语的接受客体而言，其对各种外来意识形态及网络话语的认可和接受程度，很大程度

---

① 《马克思恩格斯全集》（第一卷），人民出版社 1956 年版，第 82 页。

第六章　网络空间国际话语权：网络边疆治理的外部环境塑造 <<<

上也取决于其对自身利益的考量。在国际社会，任何一个国家的对外传播行为都是以追求国家利益为根本准则的，而这一对外行为准则同样适用于作为话语接受者的各国际行为体。一般而言，作为话语接受者的各国际行为体在面临信息选择时，首先会关注与自身利益相关的信息，并且根据信息内容与自身利益关联的程度做出不同的话语反馈。例如，针对网络空间是否存在主权的问题，一些网络先发国为维护本国在网络空间的既得利益，积极倡导美国所主张的"全球公域说"，而广大网络后发国家为打破美国的网络霸权，赢得更多公平竞争的机会，则极力支持中国提倡的"网络主权说"。

（二）权力运行的非孤立性

米歇尔·福柯在《权力的秩序》中曾提出"话语即权力"，权力是话语的本质属性。而网络空间国际话语权是话语权在网络空间的一种延伸，这种延伸并未改变话语权的本质属性，不过是将话语权的影响区域从传统的物质空间扩大到虚拟的网络空间，因此，网络空间国际话语权必然同样具有权力的相关属性。

网络空间国际话语权的权力属性集中表现为一国话语在国际社会的影响力，并且这种影响力的施加过程实际上就是话语权中权力的运行过程。而影响力的产生并非一种孤立的、单向运行的过程，它往往是多方面因素共同作用的综合结果。影响力的产生必须同时存在施加影响的一方和被影响的一方，并且只有当施加影响的一方有足够的能力改变被影响一方的态度、观点甚至行动时，影响力才真正产生。通过对影响力产生过程的分析，我们不难发现影响力的产生实际上暗含了话语传播者与话语接受者之间的权力的角逐和较量，是权力运行非孤立性的重要体现。话语传受双方的较量首先体现为二者实力地位的对比，这种对比实际上反映了传受双方权力的大小。一般而言，权力大的一方往往能够对权力小的一方施加影响，从而形成一方对另一方的支配地位。而且，在话语传播过程中也同样存在话语传播者与话语接受者之间的较量，只不过这种较量集中体现为传受双方网络技术的较量。在网络空间，谁拥有了网络核心技术，谁便拥有了网络空间的制网权。对任何一个传播主体而言，拥有了制网权也就意味着其获得了控制全球信息流向的权力，它可以轻易地过滤掉不利于本国的信息，也可以通过增加他国负面信息的流量，达到为本国话语权竞争创造

299

良好环境的目的。综上所述，网络空间国际话语权的竞争离不开权力的运作，并且权力的产生及运行的过程中必须同时存在权力的施加者和权力的接受者。由此可见，权力的运行具有非孤立性。

（三）权力存在的隐蔽性

网络空间国际话语权能够将权力的触角延伸至网络空间，并且以一种更加隐匿的方式存在。权力的隐蔽性能够更加有效地控制话语对象的话语，这也是权力在网络空间中的优势。那么，这种神秘的力量是如何在网络空间中存在和运行的呢？其主要通过两种途径来延伸权力的触角。一方面，通过电脑终端每个节点无形地将网络用户连接在一起，控制在其权力的织网中。在互联网空间内，每一个电脑终端都是一个节点，都是一种力量，这就促成网络中的权力关系以一种"毛细血管"的状态遍布整个网络空间。所以，权力在网络空间中的存在方式是隐蔽的，它不同于现实世界中权力的压迫感，而是在他人毫无察觉的状态下就将其围困在权力的牢笼和监视之下。比如，震惊全球的"斯诺登事件"就暴露了美国以其网络技术优势，企图监听和控制全球网民的不当行为，然而这种权力的控制竟然无人察觉。另一方面，互联网的发展也推动了资本在网络领域的自由流动，资本的逐利性要求资本的双手触及人类生存的各个空间，因此，资本也企图通过各种方式进入网络空间。并且资本作为一种天然的权力控制工具，其在殖民时期就为西方的侵略扩张立下了"汗马功劳"。在网络空间中，资本的渗透也在变相地影响一国的网络话语。比如一些境外资本开始渗透到一些大型的互联网企业中，境外资本借助数字技术形成一种更加隐匿的存在，通过控股、参股、合作等方式影响一国互联网企业决策，进而制造话题，掌控意识形态舆论走向。

第二节　中国争取网络空间国际
话语权的背景分析

由于历史和现实种种条件的限制，中国在传统国际舆论格局中的尴尬处境短时间内难以改变。但互联网的发展带来了国际传播环境的深刻变化，一方面它拓宽了国际话语权竞争的领域，另一方面互联网的低门槛性、开放性为中国赢得了与西方平等竞争网络空间国际话语权的机会。经过 20 多年的发展，中国的网络实力迅速增强，随着中国网络实践的不断探索，中国在网络空间的国际影响力逐步提升。这一切都为中国争取网络空间的国际话语权提供了新的契机。

一 互联网带来国际传播环境的深刻变化

互联网对国际传播环境的影响主要体现在两个方面。一是互联网拓宽了人类的活动空间，使其成为继陆、海、空和外太空以外的第五空间。就这一方面而言，互联网使国际传播领域产生了空间上的位移，国际话语权之争开始由物质空间上升至网络空间。二是互联网作为一种新的传播媒介带来了国际传播方式的深刻变革，互联网开始成为话语权争夺的全新场域。

（一）互联网成为争夺国际话语权的新场域

国际话语权是一种国家意志的体现，与一般的国家"硬权力"不同，本质上偏向于一种"软权力"，是以一国的综合国力为基础和支撑的。"一个国家国际话语权的大小，很大程度上来源于媒体的传播能力，包括媒体的规模、实力和传播的影响力，这已经成为衡量一个国家'软实力'的重要指标。"[①] 一个国家的国际话语权往往是借助其新闻媒体的信息内容传播来影响国际舆论，通过传播本国的意识形态和价值观念来塑造国家形象，营造有利于本国发展的国际舆论环境，提升本国在国际事务中的发言权和主导能力。国际话语权与国际传播息息相关，真正意义上的国际传播起点是有线电报的发明和广泛使用，自此以后，国际传播领域发生了四次传播技术范式转移：第一次新传播技术范式创新是有线电报的发明，形成了以英国为中心的国际传播秩序，该技术范式从 19 世纪 40 年代持续到 20 世纪 30 年代；第二次新传播技术范式创新是无线电报的发明，国际广播成为主流传播手段，英国和美国共同成为国际传播秩序的中心，该技术范式从 20 世纪 20 年代持续到 21 世纪初；第三次新传播技术范式创新是以美国发射通信卫星并成功传递电话和电视节目为起点，此后国际卫星电视主导了国际传播的新格局，形成了以美国为中心的国际传播秩序，

---

① 谢新洲、黄强、田丽：《互联网传播与国际话语权竞争》，《北京联合大学学报》（人文社会科学版）2010 年第 3 期。

该模式自 20 世纪 60 年代持续到现在；第四次新传播技术范式创新是以互联网的诞生和普及为标志，以互联网为依托的网络媒体日益成为主流的国际传播途径，以美国为首的西方发达国家依然是国际传播秩序的中心，该范式自 21 世纪初延续至今，并且也将会对未来的国际传播产生更加深远的影响。[①]

互联网的迅速发展导致了传播技术的革命性变化，人类社会已经进入互联网时代。"当今时代，互联网日益成为人们学习、工作、交往、休闲、娱乐的主要场域，虚拟的网络世界以空前的广度和深度嵌入人们的日常生活，投射、影响、规定着人们日常生活的方式和质量。"[②] 互联网最大的特点在于信息的快速流动性和互动性，网络信息可以突破地理的界线和国家的疆域，只要有互联网覆盖的地方，就可以连通虚拟的网络世界，畅游信息的海洋。"所有的边界都是可以穿过的，因此，所有划出的边界在本质上都是无效的，至少是临时的和可更改的。所有的边界都是脆弱的、不坚固的、有漏洞的。所有的边界都具有易消失性这种新特征：边界在被划出的同时就被擦掉了，留下的只是曾经划过边界的记忆。地理上的非连续性不再重要，因为速度—空间笼罩着全部的地球表面，它把每个地方几乎都变成了同样的速度—距离，使所有的地方都彼此接近。"[③] 互联网作为当下和未来最重要的信息传播媒介，已不可避免地成为国际话语权争夺战的新场域。2010 年突尼斯"茉莉花革命"拉开了"阿拉伯之春"的大幕，"茉莉花革命"的成功激发了阿尔及利亚、埃及、利比亚、叙利亚等国的抗议运动，并以星火燎原之势，席卷了整个阿拉伯世界。此次阿拉伯"颜色革命"运动中，那些受过一定教育、谙熟网络的年轻人成为运动的主导力量，他们利用网络发布信息、动员革命和组织联络，可以说，互联网在其中发挥了关键性的作用。上述这些运动无一例外，都是借助互联网来造势和动员的，这也再次凸显了网络传播的国际渗透力和影响力。

---

① 龙小农：《从国际传播技术范式变迁看我国国际话语权提升的战略选择》，《现代传播》2012 年第 5 期。

② 赖风、饶清强：《互联网时代我国话语体系建设面临的形势、挑战及对策》，《南京航空航天大学学报》（社会科学版）2017 年第 4 期。

③ ［英］齐格蒙特·鲍曼：《被围困的社会》，郇建立译，江苏人民出版社 2005 年版，第 15 页。

第六章 网络空间国际话语权：网络边疆治理的外部环境塑造 <<<

（二）互联网成为获取国际话语权的新有效手段

随着互联网技术的发展，网络与手机等移动端的融合促进了移动互联网的快速发展，社交媒体等网络新媒体成为争夺国际话语权的有效手段和重要工具。互联网是信息技术革命的产物，本身不过是一种信息技术工具，但一经国家使用，就转化为国际政治博弈的工具。[①] 互联网在国际话语权争夺中，比传统的纸媒、国际广播、卫星电视等更具有优势，一方面得益于互联网本身所具有的新传播技术优势，另一方面则是因为网络传播所特有的传播特征和内容特征。"互联网传播是一种非对称的传播方式，在一定的条件下，小网站甚或个人的力量可以抗衡一家强势媒体，弱小的声音可以急剧放大并成为挑战不合理传播秩序的力量，后发国家完全可以把互联网作为开展国际传播、参与话语权竞争的重要手段。"[②] 互联网技术正在改变以往国际传播体系，使国际传播在受众定位、媒介选择、传播主体、传播内容等方面都发生了重大变化。随着推特、脸书等网络社交媒体的出现并在全世界范围内的迅速扩展，互联网的无边界性、强渗透性和快传播性已全面赶超传统的国际传播媒介，正逐步上升为国际传播的主导范式和主流媒介。

首先，从传播技术层面看，互联网是最具开放性和包容性的传播媒介。互联网，尤其是移动互联网实现了人与网的同体共存，不像传统的广播电视对信息接收有固定的物理空间和硬件设备的要求，且信息的接收往往具有时空限制，移动互联网普及后，我们只需要一部手机或者一部平板电脑就可以随时随地收发信息，真正实现了国际传播的及时性和跨时空性。同时，互联网还具有及时交互性，是一种双向度和多向度的传播形态，不同于以往国际传播中信息由传者向受众的单向度传播，这种交互性传播最大的特点是将传、受双方的身份模糊，双方一直在传播者和受众的角色间转换，弱化了传统意义上的传播主体，而不断凸显个体成员和民间组织等在国际传播中的地位和作用。世界上重大事件的发生，越来越多地由事件当事人和目击者借由网络实现第一时间的传播。其次，从信息传播

[①] 郑志龙、余丽：《互联网在国际政治中的"非中性"作用》，《政治学研究》2012 年第 4 期。

[②] 谢新洲、黄强、田丽：《互联网传播与国际话语权竞争》，《北京联合大学学报》（人文社会科学版）2010 年第 3 期。

303

特征看，网络传播实质上是去中心化的，互联网没有中心，任何一个组织和个人都可以开办网站、开设博客、开通社交媒体账号，可以随时随地在网络上发表言论和传播信息，这些数以亿计的网站、博客、视频等都充斥在网络的海洋中，它们都有可能被世界各地的网民浏览到，互联网传播的去中心化很大程度上消解了以往国际传播的集中化传播格局和传统媒介传播主体的中心地位，为新兴传播主体的发展和壮大提供了新的契机。

二 当下网络空间国际话语体系面临挑战

当前的网络空间国际话语体系是建立在以美国为首的西方网络霸权的基础之上的，但近年来，随着网络新兴国家的强势发展，美国等西方国家作为网络先占国的优势正逐渐弱化。并且随着美国网络单边主义的推进及各国国家利益诉求的变化，西方国家内部开始出现阵营的分化。当下网络空间国际话语体系正面临着网络技术、网络安全及网络话语等不同层面的冲击和挑战。

（一）当下网络空间国际话语体系的特点

国际话语权的本质依然是国家综合国力的较量，话语权这种"软权力"最终是由国家硬权力决定的。"话语权从技术上看是一种能力，但在社会和政治意义上，它的实质是控制信息流转和舆论倾向的权力。"[①] 国际话语权的争夺实质上是国家间的利益争夺，往往关涉国家间的意识形态、价值信仰、国家形象等诸多方面的博弈和竞争。作为国际传播最重要的行为主体，主权国家在国际上的话语权主要包括三个方面，一是本国的对外传播机构和新兴互联网企业等新媒体在世界范围内的传播能力和舆论引导能力；二是互联网技术和互联网重要资源的控制和管理能力；三是国家和政府在对外传播中的战略选择、信息整合和言语表达的能力。综合以上三个方面来看，网络空间国际话语体系虽仍然延续着"西强我弱"的总体态势，同时也出现了一些新的特点。

在网络空间，主权概念遭遇新兴传播媒体的冲击，"跨国性的传媒集团率先取得了强大的话语权，并进而与发达国家的政府形成了国际议程上

---

① 胡宗山：《中国国际话语权刍议——现实挑战与能力提升》，《社会主义研究》2014 年第 5 期。

第六章　网络空间国际话语权：网络边疆治理的外部环境塑造 <<<

的互动。"① 这些跨国性的传媒集团主要集中于以美国为主的西方发达国家，其中既有率先触网的传统媒体集体，比如美国的 VOA 和 CNN 以及英国的 BBC 等，也有像 Twitter、Facebook 等在网络普及后才迅速发展起来的新兴网络社交媒体。随着中国网民的不断增加，中国的网络用户已成为世界之最，其中网民活跃度最高的微博和微信成为网民获取信息的重要渠道，这些新兴的中国社交媒体也日益发挥重要的国际传播功能，美国及西方媒体都在积极关注中国的微博等网络平台，并纷纷入驻相关网络社交平台与中国网民互动交流。网络社交媒体的兴起为国际传播提供了一个全新的视角和渠道，它既可以作为一国对外传播最有效的工具，也可能变成他国对本国进行政治宣传和意识形态演变的强大武器。目前，中国的微博、微信等网络新媒体在国际上的影响力和渗透力远不如美国的 Twitter 和 Facebook，而美国政府和西方媒体也正在逐步转变以往的传播策略，寻求更加符合当下网络空间新媒体传播特征的传播策略和方法。

　　当下，以互联网为平台的网络媒体成为国际传播的新场域，对互联网关键技术和核心资源的掌控可以从基础上决定一个国家在国际舞台上的话语权。2016 年 7 月 6 日，世界经济论坛发布了《2016 年全球信息技术报告》，报告以"网络就绪指数"为依据，对 139 个经济体的信息通信技术发展状况进行了全面评估并排出名次，全球领先国家构成稳定，前十名中包括美国和七个欧洲国家以及新加坡和日本两个东南亚国家，中国排名在波动中上升，位列第 59。② "网络就绪指数"是经济论坛创立的用于评估一个国家从新兴信息技术中获益并利用数字转型机会之就绪程度的重要工具。从报告结果可以看出，发达国家在信息技术创新和互联网运用能力上远远高于发展中国家。自近代科学技术诞生以来，绝大多数的科技发明尤其是互联网技术的创新都被发达国家垄断。由此，互联网治理权也就一直由美国等发达国家所掌控，互联网治理权主要分为两个部分："一是顶级域名和地址的分配；二是互联网标准的研发和制定。"③ 20 世纪 90 年代初，美国政府就将互联网顶级域名和地址的分配权交由本国的互联网公司

---

　　① 周庆安：《当代国际传播的三重困境与策略性突围》，《中国记者》2011 年第 8 期。

　　② 王晓易：《世界经济论坛发布 2016 年全球信息技术报告》，http：//news. 163. com/16/0713/09/BRRJ9N2F00014AED. html，访问时间：2018 年 10 月 20 日。

　　③ 郎平：《全球网络空间规则制定的合作与博弈》，《国际展望》2014 年第 6 期。

305

>>> 网络边疆治理研究

和相关机构来掌控，表面上看，互联网的控制权属于独立的非政府组织，但实质上仍受制于美国政府。随着后发国家的崛起，以中俄为首的发展中国家也开始在国际舞台上展开了与西方国家的网络争夺战，试图打破美国在网络制定标准方面的垄断，此外，美国与欧盟等西方国家之间也在不断争夺互联网霸主的位子。

从国际话语权的具体表现形式来看，不同国家和政府在对外传播中的战略选择、信息整合上呈现不同的特点，但总体上看，仍然是"西强我弱"的态势。美国在国际话语权上依然保持着霸主的地位，并且在国际反恐、全球环境问题以及核武器等领域拥有独一无二的发言权；欧盟通过经济一体化等举措已发展成多极化国际政治格局中的重要一极；俄罗斯注重在军事和安全领域国际话语权建设。随着世界经济的发展，国际交流的日益深入，许多新兴国家获得了长足的经济发展，社会的开放程度也越来越大，对国际社会的影响也日益加深。比如，中国正在积极推行"一带一路"倡议，希望通过与"一带一路"周边国家进行政治、经济、文化等方面的互动，来增进国家间的合作和交流，提升中国的国际话语权和国家影响力。以中国为代表的新兴发展中国家正在逐渐改变原有的国际政治格局，"它们在发展过程中积聚了相当大的经济和政治力量，谋取到更多在国际体系以及国际秩序改革中相对平等的参与权，综合国力不断得到提升，也带动国际话语权出现相应转移，正史无前例地冲击着西方国家对世界事务的主导权和国际事务的发言权、解释权。因而各国更加关注国际话语权，既利于在国际权益新配置中处于有利地位，又希冀自己的理念政策和倡议得到更多认同"①。

（二）当下网络空间国际话语体系面临的困境

当前的网络空间国际话语体系本质上是在美国主导下的，为其谋取网络空间霸主地位服务的话语体系，这一狭义的目标定位从一开始就决定了当下的网络空间国际话语体系无法满足网络空间日新月异的发展要求。不可否认，美国作为互联网的创始国，天然地拥有世界上任何国家无可比拟的网络资源优势，尤其在网络技术标准的界定、网络规则的制定以及互联

① 翟盈丽：《中国共产党关于国际话语权的理论建构与实践探索》，《厦门特区党校学报》2018年第3期。

306

第六章 网络空间国际话语权：网络边疆治理的外部环境塑造 <<<

网域名、根服务器的分配上具有权威性的决断。然而，美国在网络空间所拥有的权力主要源自它在互联网核心基础设施和历史延续下来的决策能力，随着网络新兴国家的强势加入和快速发展，美国在网络空间的权威性受到了越来越多的挑战，进而导致其主导下的网络空间国际话语体系也面临着相同的困境。

根据奥根斯基的"权力转移"理论，在传统的国际社会中，新兴大国的崛起必然会导致权力的重新分配和转移，国际关系中"新来者"挑战"现有领导者"，从而导致权力从一群国家向另一群国家转移，进而引起国际秩序变革，笔者认为这一理论同样适用于网络空间。互联网具有重新分配财富和重新确立权力秩序的功能，互联网所具有的开放性、包容性以及相较于传统国际社会而言的低准入门槛，给予了每个国家平等、自由地参与网络空间政治权力博弈的机会。在网络空间，权力的获取必须依仗于网络资源的有效占有以及网络技术的把控程度。一般来说，对资源的占有和技术的垄断可以在不同行为体之间形成"势"，当"势"达到一定程度时，不战而屈人之兵的目的才可能实现。多年来，美国凭借对网络资源和网络技术的有效垄断，得以长期占据网络空间战略制高点。然而随着越来越多的网络行为体入驻网络空间，美国作为网络先占国所具有的资源优势逐步被弱化。并且网络技术的快速更替使得其他国家在信息技术基础设施上开始占据更大比例，美国对信息技术空间的治理权威受到挑战①。伴随着网络信息技术的升级和更新，原先在网络空间中的稀缺资源变得丰富，越来越多的国家将跨越技术的鸿沟，进入互联网核心国家的行列。这一切必将带来网络空间权力的转移及重构进而影响网络空间决策体系的改变，网络空间不再只是美国的"一家之言"，而越发向"百家争鸣"的话语格局转变。

同时，随着网络后发国利益诉求的明确及网络空间资源分配不公的现状所引发矛盾的加剧，国际社会对美国的制衡正在加强。更为重要的是，这种制衡的力量来源不仅仅局限于网络新兴国家行列，来自美国同一阵营的某些网络先发国的加入从更深层次冲击了美国主导下的网络空间国际话语体系的权威。2003—2005 年第一次信息社会世界峰会是国际社会首次公

---

① 杨剑：《数字边疆的权力与财富》，上海人民出版社 2012 年版，第 127 页。

开挑战美国的网络空间特权，信息社会世界峰会第一次明确肯定了主权国家在互联网治理中的角色定位，并给予了某些发展中国家和欧洲一个公开挑战制度创新（也就是互联网名称和数字地址分配机构）的合法性的机会。① 在此次峰会上，欧盟与美国公开决裂，呼吁改革互联网名称和数字地址分配机构的体制。2013 年 4 月，巴西通过的《网络民法》为了有效限制雅虎、谷歌、亚马逊等美国大型公司的权力，在法律条款中特别规定了当巴西公民与这些公司产生法律纠纷时，必须在巴西法庭审理。这一做法为世界其他国家维护本国网络安全树立了典范。此后，印度、马来西亚等国纷纷效仿巴西，通过加强国内网络安全立法制约美国的霸权行径，维护本国的数据安全。此外，为了保障本国的信息流通免受美国的监控及干扰，国际社会的一些国家开始尝试"国家互联网"的建设。2013 年，德国电信公司曾建议成立一个本国的"国家路由器系统"，并且德国电信还设想将这一计划扩大至申根国家，成立"申根路由器系统"，从而赢得欧洲互联网使用者的支持。2019 年，俄罗斯为防范美国的网络霸权，开始着手实施"断网工程"，以期打造自主可控的"互联网主权"。而中国、俄罗斯一直致力于维护主权国家在网络空间应有的权力，极力反对美国宣扬的"网络自由主义"，在国际社会积极倡导"网络主权"。2012 年，中国、俄罗斯、沙特等国在国际电信联盟会议上一致提议，一国有权利在本国境内管理域名和地址。由此可见，美国拥有的关键资源分配优势、网络技术优势以及网络规则制定权优势正经受来自不同国家的挑战和质疑，美国所构建的网络空间国际话语体系已不能反映网络空间迅速发展所带来的各国利益诉求的转变。

此外，"棱镜门事件"的曝光，既使美国网络空间的道德高地一落千丈，同时也进一步佐证了美国在网络空间推行双重标准的事实，这一切都引起了国际社会对美国独揽全球互联网发展的强烈不满。一直以来，美国在网络空间极力宣扬"网络自由"，谴责中国等国对网络空间的管理，然而"棱镜门事件"却揭露了美国一直以来对全球互联网用户的监听行为，这与其宣扬的"网络自由主义"明显背道而驰。同时，美国对全球的监听

① ［美］弥尔顿·穆勒:《网络与国家:互联网治理的全球政治学》，周程等译，上海交通大学出版社 2015 年版，第 65 页。

第六章 网络空间国际话语权：网络边疆治理的外部环境塑造 <<<

行为不仅暴露了其对非盟友国家的虚伪承诺，也进一步体现了它对盟友的不信任，这使得国际社会普遍对美国存在强烈的不信任感。迫于国际社会的种种压力，美国于 2014 年移交 ICANN 的管理权。但美国对网络用户监听的不道德行为以及网络双重标准折射出的美国虚伪的国际形象很难在国际民众心中轻易抹去，国际社会对美国的防范心理进一步增强，对美国主导下的网络空间话语权威产生质疑。

三 中国在网络空间的影响力显著增强

网络硬实力是一国在网络空间影响力快速提升的基础，中国在网络空间影响力的提升一方面得益于 20 多年来中国互联网努力发展的成果积累，另一方面则在于中国网络实践能力及网络话语贡献能力的提升，使中国成为当前全球互联网发展与治理不可或缺的一员。

（一）由"网络大国"向"网络强国"迈进

中国自 1994 年接入国际互联网，经过二十多年的发展，中国的互联网事业取得了显著的成绩。目前，中国互联网已拥有"五个第一"，即网络规模全球第一、网络用户全球第一、手机用户全球第一、手机上网全球第一、互联网交易额全球第一。[①] 中国正在稳步地由"网络大国"向"网络强国"迈进。

首先，就网络基础设施而言，我国互联网络基础设施建设不断优化升级，互联网在全国的普及率进一步提升。中国互联网络信息中心（CNN-IC）8 月 20 日发布的第 42 次《中国互联网络发展状况统计报告》显示，截至 2018 年 6 月，我国网民规模达 8.02 亿人，普及率为 57.7%，并且 2018 年上半年新增网民 2968 万人，较 2017 年末增长 3.8%。而同期全球网民 40.21 亿人，约占全球网民人数的 20%，中国已成为名副其实的全球第一大网络用户国。同时中国在互联网发展的关键性资源中占据了越来越大的优势地位，目前中国拥有 IPv4 地址数量为 3382 万个，IPv6 地址数为 23555 块/32，[②] 中国的 IPv4 地址和 IPv6 地址排名均仅次于美国，位列全

---

① 谭天：《中国互联网的下一个十年》，《新闻爱好者》2015 年第 2 期。

② IPv6 地址长度为 128 位，/32 就意味着前 32 位为网络号，我国拥有 IPv6 地址数量为 23555 块/32，意思就是截至某个时间，我们国家从国际互联网管理公司已经申请获得了 23555 个网络号为 32 位的 IPv6 地址块。

>>> 网络边疆治理研究

球第二。此外，《全球域名发展统计报告》显示，中国市场域名保有量达4949万，占全球域名保有量的14.16%，稳居全球第二；在全球新通用顶级域名保有量上，中国有1019万，全球占比43.22%，位居全球第一，中国域名保有量继续领跑全球。同时，中国国际出口宽带达到8826302Mbps，实现半年增长20.6%。截至目前，中国无论在网站数量、App架数还是上网设备的发展上均实现快速增长并日益多样化。

其次，就产业实力而言，以数字经济为代表的新经济蓬勃发展，成为中国经济增长的新引擎。2017年我国数字经济规模达到27.2万亿元，总量仅次于美国，跃居全球第二，占当年GDP比重约为30%。此外，中国互联网市场在快速发展的同时，也孕育了一批具有全球竞争力的互联网龙头企业，在2018年全球市值排名前十的互联网企业中3家中国公司入列，与美国分庭抗礼。中国的数字经济总量不断增长，数字产业实力越来越强，中国互联网产业正逐步向全球市场扩张。目前，中国网络终端设备制造不断优化升级，智能手机行业开始逐鹿全球市场。与此同时，中国新型智能终端产业蓬勃发展，搜索引擎市场不断扩展，截至2018年上半年，中国搜索引擎用户规模增至6.374亿人，同比增长1342万人。① 中国一直以来致力于数字产业化和产业数字化，在电子商务产业、互联网金融以及共享经济等领域均取得了突出的成就。目前，中国网络零售全球居首，共享经济成为中国新的经济增长点，"互联网＋"正不断加强与第一、二、三产业的深度融合，积极促进传统产业的升级改造，进一步推动中国服务业、制造业及农业迈进中高端产业行列。

最后，就信息安全而言，中国网络安全意识明显增强，应对网络安全威胁的处理能力不断提升。近年来，中国一直遵循着"没有网络安全就没有国家安全，没有信息化就没有现代化"的原则，全方位、多层次地为中国网络空间构筑了坚实的网络安全屏障。一方面，中国逐渐形成了较为完善的网络安全机制。党的十八大以来，中国先后出台了《国家网络空间安全战略》《网络安全法》《"十三五"国家信息化规划》等一系列涉及网络空间安全的战略规划和法律法规，并建立了与之相配套的网络安全责任制、网络安全审查机制以及网络安全监测预警响应机制。

---

① 数据来源：《第42次中国互联网发展状况统计报告》。

310

第六章　网络空间国际话语权：网络边疆治理的外部环境塑造 <<<

同时，中国经过 20 多年的发展先后建立了国家计算机病毒应急处理中心、中国信息安全测评中心、国家互联网应急中心、国家网络与信息安全通报中心以及国家信息技术安全研究中心五大国家级网络与信息安全保障服务机构，为中国应对网络安全威胁提供了有力的机构支撑。另一方面，中国的网络安全技术和网络安全产业实现突破性发展。经过多年的发展，中国网络安全自主可控技术基本实现了基础技术从零到逐个击破的跨越式发展，并且在网络安全防护技术上基本实现由被动到主动的防御转变。此外，为增强中国抵御网络安全威胁的能力，中国逐步建立健全了网络安全人才培养体系。2015 年，教育部决定在"工学"门类下增设"网络空间安全"一级学科，并且在 2016 年共有清华大学、北京交通大学、北京航空航天大学、北京理工大学、上海交通大学、哈尔滨工业大学等 29 所高校获得网络空间安全一级学科博士学位授权点。中国正本着"下功夫、下本钱，请优秀的老师、编优秀的教材，招优秀的学生，建一流的网络空间安全学院"的要求，加快网络安全人才的培养，争取为中国网络安全建设提供强劲的智能保障。在此基础上，中国在网络安全态势感知、事件分析、追踪溯源以及遭遇网络攻击后迅速恢复的能力明显提升。

（二）中国在网络空间的参与能力显著提升

经济基础决定上层建筑，不可否认，近年来，中国自身网络实力的迅速提升为中国跻身网络空间，争取迈向网络强国奠定了坚实的基础，同时也为中国参与到网络空间的国际议程提供了可能。随着中国在网络空间活跃程度的加强，中国在网络空间的影响力得以进一步扩大。中国在网络空间治理、推动网络空间合作等方面发挥了越来越重要的作用。

一方面，中国关于网络空间治理的理念日益丰富，中国的网络空间治理主张得到国际社会的广泛认同。近年来，中国一直致力于网络空间治理的理论和实践探索，为全球网络空间治理提供了许多新视角和有价值的参考，中国在网络空间的话语贡献能力显著增强。比如针对网络安全问题，2016 年 4 月 19 日，习近平总书记在网络安全与信息化小组会议上论述了何为"正确的网络安全观"，并在此基础上提出了"网络空间不是不法之地"的重要论断，强调推动网络空间全球治理必须加快推进网络空间法制化的进程。2018 年 11 月 6 日，第五届世界互联网大会上，习近平总书记

>>> 网络边疆治理研究

指出网络空间全球治理亟须凝聚共识，提出了在互信共治的基础上构建网络空间命运共同体。中国关于互联网发展和治理的理论和原则，既代表了广大网络新兴国反对网络霸权，维护本国网络安全和主权的利益诉求，又反映了中国愿意与国际社会共同致力于推动全球网络空间朝着更加公正、合理的方向发展的决心。

　　另一方面，中国积极推进与各国互联网领域的全球合作，努力搭建双边多边对话机制。首先，中国不断加强与美国关于网络空间的交流对话。近年来，中国通过一系列论坛会议、互访等形式与美国政府、互联网企业、智库等构建起立体交流合作机制，[①] 针对网络安全、经济、技术以及规则制定等方面展开积极合作。2017 年，首轮中美执法及网络安全对话在美国华盛顿举行，中方表示愿与美方一道，加强在反恐、打击跨国犯罪、追逃追赃、禁毒、司法协助等领域的合作，解决好两国在执法领域的重要关切。其次，中国继续深化与俄国在互联网领域的治理合作。2016 年 6 月，中俄两国元首共同签署《关于协作推进信息网络空间发展的联合声明》，中俄双方在此基础上达成了尊重网络主权、打击网络犯罪、加强技术合作以及网络安全应急合作等多项共识。最后，中国密切开展与广大发展中国家在网络空间的交流合作。目前，中国与发展中国家已成功举办"中国—东盟信息港论坛""中国—南非互联网圆桌会议"以及"中国—阿拉伯博览会网上丝绸之路论坛"等多项会议和论坛，为中国加强与广大发展中国家开展多层次多领域的网络空间交流合作提供了平台。多层级多形式的网络空间对话与合作，既加深了国际社会对中国关于互联网发展和治理的主张的理解，同时也在一定程度上扩大了中国在网络空间的曝光度，使中国在网络空间的关注度进一步提升。此外，中国高度重视与国际机构的交流合作，深度参与并影响国际互联网治理进程的能力显著提升。一直以来，中国积极投身于联合国框架下的互联网治理工作，并在推动联合国、世界经济论坛等全球性的网络空间治理平台和 ICANN 等互联网技术管理机构的发展变革中发挥了至关重要的作用。

---

　　① 中国网络空间研究院：《中国互联网发展报告 2017》，电子工业出版社 2018 年版，第200 页。

312

第三节 中国争取网络空间国际
话语权的举措与成效

互联网带来的国际舆论传播环境的深刻变化，使中国充分意识到网络时代将是中国打破西方话语垄断，实现自身话语突破的新起点。在自身网络实力增强的基础上，中国紧紧抓住此次发展的机遇，积极在互联网理论及实践层面为中国网络空间国际话语权进行有益的探索、尝试，并取得了颇为丰硕的成果，中国对互联网发展及治理的贡献得到国际社会越来越多国家的认可。

一 中国对网络空间国际话语权认知的不断深化

中国对网络空间国际话语权认知的深化实际上是中国对网络空间国际话语权重要性理解不断深入的过程。在中国互联网发展的早期，中国对互联网所具有的传播优势并没有深刻的认知，只是迫于西方舆论的压力探索媒体的网络化进程。随着话语权在网络空间国际竞争的加剧，2014年中央网络安全与信息化领导小组成立，将争取网络空间国际话语权问题上升至国家层面。

（一）1994年至2014年：萌发阶段

1994年中国正式接入国际互联网，由此开启了中国的互联网时代。在20世纪90年代，中国一些媒体开始积极尝试网络化的运作模式。1993—1995年，《杭州日报》最先进行了网络化的探索，随后中国主流媒体如人民网、新华网以及新浪、搜狐等商业网站也开始涉足网络新闻。然而，整个90年代是中国对外传播的电视时代，网络并没有被运用到中国的国际传播中去。直至20世纪末，中国才开始探索利用互联网开展对外传播，由此进入了中国互联网对外传播的新时代。

2000年3月，中共中央宣传部和国务院新闻办公室共同制定了《国际互联网新闻宣传事业发展纲要》，该纲要确定了首批重点新闻宣传网站：人民网、新华网、中国互联网新闻中心、中国国际广播电台网和中国日报网。至此，中国开启了网络空间国际话语权的探索和尝试阶段，但由于现阶段中西方网络实力差距悬殊，中国从一开始并没有萌生与西方争夺网络空间国际话语权的意识，并且对互联网在国际传播领域中的优势也没有深刻的认识，后来这种意识是中国在不断深陷西方精心设计的话语陷阱，被动回应国际舆论质疑中逐渐产生并强化的。尤其是2008年，中国发生了一系列令世界瞩目的大事件，这些重大事件使中国迅速成为国际社会关注的焦点，同时也为西方诋毁中国提供了素材和机会。中国在与西方反复的舆论较量中，一方面，深刻体会到了互联网相较于传统媒介所具有的传播优势。网络这个开放性的信息传播平台可以及时将大量真实信息传播到世界各地，从而使得我国对外新闻传播在国际大舞台上占据更加有利的位置。另一方面，中国开始意识到当前的国际话语权竞争已不单单局限于传统的物质空间，而是越来越向网络空间延伸，网络传播实力的欠缺将会严重限制一国在国际社会的持续发展。为此，中国自2009年进入3G时代以来，开始全方位地推动我国数字媒体建设和媒介融合进程。2009年12月28日，中国网络电视台CNTV正式开播，致力于打造全球化、多语种、多终端的媒介平台。2010年，《人民日报·海外版》正式启动数字化转型工作；2011年11月8日，海外网上线试运行。2010年4月30日，中国新华新闻电视网英语台（CNC）试播，7月1日正式开播。目前，中央电视台、中央广播电视总台、中国国际广播电台、人民日报等传统媒体也都加大了新媒体建设力度，拓宽了传播渠道，提升了传播影响力。但对此阶段的中国来说，争取网络空间的国际话语权还仅仅停留在媒体层面的努力，中国政府在话语权竞争中统筹规划的作用还没有充分体现。直至2014年中央网络安全与信息化小组成立，才由此发挥了中央政府在网络空间国际话语权竞争中的顶层设计作用。

（二）2014年至今：顶层设计阶段

2014年2月14日，中共中央正式成立网络安全与信息化领导小组，由此，中国的网络安全和信息化工作开始由国家层面上升至党中央层面。2014年2月27日，习近平总书记在中共中央网络安全与信息化领导小组第一次会议上做出了"没有网络安全就没有国家安全，没有信息化就没有现代化"[1]的重要论断，并将建设网络强国作为我国互联网发展的国家战略目标。一般来说，一国的网络硬实力在一定程度上决定了其在网络空间

---

[1]《习近平谈治国理政》，人民出版社2014年版，第198页。

第六章　网络空间国际话语权：网络边疆治理的外部环境塑造 <<<

权力格局中的位置，更是评判一国网络空间国际话语权的重要依据。正如约瑟夫·奈所说："地理空间中的基础设施可以提供网络世界中的权力资源。"① 中国网络强国战略目标的提出，表明中国充分认识到了国际话语权的竞争本质上是国家实力的较量，这也标志着中国对网络空间国际话语权重要性认知的进一步深化。就现阶段而言，这种认知的深化，一方面体现为中国对网络空间国际话语权重要性认识的深化，另一方面则表现为中国开始为争取网络空间国际话语权付诸全方位的实践。

一直以来，美国都将中国视为其发展道路上的假想敌。近年来，随着中国在网络空间影响力的迅速提升，美国借助其在网络空间的话语优势，在国际社会大肆宣扬"中国网络威胁论"，给中国造成了较大的国际舆论压力。另外，美国在"棱镜门事件"中表现出的扭转国际舆论风向，化解国际舆论风波的能力也引起了中国对本国话语能力的深刻反思，使中国充分认识到了国际话语权是一种影响巨大的权力。由此，中共中央开始积极发挥其在争取网络空间国际话语权中的顶层设计作用。党的十八届五中全会、"十三五"规划纲要都对实施网络强国战略做了具体的战略部署。2016 年 2 月 19 日，习近平总书记在党的新闻舆论座谈会上特别强调："要加强国际传播能力建设，增强国际话语权，集中讲好中国故事，同时优化战略布局，着力打造具有较强国际影响的外宣旗舰媒体。"② 习近平总书记的重要讲话既突出了中国媒体在争取网络空间国际话语权中的责任和任务，同时在宏观上为中国媒体明确了努力的方向。此后，"十三五"国家信息规划明确指出要推动传统媒体与新兴媒体融合发展，着力打造一批形态多样、手段先进、具有竞争力的新兴主流媒体，建成若干拥有强大实力和传播力、公信力、影响力的新型媒体集团。2016 年 10 月 9 日，中共中央第三十六次集体学习会议上，习近平总书记再次强调要加快提升我国对网络空间的国际话语权和规则制定权，朝着网络强国的目标不懈努力。③ 这是中共中央首次明确提出网络空间国际话语权问题。之后，在党的十九大报告中，党中央对中国谋取网络空间国家话语权做了更加精细的布局，

---

① Josephs. Nye, Jr, *The Future of Power*, New York：Public Affairs, 2011, p. 128.

② 《习近平谈治国理政》（第二卷），人民出版社 2017 年版，第 333 页。

③ 《习近平在中共中央第三十六次集体学习时强调　加快推进网络信息技术自主创新　朝着建设网络强国目标不懈努力》，《人民日报》2016 年 10 月 10 日第 1 版。

315

要求构建对外传播话语体系，在全球互联网治理中争取与我国国际地位相匹配的规则制定权。除此之外，从 2014 年至今，中国成功举办了五届国际互联网大会，通过自主搭建与世界互联互通的国际对话平台，将争取网络空间国际话语权付诸实践。

二 中国提出网络空间国际话语权的核心理念

近年来，随着中国网络实践的深入，中国对全球互联网发展和治理问题有了新的理解和认知。在此基础上，中国对网络空间治理问题提出了多项中国主张，丰富了当前网络空间治理的话语理论。

（一）尊重网络主权

目前，国际社会对网络空间是否存在主权一直未达成一致的观点。一方面，以美国为首的网络先发国凭借自身的网络技术和网络空间先占优势，早已将本国的利益触角延伸至网络空间的各个角落。所以，美国等互联网先占国家出于本国网络空间既得利益的考量，大肆宣扬网络空间"全球公域"说，倡导"网络自由"。另一方面，美国的网络霸权行径严重损害了网络后发国的国家利益和国家安全，中国在网络空间治理体系尚未完善的情况下，旗帜鲜明地提出了"网络主权"的主张。

2010 年，《中国互联网状况白皮书》指出："中华人民共和国境内的互联网属于中国主权管辖范围，中国的互联网主权应得到尊重和维护。"[①] 2015 年 7 月，新《国家安全法》首次从立法的层面提出了"网络空间主权"的概念，以国内立法的形式肯定了网络主权存在的合理性和必要性。在此之后，国家网信办于 2016 年 12 月 27 日发布的《国家网络空间安全战略》中明确提出"网络空间主权成为国家主权的重要组成部分"。尊重网络空间主权，维护网络安全，谋求共治，实现共赢，正在成为国际社会共识。在此基础之上，中国借助自主搭建的国际互联网大会平台，将"网络主权"的主张在国际社会面前进行系统阐释。2014 年 11 月 19 日，习近平主席在第一届国际互联网大会上首次向世界宣示了网络主权的概念，他指出"中国愿意同世界各国携手努力，本着相互尊重、相互信任的原则，

---

① 罗旭：《中国互联网状况》白皮书（全文），http：//politics. people. com. cn/GB/1026/ 118136 15. html，访问时间：2018 年 10 月 21 日。

第六章　网络空间国际话语权：网络边疆治理的外部环境塑造 <<<

深化国际合作，尊重网络主权，维护网络安全，共同构建和平、安全、开放、合作的网络空间，建立多边、民主、透明的国际互联网治理体系"。①在此之后，在第二届国际互联网大会上，习近平主席为推进全球互联网治理体系变革，提出了"四项原则"和"五点主张"，并将"尊重网络主权"作为全球互联网治理的首要原则，即"《联合国宪章》确立的主权平等原则是当代国际关系的基本准则，覆盖国与国交往各个领域，其原则和精神也应该适用于网络空间。我们应该尊重各国自主选择网络发展道路、网络管理模式、互联网公共政策和平等参与国际网络空间治理的权利，不搞网络霸权，不干涉他国内政，不从事、纵容或支持危害他国国家安全的网络活动。"② 2016 年 4 月 19 日，习近平总书记在网络安全和信息化工作座谈会上再次重申了"网络主权"原则的主张。

"网络主权"是中国提出并坚持的创新性主权观。如果说几年前一些西方国家还不以为然，甚至将其与"网络自由"对立起来，但随着各种网络安全问题的出现，"网络主权"概念已被国际社会普遍认同，世界上越来越多的网络大国都已认识到网络主权的重要性，并且将维护本国网络主权问题上升到国家战略层面，其中不乏早期"网络主权"的反对国。例如美国作为"网络自由"的倡导国不仅公开承认网络空间存在主权问题，还以此作为使用武力维护美国网络安全的借口。由此可见，中国关于网络空间主权的主张逐步得到国际社会的认同，这在一定程度上表明了中国网络空间话语的合理性和可信度正逐步提升，中国及时地占据了关于网络空间主权话语权的有利地位。

（二）构建网络空间命运共同体

互联网打破了时间、空间对人类活动的限制，突破了国家、地区、种族、民族、宗教、社会制度等有形和无形的"疆界"，③它让世界变成了'地球村'。互联网综合交错的网络连接模式将各个国家的利益紧密联系在

---

① 中共中央党史和文献研究院编：《习近平关于网络强国论述摘编》，中央文献出版社 2021 年版，第 150 页。

② 《习近平在第二届世界互联网大会开幕式上的讲话》，《人民日报》2015 年 12 月 17 日第 1 版。

③ 蔡翠红：《网络空间命运共同体：内在逻辑与践行路径》，《人民论坛·学术前沿》2017 年第 24 期。

317

>>> 网络边疆治理研究

一起，各国之间形成了"荣损与共"的利益链。网络的信息化在促成全球利益"互嵌"的同时，也导致了全球风险的"互嵌"。然而由于网络空间权力的分散性，导致世界上没有任何一个国家能够独自应对日益复杂的网络安全和潜在的风险。在网络安全问题越发严重的形势下，习近平总书记准确把握网络空间的特点，将"人类命运共同体"思想成功运用至互联网领域，提出了"构建网络空间共同体"的重要论断。"构建网络空间命运共同体"是习近平总书记基于全球互联网治理视野的中国回应，其实质在于构建网络空间国家利益共同体。

2014年11月19日，习近平主席在首届世界互联网大会的贺词中指出："互联网真正让世界变成了'地球村'，让国际社会越来越成为你中有我、我中有你的命运共同体。"[1] 这是中国首次向国际社会传达网络空间命运共同体的声音，也是网络空间命运共同体思想的萌芽。随着网络的发展和中国在网络空间实践的深入，2015年12月16日，习近平主席在第二届世界互联网大会开幕式主旨演讲中再次向世界发出了共同"构建网络空间命运共同体"的声音，强调，"世界各国应共同构建网络空间命运共同体，推动网络空间互联互通、共享共治，为开创人类发展更加美好的未来助力。"[2] 这是中国"网络空间命运共同体"思想在国际社会正式亮相。随着对网络空间命运共同体认知的深化，中国在第三届国际互联网大会上提出了构建网络空间命运共同体的具体路径。习近平主席在第三届世界互联网大会上再次呼吁世界各国要"深化网络空间国际合作，携手构建网络空间命运共同体"，并在"四项原则"的基础上，提出了构建网络空间命运共同体的"十六字方针"，即"平等尊重、创新发展、开放共享、安全有序"。这表明中国关于网络空间命运共同体的构想不是虚幻的目标，更不是用于博取世界眼球的响亮的口号，而是通过世界各国通力合作能够实现并成功解决网络空间全球治理难题的不二选择。2017年12月3日，第四届世界互联网大会召开，习近平主席在大会的贺词中再次强调："全球互联网治理体系变革进入关键时期，构建网络空间命运共同体日益成为国际

---

[1] 中共中央党史和文献研究院编：《习近平关于网络强国论述摘编》，中央文献出版社2021年版，第150页。

[2] 中共中央党史和文献研究院编：《习近平关于网络强国论述摘编》，中央文献出版社2021年版，第159页。

社会的广泛共识。"[①] 2018 年 11 月 7 日，第五届互联网大会进一步推进"网络空间命运共同体"加速进入"互信共治"新阶段。习近平主席致贺信强调，各国应该深化务实合作，以共进为动力、以共赢为目标，走出一条互信共治之路，让网络空间命运共同体更具生机活力。[②]

"网络空间命运共同体"思想是习近平总书记根据世界互联网发展的趋势和人类社会发展的走向，在分析世界历史发展经验及教训基础上提出来的新概念、新词汇、新表述，[③] 是中国关于全球网络空间治理思想的理论创新，为全球网络体系治理开辟了一种新思路。构建网络空间命运共同体表明中国智慧不仅为中国人民谋幸福，同时也为世界人民谋福祉。这不仅顺应了世界互联网发展的趋势和要求，也凸显了中国负责任大国的国际担当，更是中国传统天下情怀的延续和发扬。就这一点而言，"网络空间命运共同体"具有超越国别、意识形态差异的人类共同价值，是与西方"普世价值"有本质区别的新话语。

（三）推动网络空间多边共治

目前，围绕网络空间治理模式的选择形成了以美国为代表的"多利益攸关方模式"和以网络新兴国家为代表的"多边治理模式"的对立。"多利益攸关方模式"强调政府、私营部门和市民社会根据各自职能，制定并应用影响互联网使用与发展的共同原则、规范、条例、决策流程与纲领。而所谓网络空间"多边治理模式"，则是指各国政府是网络空间治理的主体，在网络空间治理中履行国家职能，负责网络空间所依赖的信息基础设施的安全、运营，管理网络空间信息并依法打击网络犯罪行为。[④] 其与美国倡导的"多利益攸关方模式"对立的根本点在于是否突出主权国家在网络空间治理中的主导作用。中国作为网络新兴国家的代表一直是"多边治理模式"的积极倡导者，并一直致力于推动网络空间多边治理的实践探

---

① 中共中央党史和文献研究院编：《习近平关于网络强国论述摘编》，中央文献出版社 2021 年版，第 163 页。

② 中共中央党史和文献研究院编：《习近平关于网络强国论述摘编》，中央文献出版社 2021 年版，第 165 页。

③ 林伯海、刘波：《习近平"网络空间命运共同体思想"及其当代价值》，《思想理论教育导刊》2017 年第 8 期。

④ 鲁传颖：《试析当前网络空间全球治理困境》，《现代国际关系》2013 年第 11 期。

索。2015 年 12 月 16 日，第二届国际互联网大会上，习近平主席曾指出：
"国际社会应该在相互尊重、相互信任的基础上，加强对话合作，推动互联网全球治理体系变革，共同构建和平、安全、开放、合作的网络空间，建立多边、民主、透明的全球互联网治理体系。"① 另外，中国为推动全球多边治理机制的实施进程，与美国的"多方治理"模式展开了多次博弈。2003—2005 年信息社会世界峰会期间，中国、巴西、印度等网络后发国与美国就互联网治理究竟是由政府主导还是市场主导进行了激烈的辩论。中国等发展中国家代表建议将全球互联网治理纳入联合国体系，支持政府在互联网治理和信息社会建设中的主导作用。② 2011 年 9 月，中国联合俄罗斯、哈萨克斯坦及乌兹别克斯坦将共同起草的《信息安全国际行为准则》提交联合国，呼吁建立多边、透明、民主的互联网治理机制。由此可见，中国不仅是网络空间多边共治的积极倡导者，更是致力于推动互联网多边治理进程的实践者。

但需要指出的是，中国所提倡的"多边治理"并非基于"多方治理"的对立面而言的，无论是"多边治理"抑或是"多方治理"都是国际社会对网络空间治理模式的有益探索，并且二者在内容上亦有重叠的部分。尽管中国一贯强调在网络空间治理中突出主权国家的主导作用，但依然承认网络治理需要多主体的共同参与，这与"多方治理"强调政府与非政府行为体共同参与网络空间治理的观点不谋而合。网络空间治理是一个跨领域、跨专业的综合性议题，仅靠政府的力量难以有效地应对错综复杂的网络治理难题，它需要不同领域的行为体的共同参与，这正是基于网络空间利益主体的多元化、复杂性的双重考量的结果。一方面，互联网的低门槛性使得任何行为体都可以进入网络空间成为多利益攸关方的一员，在此情形下仅仅依靠政府主导下的网络空间治理模式难以有效反映各利益相关方的不同利益诉求。并且政府在应对互联网治理过程中的某些专业性、技术性难题时，难免会不知所措。例如，网络空间治理过程中若涉及"网络恐

---

① 中共中央党史和文献研究院编：《习近平关于网络强国论述摘编》，中央文献出版社 2021 年版，第 153 页。

② 徐培喜：《全球互联网治理的多边博弈与单边挑衅：探究美国炒作互联网安全议题的动因》，http：//www.chinadaily.com.cn/hqzx/2013-03/04/content_16274913.htm，访问时间：2018 年 11 月 1 日。

第六章　网络空间国际话语权：网络边疆治理的外部环境塑造 <<<

怖主义""网络犯罪"等有关网络安全问题，则需要专业性的网络技术人才的参与。另一方面，"棱镜门事件"引发的全球网络安全形势的恶化，使得网络先发国和网络后发国在互联网治理认知层面上逐渐达成共识，有关互联网治理模式的争论不再是国际社会关注的焦点，相反，促进"多边治理"与"多方治理"优势互补，寻求国际共识则成为各国共同的利益诉求。并且中国在网络空间治理的实践中也并未将两种治理模式作为对立选项。例如，2015 年中国在世界信息峰会的声明文件中就曾表明"利益攸关方的治理模式应该受到尊重"。

三　中国积极参与网络空间全球治理

当前，网络空间全球治理是世界各国共同面对的一个重大课题和挑战。中国作为一个有国际担当的互联网大国，多年来在致力于本国互联网健康发展的同时，积极参与全球互联网治理的讨论和实践，力图推动互联网领域发展不平衡、规则不健全、秩序不合理等问题的有效解决。

（一）参与"伦敦进程"，完善多边治理机制

"伦敦进程"本质上是一个由西方国家发起和主导的、围绕网络安全及网络空间秩序构建开展的对话和辩论议程。主要包括"伦敦国际互联网会议"、"布达佩斯网络空间会议"和"首尔会议"三个会议。2011 年 11月 1—2 日，为期两天的伦敦会议的召开标志着"伦敦进程"的正式发起。此次会议是首次由政府召集的国际会议，来自全球 60 个国家 700 余名代表共同出席，并就"经济增长和发展""社会福利""网络犯罪""安全可靠的网络接入"以及"国际安全"这五大议题展开辩论。在此次辩论中，在西方国家关于网络自由网络治理机制"一边倒"的舆论态势之下，中国与会代表坚决表明互联网治理必须发挥政府严格管理的作用，突出多边治理模式的优势。尽管中国在欧美发达国家的话语针锋中不具有先占性优势，属于"伦敦进程"的少数派，但中国依然坚持从不同的角度完善多边治理机制，为广大发展中国家在网络空间的利益诉求发声。2012 年 10 月4—5 日，布达佩斯会议上，中国代表向国际社会更加全面、系统地阐释了本国的互联网发展政策以及参与网络空间国际合作的基本立场。中国代表团团长、外交部条法司黄惠康司长在第一次全体会议上发言，阐述了互联网在中国经济和社会发展中所发挥的重要作用及中国政府有关互联网的基

本政策，并提出网络空间应遵守"网络主权""国际合作""平衡""和平利用""公平发展"等五项原则，得到与会各国强烈的反响。在此之后的首尔会议上，中国派出了由外交部、国防部、工信部、公安部、国新办等部门组成的政府代表团，同时还有若干中国企业、行业组织和学术机构代表参会，积极参与会议各项进程，为网络空间规则制定和焦点问题的解决提供思路和见解。

"伦敦进程"是西方国家主导的一个专门针对网络安全和网络空间治理问题的多边进程，这就决定了中国与西方网络强国相比，无论在参会人数还是关于网络空间治理话语的接受范围上都处于明显的劣势。尽管中国属于"伦敦进程"的少数派，承受着西方国家对本国政府依法管理和审查互联网的无端指责。但中国依然积极参与西方国家主导的对互联网治理进程的讨论，这一方面表明中国是一个负责任的网络大国，拥有主动承担国际责任的自觉意识。另一方面，中国参与"伦敦进程"，将新兴网络国家关于互联网规则制定的主张和诉求传递给国际社会，既为中国争取到了在西方国家内部直接表达中国话语的机会，又在一定程度上打破了西方话语在网络空间治理中"一统天下"的局面，有助于推动网络空间治理理念的更新，完善多边治理机制。此外，中国积极参与由欧洲国家牵头举办的"伦敦进程"，为自身争取网络空间规则制定权赢得了较好的外部环境。欧洲国家虽然在网络空间治理理念上与美国有很多相似之处，但与美国在互联网发展利用等方面依然存在矛盾。中国参与"伦敦进程"，与欧洲国家就网络犯罪、网络恐怖主义、互联网基础建设等方面进行合作，在一定程度上消除了欧洲国家对中国网络威胁的猜忌，赢得了欧洲国家对中国互联网政策的理解和支持。

（二）创办国际互联网大会，搭建国际对话平台

中国作为互联网第一大用户国，近年来一直致力于网络空间治理的理论创新和实践探索，积极为全球互联网治理贡献中国的智慧和力量。中国在探索网络空间治理的实践中，不仅积极融入联合国以及西方国家主导的互联网治理议程的商讨中，而且通过自主创办国际互联网大会，为全球各个国家尤其是广大发展中国家提供了平等参与网络空间全球治理的平台。

截至目前，中国已成功举办五届国际互联网大会，每届会议都针对性地设置了互联网发展和治理的不同议题，为与会各国创造了协商共治的机

第六章　网络空间国际话语权：网络边疆治理的外部环境塑造 <<<

会。第一届互联网大会以"互联互通，共享共治"为主题，正式搭建了中国与世界互联互通的国际平台和国际互联网共享共治的中国平台。来自近100 个国家和地区的政要、国际组织代表、著名企业高管、网络精英、专家学者等 1000 多人，参加这一全球互联网界的"乌镇峰会"。首届互联网大会围绕互联网治理、网络安全、互联网经济与文化、互联网科技等四个方面共 13 个议题展开讨论。第二届国际互联网大会以"互联互通·共享共治——构建网络空间命运共同体"为主题，对如何构建网络空间命运共同体进行了深入探讨。本届大会共设置了 10 场论坛、22 个议题，涉及网络文化传播、互联网创新发展、数字经济合作、互联网技术标准、网络空间治理等前沿热点问题。在前两届国际互联网大会的基础上，第三届国际互联网大会逐渐成熟。在本届大会上，中外各界人士围绕"互联网 +"、数字思路、互联网创新、网络安全、文化与传播等话题，在各个分论坛上激烈讨论。随着国际社会对互联网大会的广泛认同，中国自主创办的国际互联网大会的国际认可度显著上升。第四届国际互联网大会以"发展数字经济促进开放共享——携手共建网络空间命运共同体"为主题，在全球范围内邀请来自政府、国际组织、企业、技术社群和民间团体的互联网领军人物，围绕数字经济、前沿技术、互联网与社会、网络空间治理和交流合作等进行探讨交流。在第五届互联网大会上，来自 76 个国家和地区的政府代表、国际组织代表、中外互联网企业领军人物、知名专家学者等约1500 名嘉宾齐聚乌镇，围绕"创造互信共治的数字世界——携手共建网络空间命运共同体"主题，纵论网络空间发展大势大计。①

中国在五年的实践探索和积淀过程中基本确定了世界互联网大会的理念、视野和格局，使其成为全球最具影响力的网络治理大会之一。国际互联网大会是中国独立自主承担网络空间治理责任的初步尝试，不仅为世界各国创造了一个在争议中求共识、在共识中谋合作、在合作中创共赢的国际话语平台，更为世界打开了一扇认识中国的新窗口。纵观五届国际互联网大会，无论在议题的选择、与会嘉宾的等级还是中国方案的斟酌上，无不尽显中国网络空间治理能力的提升，国际互联网大会选址永久落址乌镇

---

① 吴啸浪：《第五届世界互联网大会取得丰硕成果》，http://www.gov.cn/xinwen/2018 – 11/10/content_ 5339172. htm?_ zbs_ baidu_ bk，访问时间：2018 年 12 月 2 日。

更是国际社会对中国网络治理理念和能力的认可。历届国际互联网大会的成功举办及中国在网络空间治理的种种实践，使国际社会更加有理由相信中国有能力参与网络空间规则的制定，中国必将在今后的网络空间治理中发挥更大的作用。

（三）提出中国方案，推动全球网络空间治理体系的革新

当今全球互联网治理格局存在明显的不平衡态势，个别网络先发国尤其是美国掌控和垄断了网络空间的重要资源，并且凭借着在网络空间发展中的先占优势，主导着网络空间规则的制定权，企图将有利于美国实施其网络霸权的互联网发展标准、互联网治理理念等推广为全球网络空间发展的唯一标准，当前美国主导的网络空间治理体系难以反映全球大多数国家的利益诉求，存在诸多不合理之处。中国作为一个网络大国，必须在推动全球互联网治理体系变革中发挥作用，不断提高自身在全球互联网治理领域的话语权和引导力。近年来，中国为携手国际社会一同走出网络空间治理困境，进行着积极的理论创新和实践探索，并在此过程中形成了一套具有中国智慧的网络空间治理方案。

网络空间治理的"中国方案"是中国在历次网络空间治理实践中的经验总结和智慧结晶，它代表了中国对网络空间治理问题的基本立场，在一定程度上回答了当前网路空间治理面临的难题和困扰，本书在结合中国网络空间治理理论与实践的基础上，将网络空间治理的"中国方案"概括为以下三个方面。一是网络空间治理的理论基础。"中国方案"强调网络空间全球治理的理论前提是确立网络主权，网络主权是网络空间各行为体参与网络空间治理的合法性依据。在传统的国际社会，国家主权是各国平等参与国际事务的基础，然而早期互联网的无序发展使得网络发达国家凭借网络空间的先占优势，基本垄断了网络标准及规则的制定权，这使得网络新兴国家不仅要依附于现存的网络秩序，还经常面临着网络霸权国对本国互联网发展的无端干涉。在网络空间，网络先发国和网络后发国这种不平等关系使得网络空间全球治理难以有序进行。所以，中国坚持认为尊重网络主权是保证各国平等参与网络空间全球治理的理论基础。二是网络空间治理的基本方向。"中国方案"不仅确定了网络空间治理的理论原则，还明确了网络空间治理的努力方向。中国认为，网络空间全球治理应朝着"构建网络空间命运共同体"和"推进网络空间法制化"的目标前进。互

第六章　网络空间国际话语权：网络边疆治理的外部环境塑造 <<<

联网将网络空间的各行为体紧密地联系在一起，彼此成为"一荣俱荣、一损俱损"的命运共同体，在此情形下，构建网络空间命运共同体将成为各国人民的共同选择。此外，中国认为网络空间不是"不法之地"，网络空间全球治理离不开法律的制约和监督，只有推进网络空间法制化才能为网络空间的有序发展提供制度保障。三是网络空间治理的模式选择。针对网络空间治理究竟该采取何种模式，"中国方案"认为网络空间治理应采取"多边治理"的模式。在"多边治理"模式下，政府与其他非政府行为体共同参与网络空间全球治理，但各行为体之间需有一定的职能划分，在政府的统一领导下有序地参与网络空间全球治理。

网络空间治理的"中国方案"为全球网络空间治理提供了具体的实现路径，有效地推动了全球互联网治理体系方式、方向和原则的革新。首先，"中国方案"为网络空间治理体系革新提供了正确的方式。互联网"一点上网、全球共享""一点攻破、全网即破"的特性决定了网络空间必须加强规范和治理，而且必须是公开透明、民主科学、平等合作的全球治理。[①] 由此，网络空间不应成为各国角力的"战场"，国际社会应在信任和对话的基础上加强合作，推动网络空间治理体系的革新。为此，习近平总书记指出网络空间是人类共同的活动空间，网络空间的前途命运应由世界各国共同掌握，各国应加强沟通、扩大共识、深化合作，共同构建网络空间命运共同体。其次，"中国方案"阐明了网络空间治理体系变革的正确方向。中国在首届国际互联网大会上曾呼吁国际社会应齐心协力，携手创建多边、民主、透明的国际互联治理体系，共同构建和平、安全、开放、合作的网络空间，并为国际互联网的发展提出九点倡议，即促进网络空间互联互通、尊重各国网络主权、共同维护网络安全、联合开展网络反恐、推动网络技术发展、大力发展互联网经济、广泛传播正能量、关爱青少年健康成长及推动网络空间共享共治。最后，"中国方案"为全球互联网治理体系变革提供了正确的原则。习近平主席在国际互联网大会上提出了推动全球互联网治理体系变革的"四项原则"，即尊重网络主权、和平利用网络空间、依法治理网络空间和统筹网络空间安全与发展。其中，"尊重网络主权"作为网络空间治理的首要原则是对现有网络空间"全球

[①] 侯云灏、王凤翔：《网络空间的全球治理及其"中国方案"》，《新闻与写作》2017 年第 1 期。

公域"说的有力挑战，也是提升网络新兴国家地位、促进国际合作、制定行为规范和建立合理有效国际机制的必备条件。"中国方案"倡导在联合国框架下"政府主导、多边参与、共享共治"既符合互联网发展的特殊规律，又在尊重各国国情的基础上兼顾各方利益，逐渐成为网络空间治理和推动网络空间有序发展的新规则。

第四节　中国争取网络空间话语权面临的困境

尽管国际舆论传播环境的变化为中国争取网络空间国际话语权提供了契机，但中国在现实的国际传播中依然面临着诸多难题。一方面，西方话语的强势围攻极大地限制了中国话语的影响范围。另一方面，受中国自身网络传播能力的掣肘，中国网络国际传播的实际效果不佳。中国争取网络空间国际话语权面临着内外双重困境。梳理中国对外网络传播存在的问题并分析成因，对探究中国争取网络空间国际话语权的实施路径具有重要的现实意义。

一　西方具有网络话语的强势地位

当前，网络空间国际话语权的分配格局与总体国际舆论格局呈现高度同质性，以美国为首的西方国家主导着网络空间国际话语权。随着网络空间国际话语权竞争的加剧，近年来，中国为争取网络空间国际话语权也进行了努力尝试，但收效甚微。究其根本，无非是西方国家凭借其网络技术优势、网络语言优势以及网络内容控制优势牢牢地将中国禁锢在其强势话语之中，使中国在谋取网络空间国际话语权时常常受制于人。

（一）网络技术优势

网络空间是以技术为核心的数字空间，先进的网络信息技术是一国实现空间国际话语权的基础和先决条件。以美国为首的西方国家之所以能够拥有与现实国际舆论格局同等的权力和地位，主要在于他们拥有网络空间的核心技术并且垄断了这些技术，而在国际舆论格局中本就被边缘化的发展中国家缺乏自主可控的网络核心技术，其在与西方强势话语抗衡中必然处于劣势地位。在网络空间，谁拥有了网络核心技术，谁就拥有了网络空间的"生杀大权"，可以轻易地控制网络信息的生产、传播和流向。互联网技术最早源于西方发达国家,并在西方国家的掌控之下逐渐向全球各国延伸。因此,这些网络先发国家无论是网络建设还是网络发展都具有显著的技术优势。到目前为止,全球大部分互联网资源和关键基础设施都由美国等西方国家掌控,全球 13 台根服务器,其中 10 台在美国,日本、英国和挪威各有 1 台,美国还拥有包括 IP 地址分配等诸多源头服务的控制权,任何国家和地区的互联网支干线的通信,都必须经过美国的互联高速公路的主干线。[①] 此外,由美国政府授权,实际上由美国操纵的 ICANN 负责全球互联网根服务器、域名体系和 IP 地址等的统一管理。在网络空间,根服务器和域名体系是国际互联网的命脉所在,因此,以美国为首的西方国家自然而然地控制了国际互联网的命脉,牢牢地垄断了国际互联网核心部位的控制权。比如,伊拉克、利比亚、索马里的顶级域名就曾在美国的操控下陷于瘫痪。实际上,整个网络空间都处于以美国为首的少数西方发达国家的控制和监视之下,凭借这样的特权,他们可以轻而易举地入侵全球任何国家和地区的网络。2013 年"斯诺登事件"彻底暴露了美国以其技术优势,对其他国家的政府、各类组织机构、学校、企业甚至个人进行秘密监听和网络窃密活动。无独有偶,"棱镜门事件"后,德国《明镜》周刊曝光了一份美国在 2010 年"监听世界"的地图,其监控点涵盖了世界 90 个国家和地区,中国成为其监控的首要对象。由此可见,美国在网络方面的领先成就了其掌控整个虚拟世界的地位,这就使得美国可以更加自由地在网络空间内宣扬自己国家的文化,进行文化殖民。中国作为互联网的后来者,与西方发达国家相比,既没有自主可控的网络核心技术,又缺乏过硬的硬件和软件基础支撑,这就使得中国在与西方国家谋取网络空间话语权的竞争中明显处于相对弱势的一方,并且这种相对弱势的处境在短期内可能难以改变,这极大地限制了中国话语在网络空间的实际传播效果。

(二)网络语言优势

在传播中,语言的选择基本决定了传播的范围。当前英语作为国际交流的通用语言,对西方发达国家谋取网络空间话语霸权无疑是如虎添翼。

---

① 陈印昌、朱新光:《"棱镜门"事件及其对我国政治安全的影响和启示》,《云南社会科学》2014 年第 3 期。

网络空间虽然设置了多种语言方式，但英语始终是作为网络标准的通用语言，这对本就传播能力不足的非英语国家来说是雪上加霜。例如中国是典型的非英语国家，其担任对外传播工作主要是以中文为主的主流媒体，由于语言的限制，我国网络媒体在对外传播中常常陷于"说了没人看，看了没人懂"的尴尬境地。西方国家天然的网络语言优势在无形中进一步巩固了西方话语的强势地位，同时也在起点上造成了非英语国家话语权力的被动性，使之在话语竞争的初期就处于不利的地位。概括来说，西方国家的网络语言优势主要体现在两个方面。首先，英语作为国际通用语言被绝大多数国家使用。英语是全球 12 个国家约 4 亿人口的母语，全世界说英语的国家和地区共有 172 个，今天全世界讲英语的人数可能超过 15 亿，英语成为世界上名副其实的通用语。① 庞大的英语使用群体在国际传播中对西方国家来说无疑是一批潜在的受众群体，他们拥有相似的文化背景，相同的言语范式和风格，因此，他们对西方国家的话语认同感可能远远超于非英语国家。因为相较于非英语国家的跨语言、跨文化传播，他们的信息传输没有语言和文化的阻隔，可以无障碍地进行话语传递与互动。其次，西方话语的语言优势不仅体现在其使用人口的数量上，同时也体现在英语的应用范围上。在网络空间中，计算机从编程到应用无不以英语作为网络通用的标准语言。据统计，"英特网上全部网址，78% 为英文网址，其中70% 的网址出自美国。网上信息约 90% 是英语，其中 80% 是由美国提供的。"② 由此可见，整个网络空间几乎被英语垄断，全球网络受众无时无刻不被铺天盖地的英语信息包围，非英语国家的对外信息很难突破层层的信息围堵，进入国外受众的视线并被他们关注，更难说达到较好的传播效果了。正如阿尔温·托夫勒曾预言的那样："未来世界政治的魔方将控制在拥有信息强权的人的手里，他们会使用手中掌握的网络控制权、信息发布权，利用英语这种强大的文化语言优势，达到暴力、金钱无法征服的目的。"

（三）网络内容控制优势

西方国家作为国际舆论风向的掌舵人，可以轻易左右国际舆论的走

---

① 李永清：《中国传媒国际话语权建设刍议——中国新闻社国际传播能力建设的研究》，硕士学位论文，暨南大学，2011 年。

② 张昆：《国家形象传播》，复旦大学出版社 2005 年版，第 229 页。

第六章　网络空间国际话语权：网络边疆治理的外部环境塑造 <<<

向，除了强大的网络技术和语言优势以外，还在于他们牢牢地掌握了网络内容的控制权。这种直接的内容控制不仅可以对不符合本国国家利益和意识形态的话语进行重新加工、整合，而且能够将暗含对本国不利的话语转变成鼓吹本国价值观的利器。可以说，互联网已成为当今最有力的信息传播载体，以美国为首的西方国家以其固有的网络技术优势，可以轻而易举地主宰国际信息的内容选择和流向，从而在源头上及时地切除对本国不利的信息源，使互联网真正成为西方国家推销普世价值观念的工具。他们利用信息互联网技术，通过操作系统的"后门"或以社交网站、即时通信工具、门户网站等渠道，将资本主义普世价值观附着在篡改的信息、有倾向性的信息甚至捏造的信息中，企图控制民众思想，达到价值观渗透的目的。[①] 西方国家对网络内容的控制，不仅体现在对信息流向的把握和选择上，还体现在对国际话题的引导上。众所周知，全球80%的新闻信息均来自西方主流媒体，它们成为全球信息的主要提供者，因此，在国际传播领域具有极高的威望。例如CNN、BBC、《纽约时报》等西方主流媒体十分擅长给那些与本国利益不一致的国家扣上莫须有的帽子，而这些被莫名扣帽子的国家在西方媒体强大的舆论攻势下，常常有口难辩。比如，中国在西方媒体的报道中经常被贴上"专制""侵犯人权""缺乏民主"的标签，西方媒体更是在国际社会上极力鼓吹"中国威胁论""中国崩溃论"等抹黑言论，企图混淆国际受众对中国形象的认知和理解。在当前"内容为王"的时代，内容的建设直接决定着受众的数量和传播的效果。然而西方发达国家凭借网络技术优势早已占据国际信息传输的各个关键节点，中国在对外国际传播中不仅难以实现本国话语的有效传达，且话语内容常常被西方国家恶意歪曲。

二　中国网络国际传播的效果不佳

在国际传播领域，良好的国际传播效果是传播环节的多个要素相互配合、共同作用的结果。一般来说，在对外传播中能否引起受众"看""信""做"一系列心理和行为转变，是对一国国际传播效果最好的检验。

[①] 赵欢春：《论网络意识形态话语权的当代挑战》，《河海大学学报》（哲学社会科学版）2017年第1期。

然而，中国在国际传播中常常处于"说了没人看，看了没人信，信了没人做"的尴尬处境。其主要在于中国既没有植根于本国文化基础之上的话语体系，又缺乏多样的话语传播平台，并且对国际受众缺乏必要的了解。

（一）缺乏中国特色的国际话语体系

在日益激烈的国际话语权竞争中，国际话语体系的构建成功完善与否，直接影响一国话语在国际社会的认可程度和接受情况，是一国在世界上国际传播能力大小强弱的直接反映。尤其在全球化时代，谁的话语体系更具影响力、感召力，谁就拥有更强的国际话语权，谁就能在世界发展格局中占据有利地位。① 综观中国在国际舆论格局中的地位，无论是传统的物质空间还是新兴的网络空间，中国大国"弱语"的状态未曾有实质性的改变，其根本原因不过在于中国缺乏一套完整的具有中国特色、中国风格、中国气派的并且能够适应中国发展模式和现实需要的话语体系。

目前，中国尚未建立具有中国特色的国际话语体系，而现有的话语体系的国际化程度较低，未能得到国际社会受众的广泛认可。这一方面是由于中国现有话语体系的传播模式造成的。中国对国际社会的传播缺乏针对性，未能实现传播内容"内外有别"、传播方式由"宣传"到"传播"的过渡，并且在传播的技巧、语言上也难以与国际接轨，这难免会造成国际受众对中国的误读和误判。另一方面，中国的话语体系缺乏必要的理论基础，严重影响了中国话语在国际社会的说服力。一般来说，一个国家话语体系在国际话语平台上的持久力和对外张力在一定程度上取决于其理论支撑的厚度和广度。② 西方话语之所以在国际舆论格局中处于明显的强势地位，除了自身过硬的实力基础以外，一个重要的原因是其国际话语体系背后拥有雄厚的理论基础支撑，比如，福柯的话语权理论、三权分立理论、葛兰西的文化领导权理论等，西方的话语便是在这些理论基础上的发展和延伸。然而中国的话语体系多是模仿或者套用西方话语理论，缺乏植根本国理论基础之上的话语创新。西方国家一直占据国际舆论的制高点，原因在于它们善于在现有理论的基础上不断进行话语体系的创新，提出有利于

---

① 杨鲜兰：《构建当代中国话语体系的难点与对策》，《马克思主义研究》2015 年第 2 期。

② 关凤利、吕银凤：《建设中国特色社会主义国际话语体系论析》，《东北师大学报》（哲学社会科学版）2017 年第 2 期。

第六章　网络空间国际话语权：网络边疆治理的外部环境塑造 <<<

自己抢占舆论制高点的新概念和话题。不可否认的是，近年来中国在网络空间的影响力越发明显，网络空间话语贡献能力也在不断提升，然而中国在网络空间提出的某些论断也是在沿用西方的理论基础。比如，中国主张网络空间主权说，殊不知，网络空间主权并非我国原创，并且我国倡导的网络主权同样是在西方主权理论的基础上延续而来。

更为重要的是，我国套用的西方话语体系其本质上是为西方国家争取国际话语权服务的，而用建立在西方话语逻辑和理论基础之上的话语体系来解释中国的发展问题，难免会出现驴唇不对马嘴的尴尬。"就好像西方是'苹果'，中国是'橘子'，西方看着'苹果'来认识'橘子'，'橘子'本身没有话语。"①由于缺乏建立在中国自身文化和经济基础上的完整的话语体系，中国在应对西方国家各种诬陷和质疑时，其反驳的最终依据还是建立在西方概念、数据和逻辑体系之上，其结果往往是问题越描越黑，陷入难以自圆其说的尴尬境地。

（二）缺乏国际性话语网络传播平台

争取国际话语权除了要有强大的国家实力支撑，运作有序的话语权队伍统筹以外，还需要全面立体的话语传播平台为其助力。然而，就中国目前的国际话语传播现状而言，中国一方面缺乏有国际影响力的话语传播平台的支撑，另一方面又不够重视多元化传播平台的塑造，这就不可避免地导致中国话语在国际社会陷入"说了传不开"的尴尬局面。因此，目前对中国来说拓展国际性的话语传播平台依然面临许多问题，这严重掣肘了中国声音在国际社会的有效传播。

目前，中国现有的话语传播平台与西方国家相比依然具有相当大的差距，这也是为何中国在国际社会的形象塑造一直是由西方国家掌握，主要在于中国一直未能有强大的国际话语传播平台，将真实的中国展现在国际受众面前。我国媒体平台一直处于中国对外传播的前沿阵地，担任着中国国际传播的"排头兵"角色，然而我国对外传媒平台存在着数量多、质量低、内容同质化现象严重的问题，并且国际主流媒体行列一直未能有我国传媒的身影。这些媒体平台自身发展的缺陷，严重影响了中国网络媒体传播平台的公信力和权威性。公信力是"话语权之母"，在话语权竞争中，

———————

① 王眉：《把中国模式解释好——郑永年谈中国的对外传播》，《对外传播》2011年第1期。

一旦没有了公信力，就很难得到青睐。一般对国际受众来说，是否跻身于国际主流媒体的行列是判断一个媒体是否具有公信力的重要指标。国际主流媒体的缺失，使得中国话语公信力在与西方话语相抗衡的过程中明显大打折扣。相较中国媒体，西方媒体尤其是美国在运用媒体平台主导国际舆论上具有得天独厚的实力基础，始于1990年的跨国媒介并购行动造就了美国在线—时代华纳、迪斯尼、新闻集团、维亚康、姆维望迪和贝塔斯曼，共计电视台接近1300家，有线电视网约8000家，广播电台接近9000家，形成一个经济实力和传播影响力强大的国际信息网。[①] 并且美国还拥有《时代周刊》、《纽约时报》、美联社、美国之音、CNN等具有国际影响力的媒体平台与之配合，为美国话语在全球传播提供了多维视角，中国在培养有全球影响力的传媒平台上还有所欠缺。

另外，在国际传播领域尤其是网络空间更加倡导声音的多元化，这也是广大受众群体更乐于接受的传播模式。中国当前的传播主要依靠网络媒体平台，而西方受众一直将中国媒体视为政府的代言人，因此中国这种比较单一的传播模式严重削弱了中国话语在国际受众心中的可信度。在中国各种非政府形式下的国际传播平台，如国际会议、国际组织以及民间外交等非官方舆论场未能实现与官方舆论场协调发展。就目前来说，在中国媒体国际影响力十分有限的条件下，各种国际性的会议是实现中国话语在国际社会快速、精准传播最为有效的方式。然而现实是，某些西方国家主导的国际性会议常将中国排斥在外，而中国自主搭建国际话语平台的能力又有所欠缺。现阶段，中国这种单一的话语传播平台不仅难以满足受众多维度的信息诉求，也难以实现中国多元立体的国家形象的塑造。

（三）缺乏受众思维

国际传播是针对国外受众的信息传输行为，一般来说，国际传播效果的好坏基本取决于受众群体对传播内容的理解和认可程度。互联网时代是信息大爆炸的时代，受众作为信息的最终接收者面临着多样化的信息选择。那么，对于信息的传播者而言，如何使自己的信息在第一时间引起受众的关注并成功获得受众的理解，这需要信息传播者对受众的信息偏好、思维习惯等有充分的了解，而这一切都是建立在对国外受众充分调研的基

---

① 黄慧筠：《国际关系中的话语权研究》，博士学位论文，暨南大学，2009年。

第六章　网络空间国际话语权：网络边疆治理的外部环境塑造 <<<

础之上。目前，中国网络国际传播效果不佳主要在于中国对外传播中未能做到"内外有别"，对国际受众缺乏充分的了解。

一方面，中国对国外受众的研究过于粗糙，并且对受众调查缺乏合作。就目前而言，中国很多对外传播网站都已经意识到受众研究的重要性，但是各个网站对受众的差异如国别差异、文化差异、社会差异、个人差异等的研究仍然非常粗糙，并且对受众定位趋同化现象严重。这一方面反映了网络媒体在对外传播过程中总体布局上的缺憾，另一方面也反映了各对外传播网站对传播受众缺乏细化研究的问题。另外，目前各大媒体网站对受众的调查基本是自行展开，缺乏互相合作，甚至很少会有特地邀请专业调查机构去做受众调查的网站。即使部分网站获取到受众调查结果，往往也处于一种"保密"的状态，导致调查结果并不能起到提高传播效果的作用。

另一方面，中国在对外传播中"枪弹论"仍然存在。那么，何为"枪弹论"？从早期的大众传播理论角度来解释，大众传播在传播过程中具有非常大的威力，人们很容易受到其传播消息的攻击，如果其传播的消息正好可以"射中靶子"，就会得到迅速增强的效果，这个理论即为"枪弹论"。但现在随着大众传播理论的发展，大家逐渐意识到"枪弹论"这种理论本身是存在问题的。首先，它缺乏系统的理论形态，具有很大的虚幻性。并且关于"枪弹论"的很多结论并未经过严密的科学调查与验证，这使得这一传播效果理论从一开始就缺乏系统的理论支撑。其次，"枪弹论"过于夸大了传媒的威力，忽视了受众的个体差异，以及在选择和接收信息时的能动性。受众是具有高度自主性的个体，每个受众都有自主选择信息的能力，并且受众会根据自身的需要对信息的内容有所取舍。最后，"枪弹论"将传播效果绝对化，认为受众对大众媒介传播的信息的反应大致相同，从而忽视了时空、环境等因素对传播效果的影响以及媒介本体特征对效果差异的作用。最为关键的是，现在受众对传播的媒介、信息的主动选择权越来越高，他们可以选择抛弃不感兴趣的媒介或信息。而当今我国很多的网络媒体在对外传播信息时，并没有考虑国外受众和国内受众因社会制度、历史文化不同而产生的差异，依旧是"以我为主"，这样不仅难以为国外受众所接受，更达不到预期的传播效果。

三 中国网络媒体的国际议程设置能力不足

网络时代是一个信息大爆炸的时代，网络空间更是充斥着大量碎片化的信息，那么，在如此浩瀚的信息海洋里如何创造出能够吸引网民注意力的新闻和话语，这就需要媒体具有强大的国际议程设置能力。而国际议程设置能力的高低、议题选择的好坏在很大程度上直接决定网络媒体的传播效果。在网络空间，网络受众接收和关注的网络信息很多时候并不是受众自行选择的结果，它们往往是网络媒体想让受众关注的信息。一直以来，中国在国际社会上处于被描述、被定位、被误解的角色，即使在国际社会上努力尝试积极发声也难以形成一定的舆论导向，这都是中国网络媒体国际议程设置能力不足的表现。

（一）网络媒体的国际议程设置意识欠缺

意识指导行为，我国网络媒体国际议程设置能力不足，主要在于我国网络媒体没有较强的国际议程设置意识，没有意识就很难有强烈的行为意向，就更别说议程设置的实际效果了。因此，在对外传播或者面对西方媒体的不实言论时，我国很难主动对其进行议程设置。在中国国际传播能力总体不足的今天，国际社会对中国国家形象的认知产生了一定的偏见，西方媒介的议程设置很大程度上形成了涉华舆论传播的强势。

中国网络媒体在进行国际传播时，很少有主动设置议程的意识。在网络空间国际话语权激烈的竞争中，尤其对日益崛起的中国而言，任何一点对本国不利的言论和话语，都有可能在西方网络媒体的推波助澜下成为国际社会热议的焦点。那么，在面对西方媒体强势的舆论攻势之下，中国如何巧妙地在舆论的风口浪尖化被动为主动，重要的一步就是在西方媒体的舆论攻势还未形成之前，网络媒体主动进行议程设置，主动向国际社会表明自己的态度，传达自己的观点。否则待国际舆论一边倒之后，中国对国际社会任何合理的解释都被当成推脱的借口，甚至湮没在国际社会无尽的质疑、诋毁和谩骂声中。可以说，网络媒体缺乏国际议程设置的意识，就等同于将关键时刻的解释权让渡给了西方媒体，因此在面对西方媒体对事实的歪曲和精心的议程设置时，中国媒体往往既解释不清又无力回击，这自然导致中国在与西方话语的抗衡中总是处于弱势的一方。在这一方面，西方国家尤其是美国十分善于主动运用议程设置，尽可能地将对自己不利

第六章　网络空间国际话语权：网络边疆治理的外部环境塑造 <<<

的信息减到最少。比如，"棱镜门事件"一经揭露，立马在国际社会掀起轩然大波，美国面对这一突发性事件，没有选择回避或是封锁消息，而是在第一时间对国际社会的疑问做出了回应，对自己的监听行为供认不讳，但却冠上了"反恐"的帽子，但还是及时地挽回了美国的国家形象。

（二）网络媒体国际议程设置的技巧缺乏

在网络空间，议程设置的好坏直接影响一国对外话语的实际传播效果，网络媒体精心、巧妙的议程设置和安排，不仅可以吸引大量受众的关注，还有助于网络受众在情感和内容上产生共鸣，推动网络受众对话语的认同和理解。不难发现，中国网络媒体在具体的国际传播中，不仅欠缺国际议程设置的意识，而且在具体运用议程设置过程中很难把握一些细节使用技巧。比如，内容的选择没有做到政治、经济、文化、民生等各个板块内容设置的均衡。纵观中国网络媒体的对外报道，我们不难发现有关政治和经济类的议题占绝大多数，对外网络媒体的英文板块被领导人出访、领导人会晤、经济合作等硬新闻霸屏。这种对外传播布局可能也与近年来西方媒体鼓吹"中国威胁论"的舆论浪潮有关，在舆论的风向标下，中国网络媒体为回应国际社会的声音，在国际议题的选择上可能更倾向于有关政治和经济类的议题，而有关中国社会民生、风土人情的新闻则少有提及。但是过多的政治类议题不仅会引起西方受众的反感，还降低了中国网络媒体在国际社会的公信度，成为政府的发言人。中国网络媒体如若未能向国际受众提供有关中国风貌的第一手信息，很多受众则会转向西方媒体了解中国，而西方媒体向受众传达的有关中国的信息往往添加了意识形态的色彩。此外，中国网络媒体在对外传播内容的议程设置上，语言的运用过于死板，而国际受众绝大多数都是普通的民众，过于专业化的术语和千篇一律的报道结构则会消解受众继续了解下去的兴趣。

（三）网络媒体国际议题设置的统领性不强

在国际社会中，网络媒体的统领性意味着其左右国际舆论风向的影响力和号召力。众所周知，网络时代是一个信息过剩的时代，对国际受众而言，最不缺乏的就是信息。试想倘若网络媒体在国际传播中选择的议题、传播的话语没有强大的统领性，即使再精辟的话语也最终会被信息的海洋吞噬，又何谈引起网络受众的关注和认同，更别说引导国际舆论风向了。

我国网络媒体国际议题设置的统领性不强，一方面表现为中国网络媒体在国际议题的选择上过于狭隘，与西方主流媒体相比缺少国际化的视角。中国网络媒体对外新闻报道具有一个非常明显的特征，即新闻内容的选取始终以中国为主线，网络媒体有选择性地报道与中国相关国家和地区的新闻信息，而对非相关国的信息则很少提及。甚至在一些国际热议的焦点议题上，也鲜有中国的声音和独到见解。在网络世界，网络媒体是国际传播的主要承载者，媒体国际议题的选择很大程度上体现了一国对国际社会的关切程度，是侧面塑造一国国家形象的有效手段。网络空间国际话语权的竞争不仅仅体现在"能说"上，也并不意味着说的越多话语权就越多。正如 CNC 董事吴锦才所说的那样："在国际舞台上，并非天天说中国的事情，才表明中国掌握世界的话语权。理想的选择是，对一切国际事务，都要有效地体现中国对世界问题的视角。"因此，中国网络媒体若想在网络空间争取更多的话语权，就必须提高话语内容的质量，学会准确地把握国际发声的关键时刻，比如，中国网络媒体要善于介入国际焦点议题，以期跻身国际主流舆论。国际焦点议题是国际社会各国受众普遍关注和热议的问题，例如，欧洲难民、朝核危机、气候变暖等问题，这些议题都拥有大量的受众群体，也是国际主流媒体竞相报道的重点。可以说，网络媒体越早地抓住国际焦点议题的话语权，就越抢先获得了国际主流舆论的引导权。

另一方面，目前中国还未有跻身国际主流媒体行列的网络媒体，难以成为国际舆论的风向标。近年来，中国为谋取更多的网络空间国际话语权，积极推动网络媒体的发展。目前，在我国已经形成了中国网等六家中央级的对外网络媒体和千龙新闻网等三家地方对外网络媒体 6 + 3 的格局。[①] 但这些网络媒体的国际影响力还十分有限，面对西方媒体强大的舆论攻势，中国网络媒体的话语就显得微乎其微了。要知道，西方主流媒体在国际社会具有较高的威望，一项调查显示，目前全球 90% 以上的新闻信息是由西方主要媒体提供的，形成了"一犬吠日，众犬吠声"的态势，西方主流媒体几乎垄断了全球信息市场。中国网络媒体很多时候不得不被西方媒体牵着鼻子走，被动地应付西方媒体对中国议程设置。

---

① 郭可、毕笑楠：《网络媒体在对外传播中的应用》，《现代传播》2003 年第 6 期。

第五节　中国网络空间国际话语权建构的路径

研究中国网络空间国际话语权问题的落脚点还是要回归到如何提升中国在网络空间的国际话语权问题上。针对中国在网络空间国际传播中面临的困境，本书将从政府、媒体及民间三个层面为中国争取网络空间国际话语权提供具体的路径选择。

一　政府层面的建构

政府具有统筹各方资源，集中力量办大事的优势。因此在构建中国网络空间国际话语权中，需要充分发挥政府的主导作用，从宏观上为中国争取网络空间国际话语权创造良好的外在传播环境。具体来说，中国政府可从国际话语权平台、国际规则制定及网络外交等方面贡献力量。

（一）搭建国际性话语传播平台

话语平台是进行话语传播和接受话语反馈的载体与渠道，丰富多元的话语平台对于提升国际话语权具有重要意义。事实上，中国在国际社会的很多领域并不缺乏国际话语权的力度，但中国关于各种国际议题的话语依然很难在国际社会传得开，其主要原因在于中国话语缺乏具有国际影响力、国际公信力的话语传播平台作为载体。目前，担任中国对外传播工作的主体依然是媒体，但中国媒体在国际社会一直被定义为"政府的喉舌"，在国际受众面前缺乏必要的媒体公信力。所以对中国来说，争取网络空间的国际话语权除了继续发挥媒体在国际传播中的主导作用以外，更多地是培育各种非政府话语传播平台，发挥其在争取中国网络空间国际话语权中的主体性作用。

首先，就媒体平台而言，积极发挥中国政府顶层设计的优势，优化中国网络媒体在国际传播领域的宏观布局。目前，中国网络媒体对外传播平台存在官办和民办比例不合理、追求数量忽视质量的问题，所以要想打造中国具有国际影响力的网络媒体传播平台，第一，必须加强对中国网络媒体资源的系统整合，推动官办网络媒体的合并重组，着力打造1—2家综合性多语种的国际新闻网站，弥补中国在国际传播领域缺乏国际主流媒体的平台短板。重点国际新闻网站是全面介绍中国政治、经济、文化、社会民生等各方面情况的重要窗口，同时也是表明中国态度，阐明中国立场的最权威的平台。所以对这类网站的首要要求就是多语种，多语种旨在突破国际传播过程中的语言限制，扩大中国话语在国际社会的传播范围。同时在网站板块内容的设计上也要做到布局合理、内容丰富。针对国内的新闻不能仅涉及政治、经济等板块，更加要突出社会文化、民生等国际受众普遍感兴趣的内容。此外，国际内容板块上除综合性新闻报道外，应以语种为区分，增设一些针对重点对象国的特色板块，以对象国的新闻为主要报道内容，从而拉近我国重点网站与对象国受众间的距离，提高我国重点国际新闻网站的知名度和权威性。第二，中国政府需加强对民办网络媒体平台的政策、资金、技术扶持，充分发挥民办网络媒体平台灵活性、高效性的传播优势。一方面，政府应逐步放开对商业门户网站采访权的限制。目前，中国网易、搜狐、新浪等国内主流商户网站经过多年的发展，无论是新闻业务的专业化程度还是媒体的影响力都不亚于中国主流媒体。然而，目前按照《互联网新闻信息服务管理规定》，绝大多数商业门户网站属于"二类资质"网站，该类网站有权转载但无权采访。[①] 中国政府如若逐步放开商户网站的采访权限，必将进一步激发我国商业门户网站内容选择的灵活性，为官办网络媒体的内容做有益的补充。另一方面，中国政府为民办媒体网站提升国际化水平给予一定的资金和技术支持。比如，政府出面为民办媒体网站推进国际化进程成立专项基金，并且出台相应的政策法规对民办国际传播网站进行系统化的引导和支持，推动民办国际传播网站与世界主流网络媒体在世界开展竞争。

其次，中国政府在拓宽国际传播平台的问题上要突破传统的思维模式，除了加强对网络媒体平台的整合和完善，需更多地关注非官方的民间平台的主要作用。对中国政府而言，各种国际会议和非政府组织是当下中国亟待进一步开发和利用的国际传播平台。目前，网络空间尚处于秩序的初建阶段，国际社会正面临各种网络安全和网络威胁的困扰，因此针对网络空间治理的各项国际会议成为一国话语短时间内为世界所熟知的"中转站"，并且其话语的影响和辐射范围远超本国媒体的传播效果。所以，中

---

① 赵惜群、王浩、刘宝堂：《提升我国网络媒体国际传播力的路径探析》，《中州学刊》2015年第12期。

国政府一方面要不断提升本国网络发展的硬实力，积极争取有关网络空间发展和治理的各项国际会议的参与权，比如，信息社会世界峰会、国际电信世界大会等，尤其西方国家发起和主导的网络空间会议是中国应当极力争取的极为重要的话语传播平台，这样的话语传播平台有助于将中国关于网络空间的各项主张精确地传达给西方受众，有效地避免了西方媒体对中国话语的歪曲报道。此外，中国政府除了努力争取国际社会提供的各种话语平台以外，要对自主搭建与国际社会互联互通的国际话语平台，投入更多的精力，做出更多的尝试，以便充分发挥本国话语的主场优势。另外，中国国际传播应该充分重视利用国际组织寻求对外发声机会。中国需要巩固和发展由自己推动建立的国际组织和国际性制度安排，比如上海合作组织、亚洲基础设施投资银行、金砖银行等，借助这些国际组织和国际性制度安排积极发出中国声音、传播中国话语。[1]

（二）积极参与国际互联网规则的制定

全方位、多层次、立体化的对外传播平台为我国对外传播奠定了坚实的基础，谋取网络空间国际话语权最为重要的是借助国际性的话语传播平台，善于捕捉网络空间的话语"空白区"，最大限度地扩大本国话语在该领域的国际影响力。目前，网络空间对国际社会来说仍然是一个亟待开发的"蛮荒之地"。网络空间尚未形成系统、成熟的并且适用于绝大多数国家的网络法律规则，而现行有效的国际行为准则、国际法律法规并不能完全解决网络空间中层出不穷的新问题。所以，如何对网络空间进行有效的管制成为各网络国家需要共同商讨的难题，这就为广大网络后发国提供了在网络空间争取话语权的机会。在网络空间，建构互联网国际规则的话语能力直接影响一国对外传播话语体系的建立和制度性话语权的提升。中国作为名副其实的网络大国，应当充分抓住还未被西方话语完全垄断的网络空间，积极参与国际互联网规则的制定和探讨，为中国在网络空间争取较好的话语环境，抢先在网络空间话语格局中占据一席之地。

不难发现，一国话语在国际社会的影响在很大程度上取决于该国自身实力，在网络空间亦是如此。美国等西方国家作为互联网的先发国，凭借

---

[1] 张新平、庄宏涛：《中国国际话语权的历程、挑战及提升策略》，《南开学报》（哲学社会科学版）2017年第6期。

>>> 网络边疆治理研究

先天性的技术和强大的资本优势主导着网络空间国际规则的制定，占领了网络空间制度性话语的战略制高点。网络空间虽为中国等网络后发国提供了与西方网络强国公平竞争国际话语权的平台，但网络空间现行的许多标准依然是美国主导下的标准，中国关于网络空间的很多话语在美国标准下失去了话语存在的基础和依据。因此，中国关于网络空间规则制定的话语要想得到国际社会的认可和支持，必须要完善国内网络空间立法，为中国关于网络规则制定提供话语依据。国内网络安全立法是网络空间规则体系的基础单元，国内网络空间与国际网络空间存在交叉和重合的部分，但国际网络空间存在的问题远比国内网络空间要复杂得多。所以，完善国内的网络立法，为中国解决一般性的网络问题提供了一定的依据。加快国内网络空间立法工作对中国参与国际互联网规则制定具有重要意义。国内网络空间规范的建设既有助于产生外溢和典范效应，也可为国家国际规则制定积累经验。[1] 因此，完善的国内网络空间法律体系的建立，有助于中国参与网络空间规则制定合理权力的获取，也在一定程度上提高了中国话语在网络空间的分量和含金量。

配套完善的国内网络空间立法为中国参与网络空间规则的制定提供了合理性依据，但中国如何参与网络空间规则的制定，则需要中国积极关注并努力参与到国际性的互联网会议、组织及论坛中，善于借助国际性的大平台将中国关于网络空间的一些新概念、新主张、新理论传递出去。目前，将网络空间规则制定上升到国际层面探讨的平台有很多，比如，信息社会世界峰会、国际网络会议等行业论坛大会；联合国、国际电信联盟、欧盟、上合组织等权威性的国际组织抑或中国自主举办的国际互联网大会等。"大声说"是获取话语权的前提和基础，继而才是扩大话语的影响力。所以，中国若想抢夺网络空间规则制定的话语权，必须做到在探讨互联网相关议题的国际性平台上不缺席，积极参与各个平台关于网络规则的商讨。另外，中国关于网络规则的主张应尽可能地反映大多数国家的利益要求，这样才能保障中国话语的国际认可度和传播的广度，比如，"构建网络空间命运共同体""尊重网络主权""推动网络空间多边共治"等主张既代表了网络后发国反对美国网络霸权的意愿，同时也展现了中国负责任的大国形象。此外，中国的网络

---

① 王联合、耿召：《中美网络空间规则制定：问题与方向》，《美国问题研究》2016 年第 2 期。

340

第六章 网络空间国际话语权：网络边疆治理的外部环境塑造 <<<

规则主张不仅要"新"，而且还要具有较高的包容性。具体到内容上则要求中国在网络空间的新概念、新主张既要符合人类现代社会的基本价值理念，如公正、自由、平等、对人性的尊重等，又要体现网络空间独有的特征，如分享、开放、包容，同时还应体现中国作为一个发展中国家和东方国家独有的特色，例如发展、安全和文化多元性。

（三）努力开展政府网络公共外交

互联网技术的普及和发展催生了网络外交的兴起。网络外交是指在信息时代，国际行为体为了维护和发展自己的利益，利用互联网技术和网络平台而开展的对外交往、对外宣传和外交参与等活动。[1] 互联网强大的跨国传播能力和实时互动的特性，使网络外交迅速成为各国政府"推销"本国外交方针政策、文化和价值观的重要手段。通过网络外交，一国可以将本国的政治、文化和价值理念等以灵活多变的形式呈现在网络受众面前，轻易地实现本国政治话语与国际受众的无差异对接，从而增进国际社会对本国国际行为和主张的理解。同时，互联网跨时空的传播优势更在悄无声息中进一步扩大了本国价值观念在世界的辐射范围，从而为本国的话语创造了较为有利的国际舆论生态环境。中国是一个网络大国，拥有互联网发展的强大基础和资源优势，但仍然未能摆脱传统国际舆论格局中"被描述"的局面，究其根本，还在于中国政府话语缺失或滞后。现阶段的中国真正全面推行和实施国际传播的主要力量是国家，组织者是政府，渠道是官方媒体。[2] 因此，中国政府在争取国际话语权的竞争中依然是主导的力量。在网络空间国际话语权竞争日益激烈的今天，中国政府更应积极紧跟网络时代的步伐，建立系统完善的网络外交运行机制，充分发挥政府网络外交在网络空间国际话语权争夺中的基础作用。

一方面，中国政府亟待明确网络外交的核心领导机构，完善政府网络外交的运行机制。目前，中国从事网络外交管理的机构众多，如国务院新闻办公室、中央信息化领导小组、外交部新闻司等众多政府或政府领导的机构都是开展中国网络外交的重要机构。[3] 并且在众多管理机构中尚未形

---

① Joseph S. Nye, "The Information Revolution and American Soft Power", *Asia-Pacific Review*, Vol. 9, No. 1, 2002.

② 刘娜：《国际传播中的民间力量及其培育》，《新闻界》2011 年第 6 期。

③ 白续辉、廖金宝：《网络外交的兴起与实践》，《广东外语外贸大学学报》2009 年第 5 期。

341

>>> 网络边疆治理研究

成一个统一管理、协调各部门运作的核心领导机构，这样具体到各种复杂的网络外交工作中必然会因责权分配模糊、规划调度不合理、信息资源互通不畅等问题而导致中国网络外交机构对外话语难以形成整体连贯效应。因此，发展中国政府网络外交必须设立一个高层级的专业机构，全面负责网络外交的整体运作。比如，成立网络外交办公室，制定中国网络外交发展的整体战略和发展目标，统一规划管理各个网络外交管理机构的运作，保证各个部门在中国整体网络外交战略的框架内各司其职。此外，还应成立一个网络协调员办公室配合网络外交办公室的工作，统一整合中国的网络资源，进一步优化中国网络外交决策机制，保证中国网络外交机构在对外政策上能够保持步调一致，从而提高中国网络外交政策的执行力。完善的网络外交运行机制能够促进中国政府网络外交的有序发展，从而保证中国在面对西方舆论的诋毁和诽谤时，中国各个政府网络外交部门能够从不同的路径和角度还原事实的真相，提高中国政府对外话语的整体性，增强中国话语在国际社会的影响力。

另一方面，中国政府要善于利用网络新媒体平台，推动中国政府网络外交形式的多样化。网络传播具有双向互动、立体可视化的传播特点，在网络空间国际话语权的竞争中备受各国青睐。政府网络外交强调政府与网络受众之间的联系和互动，成为各国表达外交决策、阐明外交立场、传播价值观念的一种新的外交范式。正如奥巴马政府国务院高级创新顾问亚历克·罗斯所言：21世纪的外交已不仅仅是政府与政府间的活动，而应成为政府与人民、人民与政府之间的活动，最终演变成"人民与人民并与政府间活动"的外交模式（people-to-people-to-government）。[①] 在争取网络空间国际话语权的过程中，取得国外受众对本国政策的认知和理解是获得国际话语权的前提。因此，中国一方面要推动政府网站的国际化，增设多个外语板块。同时对国外受众关注的问题给予高度重视，如西藏、新疆、台湾等问题设立一系列主题专栏，为国际受众提供全方面、立体化地了解真实的中国提供更多的视角和依据。另一方面，中国政府要善于利用推特、脸书等大型社交网络平台，有选择性地回应国际社会对中国某些外交政策的

----

① Micahl Sifry, Rew Rasiej, "The Rise of E-diplomacy", June 4, 2009, http://www.politico.com/news/stories/0609/23310_Page2.html.

342

误判和质疑，加强与国外受众的交流互动，拉近中国政府与国际受众的距离，在国际受众心中树立亲民负责的大国形象。

二 媒体层面的建构

媒体是中国对外传播的主力军，因此在争取网络空间国际话语权中必须突出媒体的专业化优势。针对中国网络国际传播效果不佳的现状，中国媒体可在思维方式、报道模式以及与国际受众的互动上有所突破。

（一）创新网络媒体国际传播的思维方式

思维方式的更新是行为模式转变的前提条件，对媒体而言，传统的对外传播思维和模式已很难适应网络化时代受众对信息的诉求，因此，中国媒体要想在网络空间的国际舆论格局中占得一席之地，就必须转变固有的思维模式，实现思维方式的革新和转变，并最终应用到具体的对外传播中。

首先，中国媒体在国际传播中要变被动为主动，第一时间传递中国的声音，保障信息的有效性以及中国在突发性事件中回应的及时性。时效是提升媒体可信度和衡量其国际传播能力一个很重要的指标。网络时代，话语权已经从"权力精英"手中分散到普通民众手中，尤其在重大突发性事件中，普通大众可以通过各种移动设备在网上现场直播，如果网络媒体在这个时间未能及时到位，那么网络媒体在受众中的公信力就可想而知了。国际重大突发事件是一国媒体在国际社会迅速崛起的重要契机，国际重大新闻事件能够迅速集聚国际社会的目光，可以在最短的时间内赢得最庞大的国际受众群体，进而迅速提升网络媒体的国际公信力。国际社会上重大突发性事件报道时效性的竞争实际上是分秒之争。中国网络媒体既然没有先天的传播优势，就必须学会在国际突发事件中与西方媒体进行时间赛跑，尽可能地为中国媒体争取在国际社会"露脸"的机会。对具有广泛影响的国际焦点议题，早介入、早研究、早发声、早造势，避免人云亦云，被人牵着鼻子走。此外，对中国媒体而言，追求新闻的时效性，不仅仅指在国际重大突发事件中优先占据议题的话语权，更为重要的是，中国网络媒体在面对国际社会的质疑与诬陷时能第一时间给出回应，以当事者的身份还原事实的真相，尽可能不给西方媒体留有借机歪曲事实的机会。西方媒体十分擅长借中国国内的某些突发性事件，大肆抹黑中国。比如，3·14西藏事件发生时，西方媒体不谈事情的真相，而是在国际社会上借此宣称中国政府侵犯人权。由此，在面对与中国相关的突发性事件中，必须将事件真实的情况对外报道，一旦西方媒体抢先一步广为报道那些道听途说的不真实情况并在西方受众那里形成先入为主的印象，到时再去澄清和纠正，则必然是事倍功半，甚至毫无效果。

其次，中国网络媒体要树立标题意识。新闻标题是新闻的灵魂，它以简短、精湛的言语囊括了一篇报道的主要内容。特别是在网络信息如此发达的今天，中国的网络信息如何在浩渺的信息海洋中脱颖而出，成功吸引受众的阅读和关注，尤为重要的一步就是强化标题意识，在标题制作上下功夫。互联网的信息传输方式在很大程度上改变了人们信息接收的方式和阅读的习惯，人们习惯于在较短的时间内搜索自己感兴趣的内容，因此，新闻标题对受众是第一视觉冲击波，对他们阅读内容的选择具有很大的导向性。笔者认为，中国网络媒体在标题设计上应注意以下几点。第一，中国网络媒体在标题的制作中要学会把握受众的心理，从受众的实际需求而不是媒体的自身意图传播信息。一则好的新闻标题不仅能激发受众的阅读兴趣，还能把对受众最有价值的部分提炼出来。第二，突出重点，切忌眉毛胡子一把抓。例如，有关印度阻止中巴等国直接投资的新闻，《印度阻止中国等国直接投资》就明显比《印度阻止中巴等国直接投资》更能引起中国民众的关注。

最后，中国网络媒体需强化大数据思维。所谓"大数据"思维，即在网络媒体国际传播策略的制定或调整过程中，不能仅仅依靠主观经验或传统条件下样本容量较小的调查研究，应借助大数据技术对全部现存数据进行分析。大数据是信息化的产物，更是媒体源源不断的内容信息库，为新闻媒体的科学传播提供了有力依托。对中国网络媒体而言，需充分利用大数据的优势，提高我国媒体对外话语的含金量及实际传播效果。中国网络媒体在大数据的基础上，对国际受众群体进行精准的定位和分析，以了解不同地区国际受众的特点以及对信息内容的诉求。俗话说"知己知彼，百战不殆"，因此，作为负责中国对外传播的主流媒体，当务之急应该依托大数据技术，在全球范围内收集、储存用户数据，建立和发展数据库，并通过设定不同的维度来实现数据的"参数化"。[①] 在对国际受众调研的基础上，针对受众的不同特

---

① Toby Segaran, Jeff Hammerbacher, *Beautiful Data: The Stories Behind Elegant Data Solutions*, O'Reilly Media, Inc. 2009, p. 75.

点有针对性地进行信息的生产和传播，这样才能保障信息传播的精准度和有效性。例如，如若没有对阿拉伯国家受众的调研，又怎会知晓中国四大名著《西游记》因猪八戒角色的存在可能很难融入阿拉伯国家。另外，通过数据发声，把数据驱动的可视化叙事方式运用到我国国际传播的实践中，优化话语的表现形式。对网络媒体来说，数据虽算不上成熟的话语，但是在对外传播中往往比长篇累牍信息更有说服力。比如，英国《卫报》在2011年关于《伦敦骚乱中的谣言》报道中，通过挖掘260万条Twitter内容的数据，将骚乱的起因、进展、趋势及影响意义以更为可视化的方式展现在受众面前，① 赢得了国际受众的广泛赞誉和信服。

（二）推动中国网络媒体报道方式的革新

思维方式的更新丰富了网络媒体的报道理念，保障了网络媒体报道方向上的正确性。而网络媒体报道方式的选择、布局和安排，直接影响我国媒体在国际社会中的公信力，进而影响我国网络媒体在网络空间中的话语地位。所以，中国网络媒体除了保证报道思维符合网络化外，还应在以下几个方面提升新闻报道的质量。

首先，坚持报道的平衡性，提高我国网络媒体的国际公信力。这里报道的平衡性，是指中国网络媒体在对外传播内容的选择上做到正面报道与负面报道的平衡，发展中国家报道与发达国家新闻所占比的平衡。目前，中国媒体在对外报道平衡性的把握上与西方主流媒体还存在较大的差距。西方新闻常以"狗咬人不是新闻，人咬狗才是新闻"为取舍标准，负面报道充斥西方传媒。鉴于外国受众群体认知规律的特殊性，正面报道的效果未必是"正面"，负面报道的结果也不一定是"负面"，选材上应当兼顾二者的平衡。② 所以中国媒体在对外传播中要逐步改变以往"报喜不报忧"的传播模式，对中国发展中取得的成就、中国对国际社会的贡献以及中国创新性的话语，这些好的一面我们需要让国际社会了解，这有助于塑造中国的大国形象，但像中国发展中存在的问题，我国媒体要做到公正报道，真正做到不对政府包庇，不对受众回避。这对中国媒体来说，是打破国外受众对中国媒体传统"政府喉舌""官方发言人"定位的良好时机。比

---

① 黄峥：《国际一流媒体的大数据竞争策略》，《对外传播》2017年第3期。

② 王东迎：《中国网络媒体对外传播研究》，中国书籍出版社2010年版，第62页。

如，在广受关注的假疫苗事件中，中国媒体应当抓住机会，对事件进行深度的挖掘，还原事件的真相，厘清假疫苗事件中涉事各方的责任。在信息技术高速发展的现代社会，任何消息都不可能被长时间地封锁，要知道，在国际传播中，赢得国际受众认可和好感的不是对负面消息的封锁，更为有效的方式则是变"堵"为"疏"，这样才能提高我国新闻报道的权威性，增强我国对外传播网络媒体的公信力。我国网络媒体只有在国际社会中拥有较高的公信力，其在国际社会的话语才能被国际受众接受和认可，才能提高我国媒体在网络空间的国际话语权。另外，中国网络媒体在对外传播中尤其要注意避免国际传播中"一边倒"的现象，做到发达国家与发展中国家国际传播投入的平衡。对与中国有合作关系、有利益联系的国家可以加大国际传播力量，但对与中国有相似命运的发展中国家，如非洲、拉美、中东等国家，也要给予关注和报道。中国媒体仅仅报道与中国相关的事件或与中国相关国的新闻，难免给国际受众造成一种政府宣传工具的错觉。

其次，学会"借船出海"，提升中国网络媒体话语的传播力。中国网络媒体自身实力不足，在网络空间的话语传播的渗透力有限，要想把中国话语传播得更广、更远、更具说服力，中国网络媒体必须学会向西方主流媒体借力。毕竟西方主流媒体在国际传播领域具有较高的国际威望和庞大的受众群体，借西方媒体传递中国的声音，不仅可以提高中国话语权的权威性，也可以实现出较少的力得到较好的传播效果的结果。一方面，中国媒体要主动借助境外平台进行传播。本土化的传播平台相较于中国外来的媒体平台，在信息传播上可能更具有优势，它们拥有自己的受众群体，而且不会被受众怀疑和抵触。在利用境外平台扩大本国信息影响力方面，中国春晚就是一个典范。2015 年央视春晚期间，中央网首次通过运用"cctv中文账号"在 Facebook 和 Youtube 等海外社交平台进行视频直播，并利用Twitter、俄罗斯 vk 等平台进行春晚推广。直播期间，海外社交平台发布的相关主题帖总曝光量超过 460 万次，观看总人数超过 100 万。另一方面，中国网络媒体要学会充分利用国际主流媒体对中国的新闻报道，对其中正面有利的报道我们可以转载报道，对信息进行"二次传播"，用主流媒体的观点佐证我国话语的真实性，这往往比我国媒体发声更有说服力和引导力。对境外媒体针对中国不实的新闻报道，也是我国网络媒体值得利用的机会。境外主流媒体越是诬陷中国，中国主流媒体越不能退缩，必须据理力争，对外媒的不实报道有针对性地进行回应。关键时刻，中国主流媒体不缺位，不仅可以打破西方媒体的一面之词，而且在辩理的过程中进一步加深了国际受众对中国媒体的认知和印象，从而将对我国不利的舆论导向扭转过来，为我国媒体赢得较好的网络传播环境。

最后，利用隐性传播方式提高中国网络媒体对外话语的渗透力。一直以来，中国网络媒体比较倾向于采用显性传播方式，这种传播固然有它的优势，比如语言直白、观点明确、立场明晰，但中国网络媒体长期的显性传播方式不仅暴露了其官方背景，而且话语的宣传口吻突出，极易引起国际受众的排斥心理。"隐性传播"是相对于"显性传播"而言的，是指在特定信息的传播过程中，传播主体通过间接的、内隐的方式输出信息，使受众在潜移默化中受到暗示和感染，并逐步接受和认同信息内容的过程。[①]对中国网络媒体而言，最佳的传播莫过于"润物细无声"式的看不见的宣传。一方面，中国网络媒体除了直接的新闻报道以外，还可以充分利用电视剧、小说、电影等文化产品载体，将暗含中国网络媒体的情感、态度、价值观等传输给国外受众。美国就十分擅长利用中国的故事，贩卖西方的核心价值。比如花木兰替父从军原本宣扬的是"中华传统孝道"，而美国电影《花木兰》则更加突出自我价值的实现，暗含西方个人主义、英雄主义的价值取向。另一方面，中国网络媒体在话语的表达方式上要学会逐渐弱化官方说辞，采用柔性话语进行说服。比如，习近平总书记在美国西雅图欢迎宴会的演讲中，就引用了美国电视剧《纸牌屋》来回应国外受众对中国政府反腐问题的质疑，轻易地达到了话语的目的。

（三）积极回应国外受众的信息诉求

信息的传播效果在很大程度上由受众信息诉求的满足程度所决定。西方国家历来重视受众的信息诉求，并为全面掌握受众的信息诉求进行了长期的理论和实践探索，这也是西方国家国际传播效果显著的重要因素。因此，面对中国网络媒体国际传播效果不佳的现状，中国有必要在专业化、系统化、市场化调研的基础上，积极回应国外网络受众的信息诉求。

首先，建立国外网络受众跟踪调研机制。现如今，国际上存在很多的

---

① 赵惜群、王浩、刘宝堂：《提升我国网络媒体国际传播力的路径探析》，《中州学刊》2015年第12期。

网络国际传播媒体，这些媒体能够与国外的网络受众产生直接联系，所以在获取第一手调研信息上相对其他的网络媒体具有先天的优势。特别是一些世界主流媒体，它们不仅能充分发挥自身优势，还成立了专门的受众调研部门，比如英国的 BBC 成立了听众调研部，定期对各国受众进行调查。因此，我国的网络国际传播媒体应从国外主流媒体的受众研究措施中借鉴经验，充分发挥出国际传媒的先天优势，并成立专门的受众调研团队，在国际上进行长期的跟踪调研，从而建立对国外网络受众的跟踪调研机制。

其次，提高国外网络受众调研的商业化。推动国外网络受众调研的商业化，是全面掌握受众信息诉求的一个重要途径，并且能够促进受众研究在商业化进程中取得良性发展。其实，推动受众调研商业化的可行性多次在实践中被证明，特别是在欧美一些发达国家，受众调查的商业化产业现已形成一定的规模。事实上，相比网络媒体而言，商业化的受众研究团队或许更具专业性，而且相比学术研究机构而言，也拥有更加充足的研究经费和更高的工作效率。所以，我国的网络媒体应积极参考国外的网络受众研究数据，推动国外网络受众调研商业化。

最后，加快国外网络受众研究理论的转化。当今，我国受众研究在研究过程中会对国外的大量研究理论进行运用，这些理论虽然对研究受众具有一定的意义，但是因"内外有别"，这些理论在我国适用的范围还是比较局限，对于我国网络媒体在国际传播过程中遇到的受众问题并不能完全解决。事实上，关于我国网络媒体对国外网络受众的研究，需要特殊情况特殊对待，需立足于我国国情，着眼于我国网络媒体当下国际传播的现实状况，并且在研究国外网络受众心理、行为规律的同时，还需探索他们在面对我国网络媒体时的特殊心理以及行为。学术研究机构应始终坚持"只有调查才有发言权"的原则，积极对国外网络受众开展调查。同时，学术研究机构也应与商业化受众研究团队、网络媒体建立数据共享机制，将自己所获取到的调研数据共同分享、共同利用，最大限度提高调研数据的利用效率，从而加快我国网络媒体对国外网络受众研究理论转化。

三　民间层面的建构

网络化时代倡导传播主体的多元化。在构建中国网络空间国际话语权中需要政府的主导、媒体的专业化运作，但更加离不开民间话语对官方话语的积极补充。

（一）积极发展网络民间外交

网络民间外交是政府网络外交形式的有益补充，在争取网络空间国际话语权中具有"补充"和"缓冲"的性能优势。在传统媒体主导的时代，国际传播通常被认为是"以国家社会为基本单位，以大众传播为支柱的国与国之间的传播"。[①] 互联网时代，传受关系的变革扭转了长久以来民间（社会）力量在国际传播中处于依附地位的局面。信息多元化的今天，争取网络空间的国际话语权，在强调政府的主导性作用的同时，需更加突出民间力量的主体性地位。民间话语对中国话语的有效传播尤为重要。中国国际传播主要针对西方发达国家的传播，而西方国家的受众对政府具有天然的抵触心理，因此，积极发展民间网络外交，提高民间话语在中国对外话语体系中的份额，对增强中国话语在国际社会的可信度具有重要意义。

网络民间外交一定程度上弥合了官方话语的信任危机，在官方话语不便发声或者发声效果甚微时，来自民间的话语和国际传播实践往往更能赢得国外受众的信任。争取网络空间国际话语权应当充分发挥官方和民间两个舆论场的作用，在涉及中国的一些敏感性问题时，往往需要弱化官方话语的声音，壮大民间话语在国际舆论场的力量。比如，有关涉疆、涉藏等敏感问题的国际传播，通过民间渠道的话语传播往往能产生事半功倍的效果。互联网时代，人人都是信息的传播者，普通的网民大众往往是突发事件的见证者和亲历者，能够轻易获取事件的第一手资料，这些图文并茂的现场画面可以有力地回击西方媒体的不实报道，使西方的一些虚假抹黑性话语在事实面前不攻自破。著名的 Anti-CNN 网站即是民间社会组织发挥舆论影响力的典型案例，该网站分析整理西方媒体报道中恶意歪曲中国的内容，同时有理有据地对部分西方媒体的恶意言论展开有力回击。[②] 民间网络外交活动，为官方话语提供了有力的支撑和话语依据。

民间话语作为官方话语出现问题后的"补充剂"和"缓冲器"发挥了重要作用，但是中国民间话语主体仍需不断提高其网络素质，进而促进国

[①] 郭庆光：《传播学教程》，中国人民大学出版社 1999 年版，第 237 页。

[②] 杨奇光、常江：《搭建中国国际话语平台的民间力量及其实践路径》，《对外传播》2017年第 5 期。

际社会对中国网民认知的改观，进一步扩大中国民间网络话语的影响力度。中国是一个网络大国，拥有庞大的网民群体，中国网络民间活动在配合官方话语以及一些突发性事件中发挥了不可替代的作用，但纵观中国网民的一些网络实践活动，常常给国际社会造成一种激进、易情绪化、不理智等不良印象。因此，发展网络民间外交需要加强对网民的管理和引导，从提升网民自身素质入手。一方面，加强对中国网民基本外交知识的普及，提高中国网民理性认知的能力，以有效地应对国际社会复杂多变的各种问题和情况，做好中国话语在国际社会的强力后盾和及时补充。另一方面，要拓宽中国网民的国际视野，提高中国网民的国际情怀，以侧面迂回的方式为中国赢得国际话语权。这就要求中国民间力量除了关注与中国息息相关的话题以外，还应将目光投射到人类社会普遍关注的话题，如人道主义、环境污染、能源危机、信息安全等具有影响力的国际议题，通过各种民间组织和平台，主动将中国关于相关议题的"中国方案"及时传递到国际社会，为中国创造更多争取热点国际议题话语权的机会。

（二）发挥华人华侨本土化传播优势

"有阳光照耀的地方就有华人华侨"，正是过去和现在对散居世界各地中华同胞人口和分布的形象比喻。[①] 中国海外华人华侨分范围广，人口基础大，是中国走向世界值得充分发掘和利用的巨大潜在资源优势。根据中国与全球化智库发布的《中国国际移民报告（2014）》统计，目前我国华侨华人总数约为5000万人，截至2017年，中国留学生总人数已突破60万，海外华人华侨散布于160多个国家。海外华人华侨特殊的文化背景和生活经历，决定了其在塑造中国形象和传达中国声音上往往具有其他人或者媒体所不具有的优势。华人华侨既熟知中国的传统文化和思维模式，同时又了解所在国民众的信息需求、思维方式以及对信息的认可度，所以华人华侨所具有的民族性、本土化、国际性的多重身份可以较好地弥补信息传输双方因文化差异造成的信息错位。中国要获得更多的国际话语权，尤其是网络新空间的话语权，首先必须要将中国的声音准确地传达出去，在此过程中，华人华侨的本土化传播资源优势就显得尤为重要。

---

① 林逢春：《华人华侨在中国公共外交中的功能与路径》，《五邑大学学报》（社会科学版）2013年第4期。

第六章 网络空间国际话语权：网络边疆治理的外部环境塑造 <<<

华人社团、华文传媒以及华文教育是海外华人对所在国发挥影响，争取华人利益重要的资源，亦可作为向所在国传递中国话语、扩大中国影响的本土化平台。据粗略统计，到 21 世纪初，全球各种形式的华文学校约 5000 所，海外华文报刊有 500 多种，海外华语电视台几十家，华语广播电台 70 多家，网络等现代媒体也为数不少，[①] 全世界华人社团已超 2.5 万个，[②] 这都是中国需要转化为本国传播的资源优势。首先，充分利用华人媒体专业、公正的传播特点，在国际社会塑造真实的中国形象，打破西方媒体对国际舆论的主导和控制，促进国际舆论格局的多元化发展。华人媒体经过多年的发展已初具规模，甚至出现了在住在国享有一定影响力和公信力的媒体，如《舢板》报纸、《舢板》双语网络以及美国的《侨报》等，这些华文媒体从业人员具有跨文化的传播背景，可以较为客观、公正地报道中国的发展和不足，因此其话语在当地受众中具有较高的认可度。为进一步提升中国话语在网络空间的影响力，一方面，我们需要不断推动华文媒体向国际化水准的现代华文媒体升级；另一方面，借助华文媒体的本土化优势，加强对所在国受众的关注点调研，分析当地受众的信息诉求，为国内媒体有针对性的话语传播提供科学的依据。其次，发挥华文教育对人潜移默化的影响作用，扩大中国文化的传播范围，促进世界对中国重新的认知和理解。综观中国国际传播的现实，不难发现很多时候中国在国际社会上并不缺少话语，但中国话语的实际传播效果往往不尽如人意，主要原因是基于两种文化基础之上的信息传受双方，很难准确把握和理解彼此信息的全部内容。所以，积极发展华文教育对于提升国际受众对中国话语的理解和认可奠定了共同的文化基础。

此外，培育海外华人华侨在各个领域中的精英型意见领袖，扩大中国话语在当地精英上层中的影响力和认可度，进而逐渐改进住在国对中国的整体印象。海外华人华侨经过多年的发展，在所在国的各个领域都涌现了一批具有影响力的行业精英，这些精英往往在各自的领域拥有政治、经济抑或社会资源，在自己的领域具有较高的社会地位和知识储备，因此能够

---

① 国务院侨办侨务干部学校：《华侨华人概述》，九州出版社 2005 年版，第 16—17 页。

② 华政：《目前海外华人社团数量达 2.5 万多个》，http://www.xinhuanet.com//politics/2016-05/18/c_128991417.htm，访问时间：2018 年 12 月 3 日。

轻易地掌握一些议题的话语权。在传播学中讲求传播的"精英效果理论",即以国外的精英受众为主,兼顾一般受众,但应突出"精英效果"为主。[①] 而"精英效果"理论一般主要针对西方发达国家,尤其像美国这样的国家,公众舆论和民众意愿,特别在一些国际问题上,常常受到精英阶层、政治家潜移默化的影响。[②] 所以充分利用海外华人华侨中的精英阶层,通过潜移默化的、循序渐进的方式逐渐改变住在国精英对中国的认知,进而再通过住在国的精英实现对普通民众观念的引导。

小结:一直以来,国际社会从未停止对"话语权"的争夺与较量,"话语权"早已成为各国维护国家利益、影响国际秩序的重要手段。中国作为当今世界迅速崛起的大国,受到了国际社会日益广泛的关注,但是中国大国"弱语"的现状严重限制了中国国际影响力的有效发挥。然而,互联网的发展为中国争取网络空间的国际话语权带来了新的转机。网络空间是一个尚待被开发的"蛮荒之地",任何国家都拥有平等参与开发治理的机会,而网络空间权力的分散性又使得在网络空间难以形成一个超强的权力中心,这在一定程度上分化了传统国际舆论格局中西方国家对话语权力的垄断。不可否认,互联网的发展对当前西方话语体系造成了一定的冲击和挑战,但长期以来形成的"西强我弱"的传统国际舆论格局在短时间内还难以改变,中国争取网络空间国际话语权依然面临着严峻的挑战。这种挑战不仅包括由自身传播实力不足造成的国际传播效果不佳,还有来自西方话语的强势打压。可以说,中国争取网络空间国际话语权还有很长的路要走,这期间不仅需要中国政府的统筹规划,更需要各种非政府团体的共同努力。

互联网为中国争取更多的国际话语权提供机遇的同时,也为研究中国国际话语权提供了新的维度和视角。网络空间的国际话语权问题是当前话语权研究的一个新领域,仍有许多新问题值得深入研究探讨,而本书只是对这一领域的初步探索。笔者相信,随着全球网络空间国际话语权竞争的加剧以及中国网络实践的深入,学界对中国网络空间国际话语权问题的研究将会越来越多、越来越深入。

---

① 郭可:《当代对外传播》,复旦大学出版社 2003 年版,第 170—171 页。
② 王东迎:《网络媒体对外传播研究》,中国书籍出版社 2011 年版,第 181 页。

参考文献

蔡翠红：《网络时代的政治发展研究》，时事出版社 2015 年版。

蔡翠红：《信息网络与国际政治》，学林出版社 2003 年版。

蔡翠红：《中美关系中的网络政治研究》，复旦大学出版社 2019 年版。

曹峻等：《全球化与中国国家安全》，社会科学文献出版社 2008 年版。

曹荣湘：《解读数字鸿沟——技术殖民与社会分化》，上海三联书店 2003 年版。

曹月娟：《印度新媒体产业》，中国国际广播出版社 2012 年版。

陈霖：《中国边疆治理研究》，云南人民出版社 2011 年版。

陈卫星：《网络传播与社会发展》，北京广播学院出版社 2001 年版。

陈伟光：《"一带一路"建设与提升中国全球经济治理话语权》，人民出版社 2017 年版。

陈晓桦、武传坤：《网络安全技术：网络空间健康发展的保障》，人民邮电出版社 2017 年版。

陈岳、田野：《国际政治学学科地图》，北京大学出版社 2016 年版。

陈云生：《中国民族区域自治制度》，经济管理出版社 2001 年版。

陈正良：《软实力发展战略视阈下的中国国际话语权研究》，人民出版社 2017 年版。

陈正良：《中国"软实力"发展战略研究》，人民出版社 2008 年版。

陈志让：《军绅政权：近代中国的军阀时期》，广西师范大学出版社 2008 年版。

陈宗权：《"一带一路"建设与中国国际话语权提升》，西南财经大学出版社 2017 年版。

程广中：《地缘战略论》，国防大学出版社 1999 年版。

程琥：《全球化与国家主权——比较分析》，清华大学出版社 2003 年版。

丁力：《地缘大战略：中国的地缘政治环境及其战略选择》，山西人民出版社 2010 年版。

丁志刚、侯选明：《政治学视野中的西北地区治理研究》，兰州大学出版社 2010 年版。

东鸟：《中国输不起的网络战争》，湖南人民出版社 2010 年版。

方滨兴：《论网络空间主权》，科学出版社 2017 年版。

方兴东、胡怀亮：《网络强国：中美网络空间大博弈》，电子工业出版社 2014 年版。

费孝通：《中华民族多元一体格局》，中央民族学院出版社 1999 年版。

顾颉刚、史念海：《中国疆域沿革史》，商务印书馆 2015 年版。

郭明飞：《网络发展与我国意识形态安全》，中国社会科学出版社 2009 年版。

郭玉军：《网络社会的国际法律问题研究》，武汉大学出版社 2010 年版。

韩德强：《网络空间法律规制》，人民法院出版社 2015 年版。

韩方明：《公共外交概论》，北京大学出版社 2011 年版。

韩召颖：《输出美国：美国新闻署与美国公众外交》，天津人民出版社 2000 年版。

郝时远：《当代世界民族问题与民族政策》，四川民族出版社 1994 年版。

胡健：《网络与国家安全》，贵州人民出版社 2002 年版。

黄立军：《信息边疆：无影无形的"第五边疆"》，新华出版社 2003 年版。

黄琪轩：《大国权力转移与技术变迁》，上海交通大学出版社 2013 年版。

黄志雄：《网络主权论——法理、政策与实践》，社会科学文献出版社 2017 年版。

惠志斌：《全球网络空间信息安全战略研究》，上海世界图书出版公司 2013 年版。

惠志斌：《中国网络空间安全发展报告（2017）》，社会科学文献出版社 2017 年版。

江平、黄铸：《中国民族问题的理论与实践》，中共中央党校出版社 1994 年版。

蒋天发、苏永红：《网络空间信息安全》，电子工业出版社 2017 年版。

雷跃捷：《网络传播概论》，中国传媒大学出版社 2010 年版。

冷凇：《新形势下媒体国际传播与话语权竞争》，中国社会科学出版社

2016 年版。

李斌：《网络政治学导论》，中国社会科学出版社 2006 年版。

李大龙：《从"天下"到"中国"：多民族国家疆域理论解构》，人民出版社 2015 年版。

李伟权、刘新业：《新媒体与政府舆论传播》，清华大学出版社 2015 年版。

李智：《国际政治传播：控制与效果》，北京大学出版社 2007 年版。

梁西：《国际法》（第 3 版），武汉大学出版社 2011 年版。

刘恩恕、刘惠恕：《中国近现代疆域问题研究》，世界知识出版社 2009 年版。

刘峰：《美国网络空间安全体系》，科学出版社 2015 年版。

刘继南：《国际传播与国家形象》，北京广播学院出版社 2002 年版。

刘伟胜：《文化霸权概论》，河北人民出版社 2002 年版。

刘文海：《技术的政治价值》，人民出版社 1996 年版。

刘学义：《话语权转移》，中国传媒大学出版社 2008 年版。

刘永路：《万里海疆话古今》，辽宁人民出版社 1989 年版。

刘跃进：《国家安全学》，中国政法大学出版社 2004 年版。

鲁传颖：《网络空间治理与多利益攸关方理论》，时事出版社 2016 年版。

吕廷杰：《信息技术简史》，电子工业出版社 2018 年版。

罗群：《边疆与中国现代社会研究》，人民出版社 2013 年版。

罗荣渠：《中国现代化历程的探索》，北京大学出版社 1992 年版。

骆毅：《走向协同：互联网时代社会治理的抉择》，华中科技大学出版社 2017 年版。

马大正、刘逖：《二十世纪的中国边疆研究》，黑龙江教育出版社 1997 年版。

马大正：《中国边疆治理通论》，湖南人民出版社 2015 年版。

马丽蓉：《西方霸权语境中的阿拉伯—伊斯兰问题研究》，时事出版社 2007 年版。

孟维瞻：《权力·合作·平衡——防御性现实主义理论研究》，世界知识出版社 2010 年版。

庞中英：《赢取中国心：外国对华公共外交案例研究》，新华出版社 2013 年版。

彭兰：《网络传播学》，中国人民大学出版社 2009 年版。

齐清顺、田卫疆：《中国历代中央王朝治理新疆政策研究》，新疆人民出版社 2004 年版。

秦亚青：《权力·制度·文化》，北京大学出版社 2005 年版。

上海社会科学院信息研究所编：《信息安全辞典》，上海辞书出版社 2013 年版。

申文杰：《马克思主义意识形态话语权理论阐释与实践探索》，人民出版社 2017 年版。

申琰：《互联网与国际关系》，人民出版社 2012 年版。

沈逸：《美国国家网络安全战略》，时事出版社 2013 年版。

沈逸：《网络安全与全球秩序》，上海人民出版社 2015 年版。

宋培军：《中国边疆治理的"主辅线现代化范式"思考》，社会科学文献出版社 2015 年版。

孙宏年：《四海一家边疆治理与民族关系》，长春出版社 2004 年版。

孙建民：《中国历代治边方略研究》，军事科学出版社 2004 年版。

檀有志：《国际话语权视角下中国公共外交建设方略》，中国社会科学出版社 2016 年版。

檀有志：《美国对华公共外交战略》，时事出版社 2011 年版。

唐晓峰、姚大力等：《拉铁摩尔与边疆中国》，生活·读书·新知三联书店 2017 年版。

田野：《国家的选择：国际制度、国内政治与国家自主性》，上海人民出版社 2014 年版。

汪晓风：《网络战略：美国国家安全的新支点》，复旦大学出版社 2015 年版。

王柯：《民族与国家：中国多民族统一国家思想的系谱》，中国社会科学出版社 2014 年。

王孔祥：《互联网治理中的国际法》，法律出版社 2015 年版。

王磊：《信息时代社会发展研究：互联网视角下的考察》，人民出版社 2014 年版。

王舒毅：《网络安全国家战略研究：由来、原理与抉择》，金城出版社、社会科学文献出版社 2016 年版。

吴文藻：《论社会学中国化》，商务印书馆 2010 年版。

吴贤军：《中国国际话语权构建：理论、现状与路径》，复旦大学出版社
　　2017 年版。

吴瑛：《中国话语权生产机制研究——基于西方舆论对外交部新闻发言人
　　引用的实证分析》，上海交通大学出版社 2014 年版。

徐治立：《科技政治空间的张力》，中国社会科学出版社 2006 年版。

薛桂芳：《〈联合国海洋法公约〉与国家实践》，海洋出版社 2011 年版。

阎学通：《历史的惯性：未来十年的中国与世界》，中信出版社 2013 年版。

雁芸：《美国政府对中国国家形象的认知》，时事出版社 2013 年版。

杨剑：《数字边疆的权力与财富》，上海人民出版社 2012 年版。

杨泽伟：《主权论——国际法上的主权问题及其发展趋势研究》，北京大学
　　出版社 2006 年版。

姚遥：《新中国对外宣传史——建构现代中国的国际话语权》，清华大学出
　　版社 2014 年版。

叶惠珍：《葛兰西文化领导权思想及其话语路径研究》，社会科学文献出版
　　社 2016 年版。

余丽：《互联网国际政治学》，中国社会科学出版社 2017 年版。

袁峰等：《网络社会的政府与政治：网络技术在现代社会中的政治效应分
　　析》，北京大学出版社 2006 版。

张化冰：《网络空间的规制与平衡：一种比较研究的视角》，中国社会科学
　　出版社 2013 年版。

张健：《国家范式转换与国族构建》，中央编译出版社 2015 年版。

张显龙：《全球视野下的中国信息安全战略》，清华大学出版社 2013 年版。

张显龙：《中国网络空间战略》，电子工业出版社 2015 年版。

张笑容：《第五空间战略：大国间的网络博弈》，机械工业出版社 2014 年版。

张志安：《网络空间法治化：互联网与国家治理年度报告》，商务印书馆
　　2015 年版。

赵可金：《公共外交的理论与实践》，上海辞书出版社 2007 年版。

赵龙跃：《制度性权力：国际规则重构与中国策略》，人民出版社 2016 年版。

赵启正：《公共外交与跨文化交流》，中国人民大学出版社 2011 年版。

郑灿：《中国边疆学概论》，云南人民出版社 2012 年版。

郑永年：《技术赋权：中国的互联网、国家与社会》，东方出版社 2015 年版。

钟忠:《中国互联网治理问题研究》,金城出版社2010年版。

周力农:《历史大变局下的中国战略定位》,九州出版社2011年版。

周平:《国家的疆域与边疆》,中央编译出版社2017年版。

周平、李大龙:《中国的边疆治理:挑战与创新》,中央编译出版社2014年版。

周平:《中国边疆政治学》,中央编译出版社2015年版。

周平:《中国边疆治理研究》,经济科学出版社2011年版。

左晓栋:《美国网络安全战略与政策二十年》,电子工业出版社2018年版。

[澳]大卫·麦克奈特:《操控力:默多克如何获取权力与话语权》,陆景明、孙宏译,中国友谊出版公司2013年版。

[德]尤尔根·哈贝马斯:《公共领域的结构转型》,曹卫东等译,学林出版社1999年版。

[法]米歇尔·福柯:《知识考古学》,谢强、马月译,生活·读书·新知三联书店2003年版。

[法]让·博丹:《主权论》,李卫海等译,北京大学出版社2008年版。

[法]让·雅克·卢梭:《社会契约论》,何兆武译,商务印书馆2003年版。

[荷]胡果·格劳修斯:《海洋自由论》,宇川译,上海三联书店2005年版。

[美]阿尔文·托夫勒:《权力的转移》,黄锦桂译,中信出版社2018年版。

[美]埃莉诺·奥斯特罗姆:《公共事务的治理之道:集体行动制度的演进》,余逊达等译,上海三联书店2000年版。

[美]保罗·沙克瑞恩等:《网络战:信息空间攻防历史、案例与未来》,吴奕俊等译,金城出版社2016年版。

[美]贝尤克等:《网络安全政策指南》,张志勇、范科峰、向菲译,国防工业出版社2014年版。

[美]布鲁斯·宾伯:《信息与美国民主:技术在政治权力演化中的作用》,刘钢等译,科学出版社2011年版。

[美]戴维·莫谢拉:《权力的浪潮:全球信息技术的发展与前景(1964—2010)》,高铦、高戈、高多译,社会科学文献出版社2002年版。

[美]戴维·伊斯顿:《政治生活的系统分析》,王浦劬等译,人民出版社2012年版。

［美］丹尼尔·M. 格施泰因：《保卫大国未来：信息时代国家安全战略》，中治研（北京）国际信息技术研究院译，五洲传播出版社 2016 年版。

［美］丹尼尔·奥·格雷厄姆：《高边疆——新的国家战略（美国）》，张健志等译，军事科学出版社 1988 年版。

［美］丹尼尔·贝尔：《后工业社会的来临：对社会预测的一项探索》，高铦等译，商务印书馆 1984 年版。

［美］杜赞奇：《从民族国家拯救历史：民族主义话语与中国现代史研究》，王宪明译，社会科学文献出版社 2003 年版。

［美］弗朗西斯·福山：《政治秩序的起源：从前人类时代到法国大革命》，毛俊杰译，广西师范大学出版社 2014 年版。

［美］汉斯·摩根索：《国家间政治：权力斗争与和平》，徐昕等译，北京大学出版社 2012 年版。

［美］汉斯·摩根索著，［美］肯尼思·汤普森修订：《国家间政治：权力斗争与和平》，徐昕等译，北京大学出版社 2006 年版。

［美］亨利·基辛格：《大外交》，顾馨淑、林添贵译，海南出版社 2013 年版。

［美］吉尔伯特·罗兹曼主编：《中国的现代化》，国家社会科学基金"比较现代化"课题组译，江苏人民出版社 2010 年版。

［美］加布里埃尔·A. 阿尔蒙德、小·G. 宾厄姆·鲍威尔：《比较政治学——体系、过程和政策》，曹沛霖等译，东方出版社 2007 年版。

［美］杰克·戈德史密斯、埃里克·波斯纳：《国际法的局限性》，龚宇译，法律出版社 2010 年版。

［美］卡尔·帕顿、大卫·萨维奇：《政策分析和规划的初步方法》，孙兰芝等译，华夏出版社 2002 年版。

［美］肯尼斯·奥耶：《无政府状态下的合作》，田野等译，上海人民出版社 2010 年版。

［美］肯尼斯·华尔兹：《国际政治理论》，信强译，上海人民出版社 2017 年版。

［美］莱斯利·里普森：《政治学的重大问题——政治学导论》，刘晓译，华夏出版社 2001 年版。

［美］劳拉·德拉迪斯：《互联网治理全球博弈》，覃庆玲译，中国人民大

学出版社 2016 年版。

［美］劳伦斯·莱斯格：《代码 2.0：网络空间中的法律》，李旭、沈伟伟译，清华大学出版社 2009 年版。

［美］莉萨·马丁、贝思·西蒙斯：《国际制度》，黄仁伟等译，上海人民出版社 2006 年版。

［美］鲁恂·W. 派伊：《政治发展面面观》，任晓、王元译，天津人民出版社 2009 年版。

［美］罗伯特·基欧汉：《霸权之后：世界政治经济中的合作与纷争》，苏长和等译，上海人民出版社 2016 年版。

［美］罗伯特·基欧汉、约瑟夫·奈：《权力与相互依赖》，门洪华译，北京大学出版社 2012 年版。

［美］罗伯特·杰维斯：《国际政治中的知觉与错误知觉》，秦亚青译，上海人民出版社 2015 年版。

［美］罗伯特·金·默顿：《十七世纪英格兰的科学、技术与社会》，范岱年等译，商务印书馆 2000 年版。

［美］马克·格雷厄姆、威廉·H. 达顿：《另一个地球：互联网＋社会》，胡泳等译，电子工业出版社 2015 年版。

［美］迈克尔·施密特总主编，［爱沙尼亚］丽斯·维芙尔执行主编：《网络行动国际法塔林手册 2.0 版》，黄志雄等译，社会科学文献出版社 2017 年版。

［美］曼纽尔·卡斯特：《网络社会的崛起》，夏铸九等译，社会科学文献出版社 2000 年版。

［美］弥尔顿·穆勒：《网络与国家：互联网治理的全球政治学》，周程等译，上海交通大学出版社 2015 年版。

［美］尼古拉·尼葛洛庞帝：《数字化生存》，胡泳等译，电子工业出版社 2017 年版。

［美］诺依曼：《计算机与人脑》，甘子玉译，商务印书馆 2009 年版。

［美］欧文·拉铁摩尔：《中国的亚洲内陆边疆》，唐晓峰译，江苏人民出版社 2010 年版。

［美］皮尔逊、巴蒂斯里安：《国际政治经济学：全球体系中的冲突与合作》，杨毅等译，北京大学出版社 2006 年版。

［美］萨缪尔·亨廷顿：《变化社会中的政治秩序》，王冠华译，生活·读书·新知三联书店 1989 年版。

［美］萨缪尔·亨廷顿：《文明的冲突与世界秩序的重建》，周琪等译，新华出版社 2010 年版。

［美］托马斯·巴菲尔德：《危险的边疆：游牧帝国与中国》，袁剑译，江苏人民出版社 2011 年版。

［美］威尔伯·施拉姆威廉·波特：《传播学概论》（第二版），何道宽译，中国人民大学出版社 2010 年版。

［美］威廉·N. 邓恩：《公共政策分析导论》，谢明、杜子芳译，中国人民大学出版社 2011 年版。

［美］温特：《国际政治的社会理论》，秦亚青译，上海人民出版社 2014 年版。

［美］西蒙·赖克、理查德·内德·勒博：《告别霸权！全球体系中的权力与影响力》，陈锴译，上海人民出版社 2017 年版。

［美］小约瑟夫·奈：《理解国际冲突》，张小明译，上海人民出版社 2009 年版。

［美］亚历山大·科特：《网络空间安全防御与态势感知》，机械工业出版社 2019 年版。

［美］约翰·米尔斯海默：《大国政治的悲剧》，王义桅、唐小松译，上海人民出版社 2008 年版。

［美］约瑟夫·拉彼德、［德］弗里德里希·克拉托赫维尔：《文化和认同：国际关系回归理论》，金烨译，浙江人民出版社 2003 年版。

［美］约瑟夫·劳斯：《知识与权力：走向科学的政治哲学》，盛晓明等译，北京大学出版社 2004 年版。

［美］约瑟夫·奈：《论权力》，王吉美译，中信出版社 2015 年版。

［美］约瑟夫·奈：《美国定能领导世界吗》，何小东、盖玉云等译，军事译文出版社 1992 年版。

［美］约瑟夫·奈：《权力大未来》，王吉美译，中信出版社 2012 年版。

［美］约瑟夫·奈：《软实力》，马娟娟译，中信出版社 2013 年版。

［美］詹姆斯·N. 罗西瑙：《没有政府的治理：世界政治中的秩序与变革》，张胜军等译，江西人民出版社 2001 年版。

［美］詹姆斯·布坎南：《成本与选择》，刘志铭、李芳译，浙江大学出版

社 2009 年版。

［美］詹姆斯·多尔蒂、小罗伯特·普法尔茨格拉夫：《争论中的国际关系理论》，阎学通、陈寒溪等译，世界知识出版社 2003 年版。

［瑞士］索朗热·戈尔纳奥提：《网络的力量：网络空间中的犯罪、冲突与安全》，王桉等译，北京大学出版社 2018 年版。

［意］安东尼奥·葛兰西：《狱中札记》，葆煦等译，人民出版社 1983 年版。

［英］阿尔福特：《好莱坞的强权文化》，杨献军译，经济科学出版社 2013 年版。

［英］埃里·凯杜里：《民族主义》，张明明译，中央编译出版社 2002 年版。

［英］安德鲁·赫里尔：《全球秩序与全球治理》，林曦译，中国人民大学出版社 2018 年版。

［英］安东尼·吉登斯：《民族—国家与暴力》，胡宗泽、赵力涛等译，生活·读书·新知三联书店 1988 年版。

［英］伯特兰·罗素：《权力论：新社会分析》，吴友三译，商务印书馆 2012 年版。

［英］布赞·巴瑞、［丹］维夫·奥利、［丹］怀尔德·迪：《新安全论》，朱宁译，浙江人民出版社 2003 年版。

［英］戴维·赫尔德：《全球大变革：全球化时代的政治、经济与文化》，杨雪冬等译，社会科学文献出版社 2001 年版。

［英］赫德利·布尔：《无政府社会：世界政治中的秩序研究》，张小明译，上海人民出版社 2015 年版。

［英］马丁·怀特：《权力政治》，宋爱群译，世界知识出版社 2004 年版。

［英］休·希顿·沃森：《民族与国家：对民族起源与民族主义政治的探讨》，吴洪英、黄群译，中央民族大学出版社 2009 年版。

［英］约翰·诺顿：《互联网：从神话到现实》，朱萍等译，江苏人民出版社 2001 年版。

Anthony Giddens, *The Nation-State and Violence*, *University of California Press*, 1987.

Chris C. Demchak, *Wars of Disruption and Resilience*: *Cybered Conflict*, *Power*, *and National Security*, Athens: University of Georgia Press, 2011.

Craig Hayden, The Rhetoric of Soft Power: Public Diplomacy in Global Contexts, Maryland: Lexington Books, 2012.

Don Tapscott, The Digital Economy: Promise and Peril in the Age of Networked Intelligence, New York: McGraw-Hill, 1997.

Erika A. Yepsen, Practicing Successful Twitter Public Diplomacy: A Model and Case Study of U. S. Efforts in Venezuela, Los Angeles: Figueroa Press, 2012.

Frederick Jackson Turner, The Frontier in American History, New York: Henry Holt and Company, 1920.

Goldsmith Jack and Wu Timothy, Who Controls the Internet: Illusion of a Borderless World, New York: Oxford University Press, 2006.

Holmes David, Virtual Politics: Identity and Community in Cyberspace, London: Sage Publication, 1997.

James Manyika and Michael Chui, Big Data: The Next Frontier for Innovation, Competition and Productivity, McKinsey Global Institute, 2011, p. 4.

Jessup P. , *The Law of Territorial Waters and Maritime Juris-diction*, New York: G. A. Jennings Co, 1927.

John Arquilla and David F. Ronfeldt, Networks and Netwars: The Future of Terror, Crime, and Military, California: RAND Corporation, 2001.

Joseph S. Nye, The Future of Power, New York: Public Affairs, 2011.

Katzenstein Peter. ed. , The Culture of National Security: Norms and Identity in World Politics, New York: Columbia University Press, 1996.

Kenneth Lieberthal, Peter Warren Singer, Cybersecurity and US-China Relations, Washington, D. C: Brookings, 2012.

Mark Graham, William H. Dutton, Society and the Internet: How Networks of Information and Communication are Changing our Lives, Cambridge: Oxford University Press, 2014.

Michael N. Schmitt, Tallinn Manuel on the International Law Applicable to Cyber Warfare, New York: Cambridge University Press, 2013.

Monroe E. Price, Media and Sovereignty: The Global Information Revolution and Its Chanenge to State Power, Boston: The MIT Press, 2002.

Nazli Choucri, Cyberpolitics in International Relations, Boston: The MIT Press, 2012.

Peter W. Singer and Friedman, Cybersecurity and cyberwar: What Everyone Needs to Know, London: Oxford University Press, 2014.

Richard Clarke and R. Knake, Cyber War: The Next Threat to National Security and What to Do about It, New York: Harper Collins Publishers, 2012.

Robert A. Divine et al. , America: Past and Present, Glenview Illinois: Scott, Foresman and Company, 1984.

Stephen M. Walt, The Origins of Alliances, Ithaca: Cornell University Press, 1987.

Tim Jordan, Cyberpower: The Culture and Politics of Cyberspace and the Internet, London: Routledge, 1999.

William H . Chafe et al. , A History of Our Time: Readings of Postwar America, New York: Oxford University Press, 1991.

Xiaoling Zhang and Yongnian Zheng, China's Information and Communications Technology Revolution: Social Changes and State Responses, London: Routledge, 2009.

后　记

多年来我一直从事发展政治学研究，着重关注当代中国政治发展过程中的国家安全与社会稳定问题。主持的前一个国家社科基金项目是从国内层面思考如何构建转型时期中国政治稳定机制，研究成果产生了一定学术影响。作为此项研究的接续，本书是从国际层面讨论我国的国家安全维护问题，研究的重心是网络空间国家安全。不同于已有的相关研究，本书基于网络化时代国家的疆域从实体物理空间扩展到了无形网络空间这样的现实，把网络空间国家安全与边疆政治学相结合，提出了网络边疆治理的范畴。其研究视角较为新颖，涉及网络空间的国家主权、协同互动治理机制、技术赋权、制网权的争夺、国际话语权的提升等内容。幸运的是，这项研究获得了国家社科基金重点项目立项。在课题组成员的共同努力下，项目的研究工作如期完成，结项成果也被评为良好。在准备出版的时候，大家又认认真真地进行了修改和完善，几易其稿，本书才得以最终付梓。

本书是由我统稿的，也是集体智慧的结晶，吉鹏、韩同赟、李金锋、俞润泽、端木燕萍、张耀、陈银等同志也参与了课题的调研、资料搜集、内容撰写、文稿校对等工作，在此一并向他们表示感谢。尤其要特别致谢的是中国社会科学出版社的许琳编辑，她给我们提出了很多宝贵的意见，正是她负责而又细致的工作才使本书能够顺利出版。

网络边疆治理是一个全新的概念，尽管也有一些学者提出了这个命题并强调其重要性，但几乎没有深入的分析，本书不仅要解析清楚这个重要的范畴，而且试图构建起全面而系统的分析体系。但是由于才疏学浅，我

365

>>> 网络边疆治理研究

们的研究还很不成熟，书中可能存在很多不足之处，祈请学界同仁和读者批评指正，我们今后也会沿着既定的研究规划继续深入探讨此问题，争取获得更多更好的研究成果。

许开轶

2023 年 12 月 30 日